中国大学慕课（MOOC）配套教材
普通高等教育“十三五”规划教材
普通高等教育 电气工程 自动化 系列规划教材
四川省精品课程教材
四川省精品资源共享课教材

自动控制原理

主编 邹见效
参编 李焱骏 李 瑞 吴小娟 凡时财

本书配套资源为课件、习题答案。
本书为中国大学慕课（MOOC）配套教材，MOOC 链接为：
https：//www. icourse163. org/course/UESTC-235010

机 械 工 业 出 版 社

自动控制原理是高等学校工科专业的核心课程之一，本书比较系统地阐述了自动控制理论的基本原理、方法和应用，可作为控制系统领域入门课程教材。全书共9章，第1~8章较为系统地介绍了经典控制理论，包含控制系统的数学模型的建立与分析，围绕系统的稳定性、动态性能和稳态性能，从时域、频域、根轨迹等不同角度，介绍了系统分析与设计的方法；第9章介绍了现代控制理论的状态空间分析法。本书每章最后一节，引入对应知识点的MATLAB仿真指令，加强读者对基于使用MATLAB工具进行系统分析、设计与仿真的理解与掌握。

本书注重知识点阐述的系统性，同时突出工程应用性，语言叙述的简洁性。

本书适合工科相关专业本科生作为教材使用，也可供研究生及工程技术人员自学参考。

（编辑邮箱：jinacmp@163.com）

图书在版编目（CIP）数据

自动控制原理/邹见效主编. —北京：机械工业出版社，2017.1（2025.1重印）

普通高等教育电气工程自动化系列规划教材

ISBN 978-7-111-55657-2

Ⅰ.①自…　Ⅱ.①邹…　Ⅲ.①自动控制理论-高等学校-教材　Ⅳ.①TP13

中国版本图书馆CIP数据核字（2016）第302650号

机械工业出版社（北京市百万庄大街22号　邮政编码100037）
策划编辑：吉　玲　责任编辑：吉　玲　王　荣　刘丽敏
责任校对：樊钟英　封面设计：张　静
责任印制：郜　敏
北京富资园科技发展有限公司印刷
2025年1月第1版第6次印刷
184mm×260mm · 19.25印张 · 463千字
标准书号：ISBN 978-7-111-55657-2
定价：49.80元

电话服务　　　　　　　　网络服务
客服电话：010-88361066　机　工　官　网：www.cmpbook.com
010-88379833　机　工　官　博：weibo.com/cmp1952
010-68326294　金　书　网：www.golden-book.com
封底无防伪标均为盗版　机工教育服务网：www.cmpedu.com

前　言 Preface

自动控制技术在工业、农业、交通、环境、军事、生物、医学、经济、金融和社会各个领域中都起着极其重要的作用。自动控制理论是研究自动控制的基本理论和自动控制共同规律的技术科学。自动控制原理主要讲述自动控制的基本理论和分析、设计控制系统的基本方法。自动控制原理已成为许多学科的专业基础课程或是核心课程，对掌握和理解自动控制技术及其应用有着重要的作用。

本书是课程组在总结多年教学和科研经验的基础上，结合国内外控制理论发展及应用现状，参考国内外众多经典教材，经反复研讨编写而成。本书是课程组建设省级资源精品共享课、省级精品课程及大规模在线课程（MOOC 课）的配套教材。

编者在编写本书的过程中，坚持以下原则：

1）理论系统性。在有限的学时数内，保持所阐述的控制基本理论的系统性和完整性。同时，在不影响理论阐述的基础上，精简了传统自动控制原理教材中过于繁复的数学推导和证明。

2）工程实用性。通过工程应用实例引出要阐述的概念、理论和方法，强调控制对象的物理背景和物理概念，突出分析和设计方法的工程实用性。通过增加工程应用背景较强的典型例题和习题，激发读者的兴趣，让读者理解和掌握经典控制理论的精髓。

3）阐述简洁性。在写作风格上，力求做到言简意赅、内容精炼、重点突出，避免大篇幅的叙述性内容，尽量压缩各章节的篇幅，同时注重基本概念的准确性和完整性。

4）MATLAB 工具的应用。每章最后一节简单介绍对应知识点的 MATLAB 仿真指令，加强读者对理论和方法的理解与掌握。同时，通过引入系统性的实例介绍了基于 MATLAB 的系统分析、设计与仿真。

本书适用于 48 ~ 90 学时的课内教学。本书由邹见效任主编，李焱骏、李瑞、吴小娟、凡时财参编。秦刚、林晓雯、黄康、宋应、郑海潮、孟令榜、叶倩文参与了本书的资料整理工作。

在编写过程中参考了国内外很多优秀教材、著作，在此，编者向参考文献及被引用内容的各位作者表示衷心的感谢！同时感谢责任编辑吉玲女士，同时对在本书编写过程中给予帮助的所有人员表示诚挚的谢意。

本书提供配套的电子课件及相关仿真程序。

由于作者水平有限，书中错误或欠妥之处在所难免，恳请各位读者批评指正。

编　者

目 录 Contents

第1章 绪 论

自动控制原理是研究自动控制的基本理论和自动控制共同规律的技术科学。自动控制原理主要讲述自动控制的基本理论和分析、设计控制系统的基本方法。本章从自动控制的基本概念、任务、控制方式、控制系统的基本组成出发，介绍自动控制的原理及应用、自动控制理论的发展史、自动控制系统的组成、自动控制系统的分类、自动控制系统的基本要求以及自动控制系统分析与设计工具。

控制系统包含众多特性，如人工控制、自动控制、开环控制、闭环控制等。如果一个系统由人来操作，如驾驶飞机、操纵仪器等，则称为人工控制；如果一个系统无人工操作，例如空调温度调节系统、电梯升降系统、公交红绿灯控制系统等，则称为自动控制；用于跟踪某个参考信号的系统则称为跟踪控制系统或伺服控制系统，如数控机床。

我们在日常生活中有很多包含控制的系统，如图 1-1a 所示的恒温调节系统，人们希望在室内维持一个恒定的温度，而室内温度的升降是由燃烧煤气的加热炉决定的。当室内温度低于希望温度时，煤气阀的阀门会增大，以提高室内温度；当室内温度高于希望温度时，煤气阀的阀门会减小，以降低室内温度。这个调节阀门的过程可以是人工调节，也可以是使用恒温器自动调节。

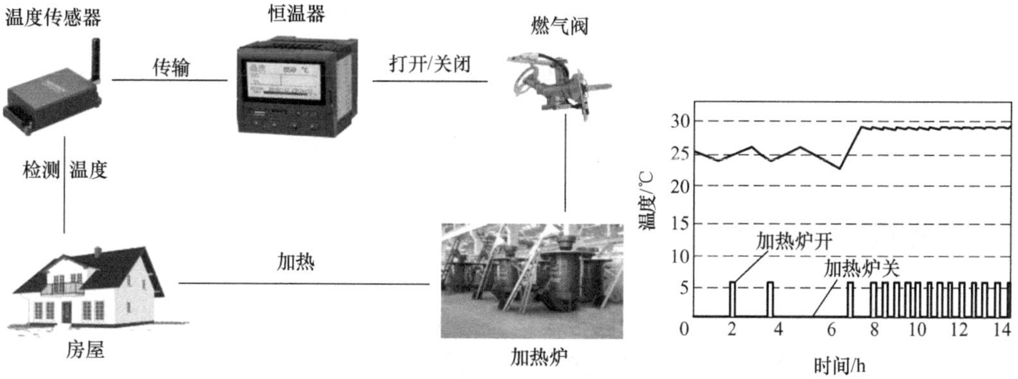

a) 恒温调节系统结构　　b) 室内温度变化与加热炉工作状态

图 1-1　恒温调节系统

以使用恒温器自动调节为例，当恒温器的房间的室内温度和室外温度都低于参考温度时，恒温器将导通，控制器打开加热炉煤气阀并点燃燃烧室，从而使热量以一定的速率提供给房间，这个速率必须比热量损失的速率大。因此，室内温度将会一直升高，直到稍微超过恒温器的设定点。这时候加热炉被关闭，接着室内温度由于比室外温度高而不断下降。当温度下降到低于设定点时，恒温器再次导通，就这样一直循环通断过程。室内温度变化与加热炉的开关示意图如图 1-1b 所示。室外温度为 20℃，恒温器初始设定值为 24℃，之后将恒温器的设定温度重新设定为 27℃。随后加热炉工作使温度升高到这个设定值，之后室温一直围绕设定值上下波动。

日常生活中常见的还有汽车速度控制系统（见图 1-2）。人们通过踩踏油门踏板对车辆系统设置了一个期望速度，速度控制器通过控制调速气门，以此影响车辆发动机喷油嘴的开度，增加或降低发动机的转速，以此达到人们所期望车辆达到的速度。当车辆的实际速度低于期望速度时，控制器增大调速气门，增加发动机的转速提高车辆速度；当车辆的实际速度高于期望速度时，控制器减小调节气门，减小发动机的转速降低车辆速度。

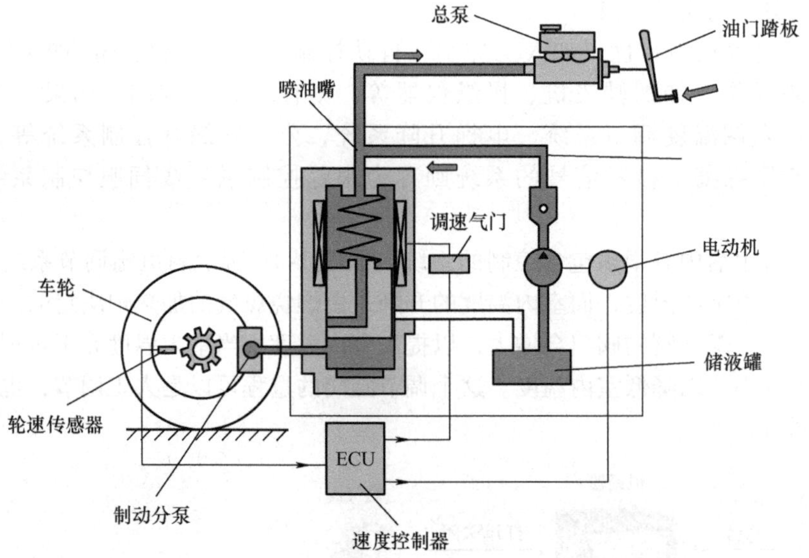

图 1-2　汽车速度控制原理图

1.1 自动控制技术及其应用

在现代科学技术的众多领域中，自动控制技术起着越来越重要的作用。自动控制技术给人们提供了获得动态系统最佳性能的方法，从普通的工业生产到尖端的国防科技，到处都有自动控制技术大显身手的空间。一方面，自动控制技术使得无数高难度、复杂、高精度的控制成为可能；另一方面，它的应用提高了产品质量、降低了生产成本、提高了劳动效率，使得人们可以从繁重的体力劳动和重复的手工操作中解放出来。

控制理论分成经典控制理论和现代控制理论两大部分。

经典控制理论是从20世纪20年代到20世纪40年代形成的以时域法、频域法和根轨迹为主要内容的一门独立学科，以传递函数为基础，研究单输入-单输出一类定常系统的分析与设计问题。世界上最早的自动控制系统是在18世纪中叶由瓦特研制的，他设计了离心调节器去控制蒸汽发动机的速度。1932年，奈奎斯特针对反馈放大器提出了几何稳定判据，并证实此判据适用于线性定常控制系统。1945年，伯德提出了反馈放大器的一般设计方法，并编著了《网络分析与反馈放大器的设计》一书。1947年，美国出版了当时世界上第一本控制方面的教材《伺服机原理》。1948年，美国麻省理工学院的辐射研究所完成了“雷达自动跟踪”“火炮指挥仪”“数控机床”等一系列自动控制的实践工程。同年，伊文思（W. R. Evans）根据反馈控制系统的开环传递函数与其闭环特征方程间的内在联系，提出了一种非常实用的设计方法——根轨迹法。数学家维纳把那时发表的有关控制方面的理论与方法称为控制论。

20世纪50年代，中国学者对控制理论也做出了诸多贡献。1954年，钱学森在美国出版了专著《工程控制论》，成为当时控制科学技术的经典著作之一，并于1958年由戴汝为、何善堉译成中文，曾获中国科学院1956年度科学一等奖。天津大学刘豹教授于1954年编著了我国第一本用中文撰写的控制理论专著《自动控制原理》。1956年由浙江大学胡中楫教授和中国科学院薛景瑄研究员在前苏联专家讲稿的基础上，出版了由中国教师自己编写的第一本《自动控制原理》教科书。

20世纪60年代，在蓬勃兴起的航空航天技术的推动和飞速发展的计算机技术的支持下，现代控制理论在经典控制理论的基础上迅速发展起来。它是以状态空间法为基础，研究多输入-多输出、时变参数、高精度复杂系统的控制问题，并形成了如最优控制、最佳滤波、系统辨识和自适应控制等学科分支。

经典控制理论和现代控制理论主要是针对线性系统的线性理论。20世纪70年代末，由于被控对象、环境、控制任务的复杂性，控制理论在非线性系统理论、离散时间系统理论、大系统理论、复杂系统理论和智能控制理论等方面均有不同程度的发展。尤其是从“仿人”概念出发的智能控制，在实际应用方面得到了很快的发展，它主要包括模糊控制、神经元网络控制和专家系统控制等。

自动控制理论是研究自动控制的基本理论和自动控制共同规律的技术科学，专门研究有关自动控制系统分析和设计中的基本概念、基本原理和基本方法。自动控制技术在工业、农业、国防（尤其是在航天、制导、核能等方面）乃至日常生活和社会科学领域中都起着极其重要的作用。

自动控制技术开始多用于工业，如压力、温度、流量、位移、湿度、黏度自动的控制，应用于数控机床、合成塔、核反应堆等；后来进入军事领域，如飞机自动驾驶、火炮自动跟踪、导弹、卫星、宇宙飞船自动控制；目前已深入到人民生产、生活的各个领域，如收音机、电视机、冰箱、空调器、汽车、飞机；更渗透到生物、医药、环境、经济管理等更多领域，如生物控制论、人造器官、模拟经济管理过程、经济控制论，如图1-3所示。

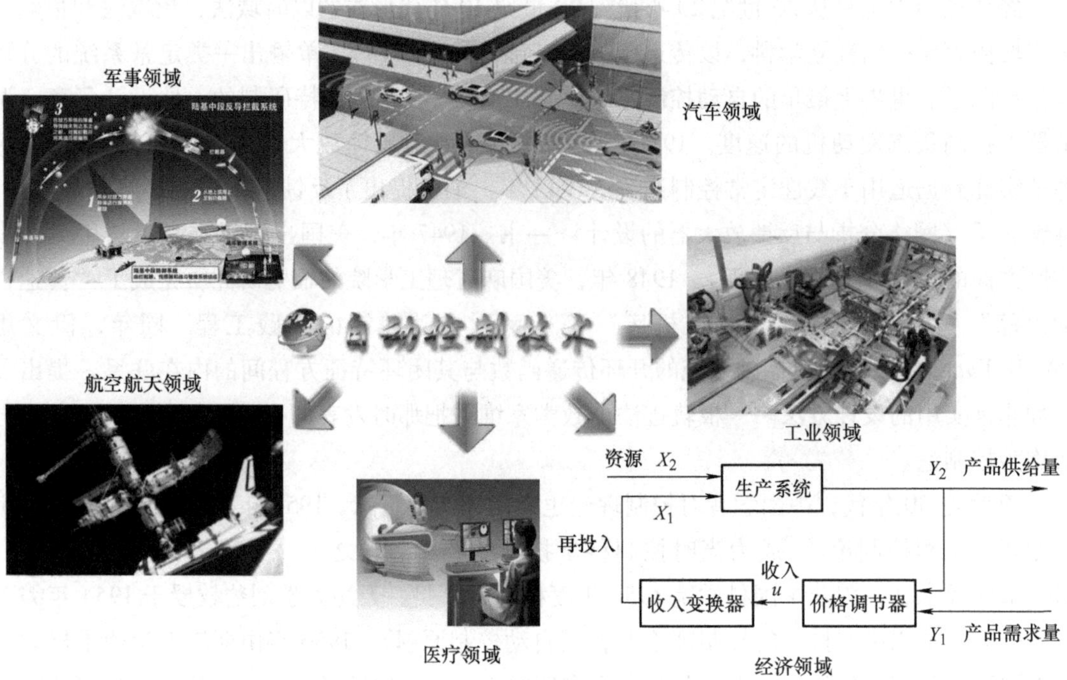

图 1-3 自动控制技术应用领域

1.2 自动控制系统的一般概念

1.2.1 自动控制的基本原理

自动控制是指在没有人直接参与的情况下，利用控制装置操纵受控对象，使受控对象的被控制量自动地按预定的规律运行。系统是指按照某些规律结合在一起的物体或元部件的组合，它们互相作用、互相依存，并完成一定的任务。能够实现自动控制的系统就可称为自动控制系统。

例如：人造卫星按照指定的轨道运行，并始终保持正确的姿态，使它的太阳电池一直朝向太阳，无线电天线一直指向地球；电网的电压和频率自动地维持不变；金属切削机床的速度在电网电压或负载发生变化时，能自动保持近似不变。以上这些都是自动控制的结果。下面以温度控制系统为例来具体说明自动控制的基本原理。

图 1-4 所示为一个温度人工控制系统。根据工件加工的工艺要求，系统的控制任务是保持加热炉的温度恒定或按一定的要求变化。炉内的温度会受到环境温度和工件数量的影响，调节燃气阀的开度，可以控制炉内温度的高低。采用人工操纵时，靠人眼观察温度仪，根据实际温度和要求温度的误差情况，通过大脑的思考，用手调节燃气阀门的开度来控制炉内温度，使炉温能按要求变化。

图 1-5 所示是一个温度自动控制系统。系统中，设定温度是通过调节给定电压 $u_g(t)$ 的值来调整，热电偶检测到温度信号放大后作为反馈电压 $u_t(t)$，比较器的输出 $\Delta u = u_g(t) -$

$u_t(t)$反映了设定温度和实际温度的偏差，Δu放大后控制电动机调节气阀的开度就可以控制炉内温度的高低。若实际温度小于给定温度，$\Delta u>0$，它放大后控制电动机开大阀门，调高炉温；若实际温度大于给定温度，$\Delta u<0$，使电动机反转关小阀门，调低炉温。只要$\Delta u\neq0$，系统就会进行自动调节，直到实际温度与给定温度相等，即$\Delta u=0$，电动机停止转动，实现了温度的自动控制。

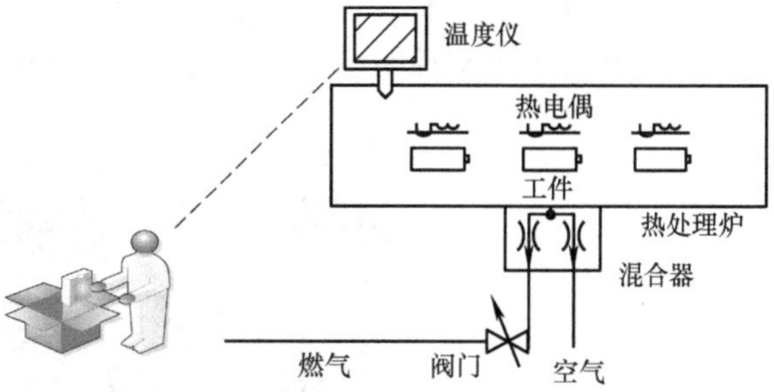

图 1-4 温度人工控制系统

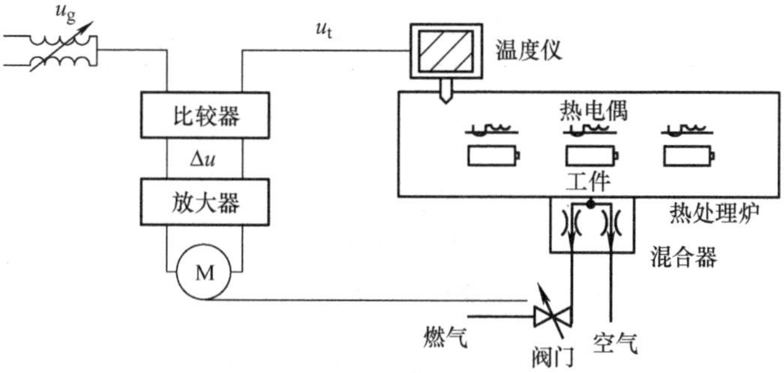

图 1-5 温度自动控制系统

在温度自动控制系统中，反馈电压相当于人眼观察到的实际温度，比较、放大及驱动电动机代替了人们大脑思考和手的作用，整个控制过程是在无人参与的情况下实现的。

可见，温度自动控制系统由比较器产生的偏差对系统产生控制作用，在炉温达到设定值时，偏差信号为零，控制作用消失，否则偏差信号不为零，电动机转动，控制调节阀门朝向减小误差的方向转动，实现了温度的自动控制。图 1-6 给出了该系统各组成部分的职能和各信号间关系的结构框图。

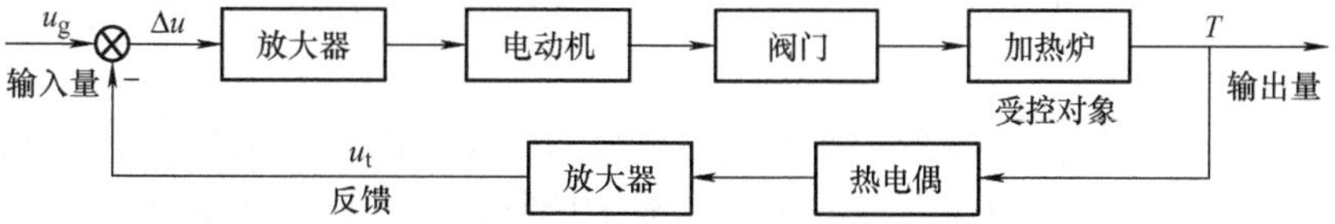

图 1-6 温度自动控制系统的结构框图

1.2.2 自动控制系统的组成

图 1-7 是一个简单的自动车速控制系统，当车辆监控系统监测到公路限速值时，车辆速度控制系统改变期望达到的车速，通过速度传感器检测车辆的实时速度，当实时车速未达到期望车速时，转速控制系统调节发动机的转速以保障车辆的速度为期望车速。

自动控制系统根据具体功能和控制要求的不同，可以有不同的控制装置或不同的结构形式。但是从工作原理来看，自动控制系统通常由一些具有不同职能的基本部分构成。图1-8所示是一个典型的自动控制系统结构框图。下面解释各部分的含义：

图 1-7　车速控制系统

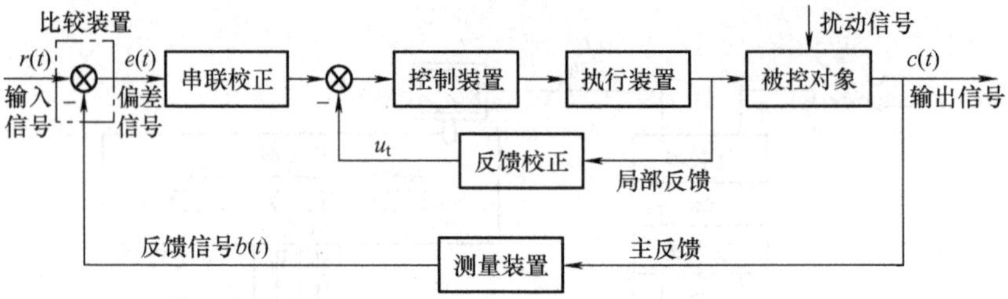

图 1-8　典型自动控制系统结构框图

测量装置：用以测量被控制量并转换成与输入信号相同的物理量作为反馈信号，如图1-9所示的热电偶和热电动势放大器。反馈有主反馈和局部反馈之分。

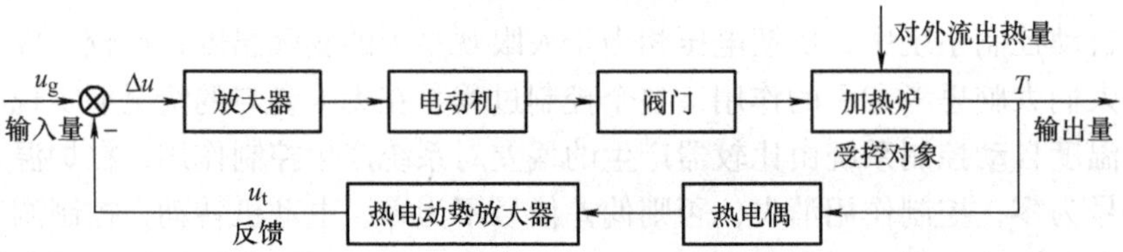

图 1-9　自动温度调节系统框图

比较装置：将输入信号与反馈信号进行比较，产生反映被控制量与要求值之间差值的偏差信号。

控制装置：是指按照某种函数关系产生控制信号，用以改善系统的控制性能的装置。它可能是一个简单的放大器，也可能是一个具有复杂控制规律的微型计算机。

执行装置：根据控制信号执行相应的控制作用，以便使被控制量按要求值变化，如阀门、电动机和液压装置等。

被控对象：又称控制对象和受控对象，常指需要进行控制的工作机械装置、设备或生产过程，如加热炉、汽车和飞机等。

校正装置：用以改善系统的控制性能的装置。

输入信号：也称给定量或给定输入，它是人们期望系统按照这个信号的要求而变化的指令信号。

输出信号：也称系统的被控量，是指被控对象中要求按一定规律变化的物理量，如温度、速度、流量和距离等。

反馈信号：指反馈装置的输出信号。

偏差信号：指给定输入信号与主反馈信号之差。

扰动信号：也称扰动输入，它是一种与控制作用相反、影响系统的输出使之偏离给定作用的信号，如温度自动控制系统总的工件数量、环境温度及燃气压力等变化量都属于扰动信号。

前向通道：指从输入端沿箭头方向到达输出端的传输通道。

反馈通道：指从输出端经反馈装置回到系统输入端的通道。

主回路：指前向通道与主反馈通道一起构成的回路。

由自动温度控制系统，我们可以进一步认识到基本反馈控制系统的一般组成结构。自动温度调节系统框图如图 1-9 所示。

图中，系统输入量是设定温度，系统输出量是室内温度，过程的干扰是由房间向低温的室外流出的热量，执行机构是电动机和阀门，被控对象是加热炉，反馈信号是室内温度。

1.3 自动控制系统的基本控制方式

自动控制系统有多种，例如开环控制系统、闭环控制系统、复合控制系统、温度控制系统、压力控制系统、位置控制系统、线性系统和非线性系统、连续系统和离散系统、定常系统（时不变系统）和时变系统、确定性系统和不确定性系统、恒值控制系统、随动系统和程序控制系统等。

闭环控制是自动控制系统最基本的控制方式，也是应用最广泛的一种控制方式。除此之外，还有开环控制方式和复合控制方式，它们都有各自的特点和不同的适用场合。

1.3.1 开环控制系统

开环控制系统是指无被控量反馈的系统，即需要控制的是被控对象的某一量，而被控量对于控制作用没有任何影响的系统。信号由给定值至被控量单向传递。这种控制较简单，但有较大的缺陷，即对象或控制装置受到干扰或工作中特性参数发生变化时，会直接影响被控量，而无法自动补偿。因此，系统的控制精度难以保证。从另一种意义上理解，也意味着对被控对象和其他控制元件的技术要求较高，如数控线切割机进给系统、包装机等多为开环控制系统。开环控制系统的原理框图如图 1-10 所示，信号流动由输入端到输出端单向流动。

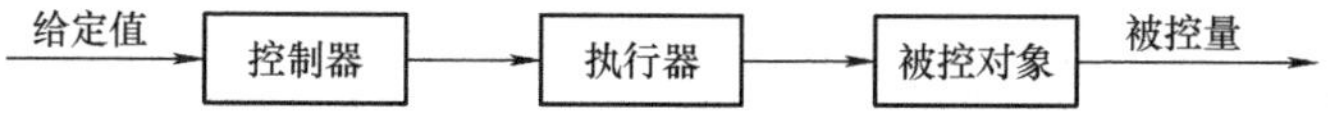

图 1-10 开环控制系统的原理框图

1.3.2 闭环控制系统

若控制系统中信号除从输入端到输出端外，还有输出端到输入端的反馈信号，则构成闭环控制系统，也称反馈控制系统，如图 1-11 所示。闭环控制的定义是有被控制量反馈的控制。从系统信号流向看，系统的输出信号沿反馈通道又回到系统的输入端，构成闭合通道，故称闭环控制系统或反馈控制系统。这种控制方式，无论是由于干扰造成，还是由于结构参数的变化引起被控量出现偏差，系统就利用偏差去纠正偏差，故这种控制方式为按偏差调节。

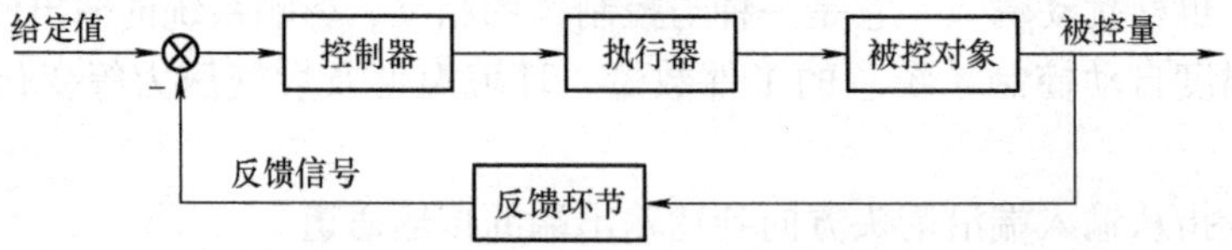

图 1-11 闭环控制系统的原理框图

闭环控制系统的优点是，利用偏差来纠正偏差，使系统达到较高的控制精度。但与开环控制系统比较，闭环控制系统的结构比较复杂，构造比较困难。需要指出的是，由于闭环控制存在反馈信号，利用偏差进行控制，如果设计得不好，将会使系统无法正常和稳定工作。另外，控制系统的精度与系统的稳定性之间也常常存在矛盾。

1.3.3 复合控制系统

开环控制和闭环控制方式各有优缺点，在实际工程中应根据工程要求及具体情况来决定采用何种控制方式。如果事先预知给定值的变化规律，又不存在外部和内部参数的变化，则采用开环控制较好。如果对系统外部干扰无法预测，系统内部参数又经常变化，为保证控制精度，采用闭环控制则更为合适。如果对系统的性能要求比较高，为了解决闭环控制精度与稳定性之间的矛盾，可以采用开环控制与闭环控制相结合的复合控制系统或其他复杂控制系统。

1.4 自动控制系统的分类

自动控制系统根据控制方式及其结构性能和完成的任务，有多种分类方法。除了以上按控制方式分为开环控制系统、闭环控制系统和复合控制系统等外，还可以根据系统输入信号分为恒值控制系统、随动控制系统和程序控制系统等；按系统性能又可以分为线性控制系统和非线性控制系统、连续控制系统和离散控制系统、定常控制系统和时变控制系统、确定性控制系统和不确定性控制系统等。

1.4.1 按系统输入信号形式划分

1. 恒值控制系统（自动调节系统）

这种系统的特征是输入量为一恒值，通常称为系统的给定值。控制系统的任务是尽量排除各种干扰因素的影响，使输出量维持在给定值（期望值）。工业过程中的恒温、恒压、恒速等控制系统就是恒值控制系统。

2. 随动控制系统（跟踪控制系统）

该系统的输入量是一个事先无法确定的任意变化量，要求系统的输出量能迅速平稳地复现或跟踪输入信号的变化。雷达天线的自动跟踪系统和高炮自动瞄准系统就是典型的随动控制系统。

3. 程序控制系统

系统的输入量不是常值，而是事先确定的运动规律，编成程序装入输入装置中，即输入量是事先确定的程序信号，控制的目的是使被控对象的被控量按照要求的程序动作。数控机床就属于此类系统。

1.4.2 按系统微分方程形式划分

1. 线性控制系统

组成系统元件的特性均为线性的，可用一个或一组线性微分方程来描述系统输入和输出之间的关系。线性控制系统的主要特征是具有齐次性和叠加性。

2. 非线性控制系统

在系统中只要有一个特性不能用线性微分方程描述其输入和输出关系，则称为非线性控制系统。非线性系统还没有一种完整、成熟、统一的分析法。通常对于非线性程度低的，做近似分析时，均可用线性系统理论和方法来处理。

1.4.3 按系统参数与时间的关系划分

1. 定常控制系统

如果描述系统特性的微分方程中各项系数都是与时间无关的常数，则称为定常控制系统。该类系统只要输入信号的形式不变，在不同时间输入下的输出响应形式是相同的。

2. 时变控制系统

如果描述系统特性的微分方程中至少有一项系数是时间的函数，此系统则称为时变控制系统。

1.4.4 按系统信号形式划分

1. 连续控制系统

控制系统中所有元件的信号都是随时间连续变化的，信号的大小均是可任意取值的模拟量，则称为连续控制系统。

2. 离散控制系统

离散控制系统是指系统中有一处或数处的信号是脉冲序列或数码。若系统中采用了采样开关，将连续信号转变为离散的脉冲形式的信号，此类系统也称为采样控制系统或脉冲控制系统。若采用数字计算机或数字控制器，其离散信号是以数码形式传递的，此类系统也称为数字控制系统。在这种控制系统中，一般被控对象的输入或输出是连续变化的信号，控制装置中的执行部件也常常是模拟式的，但控制器是用计算机实现的，所以，系统中必须有信号变换装置，如模-数转换器和数-模转换器。

1.4.5 按系统控制作用点个数划分

1. 单输入单输出控制系统

若系统的输入量和输出量各为一个，则称其为单输入单输出控制系统，简称为单变量控制系统。

2. 多输入多输出控制系统

若系统的输入量和输出量多于一个，称为多输入多输出控制系统，简称为多变量控制系统。对于线性多输入多输出控制系统，系统的任何一个输出都等于每个输入单独作用下输出的叠加。

另外，自动控制系统还可以按系统的其他特征来分类，如按元件类型可分为机械控制系统、电器控制系统、机电控制系统、液压控制系统、气动控制系统和生物控制系统等；按系统功用可分为温度控制系统、压力控制系统、流量控制系统和位置控制系统等。一般为了反映自动控制系统的特点，常常将上述各种方法组合应用。

1.5 自动控制理论发展简史

最早的自动控制技术的应用，可以追溯到公元前我国古代的自动计时器和漏壶指南车，而自动控制技术的广泛应用则开始于欧洲工业革命时期。英国人瓦特在发明蒸汽机的同时，应用反馈原理，于1788年发明了离心式调速器。当负载或蒸汽供给量发生变化时，离心式调速器能够自动调节进汽阀门的开度，从而控制蒸汽机的转速。1868年，以离心式调速器为背景，物理学家麦克斯韦尔研究了反馈系统的稳定性问题，发表了《论调速器》论文。随后，源于物理学和数学的自动控制原理开始逐步形成。1892年，俄国学者李雅普诺夫发表了《论运动稳定性的一般问题》的博士论文，提出了李雅普诺夫稳定性理论。20世纪10年代，PID控制器出现，并获得广泛应用。1927年，为了使广泛应用的电子管在其性能发生较大变化的情况下仍能正常工作，反馈放大器正式诞生。从而，确立了“反馈”在自动控制技术中的核心地位，并且有关系统稳定性和性能品质分析的大量研究成果也应运而生。随着电子放大器的应用，第一次世界大战以后的几十年内远距离电话已经成为可能。然而随着距离的增加，电能的损耗也在增加，除了增大传输线的直径，还需要增加放大器的数量来弥补损失的能量。但是，大量的放大器又引发了严重的失真，因为那时候用于放大器的都是电子管，管子有微小非线性，相乘的次数多了之后必然会产生严重失真。为了解决这个问题，贝尔实验室的通信工程师们开始转向复数域分析，奈奎斯特（H. Nyquist）描述了如何通过环路频率响应图确定系统的稳定性。根据这一理论，伯德（Bode）提出了一种设计反馈放大器的方法，这种方法同样在反馈控制设计中得到了广泛应用。随着反馈放大器的发展，反馈控制在工业过程中应用越来越普遍。

飞球式调速器是最早的控制发动机的调速装置，其结构如图1-12所示。当两只重球绕着中心轴旋转时，调速器整体看起来就像一个圆锥，并且圆锥母线与转动轴的角度已经确定。当突然给发动机施加负载时，发动机的转速降低，调速器的重球随之掉下一定角度，以此通过球的角度就可以用于自动检测输出速度。由于重球角度的减小，控制杆打开蒸汽室的主阀门，让更多的蒸汽进入发动机，补偿了因负载增加而减小的转速。

20世纪40年代是系统和控制思想空前活跃的年代，1945年贝塔朗菲提出了《系统论》，1948年维纳提出了著名的《控制论》，至此形成了完整的控制理论体系——以传递函数为基础的控制理论，主要研究单输入单输出、线性定常系统的分析和设计问题。劳斯（Routh）提出劳斯判据证明稳定性不久，俄国数学家李雅普诺夫开始研究运动稳定性的方程。他主要研究运动的非线性微分方程，也包括线性方程的一些结果，这和劳斯判据是等价的。他的工作是现在控制理论中状态变量法的基础，但是直到约1957年，他的成果才被引入控制文献中。

20世纪50年代，包括美国的贝尔曼（R. Bellman）、卡尔曼（R. E. Kalman）以及前苏联的庞特里亚金（L. S. Pontrrgin）在内的几位科学家，利用常微分方程模型研究控制系统。在“二战”期间由维纳（Wiener）和菲利浦（Phillips）开创的最优控制，这时被推广为基于变量微积分非线性系统的最优轨迹线。这些成果没有使用频率响应以及特征方程的概念，而是以“正常”形式或“状态”形式直接研究常微分方程，并使用计算机作为辅助。尽管研究常微分方程的基础早在19世纪末就已经建立，但我们还是把这种方法称为现代控制，以区别于用伯德的复数变量法和其他方法进行研究的经典控制。20世纪五六十年代，人类开始探索太空，1957年，苏联成功发射了第一颗人造地球卫星，1968年美国阿波罗飞船成功登上月球。在这些举世瞩目的成功中，自动控制技术起着不可磨灭的作用，也因此催生了20世纪60年代第二代控制理论——现代控制理论的问世，其中包括以状态为基础的状态空间法，贝尔曼的动态规划法和庞特里亚金的极小值原理，以及卡尔曼滤波器。现代控制理论主要研究具有高性能、高精度和多耦合回路的多变量系统的分析和设计问题。第二次世界大战对反馈控制领域的发展起了巨大的推动作用。美国麻省理工学院辐射实验室整合了伯德的反馈放大器理论和过程控制中的PID控制以及维纳提出的随机过程理论等，设计了伺服控制。伊文思（W. R. Evans）针对飞机导航和控制中不稳定或中性稳定的动态特性问题，提出了特征方程的某个参数改变时的运动轨迹分析稳定性方法。他的方法既适合于设计，也适合于稳定性分析，被称为根轨迹法。

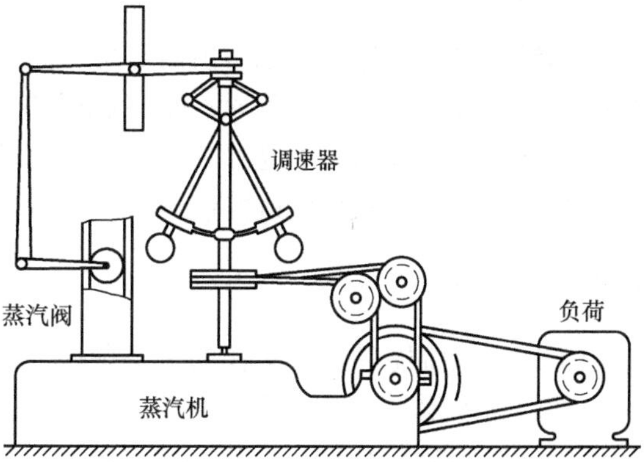

图1-12 飞球式调速器结构图

从20世纪70年代直到今天，自动控制的研究应用一直处于发展之中，并寻求利用每一种技术的最佳特点。随着计算机技术的不断发展，出现了许多以计算机控制为代表的自动化技术，如可编程序控制器和工业机器人，自动化技术发生了根本性的变化，其相应的自动控制科学研究也出现了许多分支，如自适应控制、混杂控制、模糊控制和神经网络控制等。此外，控制论的概念、原理和方法还被用来处理社会、经济、人口和环境等复杂系统的分析与控制，形成了经济控制论和人口控制论等学科分支。

1.6 自动控制系统的基本要求

自动控制系统的基本任务是：根据受控对象和环境的特性，在各种扰动和不确定性因素作用下使系统的被控量能够按照预定的规律变化。虽然控制系统的类型很多，物理属性的差别也很大，但是预定的规律不外乎是两类：一类是维持被控量在期望的常值上；另一类是使系统的输出量准确地跟踪输入量变化。

各类控制系统是动态系统。系统中含有储存信息的元件，在外界输入信号作用下系统响应是一动力学变化的过程，呈现出“惯性”的特点。因此当输入量发生变化时，系统的输出量从原稳态值变化到新的稳态值需经历一定的时间，这一时间称为过渡过程时间。整个控制系统的响应过程分为两个阶段：暂态过程和稳态过程，过渡过程结束后系统就进入稳态过程。对稳态过程的基本要求是：在稳态时系统输出量的实际值与期望值之差在要求范围内，即系统具有较高的控制精度或控制准确度。

1.6.1 稳定性

稳定性是系统能够正常工作的首要条件，它是系统的固有特性，由系统的结构和参数决定，与外部输入信号无关。稳定性是指系统重新恢复平衡工作的能力。当系统输入量改变或受任何干扰作用时，经过一段时间的控制过程后，其被控量可以达到某一稳定状态，则称系统是稳定的，否则称为不稳定。

不同的控制系统在阶跃给定信号作用下的响应也不相同。图 1-13a 所示为稳定系统在阶跃给定信号作用下的响应情况。图 1-13b 所示为不稳定系统在阶跃给定信号作用下的响应情况，曲线 1 为等幅振荡现象，曲线 2 呈发散振荡现象，最终系统不能达到平衡，无法正常工作。

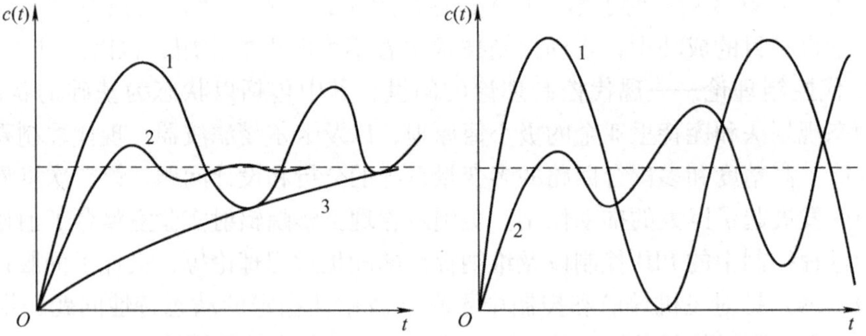

a) 稳定系统的响应情况　　b) 不稳定系统的响应情况

图 1-13　控制系统在阶跃信号作用下的响应

1.6.2 暂态性能

暂态性能是指输入作用改变后系统重新达到平衡状态前的特性。对于一个稳定系统，暂态过程响应的平稳性和快速性都是非常重要的。

如果平稳性差，即动态过程振荡激烈，不但会使控制质量下降，而且会导致系统中的元件和设备损坏。图 1-13a 所示曲线中，曲线 2 较曲线 1 有更好的平稳性。

快速性是由动态过程的时间长短来表征的。动态过程也称为过渡过程，过渡过程时间越短，表明快速性能越好。如图 1-13a 所示，曲线 3 为单调变化过程，虽平稳性好，但比曲线 2 响应时间长，反应迟钝，快速性差。快速性是衡量系统性能的重要指标之一。

1.6.3 稳态性能

系统的稳态输出与给定输入所要求的期望输出之间的误差称为稳态误差。控制系统的稳态性能是由稳态误差来表征的，它反映了系统的稳态精度。稳态误差越小，表示系统的输出跟随输入的精度越高，准确性越好。

对于温度、压力和速度等恒值控制系统，由于系统一般工作在稳态，稳态精度会直接影响到产品质量，所以准确性是这类控制系统最为重要的性能指标之一。

1.7 自动控制系统分析与设计工具

Simulink 是 MATLAB 最重要的组件之一，它提供一个动态系统建模、仿真和综合分析的集成环境。在该环境中，无需大量书写程序，而只需要通过简单直观的鼠标操作，就可构造出复杂的系统。Simulink 具有适应面广、结构和流程清晰、仿真精细、贴近实际、效率高、灵活等优点，并基于以上优点，Simulink 已被广泛应用于控制理论和数字信号处理的复杂仿真和设计。图 1-14 是 MATLAB/Simulink 软件模型仿真界面。

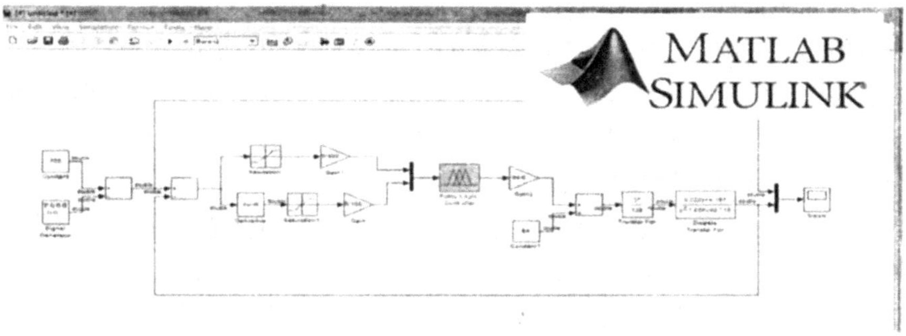

图 1-14 MATLAB/Simulink 软件模型仿真界面

Simulink 是 MATLAB 中的一种可视化仿真工具，是一种基于 MATLAB 的框图设计环境，是实现动态系统建模、仿真和分析的一个软件包，被广泛应用于线性系统、非线性系统、数字控制及数字信号处理的建模和仿真中。Simulink 可以用连续采样时间、离散采样时间或两种混合的采样时间进行建模，它也支持多速率系统，也就是系统中的不同部分具有不同的采样速率。为了创建动态系统模型，Simulink 提供了一个建立模型方块图的图形用户接口（GUI），这个创建过程只需单击和拖动鼠标操作就能完成，它提供了一种更快捷、直接明了的方式，而且用户可以立即看到系统的仿真结果。

Simulink 是用于动态系统和嵌入式系统的多领域仿真和基于模型的设计工具。对各种时变系统，包括通信、控制、信号处理、视频处理和图像处理系统，Simulink 提供了交互式图形化环境和可定制模块库来对其进行设计、仿真、执行和测试。

构架在 Simulink 基础之上的其他产品扩展了 Simulink 多领域建模功能，也提供了用于设计、执行、验证和确认任务的相应工具。Simulink 与 MATLAB 紧密集成，可以直接访问 MATLAB 大量的工具来进行算法研发、仿真的分析和可视化、批处理脚本的创建、建模环境的定制以及信号参数和测试数据的定义。

1.8 全书章节结构

本书主要介绍单输入单输出控制系统设计的重要方法。

第 1 章主要介绍自动控制系统的一般概念、基本的控制方式、控制系统的分类、自动控制理论的发展简史、自动控制系统的基本要求、自动控制系统分析与设计工具、自动控制原理常用原理与术语和 MATLAB 常用工具包。

第 2 章回顾建立动态系统模型必须使用的一些技巧，并简要介绍非线性模型的线性化（在第 9 章详细讨论）。

第 3 章和附录 A 讨论应用拉普拉斯变换进行动态响应分析，以及时间响应与传递函数零极点之间的关系。这一章还讨论系统稳定性的临界问题，介绍了劳斯（Routh）判据和稳态误差问题。

第 4 章介绍反馈的基本方程和特点，先给出反馈对系统各种特性的影响，包括扰动抑制、跟踪精度、系统对参数的灵敏度和动态响应，然后讨论比例积分微分（PID）控制的思想。这一章还介绍传递函数的数字实现，以及线性时不变控制器的数字实现，因此我们可以比较数字控制器和模拟控制器的作用效果。

在第 4 章内容的基础上，第 5 ~7 章介绍在更复杂的动态系统中实现控制目标的技术方法。这些方法包括根轨迹法、频率响应法和状态变量法。各种方法的目的都是一样的，而且在设计中各有优缺点。这几种方法基本上是互补的，控制工程师们必须理解各种方法，以便在设计控制系统时能够得到最好的控制效果。

在第 4 章的基础上，第 8 章更加深入地探讨用数字计算机实现控制器的想法。这一章将告诉读者如何将在第 5 ~7 章得到的控制方程离散化，系统采样如何引起迟滞而降低系统的稳定性，还有为了达到良好的控制效果，采样速率应该是系统频率多少倍。分析采样系统需要另一个分析工具——z 变换法，因此，该章还将介绍 z 变换及其使用方法。

习题

1-1 闭环控制系统是由哪些环节组成的？各环节在系统中起什么作用？

1-2 试说明图 1-15 所示控制系统的控制原理，并指出其组成。

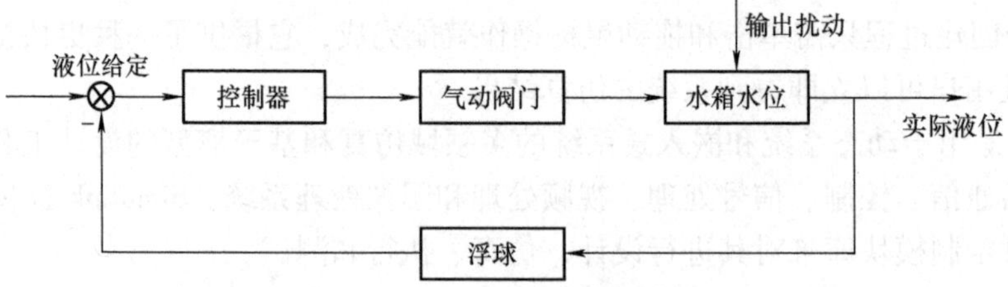

图 1-15 控制系统原理框图

1-3 目前我们日常生活中还在使用着最早的自动液位控制系统。比如抽水马桶的水箱中的液位控制装置。其原理是在压力相同的情况下，从小孔流出的液体流量将是一样的，这也就是说要保持流速不变则要保持液体相对于流出孔的高度为常量，这种装置我们也称之为球阀。当液面下降时，浮球也跟着下降，因此液体流入槽中；随着液面上升，液体流量减小甚至被截断。图 1-16 说明了球阀的工作原理。简述该系统的工作原理，说明它属于什么类型的控制系统，指出它的参考输入信号、被控变量、反馈信号、控制变量以及测量元件、执行元件。

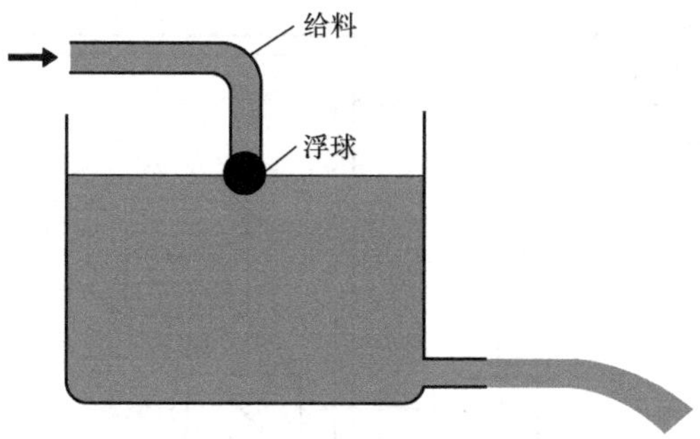

图 1-16　液位流量早期控制系统

1-4　在 1620 年，人们就设计出了用于控制加热孵卵器中火炉的温度控制系统。装置的结构如图 1-17 所示，在用于加热的火炉上方放置一个箱子，箱子顶部设有通气管并安装烟道挡板。箱子里面是双层隔板的孵卵箱，隔板间充满水以均衡整个孵卵器的受热。温度传感器是一个玻璃容器，里面装的是酒精和水银，安装在孵卵箱周围。当火加热箱子和水的时候，酒精体积膨胀，提升杆往上浮，因此降低了通气管上的烟道挡板。如果孵卵箱温度过低时，酒精体积变小，烟道挡板打开，进而火势变旺，提供更多的热量。期望温度可以通过调整提升杆的长度来设定，对某个给定的酒精膨胀度设定烟道挡板的开度。在系统中找出参考输入、扰动量、被控量、控制器及被控对象，并画出系统的原理框图。

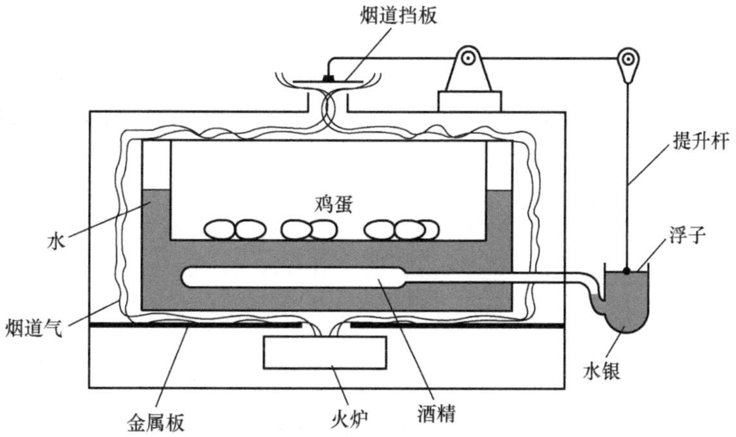

图 1-17　用于孵化鸡蛋的孵卵器

1-5　电冰箱制冷系统原理图如图 1-18 所示。请简述系统的工作原理，指出被控对象、被控量和给定量，并画出系统框图。

1-6　图 1-19 是烤面包机系统的原理图。面包的烘烤质量由烤箱内的温度及烘烤时间决定。试说明传动带速度控制的工作原理，并绘制相应的原理框图和烤面包机的原理框图。

1-7　一晶体管稳压电源如图 1-20 所示。试画出其框图，并说明在该电路图中，哪些元器件起着测量、放大、执行的作用，以及系统的干扰量和给定值是什么。

1-8　判定下列方程描述的系统是线性定常系统、线性时变系统还是非线性系统。式中，$r(t)$是输入信号，$y(t)$是输出信号。

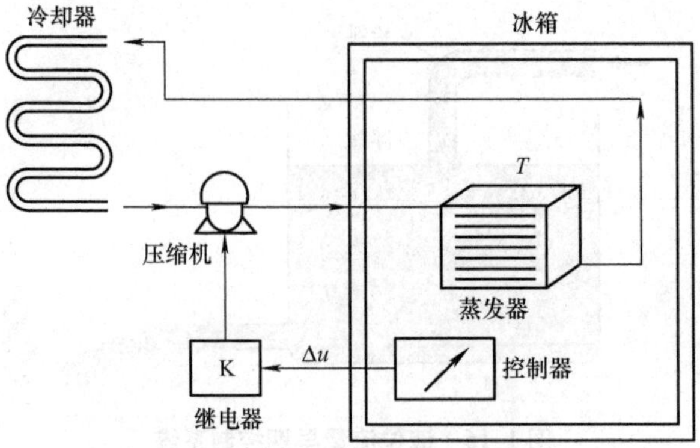

图 1-18　电冰箱制冷系统原理图

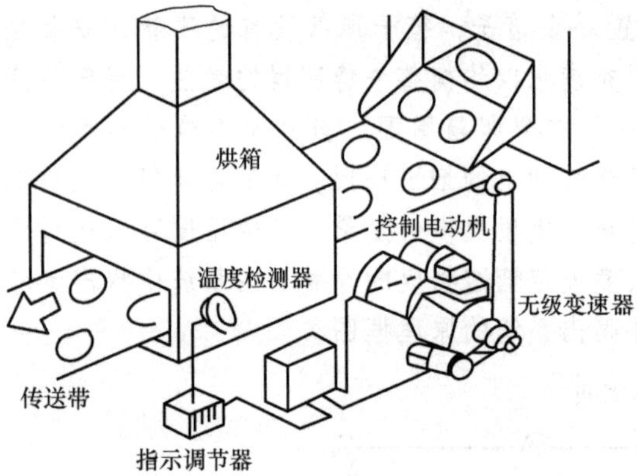

图 1-19　烤面包机系统原理图

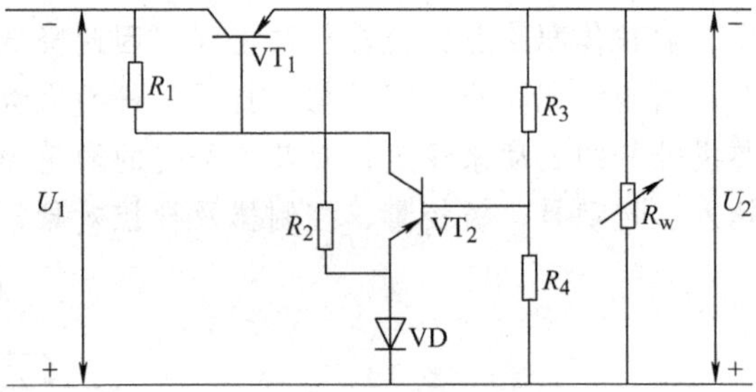

图 1-20　晶体管稳压电源

(1) $y(t)=5r(t)+10\dfrac{dr(t)}{dt}+3\int_0^t r(\tau)\,d\tau$

(2) $y(t)=3r(t)+t\dfrac{d^2r(t)}{dt^2}$

(3) $y(t)=6[r(t)]^2$

(4) $y(t)=7+r(t)\sin\omega t$

(5) $y(t)+2\dfrac{d^3y(t)}{dt^3}+3\dfrac{d^2y(t)}{dt^2}+4\dfrac{dy(t)}{dt}=5r(t)$

(6) $y(t)+8t\dfrac{dy(t)}{dt}=4r(t)+9\dfrac{dr(t)}{dt}$

第 2 章 系统的数学模型

自动控制系统的设计中，为了使所设计的自动控制系统满足实际需求，需要对系统的暂态及稳态性能进行理论上的分析和设计，掌握其中的内在规律。系统分析的基础是数学模型，无论是经典控制理论还是现代控制理论都以数学模型为基础。控制系统的数学模型是描述系统内部物理量之间关系的数学表达式。

系统中变量的关系可以分为静态关系和动态关系。在静态条件下描述的变量之间关系的模型称为静态模型；描述变量各阶导数关系的模型称为动态模型。控制理论研究的是动态系统，而动态系统数学模型的基础是微分方程，又称为动态方程或运动方程。

研究和建立系统数学模型的方法有分析法（又称为理论建模）和实验法（又称为系统辨识）两种。分析法是根据系统各个元件所遵循的物理规律或者化学规律以及运动机理，列写相应的运动方程；实验法是人为地给系统施加某种测试信号，记录其输出响应，并用恰当的数学模型去逼近和拟合。无论是分析法还是实验法建立的数学模型，都存在模型精度与复杂度之间的矛盾，即想要获得更高的建模准确度，就需要建立较为复杂的模型，此时相对应的控制系统的分析与设计方法也就越困难。因此，在工程应用中，总是在满足一定准确度的前提下，尽量使用较为简单的数学模型。

在自动控制系统中，用来描述系统数学模型的形式有很多，时域中常用微分方程、差分方程和状态方程；复域中包含传递函数、结构图；频域中包含频率特性。本章主要讲述线性定常系统的微分方程、传递函数、框图以及信号流图。

2.1 系统的微分方程

微分方程是描述各种控制系统最基本的数学工具，也是其他各种数学模型的基础。在建立控制系统的微分方程时，多数情况下需要对实际的物理系统做一些理想化的假设，忽略掉一些次要因素。

本节重点研究典型的电路系统、机电系统以及机械系统的微分方程的建立与求解方法。

2.1.1 电路系统

电路系统主要由电阻、电容以及电感等基本元件组成，*RLC* 电路是较为常见的电路系统。建立其微分方程是基于基尔霍夫电流定律和基尔霍夫电压定律。

例 2-1 按图 2-1 所示的 *RLC* 电路，试写出以 $u_i(t)$ 为输入量，$u_o(t)$ 为输出量的微分方程。

解 令 RLC 回路的电流为 $i(t)$，根据基尔霍夫电压定理可得

$$u_{\mathrm{i}}(t)=L\frac{\mathrm{d}i(t)}{\mathrm{d}t}+Ri(t)+u_{\mathrm{o}}(t)$$

$$u_{\mathrm{o}}(t)=\frac{1}{C}\int i(t)\mathrm{d}t$$

式中，$i(t)$ 属于中间变量。

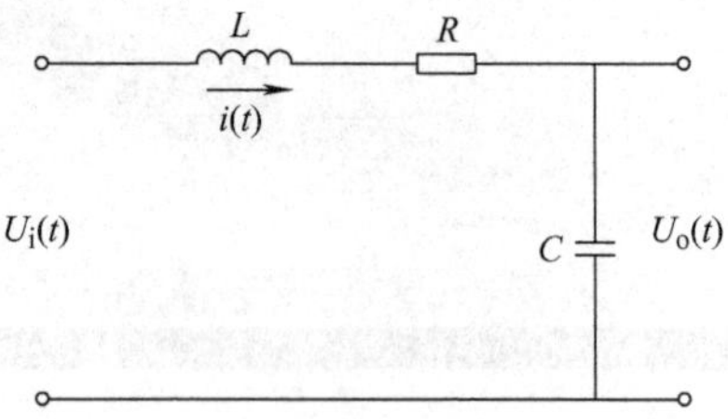

图 2-1 RLC 电路

结合上述两个方程进行化简，得到的微分方程为

$$LC\frac{\mathrm{d}^2u_{\mathrm{o}}(t)}{\mathrm{d}t^2}+RC\frac{\mathrm{d}u_{\mathrm{o}}(t)}{\mathrm{d}t}+u_{\mathrm{o}}(t)=u_{\mathrm{i}}(t) \tag{2-1}$$

2.1.2 机电系统

机电系统是控制系统中应用极为广泛的一类系统。以电枢控制式直流电动机转速控制系统为例（见图 2-2），可列写相应的微分方程。

其中，电枢电路电压平衡方程为

$$u_{\mathrm{a}}(t)=i_{\mathrm{a}}(t)R_{\mathrm{a}}+L_{\mathrm{a}}\frac{\mathrm{d}i_{\mathrm{a}}}{\mathrm{d}t}+e_{\mathrm{a}}$$

式中，e_{a} 为反电动势，$e_{\mathrm{a}}=K_{\mathrm{a}}\frac{\mathrm{d}\theta}{\mathrm{d}t}$，$K_{\mathrm{a}}$ 为电动机反电动势系数，θ 为角位移。

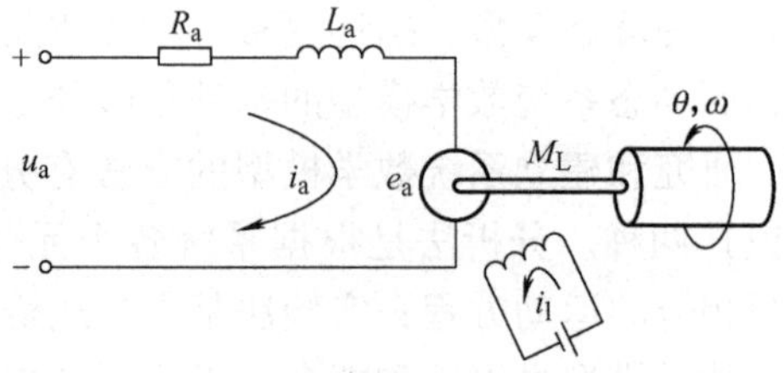

图 2-2 电枢控制式直流电动机转速控制系统

电动机的电磁转矩 $M_{\mathrm{m}}(t)$ 与电枢电流 $i_{\mathrm{a}}(t)$ 以及磁通 Φ（为常数）成正比关系，即

$$M_{\mathrm{m}}(t)=C_{\mathrm{m}}i_{\mathrm{a}}(t)$$

电动机轴上的转矩平衡方程为

$$M_{\mathrm{m}}(t)-f\frac{\mathrm{d}\theta(t)}{\mathrm{d}t}-M_{\mathrm{L}}(t)=J\frac{\mathrm{d}^2\theta}{\mathrm{d}t^2}$$

式中，f 为电动机和负载折合到电动机轴上的黏性摩擦系数；J 为电动机和负载折合到电动机轴上的转动惯量。

电动机的转速 $\omega(t)=\frac{\mathrm{d}\theta(t)}{\mathrm{d}t}$，消去中间变量以后，得到的系统微分方程式为

$$JL_{\mathrm{a}}\frac{\mathrm{d}^2\omega(t)}{\mathrm{d}t^2}+(JR_{\mathrm{a}}+fL_{\mathrm{a}})\frac{\mathrm{d}\omega(t)}{\mathrm{d}t}+(fR_{\mathrm{a}}+C_{\mathrm{m}}K_{\mathrm{a}})\omega=C_{\mathrm{m}}u_{\mathrm{a}}(t)-R_{\mathrm{a}}M_{\mathrm{L}}(t)-L_{\mathrm{a}}\frac{\mathrm{d}M_{\mathrm{L}}(t)}{\mathrm{d}t}$$

由于电动机的电枢电感 L_{a} 一般较小，可令 $L_{\mathrm{a}}=0$，再令 $T_{\mathrm{m}}=\frac{JR_{\mathrm{a}}}{fR_{\mathrm{a}}+C_{\mathrm{m}}K_{\mathrm{a}}}$（$T_{\mathrm{m}}$ 为电动机的机电时间常数），$K_1=\frac{C_{\mathrm{m}}}{fR_{\mathrm{a}}+C_{\mathrm{m}}K_{\mathrm{a}}}$，$K_2=\frac{R_{\mathrm{a}}}{fR_{\mathrm{a}}+C_{\mathrm{m}}K_{\mathrm{a}}}$（$K_1$，$K_2$ 为电动机的传递系数），则微分方程式可以表示为

$$T_{\mathrm{m}}\frac{\mathrm{d}\omega(t)}{\mathrm{d}t}+\omega(t)=K_1u_{\mathrm{a}}(t)-K_2M_{\mathrm{L}}(t) \tag{2-2}$$

2.1.3　机械系统

汽车减振装置如图 2-3 所示，试列写质量 m 在外力 $F(t)$ 作用下，位移 $x(t)$ 的运动方程。

由牛顿第二定律可知，质量 m 的受力方程可表示为

$$m\frac{\mathrm{d}^2y}{\mathrm{d}t^2}+b\frac{\mathrm{d}y}{\mathrm{d}t}+ky=F(t) \tag{2-3}$$

式中，k 为理想弹簧元件的弹性模量；b 为黏性摩擦的摩擦系数。

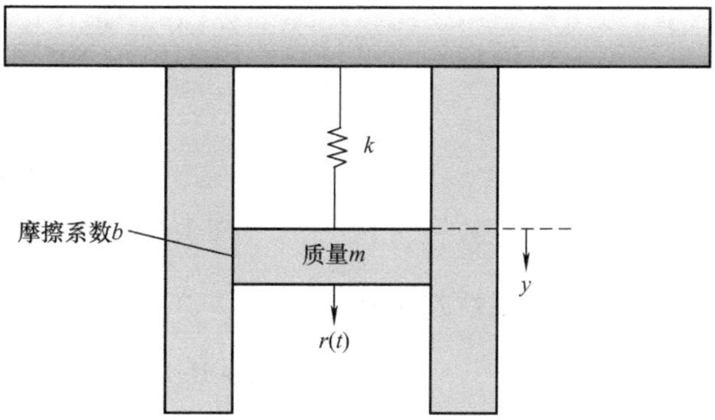

图 2-3　汽车减振装置

综上所述，建立系统微分方程的一般步骤如下：

1）根据要求，确定系统的输入量与输出量。

2）分析系统的组成结构，按照其所遵循的物理、化学定律，围绕输入量、输出量，构造合适的中间变量，列写系统的原始方程组。

3）消去中间变量，整理出只含有输入变量和输出变量之间关系的微分方程。

4）列写微分方程的标准形式，将输出量及其导数放在方程的左端，输入量及其导数放在方程的右端，并分别按照阶次从高到低的排列顺序进行表示。

2.1.4　非线性方程的线性化

一般而言，绝大多数的物理系统都只能在一个特定范围内满足线性条件，当系统变量无约束的变化时，系统将表现为非线性系统特性。然而，求解非线性方程在理论上会存在一定困难。因此，常常将非线性系统进行线性化来简化所研究系统。

常用的线性化方法的实质是在一个很小的范围内，将系统的非线性特性用一段直线来代替。从数学描述的角度，即确定一个静态工作点（x_0，y_0），将非线性函数 $y=f(x)$ 在该处按照泰勒级数展开，然后略去二阶以上的高阶项，从而得到线性方程。

具体而言，对于只有一个输入变量 $x(t)$ 的系统，令输出量为 $y(t)$，当系统的工作点为（x_0，y_0）时，则在该点附近可以展开成泰勒级数：

$$y=f(x_0)+\left.\frac{\mathrm{d}f(x)}{\mathrm{d}x}\right|_{x=x_0}(x-x_0)+\frac{1}{2!}\cdot\left.\frac{\mathrm{d}^2f(x)}{\mathrm{d}x^2}\right|_{x=x_0}(x-x_0)^2+\cdots$$

忽略掉高阶因子后，可简化为

$$y=f(x_0)+\left.\frac{\mathrm{d}f(x)}{\mathrm{d}x}\right|_{x=x_0}(x-x_0) \tag{2-4}$$

即实现了非线性系统的线性化。

对于两个及更多自变量的非线性系统，线性化的方法类似，此处略证。

对于如图 2-4 所示的单摆振荡模型，转矩与质量之间满足非线性关系 $T=MgL\sin\theta$，其中 g 是重力加速度，是个常数。

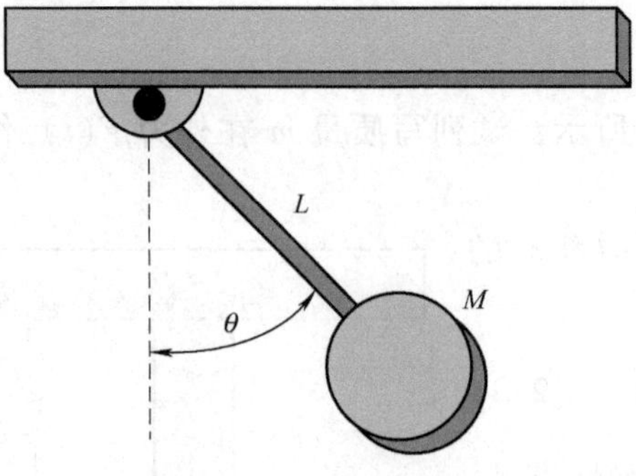

图 2-4 单摆振荡模型

简化的系统线性方程为

$$T = T_0 + MgL \frac{\partial(\sin\theta)}{\partial\theta}\bigg|_{\theta=\theta_0}(\theta - \theta_0)$$

选取系统工作点为 $\theta_0 = 0^\circ$，进一步简化得到

$$T = MgL(\cos 0^\circ)(\theta - 0^\circ) = MgL\theta \tag{2-5}$$

2.2 传递函数

2.2.1 拉普拉斯变换

系统的微分方程描述了系统的输入变量与输出变量在时域范围内的关系模型，其优点在于直观、方便理解，但也存在着明显的缺点：求解过程困难，且当系统的结构或者某个参数变化时，需要重新列写微分方程，因此不便于对系统进行多种条件下的设计与分析。

以拉普拉斯变换为基础得到的传递函数，则可以简单明了地描述系统输入与输出间的关系。此外，传递函数一方面可表征系统的动态性能，另一方面可以较为便捷地讨论系统结构、参数变化时对性能的影响。后续章节中讲述的根轨迹分析法以及频域分析方法，都是建立在传递函数的概念之上。因此，熟练掌握传递函数的概念与性质至关重要。

在讲述传递函数之前，我们首先回顾拉普拉斯变换的概念。拉普拉斯变换是一种线性变换，可将时间函数 $x(t)$ 转换为复数变量 s 的复变函数 $X(s)$，其定义关系式为

$$X(s) = \int_0^{\infty} x(t)\mathrm{e}^{-st}\mathrm{d}t \tag{2-6}$$

其逆运算，即拉普拉斯逆变换为 $x(t) = \dfrac{1}{2\pi \mathrm{j}}\displaystyle\int_{\sigma-\mathrm{j}\omega}^{\sigma+\mathrm{j}\omega} X(s)\mathrm{e}^{st}\mathrm{d}s$ 也可简写为 $x(t) = L^{-1}[X(s)]$。

常用函数的拉普拉斯变换表见表 2-1。

表 2-1 常用函数的拉普拉斯变换表

序号	时间函数 $e(t)$	拉普拉斯变换 $E(s)$
1	$\delta(t)$	1
2	$\delta_T(t) = \sum_{n=0}^{\infty}\delta(t-nT)$	$\dfrac{1}{1-\mathrm{e}^{-Ts}}$

（续）

序号	时间函数 $e(t)$	拉普拉斯变换 $E(s)$
3	$u(t)$	$\frac{1}{s}$
4	t	$\frac{1}{s^2}$
5	$\frac{t^2}{2}$	$\frac{1}{s^3}$
6	$\frac{t^n}{n!}$	$\frac{1}{s^{n+1}}$
7	e^{-at}	$\frac{1}{s+a}$
8	te^{-at}	$\frac{1}{(s+a)^2}$
9	$1-e^{-at}$	$\frac{a}{s(s+a)}$
10	$e^{-at}-e^{-bt}$	$\frac{b-a}{(s+a)(s+b)}$
11	$\sin\omega t$	$\frac{\omega}{s^2+\omega^2}$
12	$\cos\omega t$	$\frac{s}{s^2+\omega^2}$
13	$e^{-at}\sin\omega t$	$\frac{\omega}{(s+a)^2+\omega^2}$
14	$e^{-at}\cos\omega t$	$\frac{s+a}{(s+a)^2+\omega^2}$
15	$a^{t/T}$	$\frac{1}{s-(1/T)\ln a}$

利用拉普拉斯变换求解微分方程的步骤如下：

1）根据拉普拉斯变换的微分性质和线性性质，对微分方程的两端进行拉普拉斯变换，得到以 s 为变量的代数方程，其中初值为系统在 $t=0$ 时的值。

2）写出系统输出变量的表达式。

3）对输出变量求拉普拉斯逆变换，得到微分方程的解。

2.2.2　传递函数的定义

传递函数指在零初始条件下，系统输出量的拉普拉斯变换与输入量的拉普拉斯变换之比。

假设线性微分方程的一般表达式为

$$\begin{aligned}&a_0\frac{d^n}{dt^n}c(t)+a_1\frac{d^{n-1}}{dt^{n-1}}c(t)+\cdots+a_{n-1}\frac{d}{dt}c(t)+a_nc(t)\\&=b_0\frac{d^m}{dt^m}r(t)+b_1\frac{d^{m-1}}{dt^{m-1}}r(t)+\cdots+b_{m-1}\frac{d}{dt}r(t)+b_mr(t)\end{aligned}\tag{2-7}$$

式中，$c(t)$、$r(t)$ 分别为系统的输出和输入变量；$a_i(i=1,\ 2,\ \cdots,\ n)$ 和 $b_j(j=1,\ 2,\ \cdots,\ m)$ 分别为与系统结构和参数相关的常系数。

当初始条件为 0 时，对式（2-7）两端求拉普拉斯变换，得到

$$(a_0s^n+a_1s^{n-1}+\cdots+a_{n-1}s+a_n)C(s)=(b_0s^m+b_1s^{m-1}+\cdots+b_{m-1}s+b_m)R(s)$$

按照传递函数的定义，得到传递函数

$$G(s)=\frac{C(s)}{R(s)}=\frac{b_0s^m+b_1s^{m-1}+\cdots+b_{m-1}s+b_m}{a_0s^n+a_1s^{n-1}+\cdots+a_{n-1}s+a_n} \tag{2-8}$$

对于传递函数，有几点说明如下：

1）传递函数只适用于线性定常系统。

2）传递函数是在初始条件为 0 时定义的，即需满足 $t<0$ 时，输出量及其各阶导数均为 0。

1. 传递函数的性质

1）传递函数是复变量 s 的有理真分式函数，分子的阶次 m 一般低于或者等于分母的阶次 n，且所有系数均为实数。

2）传递函数只取决于系统的结构和参数，与外施信号的大小和形式无关。

3）传递函数有其对应的零极点分布图，因此，传递函数的零极点分布图表征了系统的动态性能，将式（2-8）的传递函数因式分解后，可写为

$$G(s)=\frac{b_0(s-z_1)(s-z_2)\cdots(s-z_m)}{a_0(s-p_1)(s-p_2)\cdots(s-p_n)} \tag{2-9}$$

式中，z_1，…，z_m对应传递函数分子多项式方程的 m 个根，也称为传递函数的零点；p_1，…，p_n称为传递函数的极点。零极点的数值完全由系数 b_0，…，b_m和 a_0，…，a_n决定。

4）一个传递函数只能表示一个输入与输出之间的关系。对于多输入—多输出的系统，用传递函数矩阵去表征系统的输入与输出间的关系。

5）传递函数的拉普拉斯逆变换是脉冲响应 $g(t)$。脉冲响应 $g(t)$ 是系统在单位脉冲 $\delta(t)$输入时的输出响应，此时 $R(s)=L[\delta(t)]=1$，因此

$$g(t)=L^{-1}[C(s)]=L^{-1}[G(s)R(s)]=L^{-1}[G(s)] \tag{2-10}$$

例 2-2 求如图 2-5 所示 RC 电路的传递函数$\dfrac{U_c(s)}{U_r(s)}$。

解 上述电路系统的微分方程为

$$iR+u_c(t)=u_r(t)$$

$$i=C\frac{du_c(t)}{dt}$$

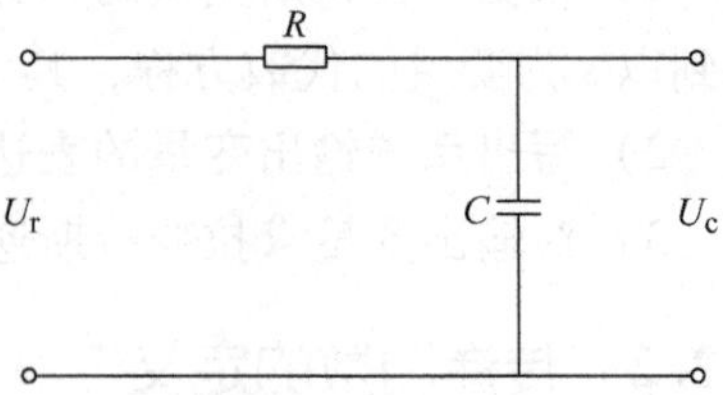

图 2-5 *RC* 电路

化简，并进行拉普拉斯变换以后，得到系统的传递函数为

$$\frac{U_c(s)}{U_r(s)}=\frac{1}{RCs+1} \tag{2-11}$$

2. 典型环节的传递函数

（1）比例环节 比例环节的特点是输入不失真、不延迟、成比例地复现输入信号。它的运动方程为

$$c(t)=Kr(t)$$

对应的传递函数为

$$\frac{C(s)}{R(s)}=G(s)=K$$

对应的结构图如图 2-6 所示。

典型的比例环节如齿轮传动系统如图 2-7 所示。

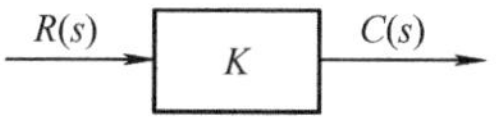

图 2-6　比例环节的结构图

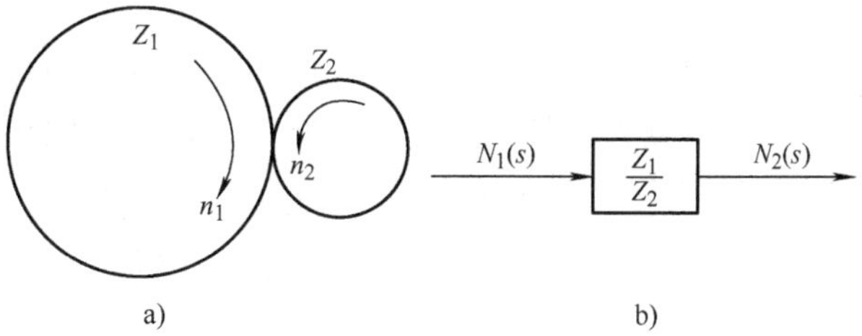

图 2-7　齿轮传动系统

图 2-7b 所示的传递函数为

$$G(s)=\frac{N_2(s)}{N_1(s)}=\frac{Z_1}{Z_2}\tag{2-12}$$

(2) 积分环节　积分环节的输出量与其输入量对时间的积分成正比，即有

$$c(t)=K\int_0^t r(\tau)\,\mathrm{d}\tau$$

对应的传递函数为$\frac{C(s)}{R(s)}=G(s)=\frac{K}{s}$。

图 2-8 是一典型的积分环节。

对应的传递函数为

$$G(s)=\frac{U_c(s)}{U_r(s)}=-\frac{1}{RCs}\tag{2-13}$$

对应的结构图如图 2-9 所示。

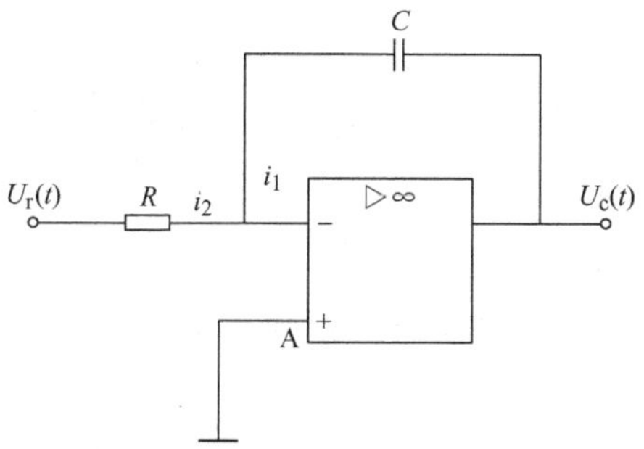

图 2-8　积分环节

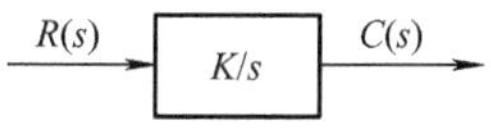

图 2-9　结构图

(3) 惯性环节　惯性环节的特点是其输出量缓慢地反映输入量的变化规律。它的微分方程为

$$T\frac{\mathrm{d}c(t)}{\mathrm{d}t}+c(t)=Kr(t)$$

对应的传递函数为

$$G(s)=\frac{C(s)}{R(s)}=\frac{K}{Ts+1} \tag{2-14}$$

式中，T 为惯性环节的时间常数。

图 2-10 所示为典型的惯性环节。

对应的传递函数为

$$G(s)=\frac{U_c(s)}{U_r(s)}=\frac{1}{RCs+1} \tag{2-15}$$

（4）一阶微分环节　一阶微分环节的特点是输出量不仅与输入量本身有关，而且与输入量的变化率有关，对应的微分方程为

$$c(t)=T\frac{\mathrm{d}r(t)}{\mathrm{d}t}+r(t)$$

对应的传递函数为

$$\frac{C(s)}{R(s)}=G(s)=Ts+1 \tag{2-16}$$

图 2-11 所示的 RC 电路为典型的一阶微分环节。

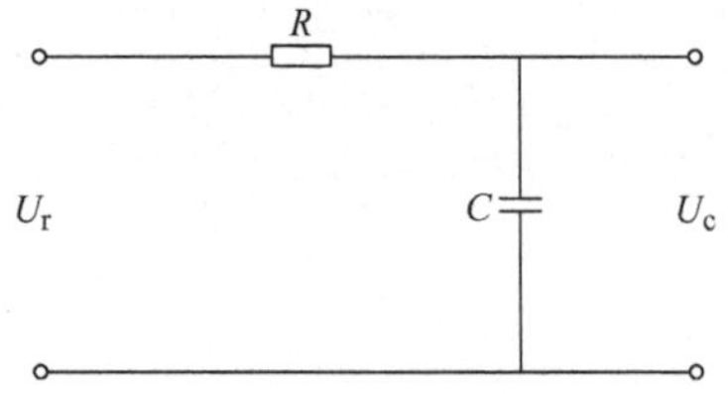

图 2-10　惯性环节

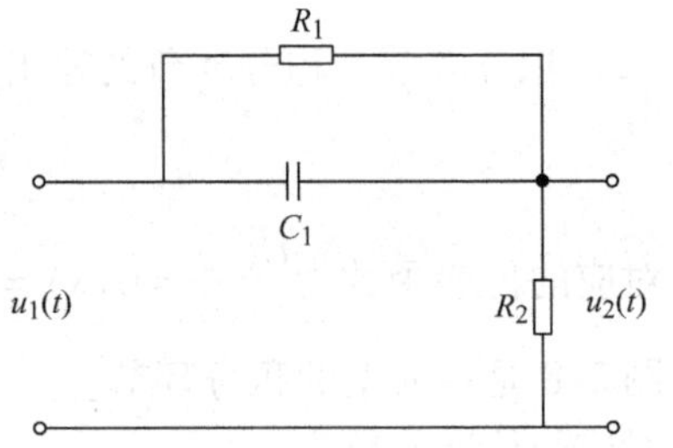

图 2-11　一阶微分环节

其传递函数为

$$G(s)=\frac{K(\tau_1 s+1)}{\tau_2 s+1}$$

式中，K 为 RC 电路增益，$K=\frac{R_2}{R_1+R_2}$；τ_1、τ_2 为时间常数，$\tau_1=R_1C_1$，$\tau_2=\frac{R_1R_2}{R_1+R_2}C_1$，当 $\tau_2 \ll 1$ 时，则有

$$G(s)=K(\tau_1 s+1) \tag{2-17}$$

（5）振荡环节　这种环节的特点是，如输入为一阶跃信号，则其输出成周期性振荡形式。

$$T^2\frac{\mathrm{d}^2c(t)}{\mathrm{d}t^2}+2\zeta T\frac{\mathrm{d}c(t)}{\mathrm{d}t}+c(t)=Kr(t) \tag{2-18}$$

式中，T 为时间常数；K 为放大系数；ζ 为阻尼比，其值为 $0<\zeta<1$。由于该传递函数有一对位于 s 左半平面的共轭极点，因而这种环节在阶跃信号作用下，其输出必然会呈现出振荡性质。

对应的传递函数为

$$\frac{C(s)}{R(s)}=G(s)=\frac{K}{T^2s^2+2\zeta Ts+1} \tag{2-19}$$

典型的振荡电路如图 2-12 所示。

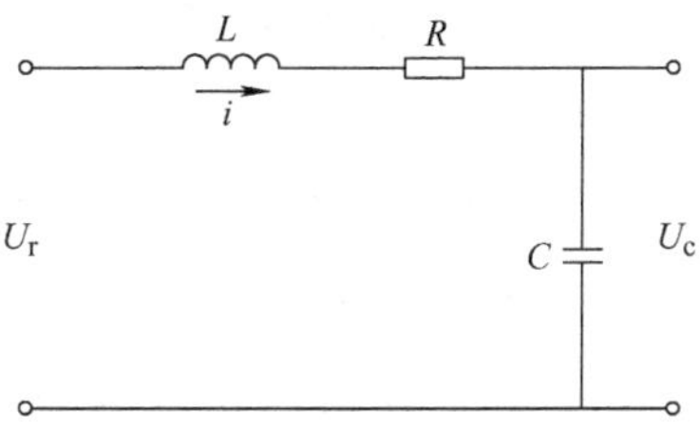

图 2-12　典型的振荡电路

对应的微分方程为

$$LC\frac{d^2u_c(t)}{dt^2}+RC\frac{du_c(t)}{dt}+u_c(t)=u_r(t)$$

变换过后，得到的传递函数为

$$\frac{U_c(s)}{U_r(s)}=\frac{1}{LCs^2+RCs+1} \tag{2-20}$$

2.3 框图模型

控制系统的框图又称为动态结构图，它是描述系统各元部件之间信号传递关系的数学图形。作为分析控制系统的一种便捷有效的工具，框图反映了系统各个元件之间的传递过程以及各个变量之间的因果关系。基于框图的分析方法既适用于线性系统，也适用于非线性系统。

2.3.1 框图的构成及绘制

任何系统都可以由信号线、函数结构（方框或环节）、信号引出点及比较点组成。

1）信号线：信号线是带有方向的直线，箭头指向为信号的传递方向。

2）函数结构：即方框或者环节，表示对信号进行的数学变换，指向方框的信号线表示环节的输入，从方框引出的信号线表示环节的输出。

3）信号引出点：表示信号引出或者测量的位置，从同一位置引出的信号在数值和性质方面完全相同。

4）信号比较点：表示对两个及两个以上的信号进行加减运算，“+”表示信号相加（通常省略），“-”表示信号相减。

典型的框图如图 2-13 所示。

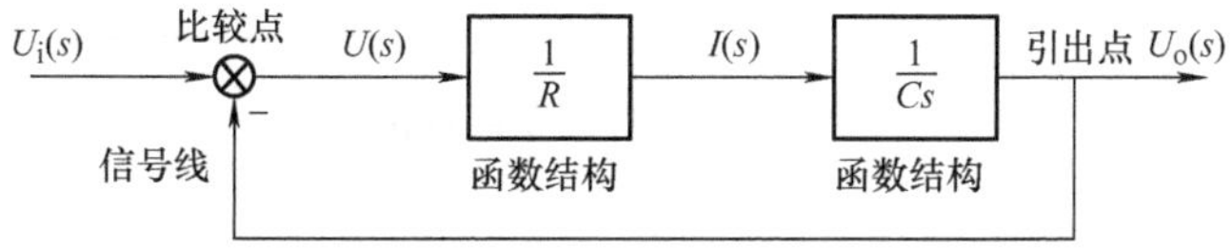

图 2-13　典型的框图

建立框图的步骤如下：

1）建立系统各元部件的微分方程。需要注意的是，必须先明确系统的输入量和输出量，还要考虑相邻元件间的负载效应。

2）将得到的系统微分方程组进行拉普拉斯变换。

3）按照各元部件的输入、输出，对各方程进行一定的变换，并据此绘出各元部件的动态结构图。

4）按照系统中各变量传递顺序，依次连接3）中得到的结构图，系统的输入量放在左端，输出量放在右端，即可得到系统的动态结构图。

例 2-3 如图2-14所示的 *RC* 电路，求取其系统框图。

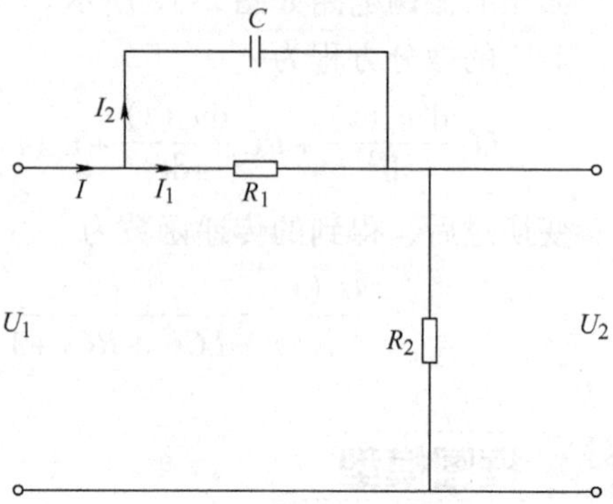

图 2-14 *RC* 电路

解 根据上述步骤，微分方程组为

$$U_1(t) - U_2(t) = I_1(t)R_1 = \frac{1}{C}\int I_2(t)\,\mathrm{d}t$$

$$I_1(t) + I_2(t) = I(t)$$

$$U_2(t) = I(t)R_2$$

进行拉普拉斯变换以后得到

$$U_1(s) - U_2(s) = I_1(s)R_1 = \frac{1}{Cs}I_2(s)$$

$$I_1(s) + I_2(s) = I(s)$$

$$U_2(s) = I(s)R_2$$

根据拉普拉斯变换方程得到的框图分别如图2-15所示。

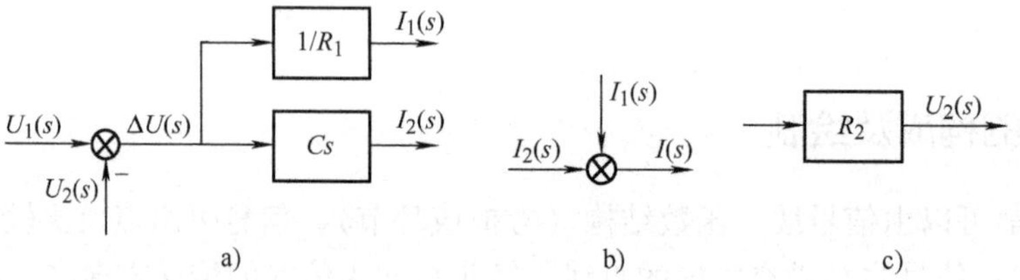

图 2-15 根据拉普拉斯变换方程得到的框图

再根据步骤4），得到最终的系统框图如图2-16所示。

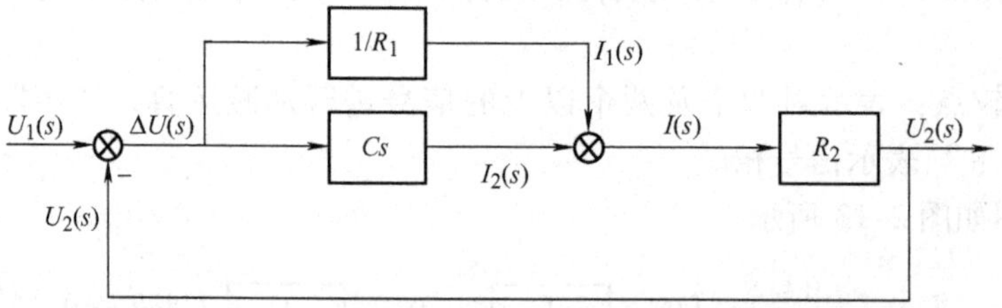

图 2-16 最终的系统框图

2.3.2 框图的变换规则

在控制系统的分析中，通常要对框图的结构进行一定的变换，尤其是对一些多回路的复杂系统，更需要对系统的框图进行简化。针对框图的简化都统称为框图的变换或运算。

框图的变换应按照等效的原则。所谓等效，就是对框图的任何一部分进行变换时，变换前后该部分的输入变量和输出变量之间的关系应保持不变。

框图的基本连接方式包括串联、并联和反馈三种。而框图变换的一般方法则是通过移动引出点或比较点，变换比较点进行方框运算将串联、并联和反馈连接的方框合并。

下面对上述三种基本连接关系的变换规则进行说明。

1. 串联连接的框图等效

如图2-17所示，两个方框 $G_1(s)$ 和 $G_2(s)$ 首尾相连，$G_1(s)$ 的输出量是 $G_2(s)$ 的输入量，则 $G_1(s)$ 和 $G_2(s)$ 成为串联连接，根据框图可知

$$U(s)=G_1(s)R(s),\quad C(s)=G_2(s)U(s)$$

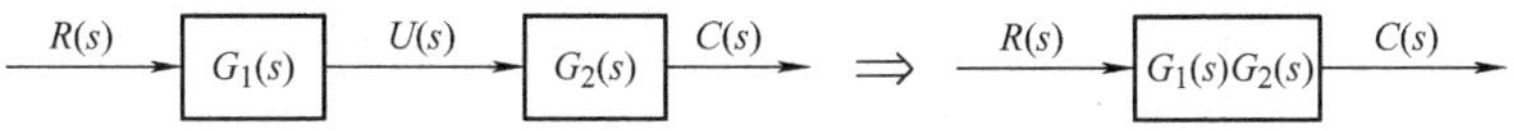

图2-17　串联连接的框图等效

由上述两式消去 $U(s)$ 得到

$$C(s)=G_1(s)G_2(s)R(s)=G(s)R(s) \tag{2-21}$$

式中，$G(s)$ 为串联方框的等效传递函数，$G(s)=G_1(s)G_2(s)$。
因此两个框图串联连接的等效框图等于各个方框传递函数的乘积。这个结论可以推广到 n 个串联环节的情况，即 n 个环节串联，总的传递函数等于每个环节的传递函数的乘积。

2. 并联连接的框图等效

如图2-18所示，如果两个方框 $G_1(s)$ 和 $G_2(s)$ 有相同的输入量，而输出量等于两个方框输出量的代数和，则 $G_1(s)$ 和 $G_2(s)$ 成为并联连接。根据框图可知

$$C_1(s)=G_1(s)R(s),\quad C_2(s)=G_2(s)R(s),\quad C(s)=C_1(s)\pm C_2(s)$$

由上述三式消去 $C_1(s)$ 和 $C_2(s)$，得到

$$C(s)=[G_1(s)\pm G_2(s)]R(s)=G(s)R(s) \tag{2-22}$$

式中，$G_1(s)\pm G_2(s)$为并联框图的等效传递函数。由此可知，两个方框并联连接的等效框图等于各个方框传递函数的代数和。这个结论也同样可以推广到 n 个环节并联的情况。

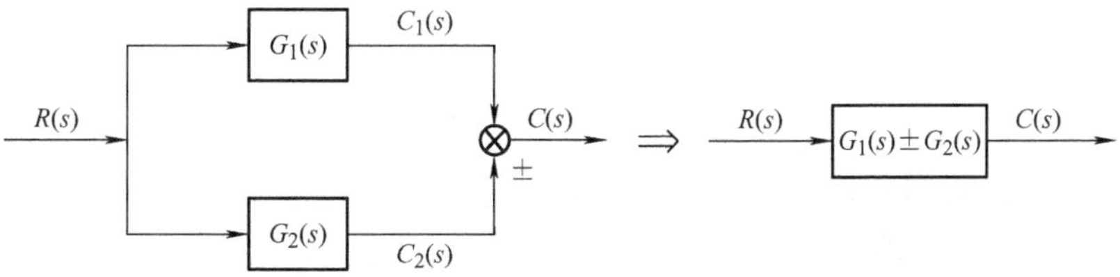

图2-18　并联连接的框图等效

3. 反馈回路的简化

图2-19a是一个基本的反馈回路，其中，$R(s)$ 和 $C(s)$ 分别为回路的输入信号和输出信号，$B(s)$ 为反馈信号，$E(s)$ 为偏差信号。由偏差信号 $E(s)$ 至输出信号 $C(s)$ 的传递函数 $G(s)$ 称为前向通道传递函数。由输出信号 $C(s)$ 至反馈信号 $B(s)$ 的传递函数 $H(s)$ 称为反馈通道传递函数。“+”表示正反馈，表示输入信号与反馈信号相加；“-”表示负反馈，指输入信号与反馈信号相减。

由图2-19a可知

$$C(s)=G(s)E(s),\quad B(s)=H(s)C(s),\quad E(s)=R(s)\pm B(s)$$

消去中间变量 $B(s)$ 和 $E(s)$，得到

$$C(s)=G(s)[R(s)\pm H(s)C(s)] \tag{2-23}$$

★★★ 2

进一步简化得到

$$C(s)=\frac{G(s)}{1\mp G(s)H(s)}R(s)=\Phi(s)R(s) \tag{2-24}$$

式中，$\Phi(s)$ 为闭环传递函数，即反馈连接的等效传递函数，$\Phi(s)=\dfrac{G(s)}{1\mp G(s)H(s)}$，分母中的“-”对应正反馈，“+”对应负反馈。简化后的框图如图 2-19b 所示。

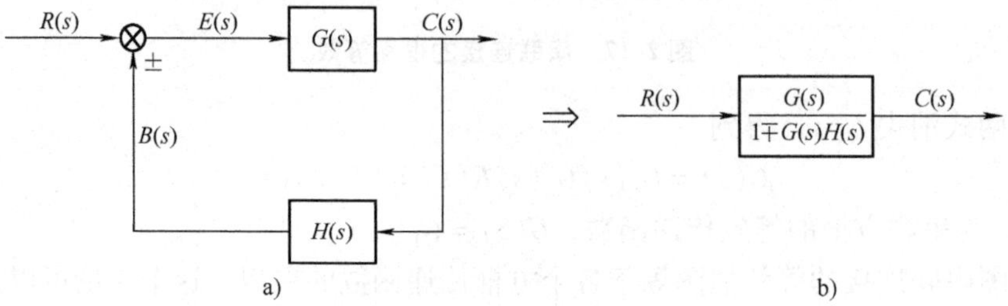

图 2-19 典型反馈回路

4. 比较点和引出点的移动

比较点和引出点的移动同样遵循移动前后传递函数等效的原则。

(1) 比较点后移 将一个比较点从一个函数方框的输入端移到输出端称为后移，图 2-20a 是变换前的框图，图 2-20b 是变换后的框图，根据等效原则，比较点后移时，需要分别在输入信号 a、反馈信号 b 与比较点之间增加 $G(s)$。

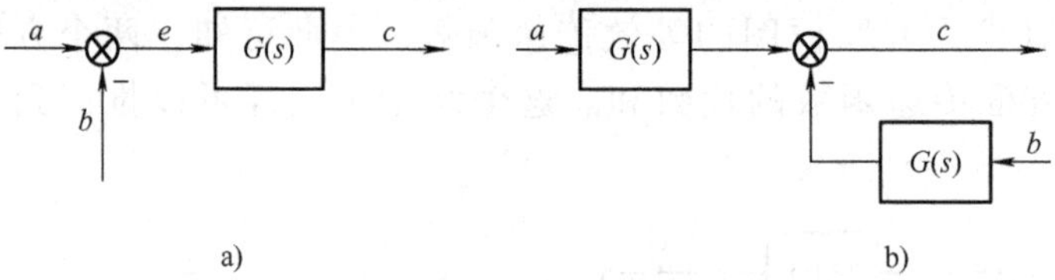

图 2-20 比较点后移

(2) 相邻比较点之间的移动 相邻的比较点之间可以相互交换位置而不改变该结构输入和输出信号间的关系，即如图 2-21 所示，图 2-21a、b、c 等效。

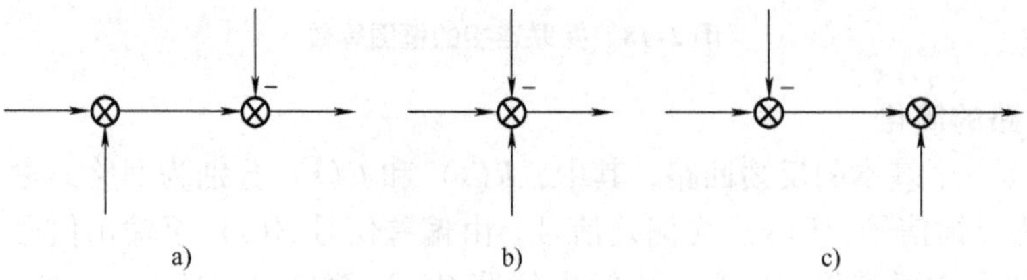

图 2-21 相邻比较点的移动

(3) 引出点后移 将引出点从一个函数方框的输入端移到输出端称为引出点后移，如图 2-22a 所示。

由于

$$a=aG(s)\frac{1}{G(s)}$$

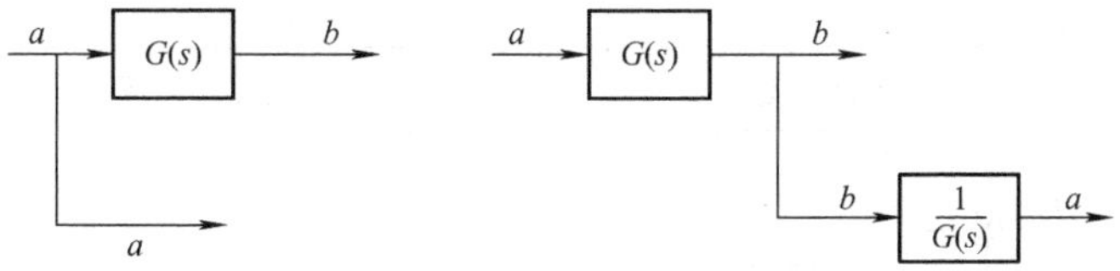

a)　　　　b)

图 2-22　引出点后移

因此引出点后移后，应该在被移动的通路上串入$\frac{1}{G(s)}$的函数方框，如图 2-22b 所示。

（4）相邻引出点之间的移动　从一条信号流线上，无论引出多少条信号线，它们都代表同一个信号。因此，在一条信号流上的各分支点之间可以随意改变位置，不必做任何其他改动，如图 2-23 所示。

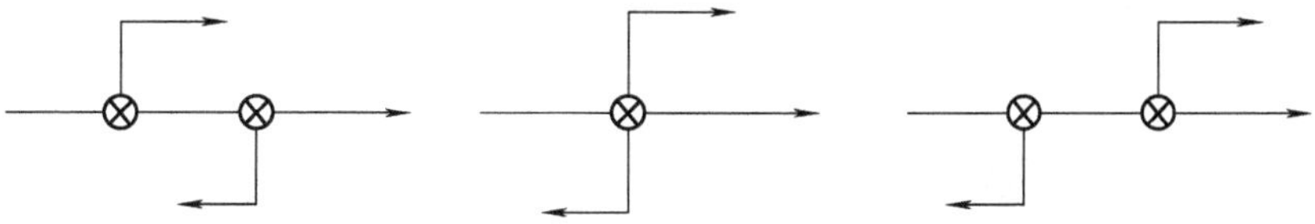

图 2-23　相邻引出点之间的移动

表 2-2 汇集了框图简化的基本规则，便于查用。

表 2-2　框图简化的基本规则

变换		原理图	等效框图
1	分支点前移	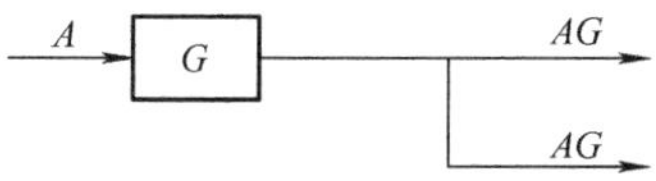	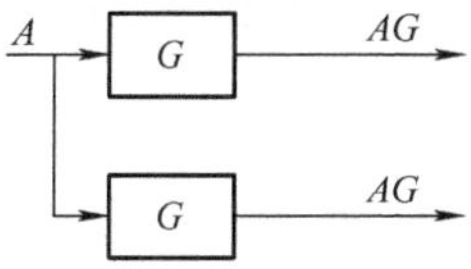
2	分支点后移	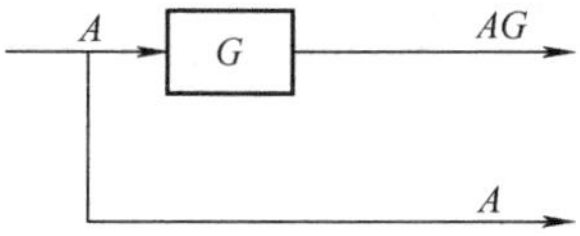	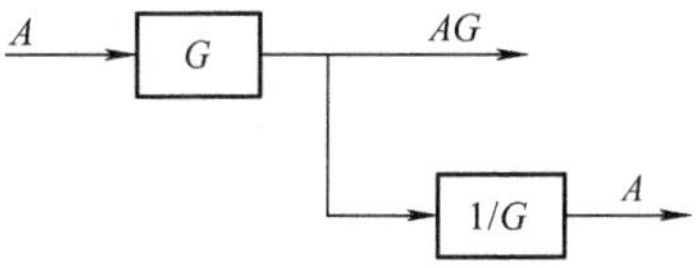
3	相加点前移	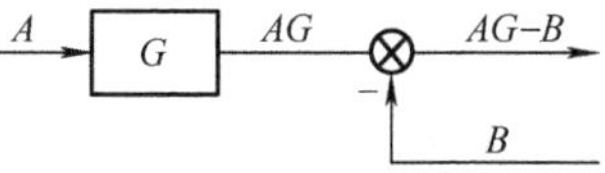	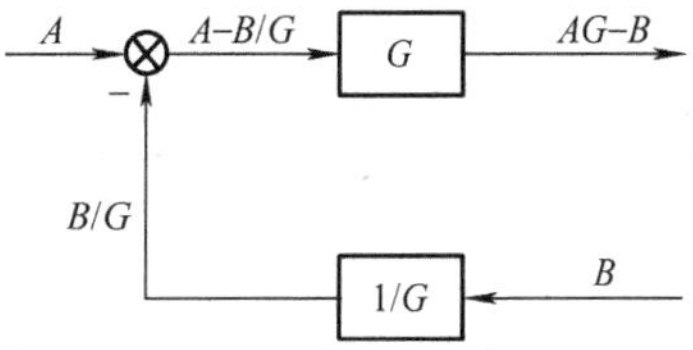
4	相加点后移	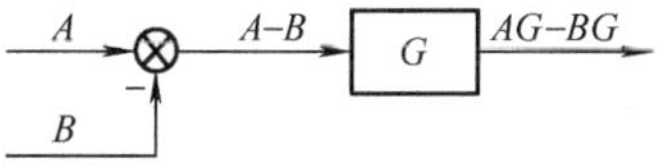	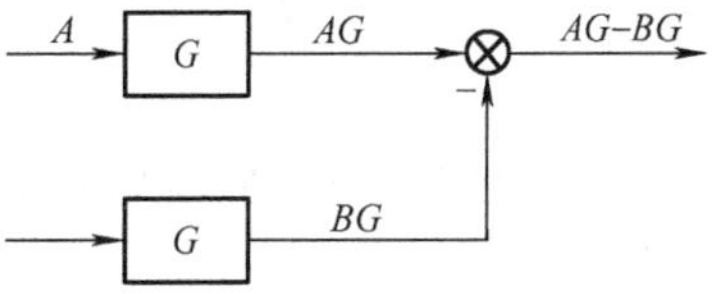

（续）

<table>
<tr><th colspan="2">变　换</th><th>原 理 图</th><th>等效框图</th></tr>
<tr><td>5</td><td>变单位
反馈</td><td>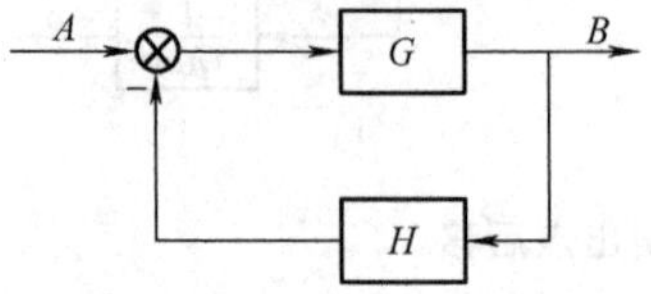
</td><td>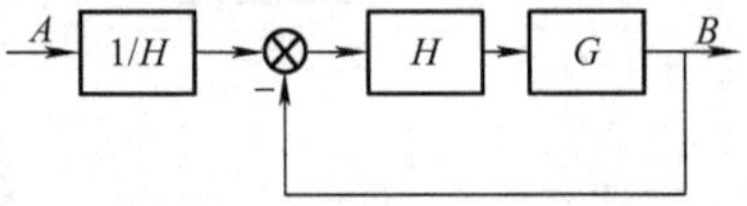
</td></tr>
<tr><td rowspan="3">6</td><td rowspan="3">相加点
变位</td><td>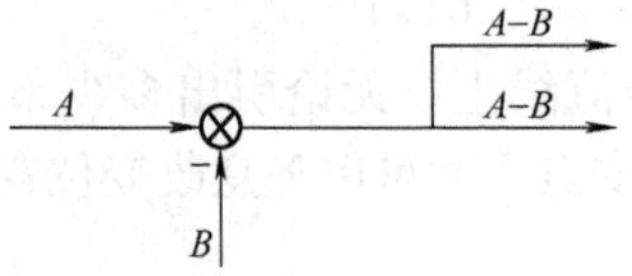
</td><td>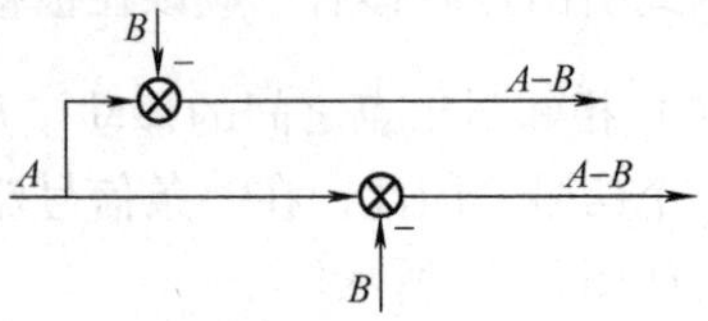
</td></tr>
<tr><td>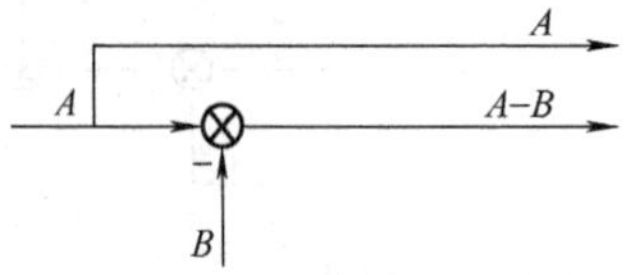
</td><td>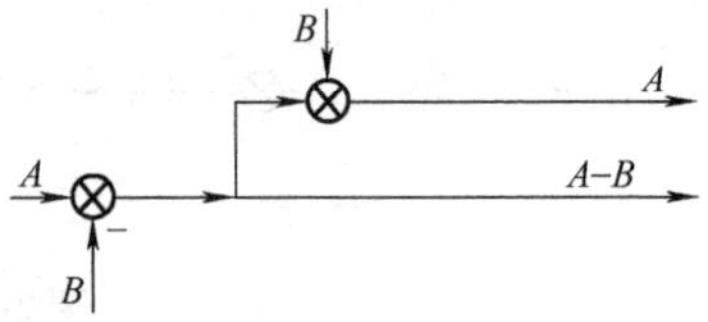
</td></tr>
<tr><td>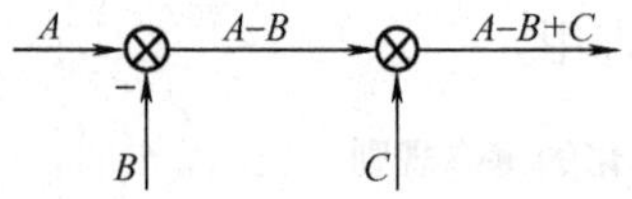
</td><td>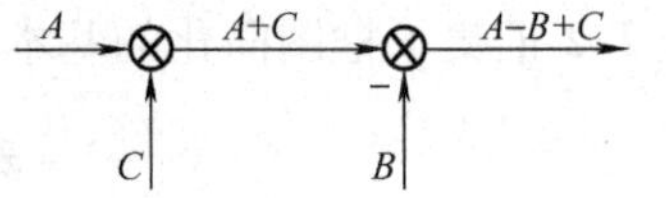
</td></tr>
</table>

例 2-4　试简化图 2-24 所示系统的结构框图。

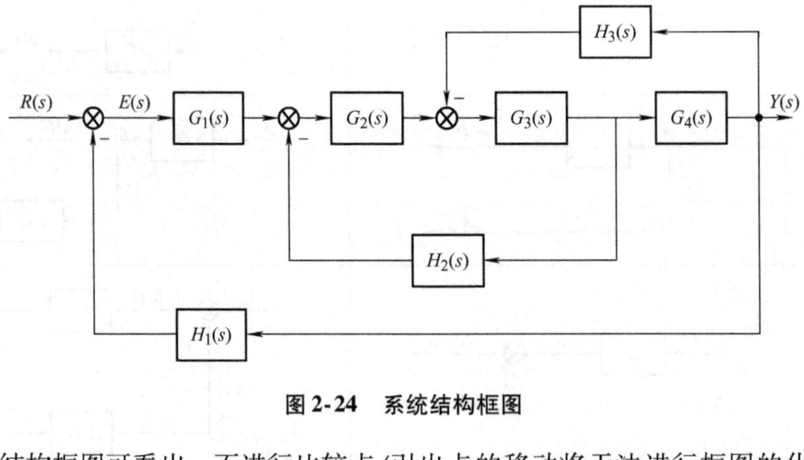

图 2-24　系统结构框图

解　从结构框图可看出，不进行比较点/引出点的移动将无法进行框图的化简。可采用的简化方法之一为：将 $G_3(s)$ 和 $G_4(s)$ 方框之间的引出点移到 $G_4(s)$ 的后端，如图 2-25 所示。

然后再对由 $G_3(s)$、$G_4(s)$ 和 $H_3(s)$ 组成的内部反馈回路进行简化，得到等效传递函数为

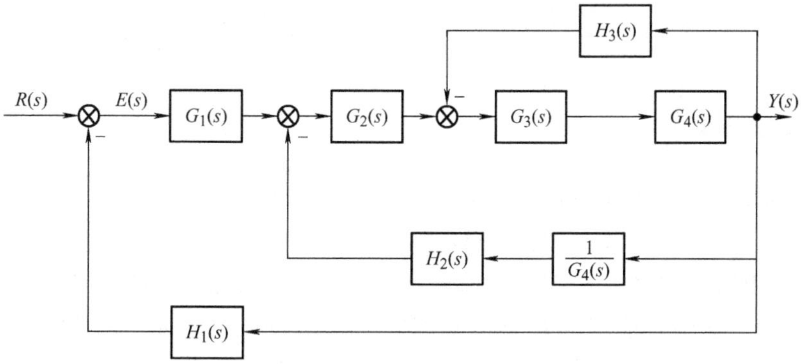

图 2-25　化简后的结构框图

$$G_{34}(s)=\frac{G_3(s)G_4(s)}{1+G_3(s)G_4(s)H_3(s)} \tag{2-25}$$

得到相应的进一步化简的结构框图如图 2-26 所示。

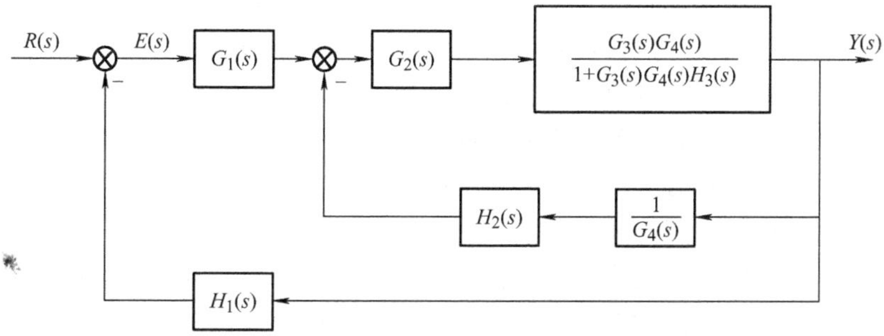

图 2-26　进一步化简的结构框图

再对 $G_1(s)$、$G_{34}(s)$、$H_2(s)$ 以及$\frac{1}{G_4(s)}$组成的负反馈进行简化得到

$$G_{234}(s)=\frac{G_1G_2G_3G_4}{1+G_1G_2G_3G_4H_1+G_2G_3H_2+G_3G_4H_3} \tag{2-26}$$

对应的框图如图 2-27 所示。

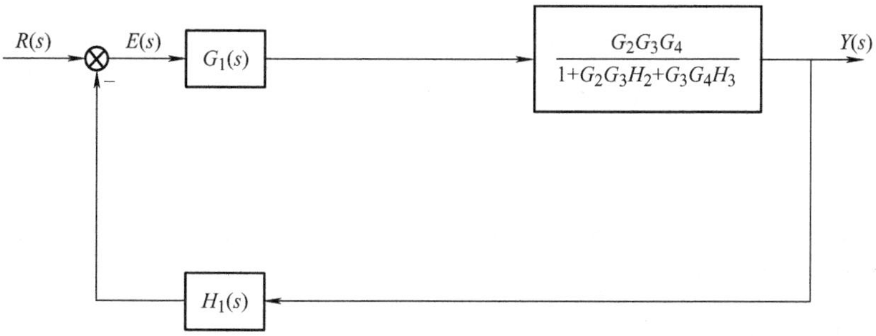

图 2-27　化简后的结构框图

最后对上述负反馈系统进行化简，得到系统的传递函数为

$$\Phi(s)=\frac{Y(s)}{R(s)}=\frac{G_1G_2G_3G_4}{1+G_2G_3H_2+G_3G_4H_3+G_1G_2G_3G_4H_1} \tag{2-27}$$

2.4 信号流图模型

框图是一种表示和分析研究控制系统的有效方法，然而，随着系统越来越复杂，系统的回路较多时，采用框图的转换与简化就显得相当费时。于是，梅森采用图示法表示系统各变量之间的关系，即信号流图。信号流图是线性方程组中变量关系的另一种图示法，由节点和支路组成。信号流图和框图的主要不同之处在于用节点（表示为小圆圈，以替代信号以及分点、合点）表示变量，而在节点间有向的支路上标注传递函数的增益，又称传输系数。

在进一步讨论信号流图的构成和求解系统的传递函数之前，先介绍几个常用术语。

节点：表示信号或变量，用符号“○”表示。

传输：两个节点间的增益或传递函数。

支路：连接两个节点并标有信号流向的定向线段，支路的增益就是传输。

源节点：只有输出支路，没有输入支路的节点，也叫输入节点。

阱节点：只有输入支路，没有输出支路的节点，也叫输出节点。

混合节点：既有输入支路也有输出支路的节点。

通路：沿支路箭头所指方向穿过各相连支路的通径。

回路增益：回路中各支路传输的乘积。

不接触回路：若回路与回路之间没有任何公共节点，称为相互不接触回路。

前向通路：若从源节点到阱节点的通路上，通过任何节点不多于一次，则该通路称为前向通路。前向通路中各支路传输的乘积，称为前向通路增益。

例如，一个线性系统的方程为

$$x_2=a_{12}x_1 \tag{2-28}$$

式中，x_1为输入变量；x_2为输出变量；a_{12}为这两个变量间的增益。图 2-28 为式（2-28）的信号流图，输出量等于输入量与增益的乘积。

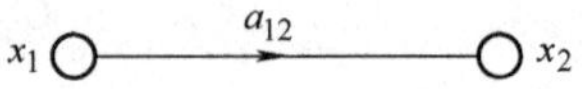

图 2-28 信号流图

下面以一个具体的例子，说明信号流图的绘制步骤。

设一线性系统由下列方程组描述

$$\begin{cases}x_2=a_{12}x_1+a_{32}x_3+a_{42}x_4+a_{52}x_5\\ x_3=a_{23}x_2\\ x_4=a_{34}x_3+a_{44}x_4\\ x_5=a_{35}x_3+a_{45}x_4\end{cases} \tag{2-29}$$

式中，x_1为输入变量，x_5为输出变量。绘制这一系统的信号流图如图 2-29 所示。

信号流图的主要性质如下：

1）信号流图只适用于线性系统。

2）当系统由动态方程描述时，首先应通过拉普拉斯变换变成代数方程。节点间的支路表示一个节点上的信号对另一个节点上信号的传输关系；信号只能沿支路上的箭头指向传递。

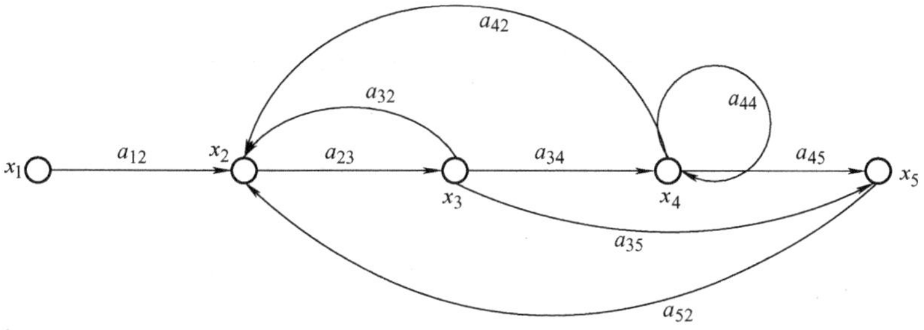

图 2-29　信号流图

3）节点把所有输入支路的信号叠加（代数和），并把相加后的信号传送到所有的输出支路。

4）具有输入和输出支路的混合节点，通过增加一个具有单位增益的支路，可以把它作为输出节点来处理。但须明确，这种方法不能把混合节点改变成源节点。

5）对于一个给定的系统，其信号流图不是唯一的，可以绘成不同的信号流图。

2.4.1　信号流图的绘制

从系统的结构图绘制信号流图时，只需要把结构图的信号线用小圆圈标志出传递的信号，便得到节点；用标有传递函数的线段代替结构图中的方框，便得到支路，这样，就可以得到相应的信号流图。

从系统结构框图绘制信号流图时应尽量精简节点的数目。一般来讲，传输为 1 的相邻两个节点，一般可以合并为一个节点，但对于源节点或阱节点则不能合并。例如，图 2-30 中的节点 M_s和节点 M_m可以合并为一个节点，其变量是 $M_s - M_m$；但源节点 E_1和节点 E 却不允许合并。

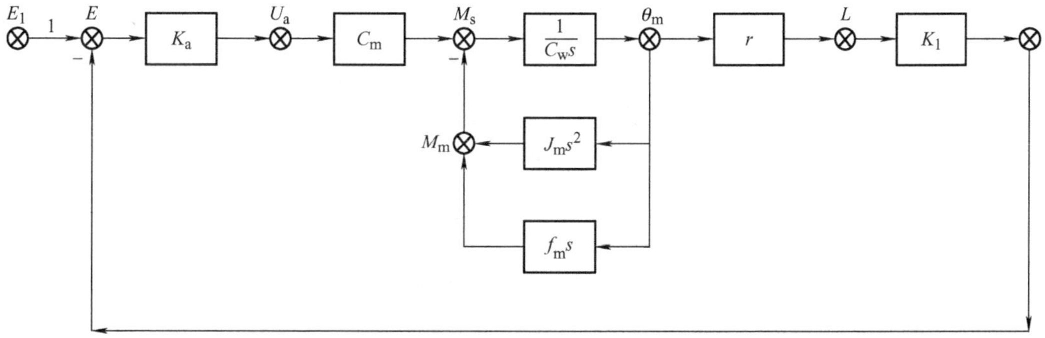

图 2-30　系统结构框图

绘制图 2-30 所示系统的信号流图如图 2-31 所示。

除此以外，在结构图比较点之前没有引出点（但在比较点之后可以有引出点）时，只需在比较点后设置一个节点即可；但若在比较点之前有引出点时，就需要在引出点和比较点各设置一个节点，分别标志两个变量，它们之间的支路增益是 1。

对图 2-32a 所示结构框图，按照上述规则可以绘出相应的信号流图如图 2-32b 所示。

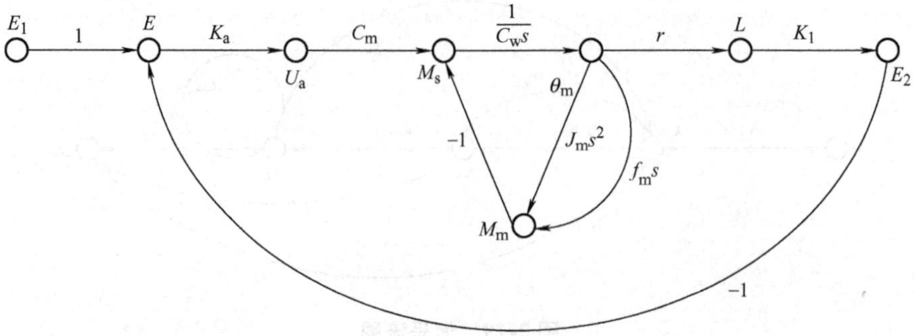

图 2-31 系统信号流图

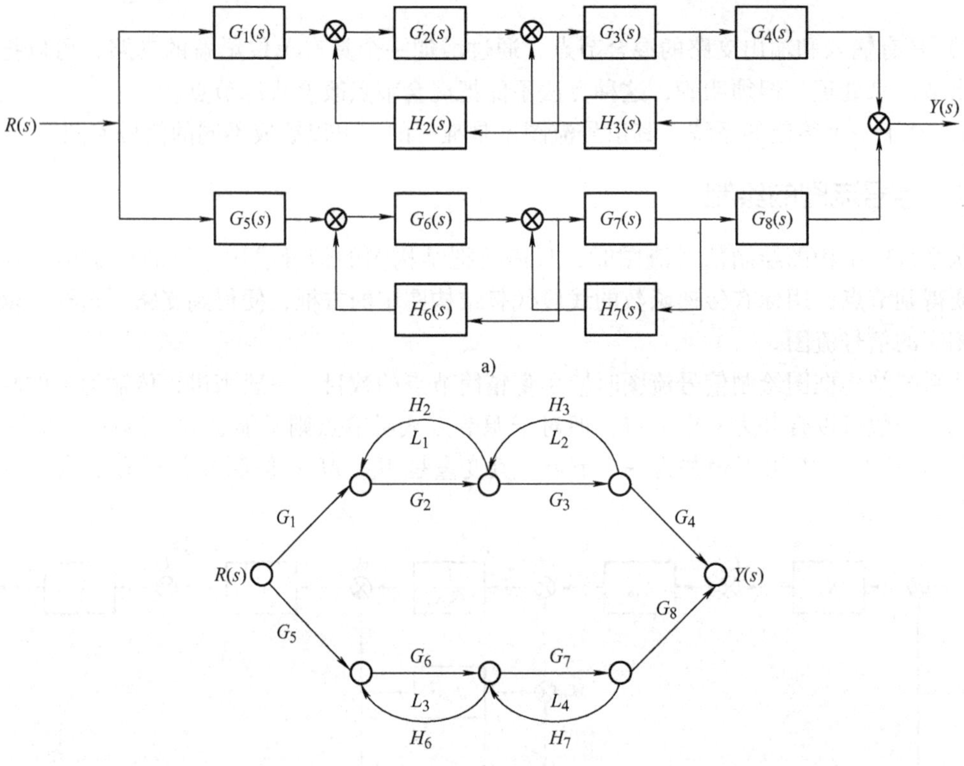

a)

b)

图 2-32 系统信号流图

2.4.2 梅森增益公式

由信号流图可以经过等效变换求出输出量与输入量之间的传递函数，等效变换的原理与结构框图化简类似。但是这种等效变换方法仍然比较麻烦。一种更为便捷的方法是应用梅森于 1956 年提出的梅森增益公式进行简化。梅森增益公式可直接求取从源节点到阱节点的传递函数，而不需要简化信号流图。

梅森增益公式是根据克莱姆法则求解线性联立方程组时，将解的分子多项式及分母多项式与信号流图巧妙联系的结果。

计算总增益的梅森增益公式为

$$\begin{cases} T = \dfrac{1}{\Delta}\sum_{k=1}^{n}\Delta_k P_k \\ \Delta = 1 - \sum L_a + \sum L_a L_b - \sum L_a L_b L_c + \cdots \end{cases} \tag{2-30}$$

式中，T 为系统的总增益（或称为总传输）；Δ 为信号流图的特征式，它是信号流图所表示的方程组系数矩阵的行列式；n 为从输入节点到输出节点前向通路的总条数；P_k为从输入节点到输出节点第 k 条前向通路的总增益或总传输；L_a为信号流图中第 n 个回路的增益；L_aL_b为任意两个互不接触回路的增益的乘积；$L_aL_bL_c$为任意三个互不接触回路的增益的乘积；Δ_k为第 k 条前向通路的特征式的余因子，即把特征式 Δ 中除去与该通道相接触的回路增益项以后所得的余因式。

采用梅森增益公式进行化简的关键在于，准确无误地判定前向通道和回路，需找出信号流图的所有回路，并且找出从输入节点到输出节点的所有可能通道，并仔细判断哪些回路是互不接触的，哪些是互相接触的。

对图 2-32a 所示系统，采用信号流图进行化简，得到的信号流图如图 2-32b 所示。为方便讲解，此处重画为图 2-33。

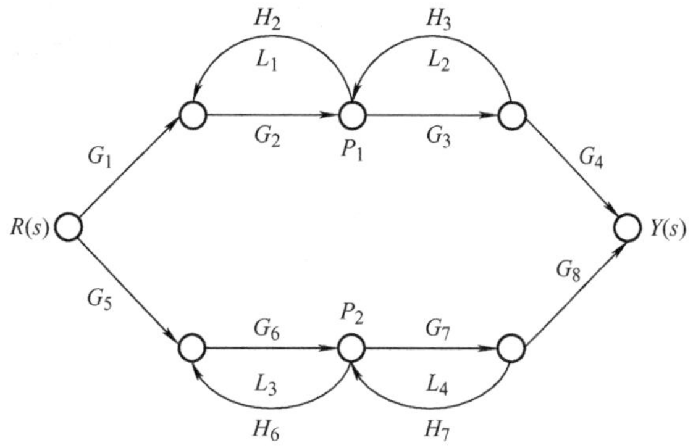

图 2-33　化简后的信号流图

从图 2-33 可以看出，系统包含从源节点 $R(s)$ 到阱节点 $Y(s)$ 的两条前向通道：

$$P_1 = G_1G_2G_3G_4,\quad P_2 = G_5G_6G_7G_8$$

包含四个回路：

$$L_1 = G_2H_2,\quad L_2 = G_3H_3,\quad L_3 = G_6H_6, L_4 = G_7H_7$$

其中，L_1与 L_3、L_4不接触；L_2与 L_3、L_4也不接触，因此

$$\Delta = 1 - (L_1 + L_2 + L_3 + L_4) + (L_1L_3 + L_1L_4 + L_2L_3 + L_2L_4)$$

对于前向通道 P_1，其特征式的余子式为

$$\Delta_1 = 1 - (L_3 + L_4)$$

前向通道 P_2的特征余子式为

$$\Delta_2 = 1 - (L_1 + L_2)$$

于是系统的传递函数为

$$\frac{Y(s)}{R(s)} = \frac{P_1\Delta_1 + P_2\Delta_2}{\Delta} = \frac{G_1G_2G_3G_4(1 - L_3 - L_4) + G_5G_6G_7G_8(1 - L_1 - L_2)}{1 - (L_1 + L_2 + L_3 + L_4) + (L_1L_3 + L_1L_4 + L_2L_3 + L_2L_4)} \tag{2-31}$$

例 2-5　求图 2-34 所示系统的传递函数 $C(s)/R(s)$。

解　由系统的框图画出相应的信号流图如图 2-34b 所示，可见，从源节点 $R(s)$ 指向阱节点 $C(s)$ 的前向通道有 1 条：

$$P_1 = G_1G_2G_3$$

系统包含的回路有 3 条：

$$L_1 = -G_1G_2H_1,\quad L_2 = -G_2G_3H_2,\quad L_3 = -G_1G_2G_3$$

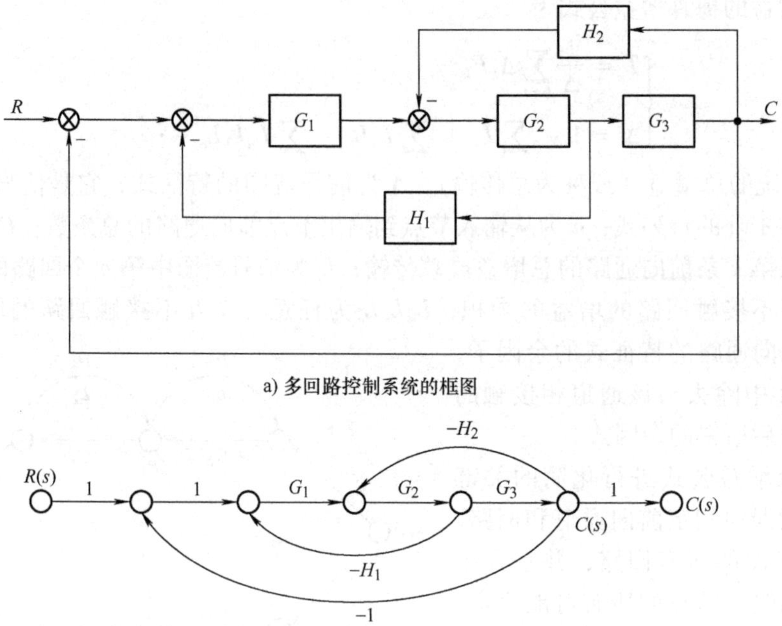

a) 多回路控制系统的框图

b) 系统的信号流图

图 2-34　例 2-5 图

且回路之间都有相互接触，即不含有互不接触的回路，因此

$$\Delta = 1 - \sum L_a$$
$$= 1 + G_1G_2H_1 + G_2G_3H_2 + G_1G_2G_3$$
$$\Delta_1 = 1$$

进而根据梅森增益公式得到系统的传递函数为

$$\frac{C(s)}{R(s)} = T = \frac{P_1\Delta_1}{\Delta} = \frac{G_1G_2G_3}{1 + G_1G_2H_1 + G_2G_3H_2 + G_1G_2G_3} \tag{2-32}$$

例 2-6　求图 2-35 所述系统的传递函数。

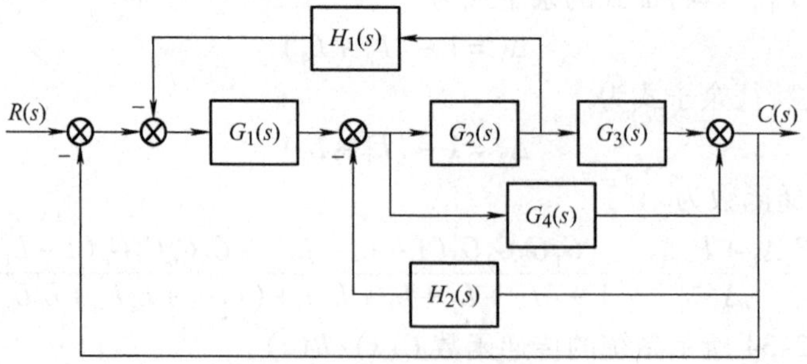

图 2-35　系统结构框图

解　系统的前向通路有两个，即 $k=2$，相应的前向通道为

$$P_1 = G_1G_2G_3, P_2 = G_1G_4$$

回路包含 5 个：

$$L_1=-G_1G_2H_1,\ L_2=-G_2G_3H_2,\ L_3=-G_1G_2G_3,\ L_4=-G_1G_4,\ L_5=-G_4H_2$$

因为各回路都互相接触，所以特征式为

$$\Delta=1+G_1G_2H_1+G_2G_3H_2+G_1G_2G_3+G_1G_4+G_4H_2$$

且两条前向通路与所有回路都接触，所以两个余子式为

$$\Delta_1=\Delta_2=1$$

代入梅森增益公式即得系统传递函数

$$G(s)=\frac{G_1G_2G_3+G_1G_4}{1+G_1G_2H_1+G_2G_3H_2+G_1G_2G_3+G_1G_4+G_4H_2} \tag{2-33}$$

2.4.3 闭环系统的传递函数

一个典型的反馈控制系统的结构框图如图2-36a所示，对应的信号流图如图2-36b所示。

图中，$R(s)$ 为系统的输入信号，也称为有用信号或者参考输入；$N(s)$ 为系统的扰动信号或者干扰信号，$C(s)$ 为系统的输出信号。为了研究有用输入对系统输出 $C(s)$ 的影响，需要求有用信号作用下的闭环传递函数 $C(s)/R(s)$；类似地，为了研究扰动作用对系统输出的影响，则要求扰动作用下的闭环传递函数 $C(s)/N(s)$。此外，以误差信号 $E(s)$ 作为输出量的闭环误差传递函数 $E(s)/R(s)$ 或者 $E(s)/N(s)$ 也是在系统分析中经常遇到的问题。

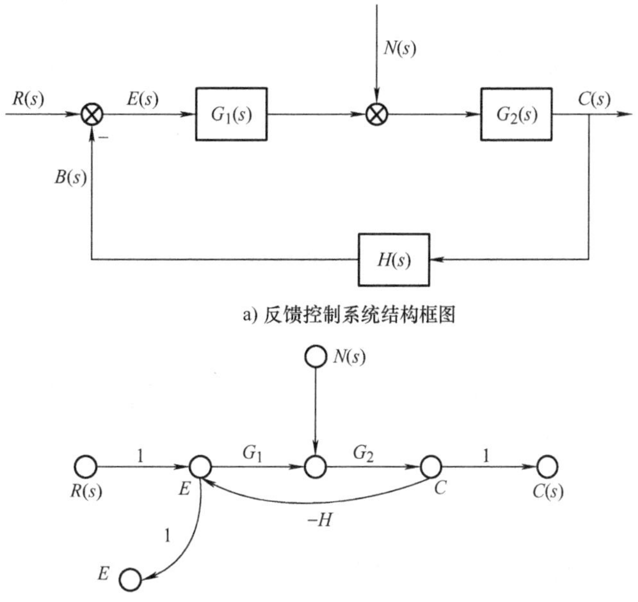

a) 反馈控制系统结构框图

b) 系统信号流图

图2-36 典型的反馈控制系统

1. 系统的开环传递函数

在反馈控制系统中，当“人为”地断开系统的主反馈通路后，反馈量 $B(s)$ 与参考输入 $R(s)$ 的比称为闭环系统的开环传递函数，即

$$G(s)=\frac{B(s)}{R(s)}=\frac{B(s)}{E(s)}=G_1(s)G_2(s)H(s) \tag{2-34}$$

2. 输出信号对于参考输入信号的闭环传递函数

根据叠加原理，令 $N(s)=0$，信号框图如图2-37所示。

可直接求得输入信号 $R(s)$ 到输出信号 $C(s)$ 之间的传递函数为

$$\Phi(s)=\frac{C_R(s)}{R(s)}=\frac{G_1(s)G_2(s)}{1+G_1(s)G_2(s)H(s)}$$

进一步求得仅输入信号作用下系统的输出量为

$$C(s)=\Phi(s)R(s)=\frac{G_1(s)G_2(s)}{1+G_1(s)G_2(s)H(s)}R(s) \tag{2-35}$$

可见，当系统中只有 $r(t)$ 作用时，系统的输出完全取决于 $c(t)$ 对 $r(t)$ 的闭环传递函数及 $r(t)$ 的形式。

如果 $H(s)=1$，则为单位反馈系统，它的闭环传递函数为

$$\frac{C_R(s)}{R(s)}=\frac{G_1(s)G_2(s)}{1+G_1(s)G_2(s)}=\frac{G(s)}{1+G(s)} \tag{2-36}$$

式中

$$G(s)=G_1(s)G_2(s)$$

3. 输出信号对于扰动输入信号的闭环传递函数

根据叠加原理，令 $R(s)=0$，可直接求得扰动信号输入 $N(s)$ 到输出信号 $C(s)$ 之间的传递函数。此时的结构框图可以改画为图 2-38 所示的形式。

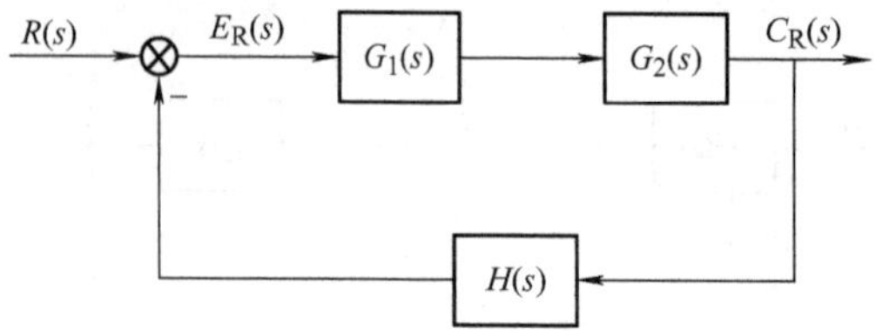

图 2-37 系统信号框图

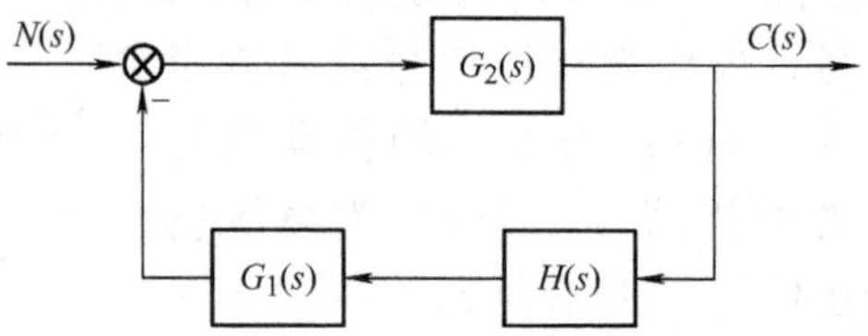

图 2-38 系统结构框图

对应的闭环传递函数为

$$\Phi_n(s)=\frac{C_N(s)}{N(s)}=\frac{G_2(s)}{1+G_1(s)G_2(s)H(s)}$$

由此得到系统在扰动作用下的输出为

$$C(s)=\Phi_n(s)N(s)=\frac{G_2(s)}{1+G_1(s)G_2(s)H(s)}N(s)$$

因此，当系统在输入信号 $R(s)$ 和扰动信号 $N(s)$ 同时作用时，系统的输出为它们单独作用于系统所引起的输入之和，即

$$C(s)=C_R(s)+C_N(s)=\frac{G_1(s)G_2(s)R(s)}{1+G_1(s)G_2(s)H(s)}+\frac{G_2(s)N(s)}{1+G_1(s)G_2(s)H(s)} \tag{2-37}$$

式（2-37）中，如果 $|G_1(s)G_2(s)H(s)|\gg 1$ 以及 $|G_1(s)H(s)|\gg 1$，则系统的总输出可简化为

$$C(s)\approx R(s)/H(s) \tag{2-38}$$

即在上述约束条件下，系统的输出只取决于反馈通道传递函数 $H(s)$ 及输入信号 $R(s)$，既与前向通道传递函数无关，也不受扰动作用的影响。特别地，当系统为单位反馈系统，即 $H(s)=1$时，$C(s)\approx R(s)$，从而近似实现了对输入信号的完全复现，且对扰动具有较强的抑制能力。

4. 偏差信号对于参考输入的闭环传递函数

偏差信号 $E(s)$ 的大小反映误差的大小。采用类似输出信号对于参考输入的闭环传递函数的方法，可采用叠加原理，先不妨令 $N(s)=0$，则以 $E(s)$ 为新的输出变量情况下的信号

框图如图 2-39 所示。

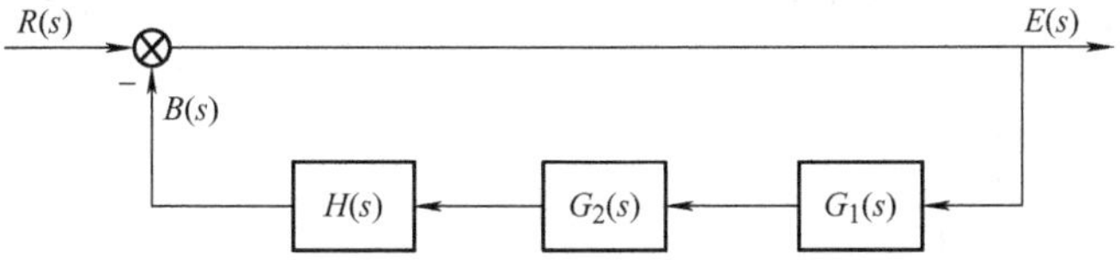

图 2-39　系统结构框图

相应的误差传递函数为

$$\Phi_e(s)=\frac{E_R(s)}{R(s)}=\frac{1}{1+G_1(s)G_2(s)H(s)} \tag{2-39}$$

5. 偏差信号对于扰动输入下的闭环传递函数

令 $R(s)=0$，此时的结构框图如图 2-40 所示。

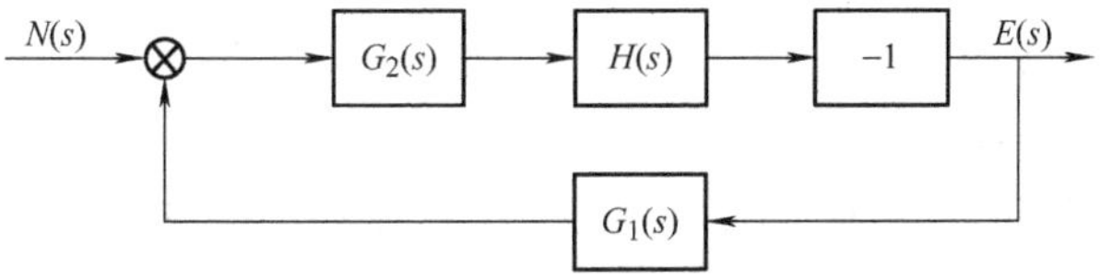

图 2-40　系统结构框图

相应的误差传递函数为

$$\Phi_{en}(s)=\frac{E_N(s)}{N(s)}=\frac{-G_2(s)H(s)}{1+G_1(s)G_2(s)H(s)} \tag{2-40}$$

6. 系统的总偏差

根据叠加原理，当 $R(s)\neq 0$，$N(s)\neq 0$ 时，系统的总偏差为

$$E(s)=E_R(s)+E_N(s)=\frac{R(s)}{1+G_1(s)G_2(s)H(s)}+\frac{-G_2(s)H(s)}{1+G_1(s)G_2(s)H(s)}N(s) \tag{2-41}$$

通过对比上述闭环传递函数 $\Phi(s)$、$\Phi_n(s)$、$\Phi_e(s)$、$\Phi_{en}(s)$ 可以看出，对于如图 2-36a 所示的典型的反馈控制系统，其各种闭环传递函数的分母形式均相同，这是闭环传递函数的普遍规律。原因在于它们都是同一个信号流图的特征式。此外，对于此类线性系统，应用叠加原理可以研究系统在各种情况下的输出量 $C(s)$ 或误差量 $E(s)$，然后进行叠加，求出总的信号输出以及误差输出。但不可以将各种闭环传递函数叠加以后再求输出响应。

2.5　控制系统建模的 MATLAB 方法

在控制系统的分析和设计中，首先要建立系统的数学模型。读者在基于 MATLAB 的仿真中，常用的系统建模方法有传递函数模型、零极点模型以及状态空间模型等。下面结合图 2-41，介绍前两种建模方法。

（1）系统传递函数模型描述　命令格式：sys = tf（num，den，Ts）

其中，num，den 分别为分子和分母多项式中按降幂排列的系数向量；Ts 表示采样时间，默认描述的是连续系统传递函数。图 2-41 中的 $G_1(s)$ 可描述为 G1 = tf([1],[1 1 0])。

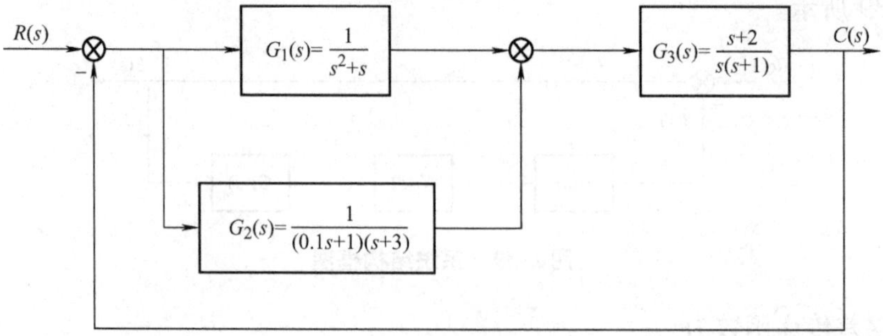

图 2-41　系统结构框图

若传递函数的分子、分母为因式连乘形式，如图 2-41 中 $G_2(s)$ 所示，则可以考虑采用 conv 命令进行多项式相乘，得到展开后的分子、分母多项式按降幂排列的系数向量，再用 tf 命令建模。如 $G_2(s)$ 可描述为 num = 1； den = conv([0.1 1],[1 3])； G2 = tf(num,den)。

（2）系统零极点模型描述　命令格式：sys = zpk(z,p,k,Ts)

其中，z，p，k 分别表示系统的零点、极点及增益，若无零、极点，则用 [ ] 表示；Ts 表示采样时间，默认描述的是连续系统。图 2-41 中的 $G_3(s)$ 可描述为 G3 = zpk([−2],[0 −1],[1])。

由于在控制系统分析与设计中有时会要求模型有特定的描述形式，MATLAB 提供了传递函数模型与零极点模型之间的转换命令。

命令格式：[num,den] = zp2tf(z,p,k)

[z,p,k] = tf2zp(num,den)

其中，zp2tf 可以将零极点模型转换成传递函数模型，而 tf2zp 可以将传递函数模型转化成零极点模型。图 2-41 中 $G_1(s)$ 转换成零极点模型为[z,p,k] = tf2zp([1],[110])，$G_3(s)$ 转换成传递函数模型为[num,den] = zp2tf([−2],[0 −1],1)。

一个控制系统通常由多个子系统相互连接而成，而最基本的三种连接方式为图 2-41 所示的串联、并联和反馈连接形式。

（1）两个系统的并联连接　命令格式：sys = parallel(sys1，sys2)

对于 SISO 系统，parallel 命令相当于符号“+”。对于图 2-41 中由 $G_1(s)$ 和 $G_2(s)$ 并联组成的子系统 $G_{12}(s)$，可描述为 G12 = parallel(G1，G2)。

（2）两个系统的串联连接　命令格式：sys = series(sys1，sys2)

对于 SISO 系统，series 命令相当于符号“×”。对于图 2-41 中由 $G_{12}(s)$ 和 $G_3(s)$ 串联组成的开环传递函数，可描述为 G = series(G12，G3)。

（3）两个系统的反馈连接　命令格式：sys = feedback(sys1，sys2，sign)

其中，sign 用于说明反馈性质（正、负）。sign 省略时，默认为负，即 sign = −1。由于图 2-41 所示系统为单位负反馈系统，所以系统的闭环传递函数可描述为 sys = feedback(G，1，−1)。其中 G 表示开环传递函数，“1”表示是单位反馈，“−1”表示是负反馈，可省略。

下面以一实例介绍如何实现系统闭环传递函数的求取。

例 2-7　某负反馈系统，前向传递函数 $G(s)$ 与反馈传递函数 $H(s)$ 分别为

$$G(s)=\frac{10}{s(s+1)},\quad H(s)=\frac{s+5}{s+10}$$

求系统的闭环传递函数。

解　MATLAB 程序如下：

```
num1 = [10];
den1 = [1 1 0];
num2 = [1 5];
den2 = [1 10];
[num,denc] = feedback(num1,den1,num2,den2);    % 单位负反馈连接，(num1，den1)为前向通道
tf(num,denc)                                   % 输出闭环传递函数模型
```

输出结果为

```
Transfer function:
10s + 100
---------------------
s^3 + 11s^2 + 20s + 50
```

例 2-8　单位负反馈系统前向通道由以下两个子系统串联而成：

$$G_1(s)=\frac{3}{s+4},\quad G_2(s)=\frac{2s+4}{s^2+2s+3}$$

求系统的闭环传递函数。

解　MATLAB 程序如下：

```
num1 = [3];
den1 = [1 4];
num2 = [2 4]
den2 = [1 2 3];
[numc,denc] = series(num1,den1,num2,den2);     % 求系统串联后的分子与分母多项式
fopen = tf(numc,denc);                         % 输出串联系统的传递函数(前向通道)
fclosed = feedback(fopen,1);                   % 单位负反馈连接，fopen 为前向通道，输出结果
```

输出结果为

```
Transfer function:
     6s + 12
---------------------
s^3 + 6s^2 + 11s + 12                          % 串联后的前向传递函数
Transfer function:
     6s + 12
---------------------
s^3 + 6s^2 + 17s + 24                          % 闭环传递函数
```

习题

2-1 试证明图 2-42a 所示的电网络与图 2-42b 所示的机械系统有相同的数学模型。

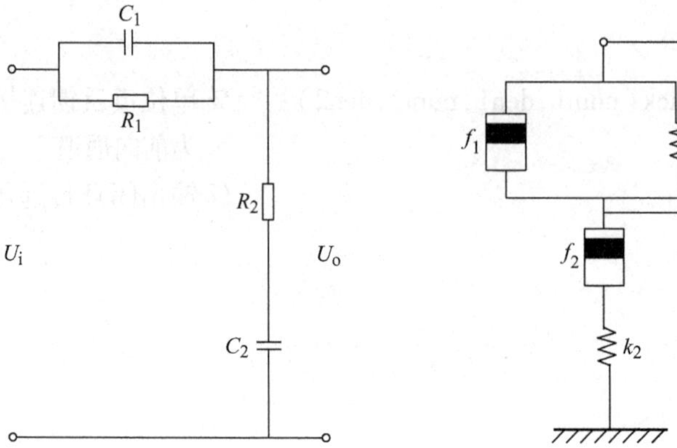

a) 电网络　　b) 机械系统

图 2-42　题 2-1 图

2-2 求下列函数的拉普拉斯变换。

(1) $f(t)=\sin 4t+\cos 4t$;

(2) $f(t)=t^3+e^{4t}$;

(3) $f(t)=1-te^{-t}$;

(4) $f(t)=(t-1)^2e^{2t}$。

2-3 求下列函数的拉普拉斯逆变换。

(1) $F(s)=\dfrac{s+1}{(s+2)(s+3)}$;

(2) $F(s)=\dfrac{s}{(s+1)^2(s+2)}$;

(3) $F(s)=\dfrac{2s^2-5s+1}{s(s^2+1)}$;

(4) $F(s)=\dfrac{s+2}{(s^2+4s+3)(s+2)}$。

2-4 设初始条件均为零，试用拉普拉斯变换法求解下列微分方程式，并概略绘制 $x(t)$ 曲线。

(1) $2x(t)+x(t)=t$;

(2) $\ddot{x}(t)+2\dot{x}(t)+x(t)=\delta(t)$。

2-5 求图 2-43 中 RC 电路和运算放大器的传递函数 $U_c(s)/U_i(s)$。

2-6 求图 2-44 所示系统的传递函数 $C(s)/D(s)$ 和 $E(s)/D(s)$。

2-7 由运算放大器组成的控制系统模拟电路如图 2-45 所示，试求闭环传递函数 $U_c(s)/U_r(s)$。

2-8 利用框图简化的等效法则，把图 2-46a 简化为图 2-46b 所示的结构形式。

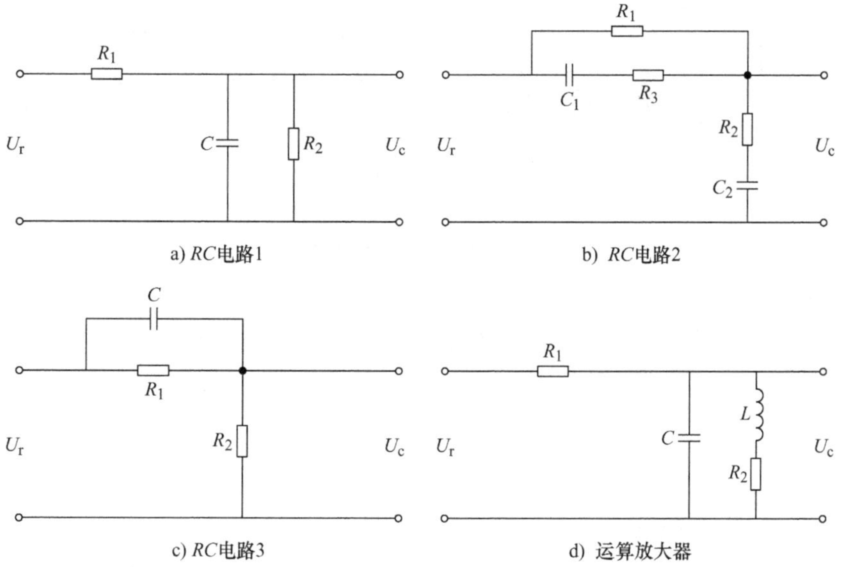

a) RC电路1　b) RC电路2　c) RC电路3　d) 运算放大器

图 2-43　题 2-5 图

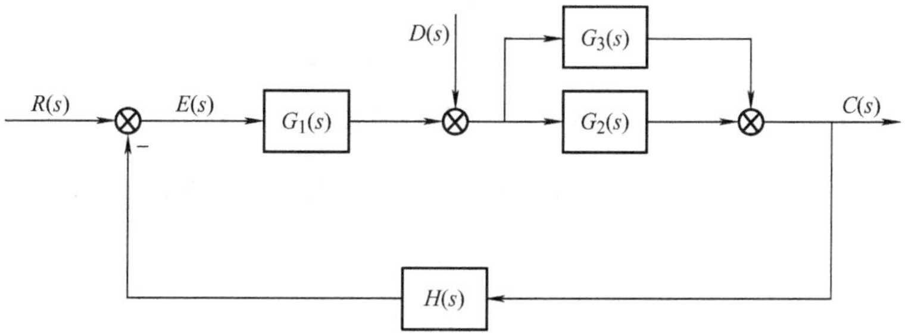

图 2-44　系统结构框图

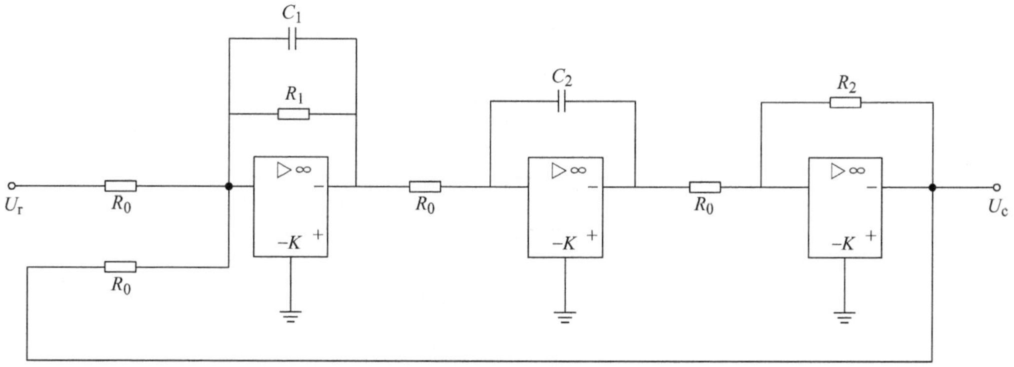

图 2-45　控制系统结构框图

(1) 求图 2-46b 中的 $G(s)$ 和 $H(s)$；

(2) 求 $C(s)/R(s)$。

2-9　一系统在零初始条件下，其单位阶跃响应为

$$C(t) = 1(t) - 2e^{-2t} + e^{-t}$$

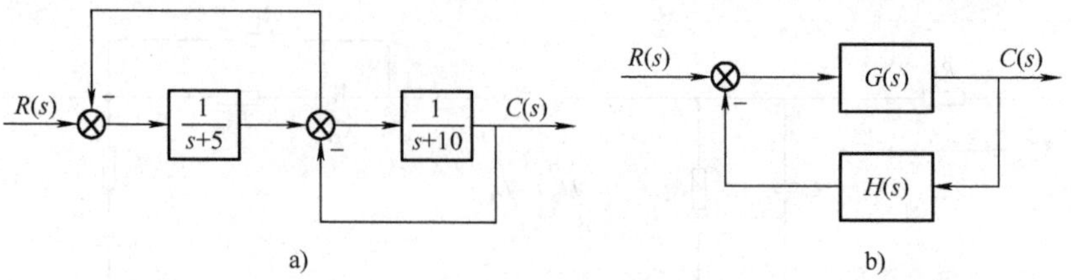

图 2-46 系统结构框图

试求系统的传递函数和脉冲响应。

2-10 在图 2-47 中，已知 $G(s)$ 和 $H(s)$ 两方框相对应的微分方程分别是

$$6\frac{\mathrm{d}c(t)}{\mathrm{d}t}+10c(t)=20e(t)$$

$$20\frac{\mathrm{d}b(t)}{\mathrm{d}t}+5b(t)=10c(t)$$

试求系统传递函数 $C(s)/R(s)$。

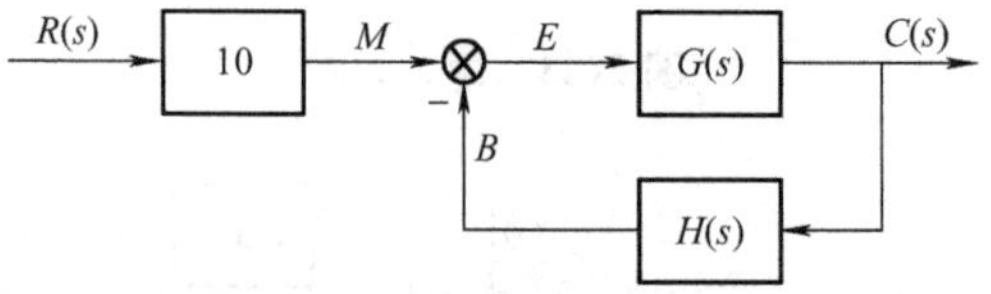

图 2-47 系统结构框图

2-11 已知控制系统结构图如图 2-48 所示，试通过结构图等效变换求系统传递函数 $C(s)/R(s)$。

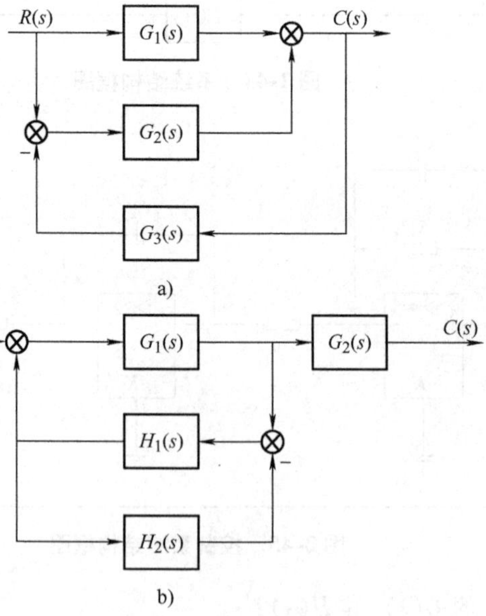

图 2-48 系统结构框图

2-12 试简化图 2-49 所示的系统结构图，并求传递函数 $C(s)/R(s)$ 和 $C(s)/N(s)$。

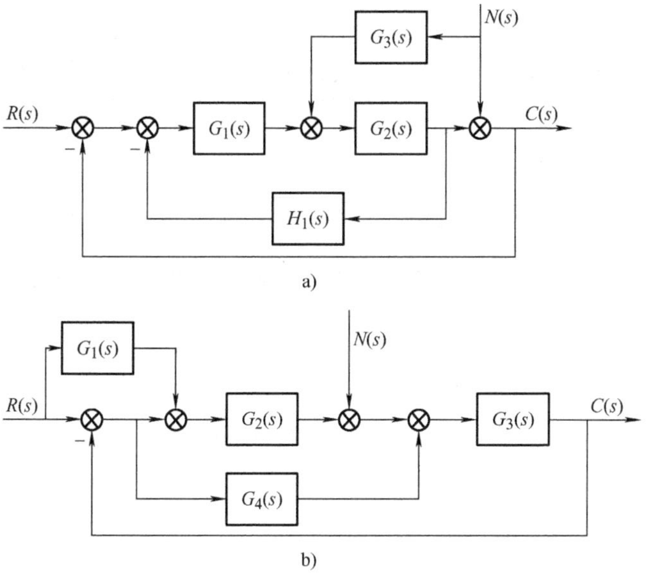

图2-49　系统结构框图

2-13　试简化图2-50所示的系统结构图，并求传递函数 $C(s)/R(s)$。

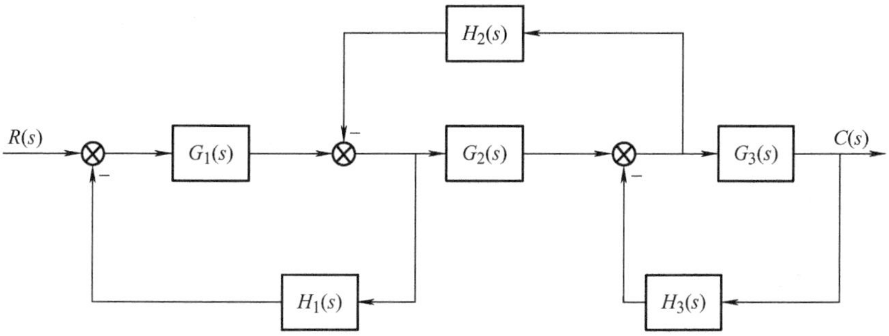

图2-50　系统结构框图

2-14　求图2-51所示系统的闭环传递函数 $C(s)/R(s)$。

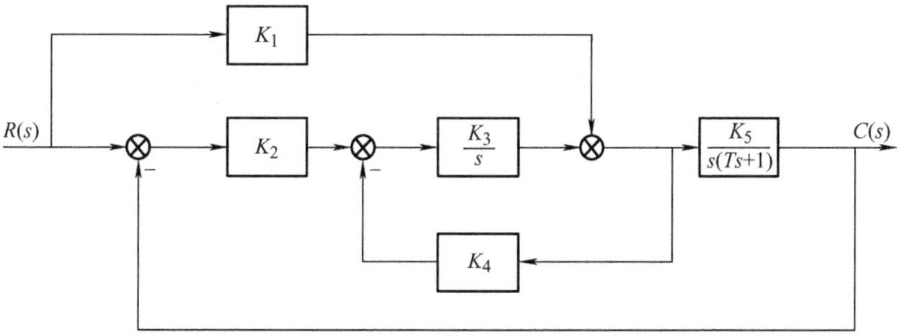

图2-51　系统结构框图

2-15　试用梅森增益公式求图2-52所示系统的传递函数 $C(s)/R(s)$。

2-16　试用梅森增益公式求图2-53所示各系统信号流图的传递函数 $C(s)/R(s)$。

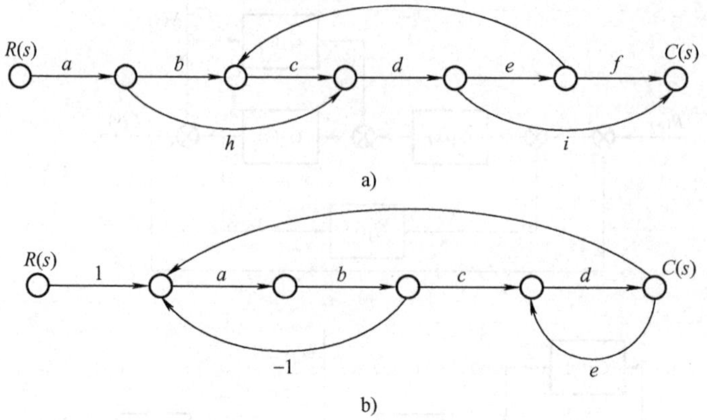

图 2-52 系统信号流图

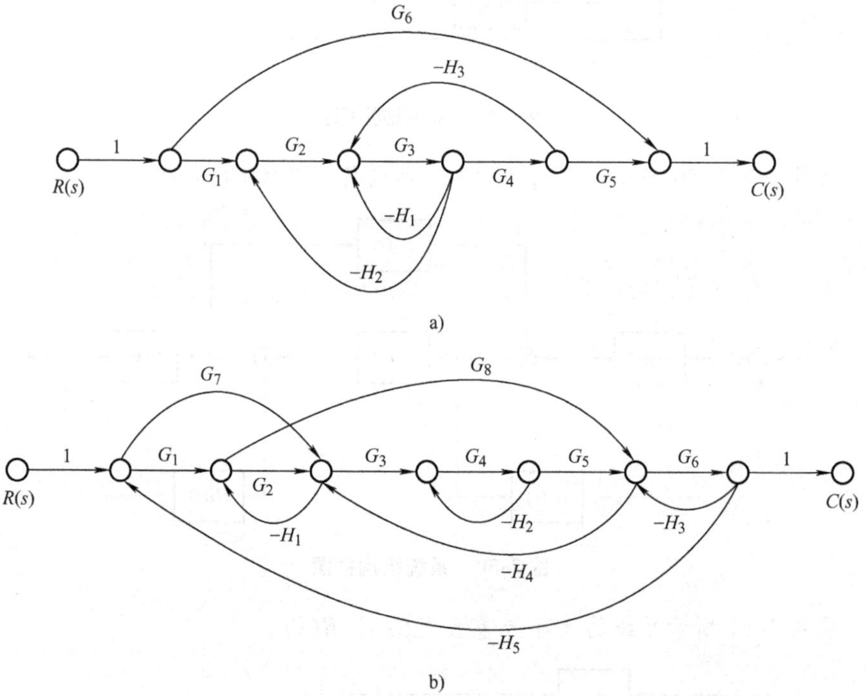

图 2-53 系统信号流图

2-17 试用梅森增益公式求图 2-54 所示各系统信号流图的传递函数 $C(s)/R(s)$。

2-18 试用梅森增益公式求图 2-55 所示各系统信号流图的传递函数 $C(s)/R_1(s)$。

2-19 试绘制图 2-56 所示系统结构图对应的信号流图，并用梅森增益公式求传递函数 $C(s)/R(s)$ 和 $E(s)/R(s)$。

2-20 已知各系统的脉冲响应函数，试求系统的传递函数 $G(s)$。

（1）$g(t)=0.125\mathrm{e}^{-1.25t}$；

（2）$g(t)=2t+5\sin\left(3t+\dfrac{\pi}{3}\right)$。

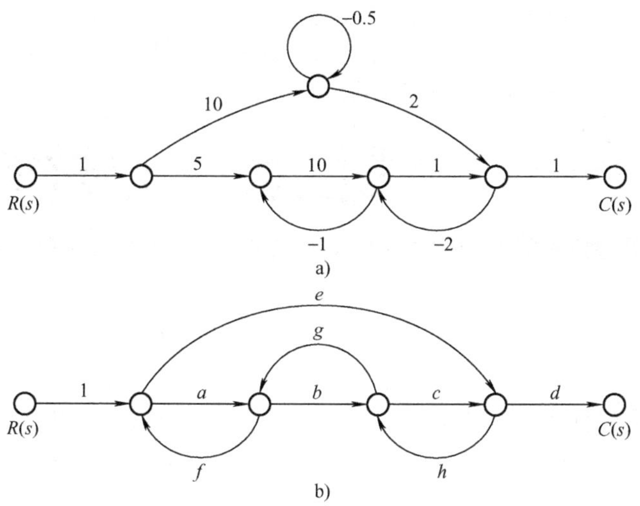

图 2-54　系统信号流图

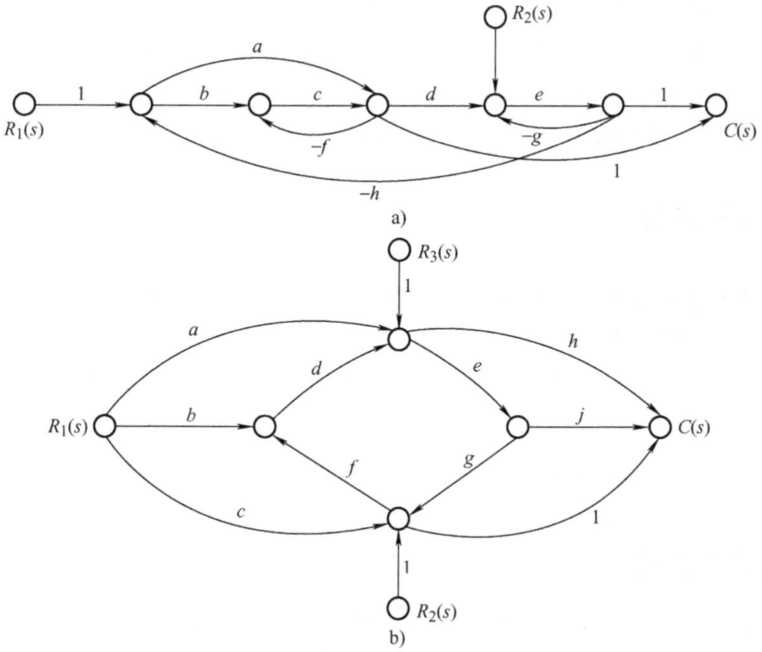

图 2-55　系统信号流图

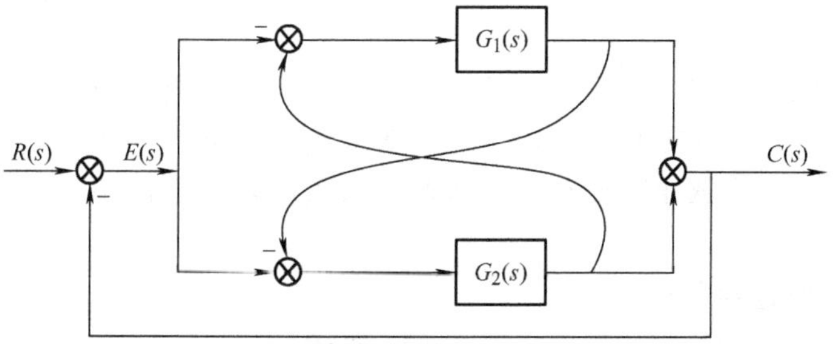

图 2-56　系统结构框图

第 3 章 线性系统的时域分析法

控制系统分析是根据系统的数学模型研究控制系统是否稳定，以及其动态性能和稳态性能是否满足性能指标。在经典控制理论中，常用的分析方法有时域分析法、根轨迹法和频域分析法。

时域分析法是根据系统的微分方程（或传递函数），以拉普拉斯变换作为数学工具，直接解出系统对给定输入信号的时间响应，然后根据系统响应来评价系统性能的方法，具有准确、直观等优点。在控制理论发展初期，时域分析方法只限于处理阶次较低的简单系统；随着计算机技术的不断发展，目前很多复杂系统都可以在时域中直接分析，使时域分析法在现代控制理论中得到了广泛应用。本章将详细讨论控制系统的时域分析法。

3.1 时域分析的基础

系统的时域响应不仅取决于控制系统本身，还与外加的输入信号有关。当系统的微分方程（或传递函数）确定以后，在给定的初始条件和输入信号下，可以确定系统的时域响应。然而，由于控制系统的输入信号具有随机性而且往往无法预先确定，要想在瞬时输入信号作用下得到系统的解析表达式有一定的难度。所以在分析和设计控制系统时，总希望有一个比较的基准，这个基准就是预先规定一些特殊的输入信号，即典型输入信号，根据这些典型信号来分析系统。

3.1.1 典型输入信号

什么样的信号可以作为典型输入信号呢？下面是它需要满足的几个条件：

1）输入信号的形式应尽可能反映系统在工作过程中所受到的实际输入信号。

2）输入信号形式上应尽可能简单且在实验室条件下易于获取，以便于进行系统特性分析和实验结果分析。

3）应选取能使系统工作在最不利情况下的输入信号作为典型输入。

控制系统中常用的典型输入信号有单位阶跃函数、单位斜坡（速度）函数、单位加速度（抛物线）函数、单位脉冲函数和正弦函数。这些函数都是简单的时间函数，便于数学分析和实验研究。

1. 阶跃函数（位置函数）

$$r(t)=\begin{cases}A & t\geqslant 0\\ 0 & t<0\end{cases}$$

当 $A=1$ 时，称为单位阶跃函数。记为 $1(t)$，其拉普拉斯变化为

$$R(s)=L[1(t)]=\frac{1}{s}$$

2. 斜坡函数（速度函数）

$$r(t)=\begin{cases}At & t\geqslant 0\\ 0 & t<0\end{cases}$$

当 $A=1$ 时，称单位斜坡函数，记为 $t\cdot 1(t)$，其拉普拉斯变化为

$$R(s)=L[t\cdot 1(t)]=\frac{1}{s^2}$$

3. 抛物线函数（加速度函数）

$$r(t)=\begin{cases}\frac{1}{2}At^2 & t\geqslant 0\\ 0 & t<0\end{cases}$$

当 $A=1$ 时，称单位抛物线函数，记为 $\frac{1}{2}t^2\cdot 1(t)$，其拉普拉斯变化为

$$R(s)=L\left[\frac{1}{2}t^2\cdot 1(t)\right]=\frac{1}{s^3}$$

4. 单位脉冲函数

$$\delta(t)=\begin{cases}\infty & t=0\\ 0 & t\neq 0\end{cases}$$

且满足 $\int_{-\infty}^{\infty}\delta(t)\mathrm{d}t=1$，其拉普拉斯变化为

$$R(s)=L[\delta(t)]=1$$

上述各函数之间的关系为

$$\delta(t)\underset{\text{求导}}{\overset{\text{积分}}{\rightleftarrows}}1(t)\underset{\text{求导}}{\overset{\text{积分}}{\rightleftarrows}}t\cdot 1(t)\underset{\text{求导}}{\overset{\text{积分}}{\rightleftarrows}}\frac{1}{2}t^2\cdot 1(t)$$

5. 正弦函数

$$r(t)=A\sin\omega t$$

其拉普拉斯变化为

$$R(s)=L[A\sin\omega t]=\frac{A\omega}{s^2+\omega^2}$$

实际应用时究竟采用哪一种典型输入信号，取决于控制系统常见的工作状态；同时，在所有可能的输入信号中，往往选取使系统工作在最不利情况下的信号作为系统的典型输入信号。同一系统中，不同形式的输入信号所对应的系统响应是不同的，但对于线性控制系统来说，它们所表征的系统性能是一致的。通常以单位阶跃函数作为典型输入信号，则可在一个统一的基础上对各种控制系统的特性进行比较分析。

为了评价线性系统时间响应的性能指标，需要研究控制系统在典型输入信号作用下的时间响应过程。

3.1.2　系统的动态性能指标

在典型输入信号作用下，若系统输出信号的拉普拉斯变换是 $C(s)$，则系统的时间响

应 $c(t)$ 表示为

$$c(t)=L^{-1}[C(s)]$$

任何一个控制系统的时间响应过程都是由动态过程和稳态过程两部分组成。

动态过程又称为过渡过程或瞬态过程，是指系统在典型输入信号作用下，系统输出量从初始状态到最终状态的响应过程。显然，一个可以实际运行的控制系统，其动态过程必须是衰减的，换句话说，系统必须是稳定的。动态过程除提供系统稳定性的信息外，还可以提供系统的响应速度和阻尼情况。

稳态过程指系统在典型输入信号作用下，当时间 t 趋于无穷时，系统输出量的表现方式。稳态过程又称稳态响应，表征系统输出量最终复现输入量的程度，提供系统有关稳态误差的信息，用稳态性能描述。稳态误差是描述系统稳态性能的一种性能指标，将在第 3.6 节中详细阐述。

下面介绍系统响应的动态性能，在控制系统中，通常把阶跃信号当作对系统性能考验最为严峻的输入信号。若系统对该类输入信号的动态响应满足要求，则该系统对于其他信号的动态响应一般也是令人满意的。因而，我们分析在零初始条件下，线性定常连续系统受到单位阶跃信号函数输入作用时，输出响应的瞬态性能指标。

一个稳定的线性定常连续时间系统对单位阶跃函数的响应，通常有衰减振荡和单调变化两种类型。为了便于分析，假定系统在单位阶跃信号作用前处于静止状态，而且系统输出量以及各阶导数均等于零。图 3-1 是具有衰减振荡瞬态过程的控制系统的单位阶跃响应曲线，其动态性能指标定义如下：

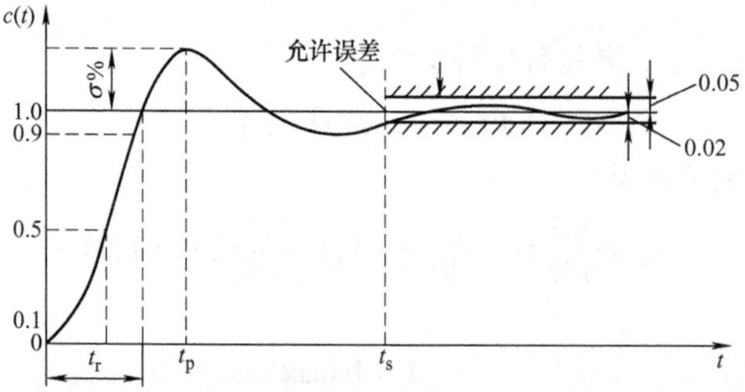

图 3-1　单位阶跃响应

上升时间 t_r：指响应从终值的 10% 上升到终值的 90% 所需的时间；对于有振荡的系统，亦可定义为响应从零第一次上升到终值所需的时间。上升时间是系统响应速度的一种度量。上升时间越短，响应速度越快。

峰值时间 t_p：指响应超过其终值到达第一个峰值所需的时间。

调节时间 t_s：指响应到达并保持在终值的 ±5% 内所需的最短时间。

超调量 $\sigma\%$：指响应的最大偏离量 $c(t_p)$ 与终值 $c(\infty)$ 的差比上终值 $c(\infty)$ 的百分数，亦称为最大超调量，或百分比超调量，即

$$\sigma\%=\frac{c(t_p)-c(\infty)}{c(\infty)}\times 100\% \tag{3-1}$$

振荡次数 N：指在调节时间内，$c(t)$ 偏离 $c(\infty)$ 的振荡次数。

以上各项动态性能指标中，上升时间、峰值时间和调节时间反映瞬态过程进行的快慢，

是快速性指标；超调量和振荡次数反映瞬态过程的振荡激烈程度，是平稳性指标。通常，用 t_r 或 t_p 评价系统的响应速度；用 $\sigma\%$ 评价系统的阻尼程度；而 t_s 是同时反映响应速度和阻尼程度的综合性指标。超调量和调节时间是最常用的两种瞬态性能指标。

图 3-2 是瞬态过程为单调变化的控制系统的单位阶跃响应曲线。

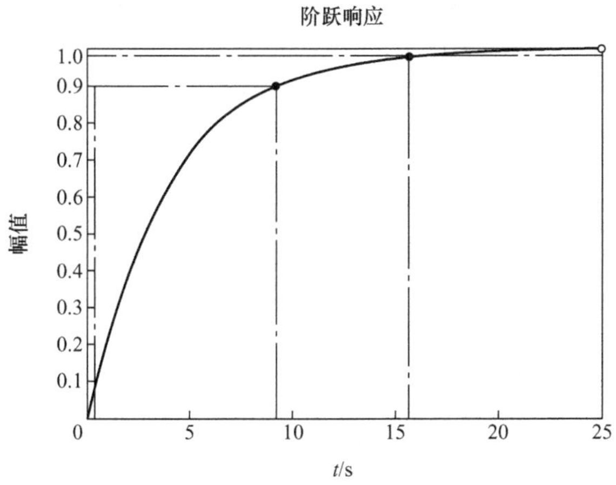

图 3-2　单调变化的单位阶跃响应曲线

显然，响应无超调。通常用调节时间这一瞬态指标表示动态过程的快速性，有时也采用上升时间来描述，此时，上升时间是指响应从终值的 10% 上升到终值的 90% 所需的时间。

3.2　一阶系统的时域分析

用一阶微分方程描述的控制系统称为一阶系统。下面分析一阶系统对单位阶跃函数、单位脉冲函数、单位斜坡函数的响应。在分析过程中，设初始条件等于零。

3.2.1　一阶系统的数学模型

一阶系统的微分方程为

$$T\frac{\mathrm{d}c(t)}{\mathrm{d}t}+c(t)=r(t)$$

其传递函数为

$$\frac{C(s)}{R(s)}=\frac{1}{Ts+1} \tag{3-2}$$

式中，T 为系统的时间常数。一阶系统的结构图如图 3-3 所示，在物理上，这个系统可以表示一个 RC 电路，如图 3-4 所示。

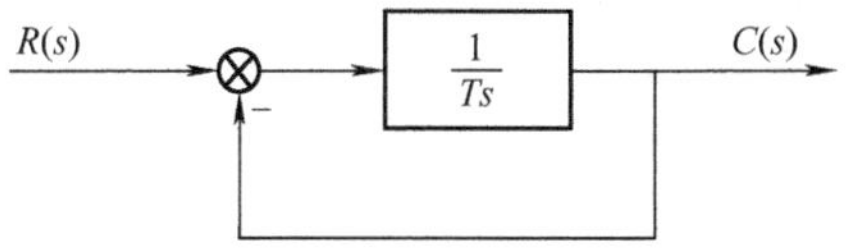

图 3-3　一阶系统结构图

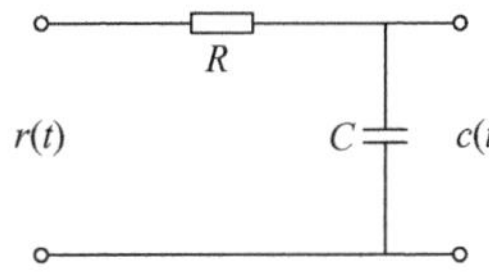

图 3-4　*RC* 电路

3.2.2 单位阶跃响应

对于单位阶跃输入 $r(t)=1(t)$，由于 $R(s)=\frac{1}{s}$，于是有

$$C(s)=\frac{1}{s(Ts+1)}=\frac{1}{s}-\frac{1}{s+\frac{1}{T}} \tag{3-3}$$

因此，得到

$$c(t)=c_{ss}(t)-c_t(t)=1-e^{-\frac{t}{T}} \tag{3-4}$$

式中，$c_{ss}(t)$ 为稳态分量，$c_{ss}(t)=1$；$c_t(t)$ 为暂态分量，$c_t(t)=e^{-\frac{t}{T}}$。

式（3-4）表明，一阶系统的单位阶跃响应是一条初始值为零、以指数规律上升到稳态值的曲线，如图 3-5 所示。

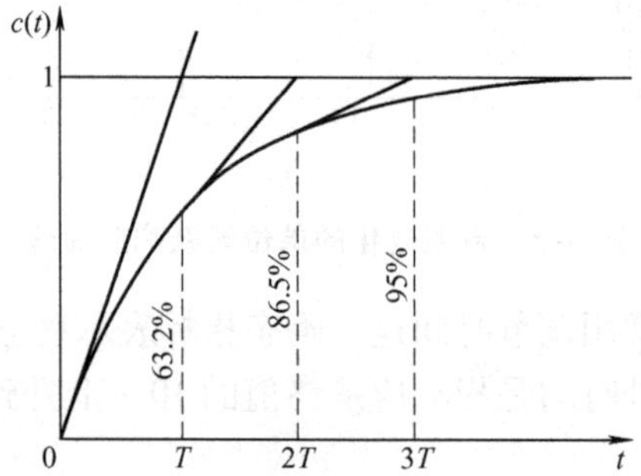

图 3-5 一阶系统的单位阶跃响应

该曲线在 $t=0$ 处的斜率最大，其值为 $1/T$。若系统保持初始响应的变化率不变，则当 $t=T$ 时输出就能达到稳态值，而实际上只上升到稳态值的 63.2%；经过 $4T$ 的时间，响应达到稳态值的 98%。显然，时间常数 T 反映了系统的响应速度，T 值越小，响应速度越快。

下面通过计算系统的性能指标来评价系统的性能，具体计算如下：

1. 瞬态性能指标

延迟时间：$t_d=0.69T$；上升时间：$t_r=2.20T$；调节时间：$t_s=3T$（$\Delta=5\%$）或 $t_s=4T$（$\Delta=2\%$），其中，Δ 代表实际响应与稳态输出之间的误差。

2. 稳态性能指标

稳态误差：$e_{ss}=\lim\limits_{t\to\infty}[r(t)-c(t)]=0$

3.2.3 单位脉冲响应

对于单位脉冲输入 $r(t)=\delta(t)$，由于 $R(s)=1$，于是

$$C(s)=\frac{1}{Ts+1}=\frac{1}{T}\cdot\frac{1}{s+\frac{1}{T}} \tag{3-5}$$

因此

$$g(t)=c(t)=\frac{1}{T}e^{-\frac{t}{T}}\quad(t\geqslant 0) \tag{3-6}$$

单位脉冲响应曲线如图3-6所示。该曲线在 $t=0$ 时等于 $1/T$，按指数规律下降到趋于零。单位脉冲响应是单位阶跃响应的导数，而单位阶跃响应是单位脉冲响应的积分。

该曲线在 $t=0$ 时的斜率等于 $-\frac{1}{T^2}$，若系统保持初始响应的变化率不变，则当 $t=T$ 时输出为零，而实际上当 $t=T$ 时，幅值为 $0.368/T$；当 $t\to\infty$ 时，幅值衰减到零。

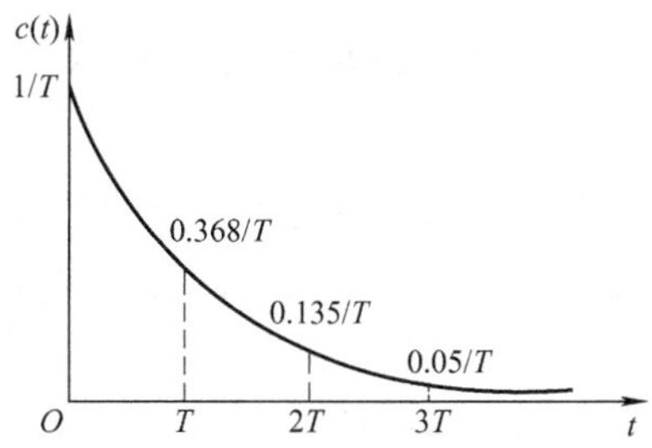

图3-6　单位脉冲响应

3.2.4　单位斜坡响应

对于单位斜坡输入 $r(t)=t\cdot 1(t)$，由于 $R(s)=\frac{1}{s^2}$，于是

$$C(s)=\frac{1}{s^2(Ts+1)}=\frac{1}{s^2}-\frac{T}{s}+\frac{T}{s+\frac{1}{T}} \tag{3-7}$$

因此

$$c(t)=c_{ss}(t)+c_t(t)=(t-T)+Te^{-\frac{t}{T}}\quad(t\geqslant 0) \tag{3-8}$$

式中，$c_{ss}(t)$ 为稳态分量，$c_{ss}(t)=(t-T)$；$c_t(t)$ 为暂态分量，$c_t(t)=Te^{-\frac{t}{T}}$。

式（3-8）表明，一阶系统单位斜坡响应的稳态分量是一个与斜坡输入函数具有相同斜率，但在时间上迟后一个时间常数 T 的斜坡函数。响应曲线如图3-7所示。

该曲线在 $t=0$ 处，斜率为零；当 $t\to\infty$ 时，$c(\infty)=t-T$ 与 $r(t)=t$ 相差一个时间常数 T，说明一阶系统在过渡过程结束后，其稳态输出与单位斜坡输入之间在位置上仍有误差。

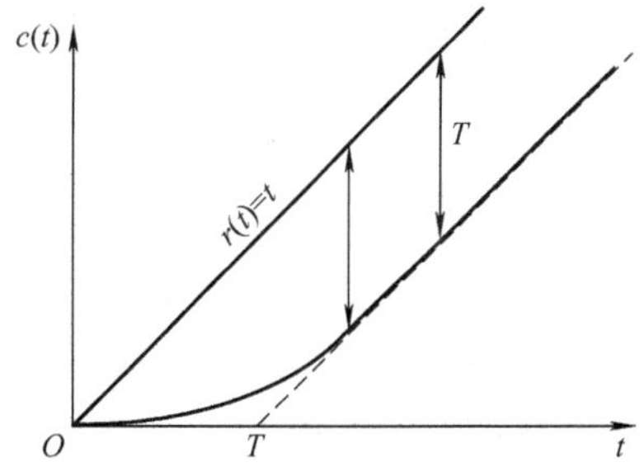

图3-7　单位斜坡响应曲线

总结上述一阶系统对于脉冲、阶跃、斜坡三种输入信号的响应，存在如下关系：

$$\delta(t)=\frac{d}{dt}1(t)=\frac{d^2}{dt^2}t\cdot 1(t) \tag{3-9}$$

$$g(t)=\frac{d}{dt}c_{阶}(t)=\frac{d^2}{dt^2}c_{斜}(t) \tag{3-10}$$

上述对应关系表明，系统对输入信号导数的响应，等于系统对该输入信号响应的导数；或者说，系统对输入信号积分的响应，等于系统对该输入信号响应的积分，而积分常数由输出初始条件确定。这个重要特征适用于任意阶线性定常系统。因此，研究线性定常系统的时间响应时，不必对每一种输入信号形式都进行测定或计算，只取其中一种典型形式进行研究即可。

3.3 二阶系统的时域分析

当系统输出与输入之间的特性能用二阶微分方程描述时，称该系统为二阶系统。二阶系统在控制理论研究中占有非常重要的位置，它应用广泛，例如 *RLC* 网络、忽略了电枢电感后的电动机、具有质量的物体的运动等；此外，许多高阶系统在一定条件下，常常可以近似为二阶系统来研究。因此，在控制理论的学习中掌握二阶系统的基本性能非常重要。

3.3.1 二阶系统的数学模型

典型二阶系统结构如图 3-8a 所示。

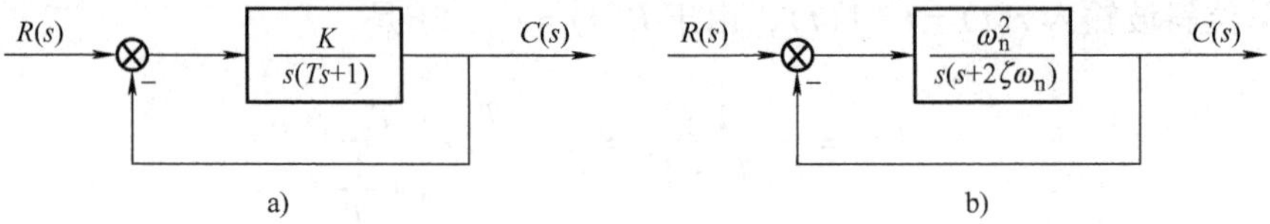

图 3-8 典型二阶系统结构图

其闭环传递函数为

$$\Phi(s)=\frac{K}{s(Ts+1)+K} \tag{3-11}$$

将式（3-11）写为标准形式，可得

$$\Phi(s)=\frac{1}{T^2s^2+2\zeta Ts+1}=\frac{\omega_n^2}{s^2+2\zeta\omega_n s+\omega_n^2} \tag{3-12}$$

式中，$\omega_n=\sqrt{\frac{K}{T}}$，$\zeta=\frac{1}{2\sqrt{KT}}$，$\zeta$ 为系统阻尼比；ω_n 为无阻尼自然振荡角频率，单位为 rad/s。因此，图 3-8a 所示系统可等效为图 3-8b 所示系统。

系统的特征方程为

$$s^2+2\zeta\omega_n s+\omega_n^2=0 \tag{3-13}$$

其两个根（闭环极点）为

$$s_{1,2}=-\zeta\omega_n\pm\omega_n\sqrt{\zeta^2-1} \tag{3-14}$$

显然，二阶系统的时间响应取决于 ζ 和 ω_n 这两个参数。

在物理上，这个系统可以表示一个 *RLC* 电路，如图 3-9 所示。

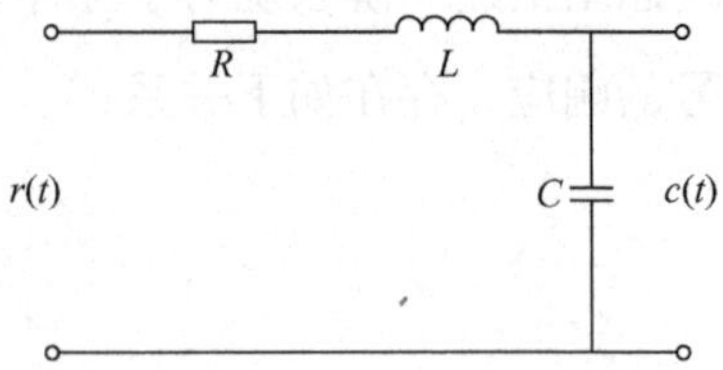

图 3-9 *RLC* 电路

3.3.2 二阶系统的单位阶跃响应

当输入信号为单位阶跃函数时，由式（3-12）知，系统输出量的拉普拉斯变换式为

$$C(s)=\frac{\omega_n^2}{s(s^2+2\zeta\omega_n s+\omega_n^2)}=\frac{1}{s}-\frac{s+2\zeta\omega_n}{s^2+2\zeta\omega_n s+\omega_n^2}$$

求其拉普拉斯逆变换可得到二阶系统的单位阶跃响应。当 ζ 为不同值时，所对应的响应具有不同的形式。下面针对该二阶系统在零阻尼（$\zeta=0$）、过阻尼（$\zeta>1$）、临界阻尼（$\zeta=1$）、欠阻尼（$0<\zeta<1$）四种情况下的单位阶跃响应分别进行研究。

1. 零阻尼（$\zeta=0$）的单位阶跃响应

此时，系统输出量的拉普拉斯变换式为

$$C(s)=\frac{\omega_n^2}{s(s^2+\omega_n^2)}=\frac{1}{s}-\frac{s}{s^2+\omega_n^2}$$

系统的时域响应为

$$c(t)=1-\cos\omega_n t \quad (t\geqslant 0) \tag{3-15}$$

闭环系统的两个极点为 $s_{1,2}=\pm j\omega_n$。

可见，系统具有一对纯虚数极点，系统处于无阻尼状态，其暂态响应为等幅振荡的周期函数，且频率为 ω_n，称为无阻尼自然角频率。响应曲线如图 3-10 所示。

2. 过阻尼（$\zeta>1$）的单位阶跃响应

此时，系统输出量的拉普拉斯变换式为

$$C(s)=\frac{1}{s}-\frac{s+2\zeta\omega_n}{s^2+2\zeta\omega_n s+\omega_n^2}$$

系统的时域响应为

$$c(t)=1-\frac{1}{2\sqrt{\zeta^2-1}}\left[\frac{1}{\zeta-\sqrt{\zeta^2-1}}e^{-(\zeta-\sqrt{\zeta^2-1})\omega_n t}-\frac{1}{\zeta+\sqrt{\zeta^2-1}}e^{-(\zeta+\sqrt{\zeta^2-1})\omega_n t}\right] \quad (t\geqslant 0) \tag{3-16}$$

式（3-16）表明，系统的暂态分量是两个指数函数之和。闭环系统的两个极点为 $s_{1,2}=-\zeta\omega_n\pm\omega_n\sqrt{\zeta^2-1}$。

可见，系统具有两个不相等的负实数极点。响应曲线如图 3-11 所示。

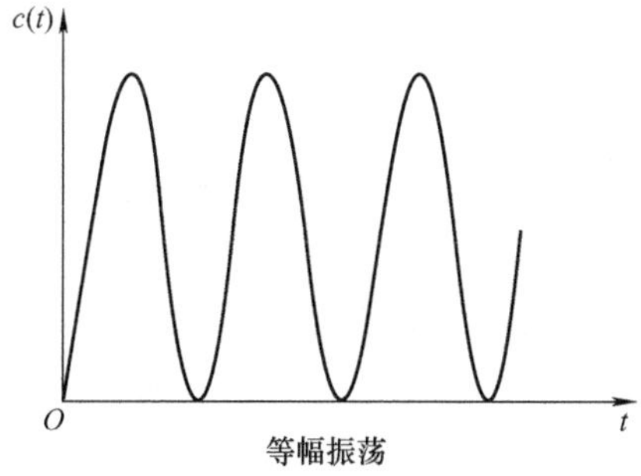

图 3-10　零阻尼二阶系统阶跃响应曲线

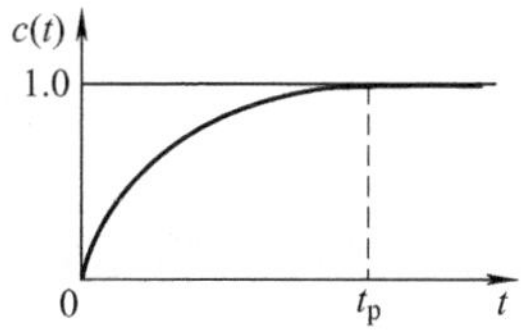

图 3-11　过阻尼二阶系统阶跃响应曲线

3. 临界阻尼（$\zeta=1$）的单位阶跃响应

此时，系统输出量的拉普拉斯变换式为

$$C(s)=\frac{\omega_n^2}{s(s^2+2\omega_n s+\omega_n^2)}=\frac{1}{s}-\frac{1}{s+\omega_n}-\frac{\omega_n}{(s+\omega_n)^2}$$

系统的时域响应为

$$c(t)=1-e^{\omega_n t}-\omega_n te^{-\omega_n t} \quad (t\geqslant 0) \tag{3-17}$$

式（3-17）表明，临界阻尼二阶系统的单位阶跃响应是稳态值为 1 的非周期上升过程。闭环系统的两个极点为 $s_{1,2}=-\omega_n$。

可见，系统具有两个相等的负实数极点，响应单调上升，与过阻尼情形一样，无超调，但它是这类响应中最快的。响应曲线如图 3-12 所示。

4. 欠阻尼（$0<\zeta<1$）的单位阶跃响应

此时，系统输出量的拉普拉斯变换式为

$$C(s)=\frac{1}{s}-\frac{s+\zeta\omega_n}{(s+\zeta\omega_n)^2+(1-\zeta^2)\omega_n^2}-\frac{\zeta\omega_n}{(s+\zeta\omega_n)^2+\omega_n^2(1-\zeta^2)}$$
$$=\frac{1}{s}-\frac{s+\sigma}{(s+\sigma)^2+\omega_d^2}-\frac{\zeta}{\sqrt{1-\zeta^2}}\frac{\omega_d}{(s+\sigma)^2+\omega_d^2}$$

式中，σ 为衰减函数，$\sigma=\zeta\omega_n$；ω_d 为系统的阻尼振荡角频率，单位为 rad/s，$\omega_d=\omega_n\sqrt{1-\zeta^2}$。

系统的时域响应为

$$c(t)=1-e^{-\sigma t}\cos\omega_d t-\frac{\zeta}{\sqrt{1-\zeta^2}}\sin\omega_d t\cdot e^{-\sigma t}$$
$$=1-\frac{e^{-\zeta\omega_n t}}{\sqrt{1-\zeta^2}}\sin(\omega_n\sqrt{1-\zeta^2}t+\arccos\zeta)\quad(t\geqslant 0)\tag{3-18}$$

可见，系统的暂态分量为振幅随时间按指数函数规律衰减的周期函数，其振荡频率为 $\omega_d=\omega_n\sqrt{1-\zeta^2}$。响应曲线如图 3-13 所示。

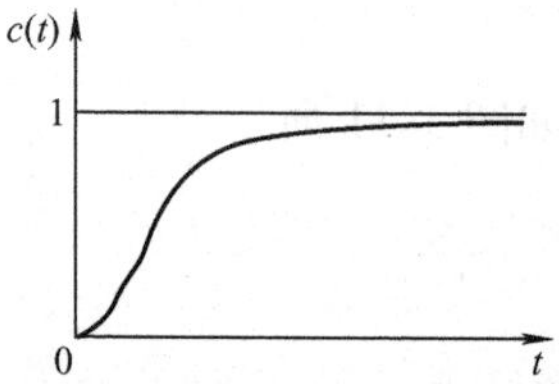

图 3-12 临界阻尼二阶系统阶跃响应曲线

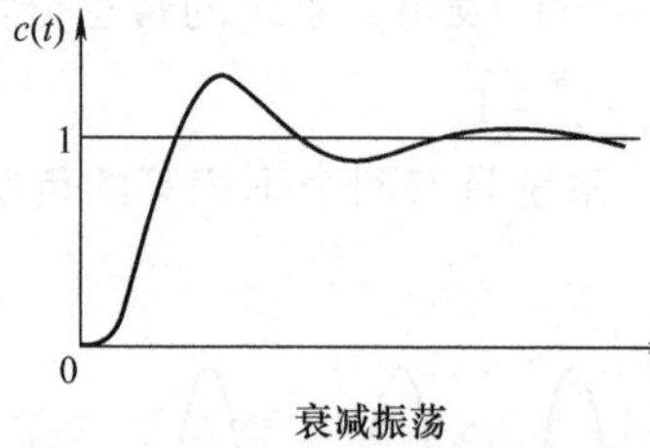

图 3-13 欠阻尼二阶系统阶跃响应曲线

此时，$s_{1,2}=-\zeta\omega_n\pm j\omega_n\sqrt{1-\zeta^2}=-\sigma\pm j\omega_d$，系统具有一对共轭复数极点。

3.3.3 欠阻尼二阶系统的动态过程分析

下面推导式（3-18）描述的欠阻尼二阶系统的动态性能指标计算公式。

1. 上升时间 t_r

令 $c(t_r)=1$，代入式（3-18），求得 $\frac{e^{-\zeta\omega_n t_r}}{\sqrt{1-\zeta^2}}\sin(\omega_n\sqrt{1-\zeta^2}t_r+\arccos\zeta)=0$

故有，$\sin(\omega_n\sqrt{1-\zeta^2}t_r+\arccos\zeta)=0$，则有 $\omega_n\sqrt{1-\zeta^2}t_r+\arccos\zeta=\pi$，所以 $t_r=\frac{\pi-\arccos\zeta}{\omega_n\sqrt{1-\zeta^2}}$。令 $\beta=\arctan\frac{\sqrt{1-\zeta^2}}{\zeta}$ 或 $\beta=\arccos\zeta$，则

$$t_r = \frac{\pi - \beta}{\omega_n \sqrt{1-\zeta^2}} \tag{3-19}$$

2. 峰值时间 t_p

可将式（3-18）对 t 求导并令其为零，于是有

$$-\frac{e^{-\zeta\omega_n t_p}}{\sqrt{1-\zeta^2}}\omega_d \cos(\omega_d t_p + \beta) + \frac{\zeta\omega_n}{\sqrt{1-\zeta^2}} e^{-\zeta\omega_n t_p} \sin(\omega_d t_p + \beta) = 0$$

由于 $e^{-\zeta\omega_n t_p} \neq 0$，故

$$\zeta\omega_n \sin(\omega_d t_p + \beta) = \omega_d \cos(\omega_d t_p + \beta)$$

即

$$\tan(\omega_d t_p + \beta) = \frac{\sqrt{1-\zeta^2}}{\zeta}$$

又由于 $\tan\beta = \frac{\sqrt{1-\zeta^2}}{\zeta}$，所以 $\omega_d t_p = 0$，π，2π，3π，…显然应取 $\omega_d t_p = \pi$，此时有

$$t_p = \frac{\pi}{\omega_n \sqrt{1-\zeta^2}} \tag{3-20}$$

3. 最大超调量 $\sigma\%$

将式（3-20）代入式（3-18）中，有

$$c(t_p) = 1 - \frac{e^{-\frac{\zeta\pi}{\sqrt{1-\zeta^2}}}}{\sqrt{1-\zeta^2}} \sin(\pi + \beta)$$

由于 $\tan\beta = \frac{\sqrt{1-\zeta^2}}{\zeta}$，故 $\sin\beta = \sqrt{1-\zeta^2}$，$\cos\beta = \zeta$，因此有 $\sin(\pi+\beta) = -\sqrt{1-\zeta^2}$，于是有 $c(t) = 1 + e^{-\frac{\zeta\pi}{\sqrt{1-\zeta^2}}}$。所以

$$\sigma\% = e^{-\frac{\zeta\pi}{\sqrt{1-\zeta^2}}} \times 100\% \tag{3-21}$$

显然，超调量 $\sigma\%$ 仅是阻尼比 ζ 的函数，与 ω_n 无关。

4. 调节时间 t_s

根据 t_s 的定义有 $|c(t_s) - 1| \leq \Delta$，式中，Δ 为误差带。要直接确定 t_s 的表达式不太容易，工程上常借用图 3-14 所示的衰减正弦波的包络线的调节时间 t_s' 来近似原二阶系统的调节时间 t_s。

由图 3-14 可见，不论上包络线或下包络线，近似法都可以得到同样的结果。因此，可得

$$1 + \frac{e^{-\zeta\omega_n t_s}}{\sqrt{1-\zeta^2}} = 1.02$$

由此可得

$$t_s = -\frac{1}{\zeta\omega_n}\ln(0.02\sqrt{1-\zeta^2}) \approx \frac{1}{\zeta\omega_n}(4 - \ln\sqrt{1-\zeta^2}) \tag{3-22}$$

当 $0 < \zeta < 0.8$ 时，有

$$t_s \approx \frac{4.4}{\zeta\omega_n} \quad (\Delta = \pm 2\%) \tag{3-23}$$

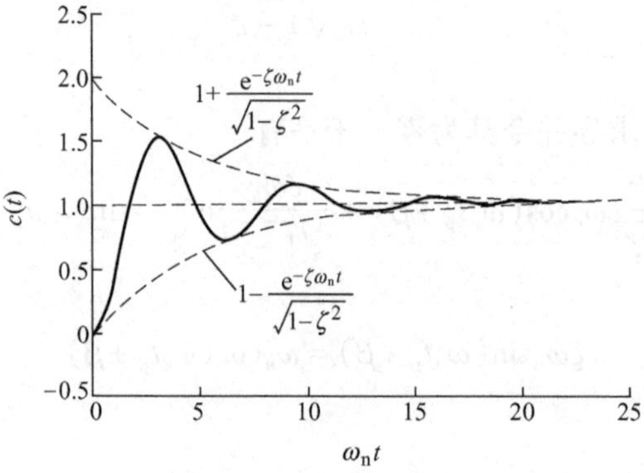

图 3-14 $c(t)$ 包络线

$$t_s \approx \frac{3.5}{\zeta\omega_n} \quad (\Delta = \pm 5\%) \tag{3-24}$$

通过以上的讨论，可以得出二阶系统特征参数 ζ 和 ω_n 与动态性能指标息息相关。各项指标之间相互影响，例如，当阻尼比 ζ 变小时，系统的上升时间减少，但是超调量较大，振荡次数增多，调节时间变长，动态特性品质发生改变；同理，自然振荡角频率 ω_n 变化，也会改变上升时间、峰值时间和调节时间，从而影响系统的动态特性。因此，需要采取合理的方案，选取适当的阻尼比 ζ 和自然振荡角频率 ω_n，使得系统的各项动态性能指标均满足系统设计的需求。

例 3-1 单位负反馈随动系统如图 3-15 所示。

（1）确定系统特征参数与实际参数的关系；

（2）若 $K=16\text{rad/s}$、$T=0.25\text{s}$，试计算系统的动态性能指标。

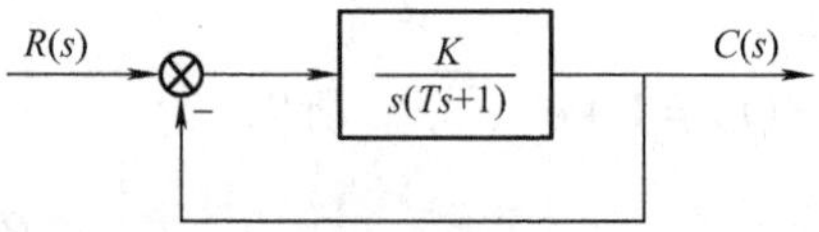

图 3-15 随动系统结构图

解 （1）闭环传递函数为

$$\Phi(s) = \frac{K}{Ts^2+s+K} = \frac{K/T}{s^2+s/T+K/T}$$

与典型二阶系统比较可得：$K/T=\omega_n^2$，$1/T=2\zeta\omega_n$

（2）当 $K=16\text{rad/s}$，$T=0.25\text{s}$ 时，由于

$$K/T=\omega_n^2, \qquad 1/T=2\zeta\omega_n$$

则

$$\omega_n=\sqrt{K/T}=8\text{rad/s}, \qquad \zeta=\frac{1}{\sqrt{KT}}=0.25$$

于是有

$$\sigma\% = e^{-\frac{0.25}{\sqrt{1-0.25^2}}\pi}\times 100\% = 47\%\ ; \quad t_r=\frac{\pi-\arccos 0.25}{8\sqrt{1-0.25^2}}\text{s}=0.24\text{s}$$

$$t_p=\frac{\pi}{8\sqrt{1-0.25^2}}\text{s}=0.41\text{s}; \quad t_s=\frac{3.5}{\zeta\omega_n}=\frac{3.5}{8\times 0.25}\text{s}=1.75\text{s} \quad (\Delta=0.05)$$

例 3-2 已知单位负反馈系统的单位阶跃响应曲线如图 3-16 所示，试求系统的开环传

递函数。

解　由系统的单位阶跃响应曲线，直接求出超调量和峰值时间，即

$$\sigma\% = 30\%, \quad t_p = 0.1\text{s}$$

由
$$e^{-\frac{\zeta}{\sqrt{1-\zeta^2}}\pi} \times 100\% = 0.3 \text{ 及 } \frac{\pi}{\omega_n\sqrt{1-\zeta^2}} = 0.1$$

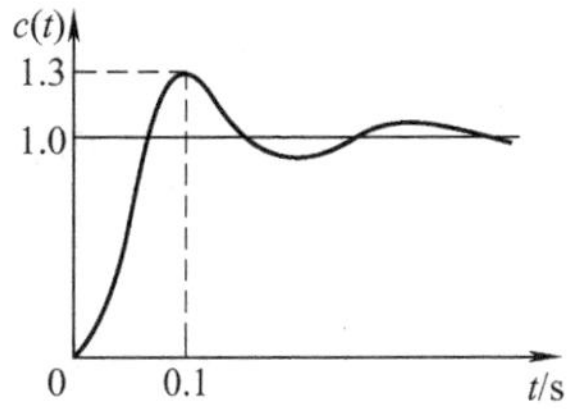

图 3-16　阶跃响应曲线

得到 $\zeta = 0.357$，$\omega_n = 33.65\text{rad/s}$。于是二阶系统的开环传递函数为

$$G(s) = \frac{\omega_n^2}{s(s+2\zeta\omega_n)} = \frac{33.65^2}{s(s+2\times 0.357\times 33.65)} = \frac{11.31}{s(s+24)}$$

3.4 高阶系统的时域响应

系统传递函数的阶次高于二阶的系统称为高阶系统。高阶系统性能指标的确定是比较复杂的，计算比较困难，而在工程设计的许多问题中，过分追求精确性往往是不必要的，甚至是无意义的。因而，工程上通常采用闭环主导极点的概念将高阶系统适当地近似成低阶系统（如二阶或三阶）进行分析，或者直接应用 MATLAB 软件进行高阶系统的分析。

3.4.1 高阶系统的单位阶跃响应

设 n 阶系统的闭环传递函数为

$$\Phi(s) = \frac{b_0 s^m + b_1 s^{m-1} + \cdots + b_{m-1}s + b_m}{a_0 s^n + a_1 s^{n-1} + \cdots + a_{n-1}s + a_n} \quad (n \geqslant m)$$

$$= \frac{K_r \prod_{i=1}^{m}(s - z_i)}{\prod_{j=1}^{q}(s - p_j)\prod_{k=1}^{r}(s^2 + 2\zeta_k\omega_k s + \omega_k^2)} \quad (n \geqslant m) \tag{3-25}$$

式中，p_j 为闭环传递函数的极点；z_i 为闭环传递函数的零点；K_r 为闭环传递函数系数，$K_r = \frac{b_0}{a_0}$。

当输入为单位阶跃信号时，系统的输出响应为

$$C(s) = \frac{K_r \prod_{i=1}^{m}(s - z_i)}{\prod_{j=1}^{q}(s - p_j)\prod_{k=1}^{r}(s^2 + 2\zeta_k\omega_k s + \omega_k^2)} \frac{1}{s}$$

$$= \frac{A_0}{s} + \sum_{j=1}^{q}\frac{A_j}{s - p_j} + \sum_{k=1}^{r}\frac{B_k s + C_k}{s^2 + 2\zeta_k\omega_k s + \omega_k^2} \tag{3-26}$$

对式（3-26）取拉普拉斯逆变换，分别得到

$$L^{-1}\left(\frac{A_0}{s}\right) = A_0$$

$$L^{-1}\left(\sum_{j=1}^{q}\frac{A_j}{s-p_j}\right)=\sum_{j=1}^{q}L^{-1}\left(\frac{A_j}{s-p_j}\right)=\sum_{j=1}^{q}A_j e^{p_j t}$$

$$L^{-1}\left(\frac{B_k s+C_k}{s^2+2\zeta_k\omega_k s+\omega_k^2}\right)$$

$$=L^{-1}\left[\frac{B_k(s+\zeta_k\omega_k)}{(s+\zeta_k\omega_k)^2+(\omega_k\sqrt{1-\zeta_k^2})^2}+\frac{(C_k-B_k\zeta_k\omega_k)\dfrac{\omega_k\sqrt{1-\zeta_k^2}}{\omega_k\sqrt{1-\zeta_k^2}}}{(s+\zeta_k\omega_k)^2+(\omega_k\sqrt{1-\zeta_k^2})^2}\right]$$

$$=B_k e^{-\zeta_k\omega_k t}\cos(\omega_k\sqrt{1-\zeta_k^2})t+\frac{C_k-B_k\zeta_k\omega_k}{\omega_k\sqrt{1-\zeta_k^2}}e^{-\zeta_k\omega_k t}\sin(\omega_k\sqrt{1-\zeta_k^2})t$$

令 $D_k=\dfrac{C_k-B_k\zeta_k\omega_k}{\omega_k\sqrt{1-\zeta_k^2}}$，则有

$$L^{-1}\left(\frac{B_k s+C_k}{s^2+2\zeta_k\omega_k s+\omega_k^2}\right)=A_k e^{-\zeta_k\omega_k t}\sin(\omega_{dk}t+\varphi_k)$$

其中

$$c(t)=L^{-1}[C(s)]$$
$$=A_0+\sum_{j=1}^{q}A_j e^{p_j t}+\sum_{k=1}^{r}A_k e^{-\zeta_k\omega_k t}\sin(\omega_{dk}t+\varphi_k)$$

由以上推导可见，高阶系统的时间响应是由一阶系统和二阶系统的时间响应函数项组成。如果高阶系统所有闭环极点都具有负实部，随着 t 的增长，由系统极点引入的时间响应函数趋于零。高阶系统的阶跃响应中包括一阶模态和二阶模态。其中，一阶模态为 $e^{p_j t}$，当 $p_j<0$ 时，称其为一阶收敛模态；当 $p_j>0$ 时，称其为一阶发散模态。二阶模态为 $e^{-\zeta\omega_n t}\sin(bt+\alpha)$，当 $-\zeta\omega_n<0$ 时，称其为二阶收敛模态；当 $-\zeta\omega_n=0$ 时，称其为二阶等幅振荡模态；当 $-\zeta\omega_n>0$ 时，称其为二阶发散模态。

显然，如果有一个闭环极点位于 s 右半平面，则导致整个系统的响应是发散的。响应曲线的形状由闭环极点和零点共同决定。对于稳定的系统，闭环极点负实部的绝对值越大，其对应时间分量的衰减速度越快；反之，衰减速度越慢。在部分分式展开各项系数（留数）的计算中，闭环零点的大小会影响留数的大小。

对于稳定的高阶系统，其闭环极点和零点在 s 左半平面上虽有各种分布模式，但就距虚轴的距离来说，却只有远近之分。如果在所有的闭环极点中，距虚轴最近的极点周围没有闭环零点，而其他闭环极点又远离虚轴（与虚轴的距离都在此极点与虚轴之间距离的 5 倍以上），那么距虚轴最近的闭环极点所对应的响应分量，随时间的推移衰减缓慢，在系统的时间响应过程中起主导作用，这样的闭环极点就称为闭环主导极点。闭环主导极点可以是实极点，也可以是复数极点，或者是它们的组合。如图 3-17 所示，除闭环主导极点外，所有其他闭环极点由于其对应的响应分量随时间的推移迅速衰减，对系统的时间响应过程影响甚微，因而称为非主导极点。

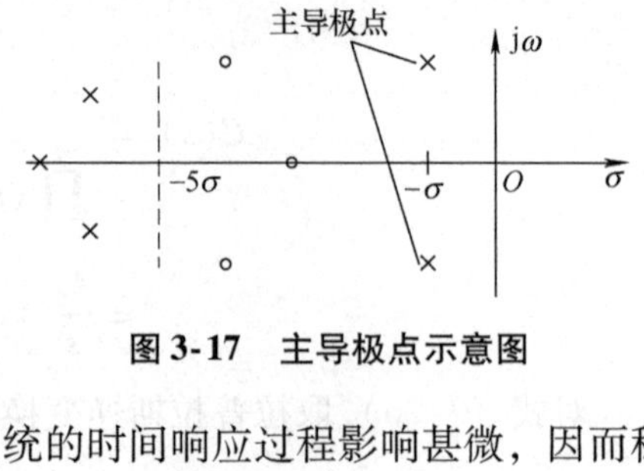

图 3-17 主导极点示意图

在控制工程实践中，通常要求控制系统既具有较快的响应速度，又具有一定的阻尼程度，此外，还要求减少死区、间隙和库仑摩擦等非线性因素对系统性能的影响，因此高阶系统的增益常常调整到使系统具有一对闭环共轭主导极点。这时，可以用二阶系统的动态性能指标来估算高阶系统的动态性能。

3.4.2　高阶系统的二阶近似

高阶系统的瞬态特性主要由系统传递函数中的主导极点决定。主要原因如下：

1）离虚轴近：由此极点决定的指数项衰减缓慢，在其他闭环极点随时间的推移作用消失后，其作用仍然存在，并逐渐显现出来。

2）周围没有闭环零点：其输出响应的模态在总的响应中占的比例大（没有其他零点把它的作用抵消掉）。

3）其他闭环极点远离虚轴：其他闭环极点决定的模态和主导极点决定的模态相比衰减很快。

此外，在对高阶系统进行降阶处理时，还经常涉及偶极子的概念。所谓偶极子，是指一对非常靠近的零、极点，它会使该极点的对应留数很小，其在系统动态响应中的作用近似相互抵消。偶极子如图 3-18 所示。

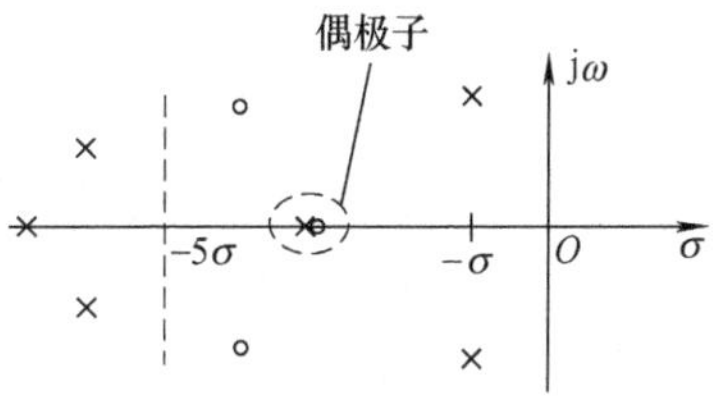

图 3-18　偶极子

高阶系统的主导极点常常是共轭复数极点，因此高阶系统可以常用主导极点构成的二阶系统来近似。相应的性能指标可按二阶系统的各项指标来估计。在设计高阶系统时，常利用主导极点的概念来选择系统参数，使系统具有预期的一对共轭复数主导极点，这样，就可以近似地用二阶系统的性能指标来设计系统。

高阶系统的降阶简化思路如下：

1）去除传递函数中影响较小的极点。

2）利用偶极子概念的零极点抵消作用，最终降为二阶或三阶系统。

3.5　线性系统的稳定性分析

自动控制系统若要正常的工作，首先其必须是一个稳定的系统。稳定系统是指当系统受到外界干扰后，虽然它原有的平衡状态被破坏，但是在去除外部干扰后，仍有能力自动地在一个新的平衡状态下继续工作。例如，常见的电压自动调节系统中保持电机电压恒定的能力，电机自动调速系统中保持电机转速为一定的能力，以及火箭飞行中保持航行速度为一定的能力等。具有稳定性的系统被称为稳定的系统；反之，不具有稳定性的系统被称为不稳定系统。

3.5.1　稳定的概念

如果系统受到有界扰动，不论扰动引起的初始偏差有多大，当扰动取消后，系统都能以足够的准确度恢复到初始平衡状态，则这种系统称为大范围稳定的系统；如果系统受到有界扰动，只有当扰动引起的初始偏差小于某一范围时，系统才能在取消扰动后恢复到初始平衡状态，否则就不能恢复到初始平衡状态，则这种系统称为小范围稳定的系统。

对于稳定的线性系统，它必然在大范围内和小范围内都能稳定，只有非线性系统才可能有小范围稳定而大范围不稳定的情况。

线性控制系统稳定性的定义如下：若线性控制系统在初始扰动 $\delta(t)$ 的影响下，其过渡过程随着时间的推移逐渐衰减并趋向于零，则称系统为稳定；反之，则为不稳定。线性系统的稳定性只取决于系统自身固有特性，而与输入信号无关。设线性定常系统在初始条件为零时，定义输入扰动为 $\delta(t)$，设响应为 $C(t)$，如果当 $t\to\infty$ 时，$C(t)$ 收敛到原来的平衡点，即有 $\lim\limits_{t\to\infty}C(t)=0$，那么，线性系统是稳定的。

线性系统的稳定性取决于系统自身的结构和参数，与外界条件无关。下面给出线性系统稳定的充要条件。

必要充分条件：线性系统稳定的充要条件是闭环极点全部落在虚轴左边。

3.5.2 系统的稳定性判据

根据系统稳定的充要条件可知判定系统的稳定性必须知道系统特征根的全部符号。如果能解出全部根，则立即可判断系统的稳定性。然而对于高阶系统，求根的工作量很大，常常希望使用一种直接判断根是否均在 s 左半平面的代替方法。

判别系统稳定性的方法有劳斯-赫尔维茨稳定判据（以下简称劳斯判据）、根轨迹法、奈奎斯特稳定判据、李雅普诺夫第二方法等。本章主要介绍劳斯判据，其他方法将在后续章节中进行介绍。

劳斯判据是由劳斯（E. J. Routh）于 1877 年首先提出的。有关劳斯判据自身的数学论证，从略。本节主要介绍与该判据有关的结论及其在判别控制系统稳定性方面的应用。

设线性系统特征方程为

$$D(s)=a_0s^n+a_1s^{n-1}+a_2s^{n-2}+\cdots+a_{n-1}s+a_n=0 \tag{3-27}$$

1. 必要性判据

特征方程各项系数均大于 0，且不缺项即

$$a_i>0\ (i=0,\ 1,\ \cdots,\ n)$$

例如，设有某系统闭环特征方程为

$$\begin{aligned}D(s)&=(s+1)(s+2)(s+3)\\&=(s+1)(s^2+5s+6)\\&=s^3+5s^2+6s+s^2+5s+6\\&=s^3+6s^2+11s+6\end{aligned}$$

当全部根在 s 左半平面时，系数只能越加越大，不可能出现负值或零。

若系统不满足上述条件，可直接判定该系统是不稳定的。但是上述条件是不充分的，因为各项系数为正时，也可能出现正的实数根。此时，可用充要性判据来判定系统的稳定性。

2. 充要性判据

设系统特征方程式如式（3-27）所示，将各项系数，按以下各行构造劳斯表：

$$
\begin{array}{lllll}
s^n & a_0 & a_2 & a_4 & a_6 & \cdots \\
s^{n-1} & a_1 & a_3 & a_5 & a_7 & \cdots \\
s^{n-2} & b_1 & b_2 & b_3 & b_4 & \cdots \\
s^{n-3} & c_1 & c_2 & c_3 & \cdots \\
\vdots \\
s^2 & d_1 & d_2 & d_3 \\
s^1 & e_1 & e_2 \\
s^0 & f_1
\end{array}
$$

劳斯表的前两行由特征方程的系数直接构成，第一行由奇数项系数构成，第二行由偶数项系数构成，以下各行按下列公式计算：

$$
b_1 = \frac{a_1a_2 - a_0a_3}{a_1} \quad b_2 = \frac{a_1a_4 - a_0a_5}{a_1} \quad b_3 = \frac{a_1a_6 - a_0a_7}{a_1} \quad \cdots
$$

$$
c_1 = \frac{b_1a_3 - a_1b_2}{b_1} \quad c_2 = \frac{b_1a_5 - a_1b_3}{b_1} \quad c_3 = \frac{b_1a_7 - a_1b_4}{b_1} \quad \cdots
$$

$$
\vdots
$$

$$
f_1 = \frac{e_1d_2 - d_1e_2}{e_1}
$$

劳斯表的第一行标注为 s^n，第二行标注为 s^{n-1}…一直标注到第 n 行，标注为 s^1，第 $n+1$ 行标注为 s^0。

劳斯判据给出如下：

线性系统稳定的充要条件是：特征方程式的全部系数为正，且由该方程式构造的劳斯表中第一列全部元素都为正。

若不满足上述条件，则系统不稳定。此外，劳斯表中第一列元素符号改变的次数，等于相应特征方程式位于 s 右半平面上根的个数。

利用劳斯稳定判据可以判别特征方程的根在 s 平面上的分布情况：

1）如果劳斯表中第一列的系数均为正值，则其特征方程式的根都在 s 左半平面，相应的系统是稳定的。

2）如果劳斯表中第一列的系数的符号有变化，其变化的次数等于该特征方程式的根在 s 右半平面上的个数，相应的系统为不稳定。

例 3-3 设四阶系统的特征方程为

$$
D(s) = s^4 + 2s^3 + 3s^2 + 4s + 5 = 0
$$

用劳斯判据判定系统的稳定性及其在 s 右半平面根的个数。

解 构造劳斯表

$$
\begin{array}{llll}
s^4 & 1 & 3 & 5 \\
s^3 & 2 & 4 & 0 \\
s^2 & \dfrac{2\times3-1\times4}{2}=1 & \dfrac{2\times5-1\times0}{2}=5 & 0
\end{array}
$$

$$
\begin{array}{lll}
s^1 & \dfrac{1\times 4-2\times 5}{1}=-6 & 0 \\
s^0 & 5 &
\end{array}
$$

第一列的系数变号两次，说明系统有两个 s 右半平面的根，所以系统不稳定。

3. 特殊情况的处理

在应用劳斯判据时，有可能会碰到以下两种特殊情况。

1）劳斯表某一行中的第一项等于零，而该行的其余各项不为零或不全为零。

这种情况的出现使劳斯表无法继续往下排列。解决的办法是以一个很小的正数 ε 来代替为零的这项，据此算出其余的各项，完成劳斯表的排列。

若劳斯表第一列中系数的符号有变化，其变化的次数就等于该方程在 s 右半平面上根的数目，相应的系统为不稳定。如果第一列 ε 上面的系数与下面的系数符号相同，则表示该方程中有一对共轭虚根存在，相应的系统临界稳定。

例 3-4 系统的特征方程为

$$D(s)=s^3-3s+2=0$$

试用劳斯判据判断该系统在 s 右半平面中闭环根的个数。

解 构造劳斯表

$$
\begin{array}{lll}
s^3 & 1 & -3 \\
s^2 & 0\to\varepsilon & 2 \\
s^1 & \dfrac{-3\varepsilon-1\times 2}{\varepsilon}<0 & 0 \\
s^0 & 2 &
\end{array}
$$

第一列系数变号两次，所以系统在右半平面有两个正根。实际上系统的特征方程为 $D(s)=(s-1)^2(s+2)$。

2）劳斯表中出现全零行。

这种情况表示相应方程中含有一些大小相等、符号相反的实根或共轭虚根。可利用系数全为零行的上一行系数构造一个辅助方程，并以这个辅助方程导数的系数来代替表中系数为全零的行，完成劳斯表的排列。这些大小相等、径向位置相反的根可以通过求解这个辅助方程式得到，而且其根的数目总是偶数的。

例 3-5 系统的特征方程为

$$D(s)=s^5+3s^4+12s^3+20s^2+35s+25=0$$

试求系统在 s 右半平面根的个数及虚根值。

解 构造劳斯表如下：

$$
\begin{array}{llll}
s^5 & 1 & 12 & 35 \\
s^4 & 3 & 20 & 25 \\
s^3 & \dfrac{3\times 12-1\times 20}{3}=\dfrac{16}{3} & \dfrac{3\times 35-1\times 25}{3}=\dfrac{80}{3} & 0 \\
s^2 & \dfrac{\dfrac{16}{3}\times 20-\dfrac{80}{3}\times 3}{\dfrac{16}{3}}=5 & 25 & 0\begin{cases}\text{辅助方程}\\ 5s^2+25=0\end{cases}
\end{array}
$$

s^1	$\dfrac{\dfrac{80}{3}\times 5-\dfrac{16}{3}\times 25}{5}=0\leftarrow -10$	0		$0\{10s+0=0$
s^0	25			

由劳斯表可见：

1）s 右半平面无根；

2）虚根值：由辅助方程 $s^2+5=0$ 解得 $s_{1,2}=\pm\mathrm{j}\sqrt{5}$；

3）由 $D(s)$ 系数看，偶次项系数和等于奇次项系数和，所以 $s=-1$ 是根。

$$D(s)/[(s^2+5)(s+1)]=\frac{s^5+3s^4+12s^3+20s^2+35s+25}{s^3+s^2+5s+5}$$

$$=s^2+2s+5=(s+1-\mathrm{j}2)(s+1+\mathrm{j}2)$$

所以特征根为

$$s_{1,2}=\pm\mathrm{j}\sqrt{5}\quad s_3=-1\quad s_{4,5}=-1\pm\mathrm{j}2$$

4. 劳斯判据的应用

运用劳斯判据不仅能够判断系统的稳定性，确定正根的个数，而且可以确定使系统稳定的参数取值范围。

例 3-6　系统结构图如图 3-19 所示，确定使系统稳定的 ζ，K 范围。

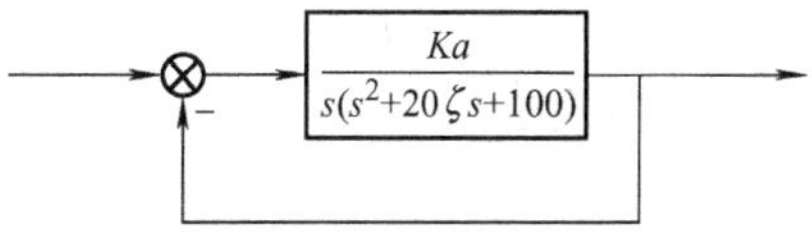

图 3-19　系统结构图

解　系统开环增益 $K=\dfrac{K_a}{100}$，构造劳斯表。

s^3	1	100	
s^2	20ζ	K_a	$\rightarrow\zeta>0$
s^1	$\dfrac{2000\zeta-K_a}{20\zeta}=0$		$\rightarrow 2000\zeta>K_a$
s^0	K_a		$\rightarrow K_a>0$

综合得到 $\begin{cases}\zeta>0\\0<K_a(=100K)<2000\zeta\end{cases}$　　$\begin{cases}\zeta>0\\0<K<20\zeta\end{cases}$

则使系统稳定的 ζ，K 的范围为 $\zeta>0$，$0<K<20\zeta$（图 3-20 的阴影部分）

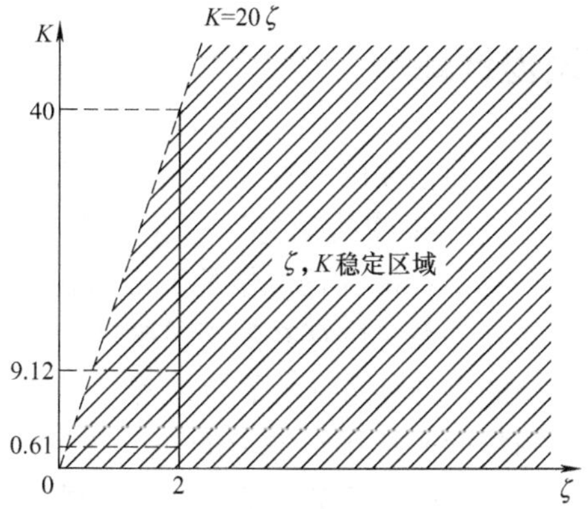

图 3-20　例 3-6 稳定区域

实际系统希望 s 左半平面上的根距离虚轴有一定的距离。劳斯判据可以用于判断一个稳定系统最靠近右侧的根距离虚轴有多远，从而了解系统稳定的“程度”，如图 3-21 所示。

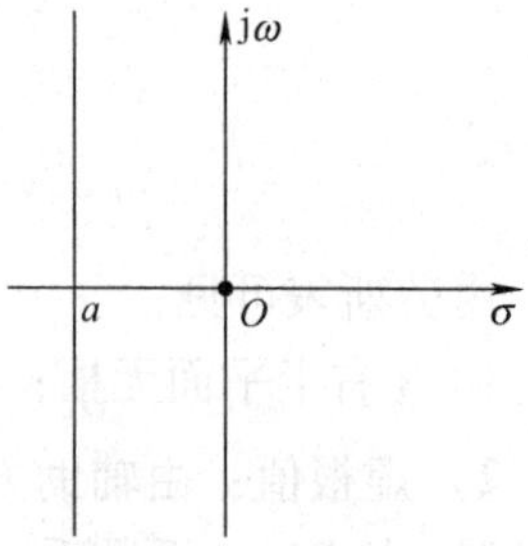

图 3-21 根分布图

为判断根是否在直线 $s=a$ 的左侧或右侧，可假定 $s=a$ 处为新坐标系的虚轴，在新的坐标系下面使用劳斯判据便可判知。

令 $s=s_i+a$ 代入原方程式中，得到以 s_i 为变量的特征方程式。然后用劳斯判据去判别该方程中是否有根位于垂线 $s=a$ 右侧。

例 3-7 已知系统的特征方程为

$$0.0025s^3+0.325s^2+s+k=0$$

如果要求特征值均位于 $s=-1$ 垂线之左，判断使系统稳定的 k 值范围。

解 若要求全部特征根在 $s=-1$ 垂线之左，则虚轴向左平移一个单位，令 $s=s_1-1$ 代入原特征方程，得

$$(s_1-1)^3+13(s_1-1)^2+40(s_1-1)+40k=0$$

整理，得

$$s_1^3+10s_1^2+17s_1+(40k-28)=0$$

构造劳斯表

$$\begin{array}{lll} s_1^3 & 1 & 17 \\ s_1^2 & 10 & 40k-28 \\ s_1^1 & \dfrac{170-(40k-28)}{10} & \\ s_1^0 & 40k-28 & \end{array}$$

依据劳斯稳定判据，第一列元素均大于 0，则得

求得

$$\begin{cases} \dfrac{170-(40k-28)}{10}>0 \\ 40k-28>0 \end{cases}$$

$$0.7<k<4.95$$

3.6 线性系统的稳态误差计算

控制系统的稳态误差是系统控制精度的一种度量，是系统的稳态性能指标。由于系统自身的结构参数、外作用的类型（控制量或扰动量）以及外作用的形式（阶跃、斜坡或加速度等）不同，控制系统的稳态输出不可能在任意情况下都与输入量（希望的输出量）一致，因此会产生原理性稳态误差。此外，系统中存在的不灵敏区、间隙、零漂等非线性因素也会造成附加的稳态误差。控制系统的设计任务之一，就是尽量减小系统的稳态误差。在控制系统设计中，稳态误差是系统控制精度或抗扰动能力的一种度量。一个符合工程要求的系统，其稳态误差必须控制在允许的范围之内。例如工业加热炉的炉温误差，若其超过允许的最大限度，将会严重影响加工产品的质量。

3.6.1　计算稳态误差的一般方法

1. 稳态误差的分类

稳态误差一般定义为系统进入稳态后，系统输出的期望值与实际值之差，表征了系统的控制精度。稳态误差可以分为给定稳态误差（由给定输入引起的稳态误差）和扰动稳态误差（由扰动输入引起的稳态误差）。

随动系统中，希望系统输出量以一定的精度跟随输入量的变化，因而用给定稳态误差来衡量系统的稳态性能。而恒值系统需要分析输出量在扰动作用下所受到的影响，故而扰动稳态误差更适合衡量恒值系统的稳态性能。

考虑给定信号 $R(s)$ 作用时，设扰动信号 $N(s)=0$。根据图 3-22，当输入信号与主反馈信号不等时，比较装置的输出为 $E(s)=R(s)-H(s)C(s)$。

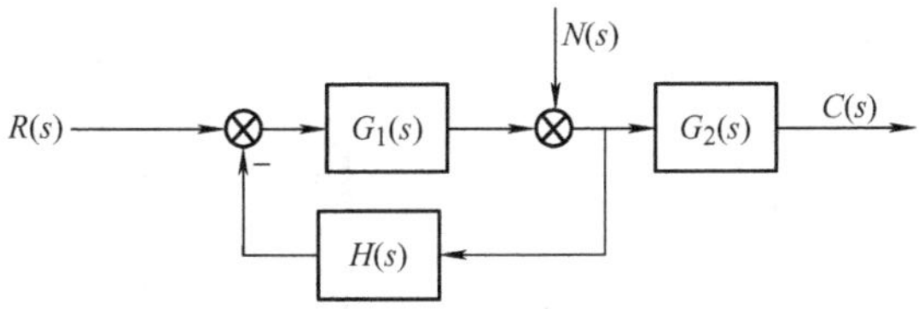

图 3-22　系统结构图

误差通常有两种定义方式，由输入端定义的，称其为偏差，即

$$E(s)=R(s)-H(s)C(s) \tag{3-28}$$

而期望值和实际值之差，被定义为误差，即

$$E'(s)=C_r(s)-C(s) \tag{3-29}$$

下面我们分析两种定义下误差的关系。

由反馈控制原理可知，当偏差为零时，实际输出就等于期望输出，即偏差 $E(s)=R(s)-H(s)C(s)=0$，可得对应关系 $C_r(s)=\dfrac{1}{H(s)}R(s)$。由于误差 $E'(s)=C_r(s)-C(s)$，则有

$$E'(s)=\frac{1}{H(s)}R(s)-C(s)=\frac{1}{H(s)}[R(s)-H(s)C(s)]=\frac{1}{H(s)}E(s) \tag{3-30}$$

当 $H(s)=1$ 时，误差 $E'(s)=E(s)$；当 $H(s)$ 为常数时，$E'(s)=\dfrac{1}{H(s)}E(s)$。

2. 稳态误差的求取

输入到偏差的传递函数为

$$\frac{E(s)}{R(s)}=\frac{1}{1+H(s)G(s)}$$

因而，输入到误差的传递函数为

$$\Phi_e(s)=\frac{E'(s)}{R(s)}=\frac{1}{H(s)}\frac{E(s)}{R(s)}=\frac{1}{H(s)}\frac{1}{1+H(s)G(s)} \tag{3-31}$$

显然，对输入信号误差的表达式为

$$E'(s)=\Phi_e(s)R(s)=\frac{1}{H(s)}\frac{R(s)}{1+H(s)G(s)}$$

若采用单位负反馈，则

$$E'(s)=E(s)=\frac{R(s)}{1+G(s)}$$

误差是时间的函数，记为 $e(t)$。稳态误差常用 e_{ss} 来表示，即 $e_{ss}=\lim\limits_{t\to\infty}e(t)$。

如果 $sE(s)$ 在 s 右半平面及虚轴上解析，即极点在 s 左半平面（包括原点），则可以利用终值定理求得稳态误差。由终值定理有

$$e_{ss}=\lim_{t\to\infty}e(t)=\lim_{s\to 0}sE(s)=\lim_{s\to 0}\frac{sR(s)}{1+G(s)H(s)} \tag{3-32}$$

3.6.2 系统类型及静态误差系数法

3

由式（3-32）可知，系统的稳态误差与开环传递函数的结构和输入信号的形式密切相关。当输入信号给定时，系统的稳态误差取决于开环传递函数的系统结构。

1. 系统的类型

不同类型的系统，误差的计算方法不一样。已知系统的开环传递函数为

$$\frac{B(s)}{R(s)}=G(s)H(s)=\frac{K\prod\limits_{i=1}^{m}(\tau_i s+1)}{s^v\prod\limits_{j=1}^{n-v}(T_j s+1)} \tag{3-33}$$

式中，K 为开环增益；τ_i 和 T_j 为时间常数；v 为开环积分环节的数目，称为系统的型别，或无差度。按 v 的数值不同，可以把系统分成如下几种类型：

$v=0$，称为 0 型系统，或有差系统；

$v=1$，称为Ⅰ型系统，或一阶无差系统；

$v=2$，称为Ⅱ型系统，或二阶无差系统；

$v\geqslant 3$，除复合控制外，系统稳定相当困难，一般很少采用。

2. 单位阶跃输入作用下各类型系统的稳态误差

将 $R(s)=1/s$ 代入 e_{ss}，得到

$$e_{ss}=\lim_{s\to 0}\frac{s}{1+G(s)H(s)}\frac{1}{s}=\lim_{s\to 0}\frac{1}{1+G(s)H(s)}$$

定义 K_p 为系统的位置误差系数，有

$$K_p=\lim_{s\to 0}G(s)H(s)$$

因而得到系统的稳态误差为 $e_{ss}=\dfrac{1}{1+K_p}$。

对于 0 型系统，有

$$K_p=\lim_{s\to 0}G(s)H(s)=\lim_{s\to 0}\frac{K\prod\limits_{i=1}^{m}(\tau_i s+1)}{s^v\prod\limits_{j=1}^{n-v}(T_j s+1)}=K$$

因而，有

$$e_{ss}=\frac{1}{1+K}e_{ss}=\frac{1}{1+K_p}$$

当 $v\geqslant 1$ 时

$$K_p = \lim_{s\to 0}\frac{K\prod_{i=1}^{m}(\tau_i s+1)}{s^v\prod_{j=1}^{n-v}(T_j s+1)} = \infty$$

因而，有 $e_{ss}=0$。

由以上分析可以得到如下结论：

0 型系统对阶跃输入的稳态误差为一定值$\frac{1}{1+K}$，误差的大小与系统的开环放大系数 K 成反比，K 越大，e_{ss}越小，只要 K 不是无穷大，系统总有误差存在。

具有单位负反馈的 Ⅰ 型系统输出可以准确跟踪阶跃输入信号，稳态误差为零。要准确跟踪阶跃输入信号，必须采用 Ⅰ 型及 Ⅰ 型以上系统。

3. 单位斜坡输入作用下的各类型系统的稳态误差

将 $R(s)=1/s^2$ 代入 e_{ss}，得到

$$e_{ss}=\lim_{s\to 0}\frac{s}{1+G(s)H(s)}\frac{1}{s^2}=\lim_{s\to 0}\frac{1}{sG(s)H(s)}$$

定义 K_v 为系统的速度误差系数，有

$$K_v=\lim_{s\to 0}sG(s)H(s)$$

因而得到系统的稳态误差为

$$e_{ss}=\frac{1}{K_v}$$

$$K_v = \lim_{s\to 0}sG(s)H(s) = \lim_{s\to 0}\frac{K\prod_{i=1}^{m}(\tau_i s+1)}{s^{v-1}\prod_{j=1}^{n-v}(T_j s+1)} = \lim_{s\to 0}\frac{K}{s^{v-1}}$$

因而，有

$$e_{ss}=\frac{1}{K_v}$$

0 型系统：$v=0$　　$K_v=0$　　$e_{ss}=\infty$

Ⅰ 型系统：$v=1$　　$K_v=K$　　$e_{ss}=\frac{1}{K}$

Ⅰ 型以上系统：$v\geqslant 2$　　$K_v=\infty$　　$e_{ss}=0$

由以上分析可以得到如下结论：

0 型系统在稳态时，不能跟踪斜坡输入信号，最后误差为∞。具有单位负反馈的 Ⅰ 型系统输出可以跟随斜坡输入，但有一定的误差（稳态速度误差）$e_{ss}=\frac{1}{K}$。具有单位负反馈的 Ⅱ 型或 Ⅱ 型以上的系统可以准确跟踪斜坡输入信号，稳态误差为零。所以要准确跟踪速度输入信号，必须采用 Ⅱ 型及 Ⅱ 型以上系统。

4. 单位加速度输入作用下各类型系统的稳态误差

将 $R(s)=1/s^3$ 代入 e_{ss}，得到

$$e_{ss}=\lim_{s\to 0}\frac{s}{1+G(s)H(s)}\frac{1}{s^3}=\lim_{s\to 0}\frac{1}{s^2G(s)H(s)}$$

定义 K_a 为系统的加速度误差系数，有

$$K_a = \lim_{s\to 0} s^2 G(s)H(s)$$

因而得到系统的稳态误差为

$$e_{ss} = \frac{1}{K_a}$$

$$K_a = \lim_{s\to 0} s^2 G(s)H(s) = \lim_{s\to 0} \frac{K\prod_{i=1}^{m}(\tau_i s+1)}{s^{v-2}\prod_{j=1}^{n-v}(T_j s+1)} = \lim_{s\to 0}\frac{K}{s^{v-2}}$$

因而，有

$$e_{ss} = \frac{1}{K_a}$$

0 型系统：$v=0$　　$K_a=0$　　$e_{ss}=\infty$

Ⅰ型系统：$v=1$　　$K_a=0$　　$e_{ss}=\infty$

Ⅱ型系统：$v=2$　　$K_a=K$　　$e_{ss}=\frac{1}{K}$

Ⅱ型以上系统：$v\geqslant 3$　　$K_a=\infty$　　$e_{ss}=0$

由以上分析可以得到如下结论：

0 型和Ⅰ型系统在稳态时，不能跟踪加速度输入信号，最后误差为∞。具有单位负反馈的Ⅱ型系统可以跟随加速度输入信号，但有一定的误差（稳态加速度误差）$\frac{1}{K}$。

具有单位负反馈的Ⅲ型或Ⅲ型以上的系统可以准确跟踪加速度输入信号，稳态误差为零。要准确跟踪加速度输入信号，必须采用Ⅲ型及Ⅲ型以上系统。

5. 系统型别、静态误差系数与输入信号之间的关系

若希望减小或消除误差，可以通过增加开环增益 K、提高系统的型别 v 来实现。表 3-1 给出了在不同输入信号下，系统的静态误差系数。

表 3-1　不同输入信号下系统的静态误差系数

型别	静态误差系数			阶跃输入 $r(t)=R\cdot 1(t)$	斜坡输入 $r(t)=Rt$	加速度输入 $r(t)=\frac{Rt^2}{2}$
v	K_p	K_v	K_a	$e_{ss}=\frac{R}{1+K_p}$	$e_{ss}=\frac{R}{K_v}$	$e_{ss}=\frac{R}{K_a}$
0	K	0	0	$R/(1+K)$	∞	∞
Ⅰ	∞	K	0	0	R/K	∞
Ⅱ	∞	∞	K	0	0	R/K
Ⅲ	∞	∞	∞	0	0	0

以上结论是针对单位负反馈的，如不是单位负反馈，则求出的是稳态偏差 $E_{ss}(\infty)$。

例 3-8　调速系统框图如图 3-23 所示。已知 $K_c=0.05\text{V}/(\text{r/min})$。求 $r(t)=1(t)\text{V}$ 时的稳态误差。

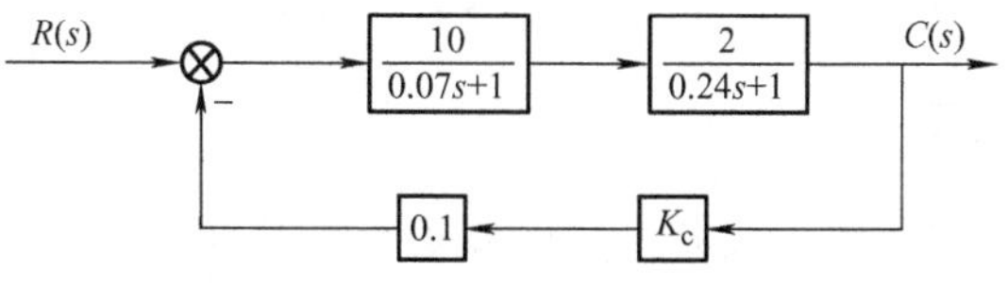

图 3-23 调速系统框图

解 系统开环传递函数为

$$G(s)H(s)=\frac{0.1}{(0.07s+1)(0.24s+1)}$$

由于系统为 0 型，$r(t)=1(t)$。

位置误差系数 $K_p=\lim\limits_{s\to 0}G(s)H(s)=0.1$，所以系统的稳态偏差为 $e_{ss}(\infty)=\frac{1}{1+K_p}=\frac{1}{1.1}$。

由于 $H(s)$ 为常数，系统稳态误差为 $e'_{ss}(\infty)=\frac{e_{ss}(\infty)}{H(s)}=\frac{\frac{1}{1.1}}{0.1\times 0.05}\text{r/min}=181.8\text{r/min}$。

如果系统承受的输入信号是多种典型信号的组合 $r(t)=R_0\cdot 1(t)+R_1t+\frac{1}{2}R_2t^2$，由叠加原理知稳态误差为

$$e_{ss}=\frac{R_0}{1+K_p}+\frac{R_1}{K_v}+\frac{R_2}{K_a}$$

因而，至少选用Ⅱ型系统，否则稳态误差为∞。

选择高型别系统可以较准确地跟踪输入信号，但不易满足系统的动态性能要求。

例 3-9 已知单位反馈系统的开环传递函数如下，求输入为 $r(t)=2+2t+t^2$ 时，系统的稳态误差。

$$G(s)=\frac{10(2s+1)}{s^2(s^2+6s+100)}$$

解 （1）首先列劳斯表判断系统的稳定性。

系统特征式为 $D(s)=s^4+6s^3+100s^2+20s+10$

由劳斯表知系统稳定

s^4	1	100	10
s^3	6	20	
s^2	29	3	
s^1	281		
s^0	3		

（2）求稳态误差。

开环增益 $K=0.1$，系统型别 $v=2$

当 $r_1(t)=2$ 时，$e_{ss1}=0$；当 $r_2(t)=2t$ 时，$e_{ss2}=0$；当 $r_3(t)=t^2=2\frac{t^2}{2}$时，$e_{ss3}=\frac{R}{K}=\frac{2}{0.1}=20$。

因而，当 $r(t)=t+2t+t^2$ 时，$e_{ss}=e_{ss1}+e_{ss2}+e_{ss3}=20$。

3.6.3 动态误差系数法

采用终值定理或者静态误差法具有一定的局限性，并且都无法表示稳态误差随时间变化的规律。系统的稳态误差是关于时间的函数。因此，引入动态误差系数法来计算系统的稳态误差。

把 $\Phi_e(s)$ 在 $s=0$ 的邻域展开成泰勒级数，则 $\Phi_e(s)=\sum_{i=0}^{\infty}\frac{1}{i!}\Phi_e^{(i)}(0)s^i$，因而，有 $E_r(s)=\sum_{i=0}^{\infty}\frac{1}{i!}\Phi_e^{(i)}(0)s^iR(s)=\sum_{i=0}^{\infty}C_is^iR(s)$。

上述无穷级数收敛于 $s=0$ 的邻域，即在时间域 $t\to\infty$ 成立。从而，有

$$e_{ss}(t)=\sum_{i=0}^{\infty}\frac{1}{i!}\Phi_e^{(i)}(0)r^{(i)}(t)=\sum_{i=0}^{l}c_ir^{(i)}(t) \tag{3-34}$$

如上，动态误差系数法适用于输入信号是时间 t 的有限项幂级数的情况，即 $r(t)=A_0+A_1t+A_2t^2+\cdots+A_lt^l$。此时误差传递函数的幂级数只需取几项就足够了。动态误差系数法求稳态误差的关键是将误差传递函数展开成 s 的幂级数，系数 C_i 可以采用长除法求得。

首先，将传递函数的分子分母多项式按 s 的升幂排列，再做多项式除法，结果按升幂排列，得到

$$\Phi_e(s)=\frac{M(s)}{N(s)}=C_0+C_1s+C_2s^2+\cdots$$

$$\Phi_e(s)=\frac{E(s)}{R(s)}\Rightarrow E(s)=C_0R(s)+C_1sR(s)+C_2s^2R(s)+\cdots$$

$$\Rightarrow e_{ss}(t)=C_0r(t)+C_1\dot{r}(t)+C_2\ddot{r}(t)+\cdots+C_lr^{(l)}(t)$$

例 3-10 单位负反馈系统的开环传递函数为 $G(s)=\frac{5}{s(s+1)(s+2)}$，输入信号 $r(t)=4+6t+3t^2$，求稳态误差的时间函数。

解
$$\frac{E(s)}{R(s)}=\frac{1}{1+G(s)}=\frac{2s+3s^2+s^3}{5+2s+3s^2+s^3}$$

做长除法，得到

$$\begin{array}{r|l} & 0.4s+0.44s^2+\cdots \\ 5+2s+3s^2+s^3 & 2s+3s^2+s^3 \\ & 2s+0.8s^2+1.2s^3+0.4s^4 \\ \hline & 2.2s^2-0.2s^3-0.4s^4 \end{array}$$

因而，有

$$E(s)=0.4sR(s)+0.44s^2R(s)+\cdots$$
$$\Rightarrow e_{ss}(t)=0.4\dot{r}(t)+0.44\ddot{r}(t)+\cdots$$

由 $r(t)=4+6t+3t^2$ 进一步得到

$$e_{ss}(t)=5.04+2.4t$$

3.6.4 扰动作用下的稳态误差

控制系统不仅承受输入信号的作用，还会受到各种扰动的影响。例如负载力矩的变化、

放大器的零点漂移、电网电压波动和环境温度的变化等，这些都会引起稳态误差。讨论干扰引起的稳态误差与系统结构参数的关系，可为合理设计系统结构、确定参数、提高系统抗干扰能力提供参考。下面分析如何计算扰动作用下系统的稳态误差。

设控制系统结构如图3-24所示。

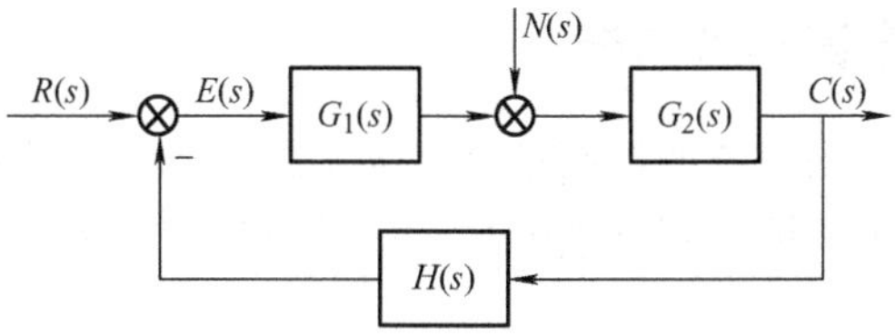

图3-24　控制系统结构图

扰动输入作用下的传递函数为

$$\frac{C_n(s)}{N(s)}=\frac{G_2(s)}{1+G_1(s)G_2(s)H(s)}$$

扰动输入作用下的输出

$$C_n(s)=\frac{G_2(s)}{1+G_1(s)G_2(s)H(s)}N(s)$$

由于系统的理想扰动输出为零，于是有扰动误差

$$E_n(s)=0-C_n(s)=-\frac{G_2(s)}{1+G_1(s)G_2(s)H(s)}N(s)$$

利用终值定理，则

$$e_{ssn}=\lim_{s\to 0}sE_n(s)=\lim_{s\to 0}\frac{-sG_2(s)N(s)}{1+G_1(s)G_2(s)H(s)} \tag{3-35}$$

例3-11　已知$H(s)=1$，$G_1(s)=K_1$，$G_2(s)=K_2/s(Ts+1)$，试求图3-25所示系统在单位阶跃输入和单位阶跃扰动共同作用下的稳态误差。

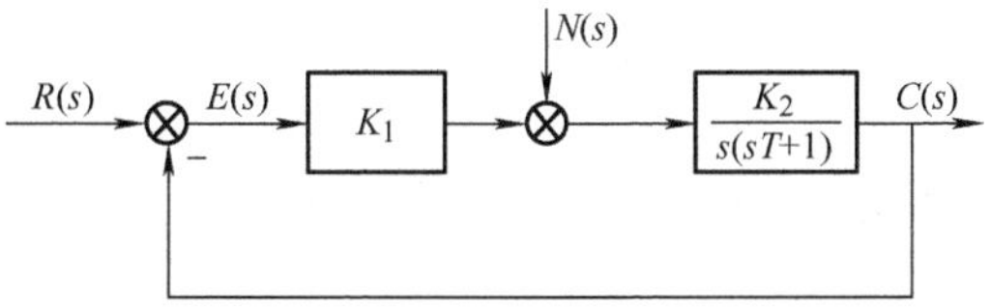

图3-25　结构图

解　(1) 首先求单位阶跃给定作用下的稳态误差。

系统是Ⅰ型系统：$K_p=\infty$，$e_{ss}=0$

(2) 求单位阶跃扰动作用下的稳态误差。

系统误差的拉普拉斯变换为

$$E_n(s)=-\frac{\dfrac{K_2}{s(Ts+1)}}{1+\dfrac{K_1K_2}{s(Ts+1)}}N(s)=-\frac{K_2}{Ts^2+s+K_1K_2}\cdot\frac{1}{s}$$

显然系统结构稳定，且满足终值定理的使用条件。扰动单独作用时稳态误差为

$$e_{ssn}=\lim_{s\to 0}sE_n(s)=-1/K_1$$

（3）根据线性系统的叠加原理，系统在单位阶跃给定和单位阶跃扰动共同作用下的稳态误差为

$$e_{ss}=e_{ssr}+e_{ssn}=-1/K_1$$

3.6.5 减小和消除稳态误差的措施

稳态误差的存在影响控制系统的控制精度。为了减小和消除稳态误差，可以采用复合控制的方法。复合控制是在负反馈的基础上增加前馈补偿环节，其中补偿的方式有按扰动补偿和按输入补偿。

3

1. 对扰动进行补偿

由图 3-26 易得

$$C_n(s)=\frac{G_2(s)[G_n(s)G_1(s)-1]}{1+G_1(s)G_2(s)}N(s) \tag{3-36}$$

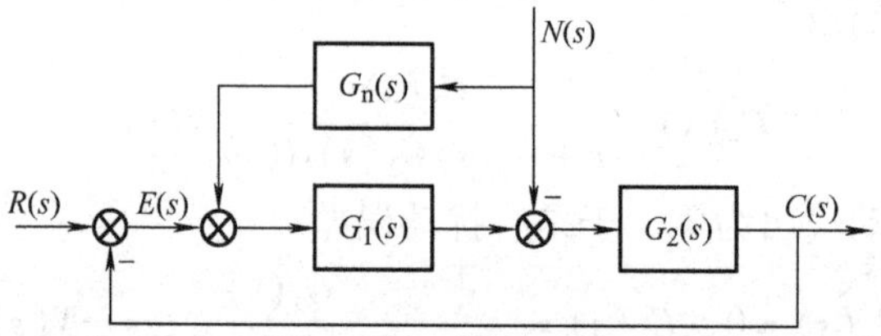

图 3-26 结构图

引入前馈后，系统的闭环特征多项式没有发生任何变化，即不会影响系统的稳定性。为了补偿扰动对系统输出的影响，$C_n(s)$ 需为零。由

$$C_n(s)=\frac{G_2(s)[G_n(s)G_1(s)-1]}{1+G_1(s)G_2(s)}N(s)$$

得到

$$G_2(s)[G_n(s)G_1(s)-1]=0$$

显然 $G_n(s)=\dfrac{1}{G_1(s)}$，这是对扰动进行全补偿的条件。

由于 $G_1(s)$ 分母的阶次一般比分子的阶次高，故 $G_n(s)=\dfrac{1}{G_1(s)}$的条件在工程实践中只能近似地得到满足。

2. 按输入进行补偿

按输入补偿的复合控制系统如图 3-27 所示。

此时，$C(s)=\dfrac{[1+G_r(s)]G(s)}{1+G(s)}R(s)$，当 $G_r(s)=\dfrac{1}{G(s)}$时，$C(s)=R(s)$。

系统的输出量在任何时刻都可以完全无误差地复现输入量，具有理想的时间响应特性。前馈补偿装置系统中增加了一个输入信号 $G_r(s)R(s)$，其产生的误差信号与原输入信号$R(s)$产生的误差信号相比，大小相等而方向相反。

由于 $G(s)$ 一般具有比较复杂的形式，故全补偿条件的物理实现相当困难。在工程实践

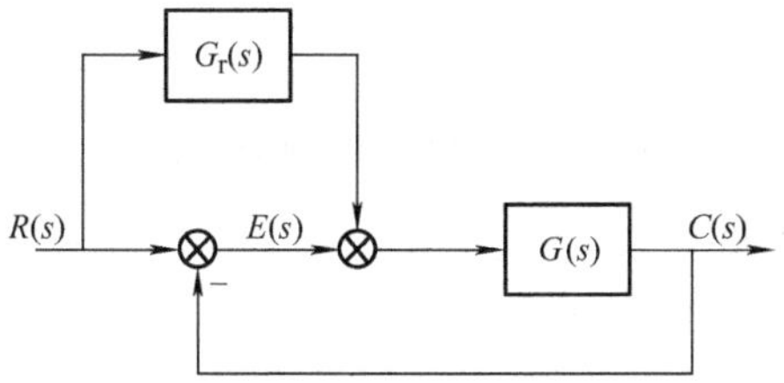

图 3-27　按输入补偿的复合控制系统

中，大多采用满足跟踪精度要求的部分补偿，或者在对系统性能起主要影响的频段内实现近似全补偿，以使系统的形式简单并易于实现。

3.7 基于 MATLAB 的时域分析

在对系统进行时域分析时，可以借助于 MATLAB 完成对一阶、二阶系统响应曲线分析、稳定性分析、动态性能分析及误差分析等工作。下面以两个例子分析介绍 MATLAB 在时域响应分析中的应用。

例 3-12　已知一阶系统传递函数为 $G(s)=\dfrac{1}{s+1}$，试用 MATLAB 对一阶系统进行时域分析（稳定性、调节时间、稳态误差）。

解　键入主程序如下：

```
clear;                          % 清除 Workspace 变量
clc;                            % 清空 Command Window 界面
% 对一阶系统进行时域分析(稳定性、调节时间、稳态误差)
[ts,error] = one_order_system_analysis(1,1,1);
```

键入子函数程序如下：

```
function [ts,error] = one_order_system_analysis(a,b,c);
num = a;
den = [b c];
p =0;
% 判断系统稳定性
n = roots(den);
if   real(n) <0
     disp('该系统稳定');
     p =1;
else
disp('该系统不稳定');
end

if p = =1
     % 画出传递函数阶跃响应曲线
```

```
    t=0:0.01:10;
    y=step(num,den,t);
    plot(t,y);                 %传递函数阶跃响应曲线
    title('step response');
    xlabel('t/s');
    ylabel('y');
    grid on

    %计算调节时间 ts(s)
    k=length(t);               %求时间向量 t 的长度
    fv=y(k);                   %求阶跃响应终值 fv
    while y(k)>=0.98*fv
      k=k-1;
    end
    ts=t(k+1);

    %计算稳态误差 error
    error=1-fv;
else
    ts='inexistence';
    error='inexistence';
end
```

运行上述程序可得该系统的阶跃响应曲线如图 3-28 所示，并且可得该系统的稳定性、调节时间以及稳态误差。

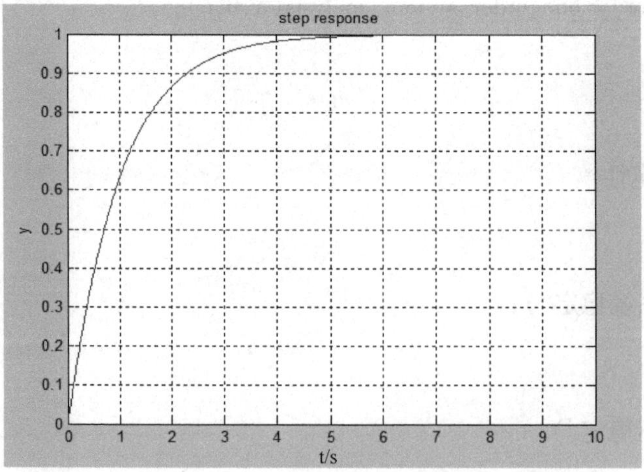

图 3-28 一阶系统阶跃响应曲线

该系统稳定，且

ts=3.9

error =4.5399929773482e -005

例 3-13　已知二阶系统传递函数为 $G(s)=\dfrac{4}{s^2+1.6s+4}$，试用 MATLAB 对二阶系统进行时域分析（稳定性、上升时间、峰值时间、超调量、调节时间、稳态误差）。

解　键入主程序如下：

```
clear;                          % 清除 Workspace 变量
clc;                            % 清空 Command Window 界面
% 对二阶系统进行时域分析(稳定性、上升时间、峰值时间、超调量、调节时间、稳态误差)
[tr,tp,overshoot,ts,error] = second_order_system_analysis(4,1,1.6,4)
```

键入子函数程序如下：

```
Function[tr,tp,overshoot,ts,error] = second_order_system_analysis(a,b,c,d);
num = a;
den = [b c d];
p =0;
% 判断系统稳定性
n = roots(den);
if(real(n(1)) <0)&&(real(n(2)) <0)
    disp('该系统稳定');
    p =1;
else
    disp('该系统不稳定');
end

if p = =1
    % 画出传递函数阶跃响应曲线
    t =0:0.01:10;
    y = step(num,den,t);
    plot(t,y);                  % 传递函数阶跃响应曲线
    title('step response');
    xlabel('t/s');
    ylabel('y');
    grid on
    % 计算上升时间 tr(s)
    k = length(t);              % 求时间向量 t 的长度
    fv = y(k);                  % 求阶跃响应终值 fv
    i =1;
    while y(i) <fv
      i =i +1;
    end
```

```
    tr = t(i);

    %计算峰值时间 tp(s)和超调量 overshoot(%)
    [Y,j] = max(y);        %求阶跃响应峰值 Y
    tp = t(j);             %求峰值时间 tp
overshoot = 100 * (Y - fv)/fv;%求超调量 overshoot

    %计算调节时间 ts(s)
    while(y(k) > =0.98 * fv)&(y(k) < =1.02 * fv)
    k =k -1;
    end
    ts = t(k +1);

    %计算稳态误差 error
    error = 1-fv;
else
    tr = 'inexistence';
    tp = 'inexistence';
    overshoot = 'inexistence';
    ts = 'inexistence';
    error = 'inexistence';
end
```

运行上述程序可得该系统的阶跃响应如图 3-29 所示，并且可得该系统的稳定性、上升时间、峰值时间、超调量、调节时间和稳态误差。

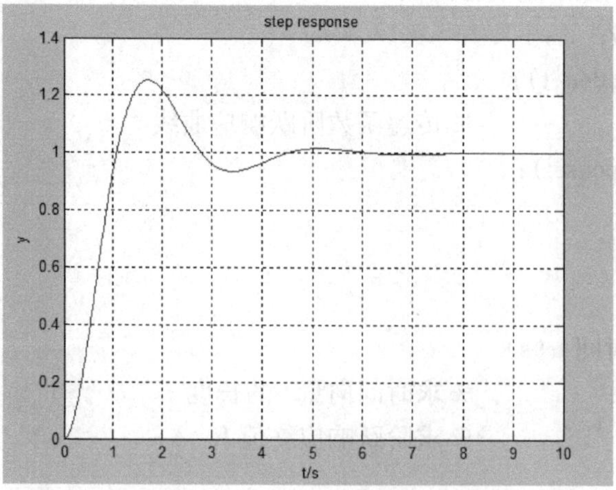

图 3-29　二阶系统阶跃响应曲线

该系统稳定，且

tr = 1.09

tp = 1.71

overshoot = 25.4093202576326

ts = 4.2

error = 0.000218593049540972

习　题

3-1　已知某单位反馈系统的单位阶跃响应为

$$h(t) = 1 - e^{-at}$$

求：(1) 闭环传递函数 $\Phi(s)$；(2) 单位脉冲响应；(3) 开环传递函数。

3-2　已知速度反馈控制系统如图 3-30 所示，为了保证系统阶跃响应的超调量 $M_p < 20\%$，过渡时间 $t_s \leqslant 0.3s$，试确定前向增益 K_1 的值和速度反馈系数 K_2 的值。

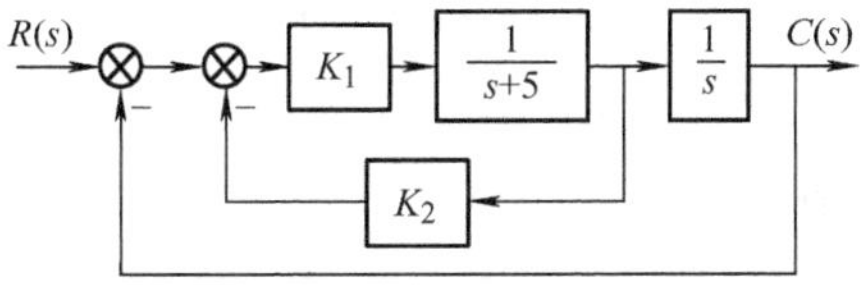

图 3-30　系统结构图

3-3　如图 3-31a 所示机械系统，当受到 $F = 40N$ 力的作用时，位移量 $x(t)$ 的阶跃响应如图 3-31b 所示，试确定机械系统的参数 m、k、f 的值。

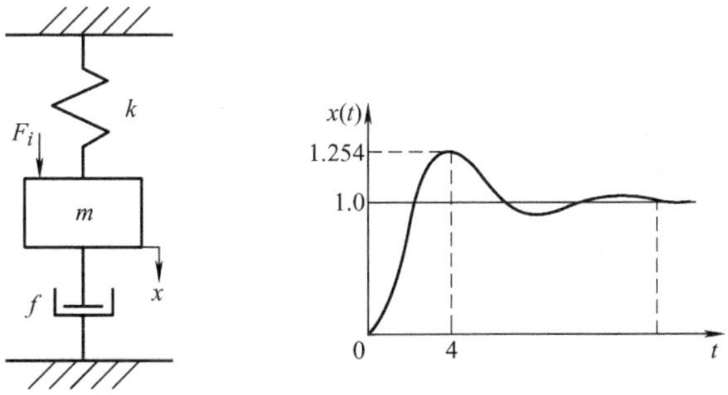

a) 机械系统　　b) 阶跃响应曲线

图 3-31　机械系统及阶跃响应曲线

3-4　系统如图 3-32a 所示。$r(t) = 1(t)$ 时的系统响应为 $h(t)$，其响应曲线如图 3-32b 所示，试求 K_1、K_2、a。

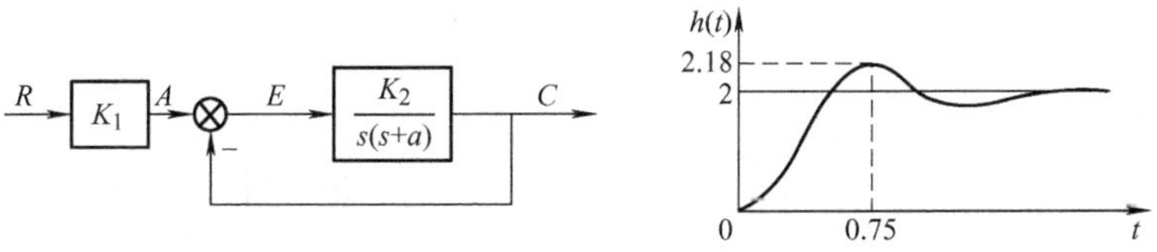

a) 系统结构图　　b) 响应曲线

图 3-32　系统结构图及响应曲线

3-5 对于某典型欠阻尼二阶系统，要求$\begin{cases}5\% < \sigma\% < 16.3\% \\ 2 < \omega_n < 5\end{cases}$，试确定系统极点的允许范围。

3-6 过阻尼二阶系统的闭环传递函数如下，估算此系统的动态性能，并求此系统的阶跃响应。

$$\Phi(s) = \frac{1}{T^2 s^2 + 2\zeta T s + 1}$$

3-7 设一控制系统如图3-33所示，其中输入$r(t)=t$，试证明当$K_d = \dfrac{2\zeta}{\omega_n}$时，在稳态时系统的输出能无误差地跟踪单位斜坡输入信号。

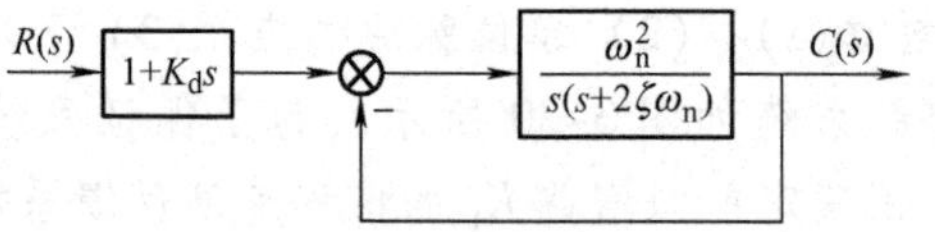

图3-33 系统结构图

3-8 已知系统的闭环特征方程如下，试用代数稳定性判据判别系统的稳定性。

(1) $s^3 + 20s^2 + 9s + 200 = 0$

(2) $(s+2)(s+4)(s^2+6s+25) + 666.25 = 0$

(3) $s^5 + 6s^4 + 3s^3 + 2s^2 + s + 1 = 0$

(4) $s^4 + 8s^3 + 18s^2 + 16s + 5 = 0$

3-9 已知$D(s) = s^5 + 3s^4 + 12s^3 + 20s^2 + 35s + 25 = 0$，试求系统在$s$右半平面的根数及虚根值。

3-10 试判别如图3-34所示系统的稳定性。

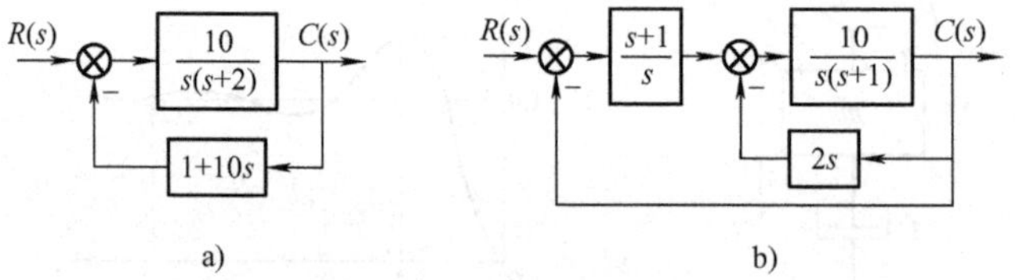

图3-34 系统结构图

3-11 试确定如图3-35所示系统参数K和ζ的稳定域。

3-12 已知系统的闭环特征方程为

$$(s+1)(s+1.5)(s+2) + K = 0$$

试由代数稳定性判据确定使得系统闭环特征根的实部均小于-1的最大K值。

3-13 对于如图3-36所示系统，如果要求系统做等幅振荡，确定系统参数K、a的值和振荡频率ω。

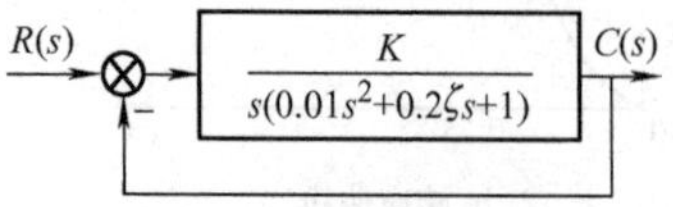

图3-35 系统结构图

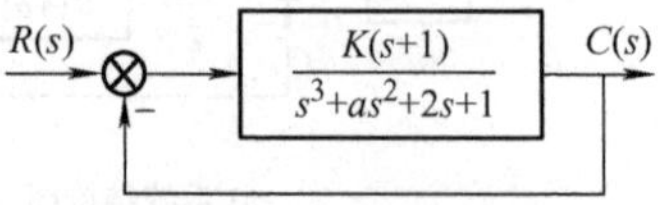

图3-36 系统结构图

3-14 设单位反馈系统的开环传递函数如下，分别计算系统的静态位置误差系数 K_p，静态速度误差系数 K_v，静态加速度误差系数 K_a，并分别计算当输入为 $r(t)=2\cdot 1(t)$，$r(t)=2t$，$r(t)=2t^2$ 时的稳态误差。

(1) $G(s)=\dfrac{50}{(5s+1)(6s+1)}$

(2) $G(s)=\dfrac{K}{s(0.5s+1)(4s+1)}$

(3) $G(s)=\dfrac{K}{s(s^2+4s+5)(s+40)}$

(4) $G(s)=\dfrac{K(2s+1)(4s+1)}{s^2(s^2+2s+10)}$

3-15 系统如图3-37所示，确定使系统稳定的 ζ，K 范围。

3-16 系统如图3-38所示，已知 $r(t)=2t+4t^2$，求 e_{ss}。

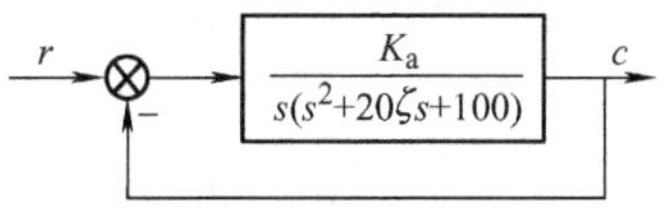

图3-37 系统结构图

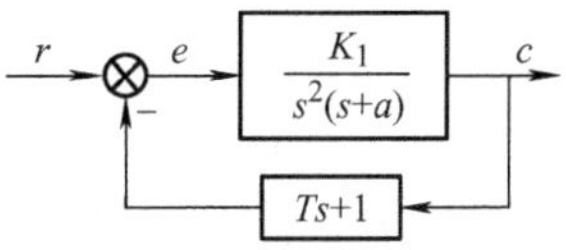

图3-38 系统结构图

3-17 系统如图3-39所示，讨论系统结构参数对减小 $r(t)$、$n(t)$ 作用下的 e_{ss} 的影响。

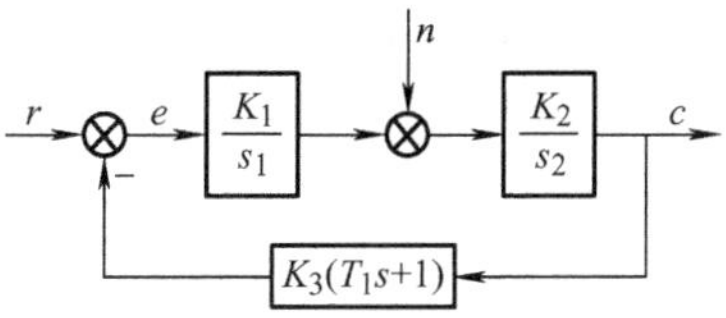

图3-39 系统结构图

3-18 系统如图3-40所示，$r(t)=2t+\dfrac{1}{4}t^2$，利用动态误差系数法求系统的稳态误差。

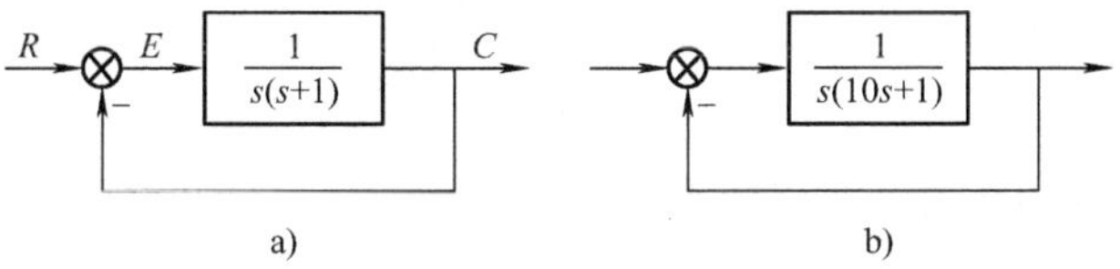

图3-40 系统结构图

第 4 章 线性系统的根轨迹法

在线性系统的时域分析中可以看到，闭环控制系统的稳定性和性能指标可以由闭环系统的极点来描述。因此，分析和设计系统时，确定出闭环极点在复平面的位置十分有意义。为了求出闭环极点，就要求解线性代数方程，然而，高阶代数方程的直接求解是很困难的，而且，每当参数有变化都要对代数方程进行重新求解。因此，寻找不用求解系统的代数方程就能确定闭环极点在 s 平面上位置的方法是十分有意义的。1948 年，伊文思（W. R. Evans）根据反馈控制系统开、闭环传递函数之间的内在联系，提出了直接由开环传递函数寻求闭环特征根移动轨迹的方法，即根轨迹法。

根轨迹法是在时域分析法的基础上发展来的。离开时域分析法来谈根轨迹法是没有意义的。事实上，根轨迹方法只是时域分析方法的一种辅助图解法。本章介绍根轨迹的概念及绘制法则，广义根轨迹的绘制，和基于 MATLAB 的根轨迹分析等方面的内容。

4.1 根轨迹的基本概念

根轨迹是指当开环系统的某一参数从 0 变化到∞时，闭环极点在 s 平面上变化所描绘出的轨迹。

下面结合例 4-1 详细说明根轨迹的基本概念。

例 4-1 已知一单位负反馈系统的开环传递函数为

$$G(s)H(s)=\frac{K}{s(0.5s+1)}$$

试分析该系统特征方程的根随系统参数 K 的变化在 s 平面上全部可能的分布情况。

解 系统的闭环传递函数为

$$\Phi(s)=\frac{C(s)}{R(s)}=\frac{G(s)}{1+G(s)H(s)}=\frac{2K}{s^2+2s+2K} \tag{4-1}$$

系统的特征方程为

$$s^2+2s+2K=0$$

求解特征方程的根，得到

$$s_1=-1+\sqrt{1-2K},\quad s_2=-1-\sqrt{1-2K}$$

表明特征方程的根随着变量 K 的变化而变化，设 K 的变化范围是（0，∞），讨论特征方程的根的变化情况：

1）当 $K=0$ 时，$s_1=0$，$s_2=-2$（正好是开环极点）。

2）当 $0<K<1/2$ 时，s_1 与 s_2 为不相等的两个负实根。

3）当 $K=1/2$ 时，$s_1=s_2=-1$ 为相等实根。

4）当 $1/2<K<\infty$ 时，s_2 和 s_2 为一对共轭复根，其实部恒为 -1，虚部绝对值随 K 值的增加而增加。

5）当 $K\to\infty$ 时，s_1 和 s_2 的实部都等于 -1，虚部趋向无穷远处。

根据上面的表述，取参数 K 的部分特殊值，求取对应的特征方程的根，如表4-1所示。

表4-1 K 值与系统特征根的关系

K	s_1，s_2	K	s_1，s_2
0.0	-1 ± 1	1.5	$-1\pm j1.41$
0.1	-1 ± 0.89	2.0	$-1\pm j1.73$
0.2	-1 ± 0.77	3.0	$-1\pm j2.24$
0.3	-1 ± 0.63	4.0	$-1\pm j2.65$
0.4	-1 ± 0.45	6.0	$-1\pm j3.32$
0.5	-1 ± 0	10.0	$-1\pm j4.36$
0.6	$-1\pm j0.45$	20.0	$-1\pm j6.24$
0.8	$-1\pm j0.77$	50.0	$-1\pm j9.95$
1.0	$-1\pm j1$	$+\infty$	$-1\pm j\infty$

以 K 为参数的曲线可以根据计算的数据表绘出（描点法），如图4-1所示。

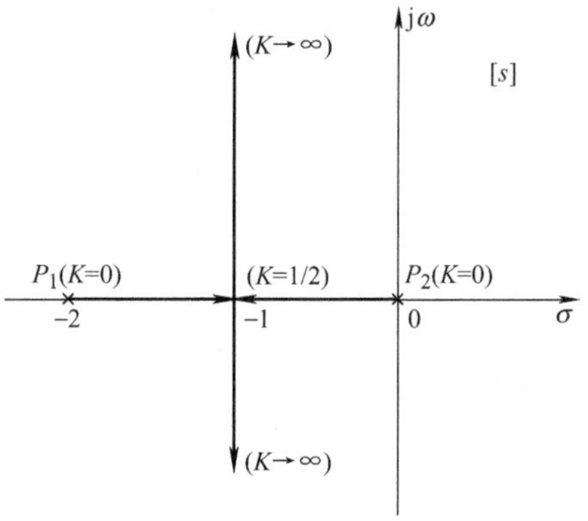

图4-1 根分布图

例4-1中绘制根轨迹的方法并不适用于高阶系统，通过图解的方法绘制系统的根轨迹，是本章的重要学习任务。

4.2 根轨迹方程

根轨迹是所有闭环极点的集合。为了用图解法确定所有闭环极点，令闭环传递函数表达式（4-1）的分母为零，得闭环系统特征方程为

$$1+G(s)H(s)=0 \tag{4-2}$$

则

$$G(s)H(s)=-1$$

其中前向通道 $G(s)$ 可以表示为

$$G(s)=K_G\frac{(\tau_1 s+1)(\tau_2^2 s^2+2\zeta_1\tau_2 s+1)\cdots}{(T_1 s+1)(T_2^2 s^2+2\zeta_2 T_2 s+1)\cdots}=K_G^*\frac{\prod_{i=1}^{f}(s-z_i)}{\prod_{i=1}^{q}(s-p_i)} \tag{4-3}$$

式中，K_G、K_G^* 分别为前向通道增益和前向通道根轨迹增益。

同样，反馈通道 $H(s)$ 可以表示为

$$H(s)=K_H^*\frac{\prod_{j=1}^{l}(s-z_j)}{\prod_{j=1}^{h}(s-p_j)} \tag{4-4}$$

式中，K_H^* 为反馈通道根轨迹增益。此时，系统的根轨迹方程可以表示为

$$G(s)H(s)=K^*\frac{\prod_{i=1}^{f}(s-z_i)\prod_{j=1}^{l}(s-z_j)}{\prod_{i=1}^{q}(s-p_i)\prod_{j=1}^{h}(s-p_j)}=K^*\frac{\prod_{j=1}^{m}(s-z_j)}{\prod_{i=1}^{n}(s-p_i)}=-1 \tag{4-5}$$

假设系统有 m 个开环零点和 n 个开环极点，z_j 为已知的开环零点，p_i 为已知的开环极点，K^* 从零变到无穷，式（4-5）为系统根轨迹方程。根据式（4-5），可以画出当 K^* 从零变到无穷时系统的连续根轨迹。应当指出，只要闭环特征方程可以化为式（4-5）的形式，就可以绘制根轨迹，其中处于变动地位的实参数，不限定是根轨迹增益 K^*，也可以是系统其他变化参数。但是，用式（4-5）形式表达的开环零点和开环极点，在 s 平面上的位置必须是确定的，否则无法绘制根轨迹。此外，如果需要绘制一个以上参数变化时的根轨迹图，那么画出的不再是简单的根轨迹，而是根轨迹簇。

实际上，根轨迹方程是一个向量方程，直接使用很不方便。考虑到

$$-1=1\mathrm{e}^{\mathrm{j}(2k+1)\pi},\quad k=0,\pm1,\pm2,\cdots$$

因此，根轨迹方程式（4-5）可用如下两个方程描述，即

$$\sum_{j=1}^{m}\angle(s-z_j)-\sum_{i=1}^{n}\angle(s-p_i)=(2k+1)\pi,\quad k=0,\pm1,\pm2,\cdots \tag{4-6}$$

和

$$K^*=\frac{\prod_{i=1}^{n}|s-p_i|}{\prod_{j=1}^{m}|s-z_j|} \tag{4-7}$$

其实，式（4-6）和式（4-7）是根轨迹上的点应该同时满足的两个条件，前者称为相角条件，后者叫作模值条件。根据这两个条件，可以完全确定 s 平面上的根轨迹和根轨迹上对应的 K^* 值。应当指出，相角条件是确定 s 平面上根轨迹的充分必要条件。这就是说，绘制根轨迹时，只需要使用相角条件；而当需要确定根轨迹上各点的 K^* 值时，才使用模值

条件。

例 4-2　单位负反馈系统的开环传递函数为

$$G(s)=\frac{K(s+4)}{s(s+2)(s+6.6)}$$

试检验 $s_1=-1.5+\mathrm{j}2.5$ 是否为该系统根轨迹上的点；如果是，则确定与它相对应的 K 值是多少。

解　(1) 确定开环零、极点：$p_1=0$，$p_2=-2$，$p_3=-6.6$；$z_1=-4$

(2) 将 s_1 坐标带入相角条件，有

$$\begin{aligned}&\angle(s_1+4)-\angle s_1-\angle(s_1+2)-\angle(s_1+6.6)\\&=\angle(2.5+\mathrm{j}2.5)-\angle(-1.5+\mathrm{j}2.5)-\angle(0.5+\mathrm{j}2.5)-\angle(5.1+\mathrm{j}2.5)\\&=45°-121°-79°-25°=-180°\end{aligned}$$

满足相角条件，所以 $s_1=-1.5+\mathrm{j}2.5$ 是该系统根轨迹上的点。

(3) 利用幅值条件求得与 s_1 相对应的 K 值为

$$\begin{aligned}K&=\frac{|s_1||(s_1+2)||(s_1+6.6)|}{|(s_1+4)|}\\&=\frac{|-1.5+\mathrm{j}2.5||0.5+\mathrm{j}2.5||5.1+\mathrm{j}2.5|}{|2.5+\mathrm{j}2.5|}\\&=11.94\end{aligned}$$

需要说明的是，利用求解闭环特征方程的根，画成曲线得到根轨迹的方法并没有实际意义，因为这又回到求解高阶代数方程的问题上了。根轨迹图之所以能被广泛应用，是因为有简便的作图方法可以画出根轨迹而不必求解高阶代数方程。

4.3 根轨迹的绘制与动态特性

由前面分析可以看到，根轨迹点满足两个条件：相角条件和模值条件，根据这两个条件可以找出控制系统根轨迹的一些共性，即绘制根轨迹的基本法则。这些基本法则非常简单，熟练地掌握这些法则，可以帮助我们方便、快速地绘制系统的根轨迹，这对于控制系统的分析和设计是非常有益的。

4.3.1 绘制根轨迹的基本法则

下面讨论反馈控制系统的根轨迹增益 K^* 变化时的根轨迹绘制法则。当其他参数变化时，只要进行适当变换，这些基本法则仍然适用。应当指出的是，用这些基本法则绘制出的根轨迹，其相角遵循 $180°+2k\times180°$，因此称为 180°根轨迹，相应的绘制法可以叫作 180°根轨迹的绘制法则。

法则 1　根轨迹的起点和终点：根轨迹起始于开环极点，终止于开环零点。

证明　根轨迹起点是指根轨迹增益 $K^*=0$ 的根轨迹点，而终点则是指 $K^*\to\infty$ 的根轨迹点。设闭环传递函数为式（4-5）的形式，可得闭环特征方程为

$$\prod_{i=1}^{n}(s-p_i)+K^*\prod_{j=1}^{m}(s-z_j)=0 \tag{4-8}$$

式中，K^* 可以从零变到无穷。当 $K^*=0$ 时，有

$$s=p_i \quad (i=1,2,\cdots,n)$$

说明 $K^*=0$ 时，闭环特征方程式的根就是开环传递函数 $G(s)H(s)$ 的极点，所以根轨迹必起始于开环极点。

将式（4-8）改写为如下形式

$$\frac{1}{K^*}\prod_{i=1}^{n}(s-p_i)+\prod_{j=1}^{m}(s-z_j)=0$$

当 $K^*\to\infty$ 时，有

$$s=z_j \quad (j=1,2,\cdots,m)$$

所以根轨迹必终止于开环零点。

在实际系统中，开环传递函数分子多项式次数 m 与分母多项式次数 n 之间，满足不等式 $m\leqslant n$，因此有 $n-m$ 条根轨迹的终点将在无穷远处。如果把有限数值的零点称为有限零点，而把无穷远处的零点称为无限零点，那么，根轨迹必终止于开环零点。在把无穷远处看为无限零点的情况下，开环零点数和开环极点数是相等的。

在绘制其他参数变化下的根轨迹时，可能会出现 $m>n$ 的情况。当 $K^*=0$ 时，必有 $m-n$ 条根轨迹的起点在无穷远处。如果把无穷远处的极点看成无限极点，同样可以说，根轨迹必起于开环极点。

法则 2 根轨迹的分支数、对称性和连续性：根轨迹的分支数与开环有限零点数 m 和有限极点数 n 中的大者相等，它们是连续的并且关于实轴对称。

证明 按定义，根轨迹是开环系统某一参数从零变到无穷时，闭环特征方程式的根在 s 平面上的变化轨迹，因此根轨迹的分支数必与闭环特征方程式的根的数目相一致。由式（4-8）可见，闭环特征方程根的数目就等于 m 和 n 中的大者，所以根轨迹的分支数必与开环有限零、极点中的大者相同。

由于闭环特征方程中的某些系数是根轨迹增益 K^* 的函数，当 K^* 从零到无穷大连续变化时，特征方程的某些系数也随之而连续变化，因而特征方程式根的变化也必然是连续的，故根轨迹具有连续性。

根轨迹必关于实轴对称是显然的，因为闭环特征方程式的根只有实根和复根两种，实根位于实轴上，复根必共轭，而根轨迹是根的集合，因此根轨迹关于实轴对称。

根据对称性，只需做出 s 上半平面的根轨迹部分，然后利用对称关系就可以画出 s 下半平面的根轨迹部分。

法则 3 根轨迹的渐近线：当开环有限极点数 n 大于有限零点数 m 时，有 $n-m$ 条根轨迹分支沿着与实轴交角为 φ_a、交点为 σ_a 的一组渐近线趋向无穷远处，其中

$$\varphi_a=\frac{(2k+1)\pi}{n-m} \quad k=0,1,2,\cdots,n-m-1$$

$$\sigma_a=\frac{\sum_{i=1}^{n}p_i-\sum_{j=1}^{m}z_j}{n-m}$$

证明 渐近线就是 s 值很大时的根轨迹，因此渐近线也一定对称于实轴。将开环传递函数写成多项式形式，即

$$G(s)H(s)=K^*\frac{\prod_{j=1}^{m}(s-z_j)}{\prod_{i=1}^{n}(s-p_i)}=K^*\frac{s^m+b_1s^{m-1}+\cdots+b_{m-1}s+b_m}{s^n+a_1s^{n-1}+\cdots+a_{n-1}s+a_n}$$

$$=\frac{K^*}{s^{n-m}+(a_1-b_1)s^{n-m-1}+\cdots}\tag{4-9}$$

式中，$b_1=-\sum_{j=1}^{m}z_j, a_1=-\sum_{i=1}^{n}p_i$

设在根轨迹上无穷远处有一点 s，即 $s\to\infty$，则从复平面上所有有限的开环零、极点指向 s 的向量都可以认为是相等的。因此，可以将从所有有限的开环零、极点指向 s 的向量都用从某个固定点 σ_a 指向 s 的向量代替，即

$$s-z_j=s-p_i=s-\sigma_a\tag{4-10}$$

将式（4-10）代入式（4-9）可得

$$G(s)H(s)=K^*\frac{\prod_{j=1}^{m}(s-z_j)}{\prod_{i=1}^{n}(s-p_i)}=K^*\frac{(s-\sigma_a)^m}{(s-\sigma_a)^n}$$

$$=\frac{K^*}{(s-\sigma_a)^{n-m}}=\frac{K^*}{s^{n-m}+[-(n-m)\sigma_a]s^{n-m-1}+\cdots}\tag{4-11}$$

比较式（4-11）和式（4-9），可得

$$-(n-m)\sigma_a=a_1-b_1$$

从而有

$$\sigma_a=\frac{a_1-b_1}{-(n-m)}=\frac{\sum_{i=1}^{n}p_i-\sum_{j=1}^{m}z_j}{n-m}$$

同理，当 $s\to\infty$ 时，由式（4-10）可知

$$\angle(s-z_j)=\angle(s-p_i)=\varphi_a\tag{4-12}$$

将式（4-12）代入相角条件方程式（4-6），可得

$$m\varphi_a-n\varphi_a=(2k+1)\pi$$

从而有

$$\varphi_a=\frac{(2k+1)\pi}{n-m},\ k=0,\pm1,\pm2,\cdots$$

法则 4　实轴上的根轨迹：实轴上根轨迹区段的右侧，开环零、极点数目之和应为奇数。

上述结论可由根轨迹的相角条件方程式（4-6）证明。

证明　设系统的开环传递函数为

$$G(s)H(s)=\frac{K^*(s-z_1)(s-z_2)(s-z_3)(s-z_4)}{(s-p_1)(s-p_2)(s-p_3)(s-p_4)(s-p_5)}$$

式中，p_1、p_2、z_1、z_2 为实极点和实零点；p_3、p_4、z_3、z_4 为共轭复数极、零点。零极点分布如图 4-2 所示。

假设 s_0点符合相角条件

$$\sum_{j=1}^{m}\angle(s_0-z_j)-\sum_{i=1}^{n}\angle(s_0-p_i)=(2k+1)\pi \qquad (k=0,\pm1,\pm2,\cdots)$$

$$s_0-p_i=\overrightarrow{p_is_0}$$

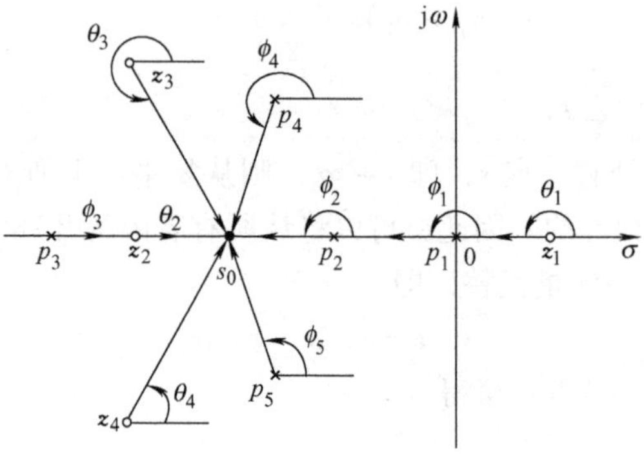

图 4-2　零极点分布图

由图 4-2 显然有，每一对共轭复数形式的零极点对应的向量的相角之和为 2π；实轴上的零极点对应的向量的相角只有 0 和 π 两种情况。

因而，只有 s_0点右侧实轴上的开环极点和开环零点的个数之和为奇数时，才满足相角条件。

法则 5　根轨迹的分离点与分离角：两条或两条以上根轨迹分支在 s 平面上相遇又立即分开的点，称为根轨迹的分离点，分离点的坐标 d 是下列方程的解：

$$\sum_{j=1}^{m}\frac{1}{d-z_j}=\sum_{i=1}^{n}\frac{1}{d-p_i} \tag{4-13}$$

式中，z_j为各开环零点的数值；p_i为各开环极点的数值；分离角为 $(2k+1)\pi/l$。

因为根轨迹是对称的，所以根轨迹的分离点或位于实轴上，或以共轭形式成对出现在复平面中。一般情况下，常见的根轨迹分离点是位于实轴上的两条根轨迹分支的分离点。如果根轨迹位于实轴上两个相邻的开环极点之间，其中一个可以是无限极点，则在这两个极点之间至少存在一个分离点；同样，如果根轨迹位于实轴上两个相邻的开环零点之间，其中一个可以是无限零点，则在这两个零点之间也至少有一个分离点，如图 4-3 所示。

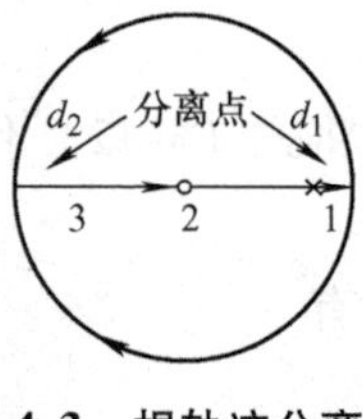

图 4-3　根轨迹分离点

证明　根据根轨迹方程，有

$$1+\frac{K^*\prod_{j=1}^{m}(s-z_j)}{\prod_{i=1}^{n}(s-p_i)}=0$$

所以闭环特征方程为

$$D(s)=\prod_{i=1}^{n}(s-p_i)+K^*\prod_{j=1}^{m}(s-z_j)=0$$

根轨迹在 s 平面上相遇，说明闭环特征方程有重根出现。设重根为 d，根据代数中重根

条件，有

$$D(s)=\prod_{i=1}^{n}(s-p_i)+K^*\prod_{j=1}^{m}(s-z_j)=0$$

$$\dot{D}(s)=\frac{\mathrm{d}}{\mathrm{d}s}\left[\prod_{i=1}^{n}(s-p_i)+K^*\prod_{j=1}^{m}(s-z_j)\right]=0$$

或

$$\prod_{i=1}^{n}(s-p_i)=-K^*\prod_{j=1}^{m}(s-z_j) \tag{4-14}$$

$$\frac{\mathrm{d}}{\mathrm{d}s}\prod_{i=1}^{n}(s-p_i)=-K^*\frac{\mathrm{d}}{\mathrm{d}s}\prod_{j=1}^{m}(s-z_j) \tag{4-15}$$

将式（4-15）除以式（4-14），得

$$\frac{\frac{\mathrm{d}}{\mathrm{d}s}\prod_{i=1}^{n}(s-p_i)}{\prod_{i=1}^{n}(s-p_i)}=\frac{\frac{\mathrm{d}}{\mathrm{d}s}\prod_{j=1}^{m}(s-z_j)}{\prod_{j=1}^{m}(s-z_j)}$$

即

$$\frac{\mathrm{d}\ln\prod_{i=1}^{n}(s-p_i)}{\mathrm{d}s}=\frac{\mathrm{d}\ln\prod_{j=1}^{m}(s-z_j)}{\mathrm{d}s}$$

代入 $\ln\prod_{i=1}^{n}(s-p_i)=\sum_{i=1}^{n}\ln(s-p_i)$，$\ln\prod_{j=1}^{m}(s-z_j)=\sum_{j=1}^{m}\ln(s-z_j)$

得 $\sum_{i=1}^{n}\frac{\mathrm{d}\ln(s-p_i)}{\mathrm{d}s}=\sum_{j=1}^{m}\frac{\mathrm{d}\ln(s-z_j)}{\mathrm{d}s}$，即

$$\sum_{i=1}^{n}\frac{1}{s-p_i}=\sum_{j=1}^{m}\frac{1}{s-z_j}$$

从上式中解出 s，即为分离点 d。

根据公式 $\sum_{i=1}^{n}\frac{1}{d-p_i}=\sum_{j=1}^{m}\frac{1}{d-z_j}$ 求取分离点还要注意以下几点：

1）当开环系统无有限零点时，应取 $\sum_{j=1}^{m}\frac{1}{d-z_j}=0$，分离点方程为 $\sum_{i=1}^{n}\frac{1}{d-p_i}=0$。

2）只有那些在根轨迹上的解才是根轨迹的分离点，分离点的确定需代入特征方程中验算。

3）常见的根轨迹分离点位于实轴上。实轴上两个相邻的开环极点之间或两个相邻的开环零点之间，至少有一个分离点（含无穷零极点）。

4）只有当开环零、极点分布非常对称时，才会出现复平面上的分离点。

分离角为根轨迹进入分离点的切线方向和离开分离点的切线方向之间的夹角。设 l 为进入分离点的根轨迹的条数，则分离角为

$$\theta=\frac{(2k+1)\pi}{l}\quad(k=0,1,\cdots,l-1)$$

需要说明的是，分离角定义为根轨迹进入分离点的切线方向与离开分离点的切线方向之

间的夹角。显然，当 $l=2$ 时，分离角必为直角。

法则 6 根轨迹与虚轴的交点：若根轨迹与虚轴相交，则交点上的 K^* 值和 ω 值可用劳斯判据确定，也可令闭环特征方程中的 $s=j\omega$，然后分别令其实部和虚部为零而求得。

证明 若根轨迹与虚轴相交，则表示闭环系统存在纯虚根，这意味着 K^* 的数值使闭环系统处于临界稳定状态。因此，令劳斯表第一列中包含 K^* 的项为零，即可确定根轨迹与虚轴交点上的 K^* 值。此外，由于一对纯虚根是数值相同但符号相异的根，所以利用劳斯表中 s^2 行的系数构成辅助方程，必可解出纯虚根的数值，这一数值就是根轨迹与虚轴交点上的 ω 值。如果根轨迹与正虚轴（或者负虚轴）有一个以上交点，则应采用劳斯表中幂大于 2 的 s 偶次方行的系数构造辅助方程。

确定根轨迹与虚轴交点参数的另一种方法，是将 $s=j\omega$ 代入闭环特征方程，得到

$$1+G(j\omega)H(j\omega)=0$$

令上述方程的实部和虚部分别为零，有

$$\mathrm{Re}[1+G(j\omega)H(j\omega)]=0$$
$$\mathrm{Im}[1+G(j\omega)H(j\omega)]=0$$

利用这种实部方程和虚部方程，不难解出根轨迹与虚轴交点处的 K^* 值和 ω 值。

法则 7 根轨迹的起始角与终止角：根轨迹离开开环复数极点处的切线与正实轴的夹角，称为起始角，用 θ_{p_i} 表示；根轨迹进入开环复数零点处的切线与正实轴的夹角，称为终止角，用 φ_{z_i} 表示。这些角度可按如下关系求出：

$$\theta_{p_i}=(2k+1)\pi+\left(\sum_{j=1}^{m}\varphi_{z_jp_i}-\sum_{\substack{j=1\\(j\neq i)}}^{n}\theta_{p_jp_i}\right)\quad k=0,\pm1,\pm2,\cdots \tag{4-16}$$

$$\varphi_{z_i}=(2k+1)\pi-\left(\sum_{\substack{j=1\\(j\neq i)}}^{m}\varphi_{z_jz_i}-\sum_{j=1}^{n}\theta_{p_jz_i}\right)\quad k=0,\pm1,\pm2,\cdots \tag{4-17}$$

证明 设开环系统有 m 个有限零点，n 个有限极点。在十分靠近待求起始角（或终止角）的复数极点（或复数零点）的根轨迹上，取一点 s_1。s_1 无限接近于求起始角的复数极点 p_i（或求终止角的复数零点 z_i），因此，除 p_i（或 z_i）外，所有开环零、极点到 s_1 点的向量相角 $\varphi_{z_js_1}$ 和 $\theta_{p_js_1}$，都可以用它们到 p_i（或 z_i）的向量相角 $\varphi_{z_jp_i}$（或 $\varphi_{z_jz_i}$）和 $\theta_{p_jp_i}$（或 $\theta_{p_jz_i}$）来代替，而 p_i（或 z_i）到 s_1 点的向量相角即为起始角 θ_{p_i}（或终止角 φ_{z_i}）。s_1 点必满足相角条件，应有

$$\sum_{j=1}^{m}\varphi_{z_jp_i}-\sum_{\substack{j=1\\(j\neq i)}}^{n}\theta_{p_jp_i}-\theta_{p_i}=-(2k+1)\pi$$

$$\sum_{\substack{j=1\\(j\neq i)}}^{m}\varphi_{z_jz_i}+\varphi_{z_i}-\sum_{j=1}^{n}\theta_{p_jz_i}=(2k+1)\pi \tag{4-18}$$

移项后，立即得到式（4-16）和式（4-17）。应当指出，在根轨迹的相角条件中，$(2k+1)\pi$ 与 $-(2k+1)\pi$ 是等价的，为了方便计算，在式（4-18）的右端有时用 $-(2k+1)\pi$ 表示。

法则 8 根之和：当 $n-m\geqslant2$ 时，n 个开环极点之和总是等于闭环特征方程 n 个根之和，即

$$\sum_{i=1}^{n} s_i = \sum_{i=1}^{n} p_i$$

在开环极点确定的情况下，这是一个不变的数。所以，当开环增益 K 增大时，若闭环某些根在 s 平面上向左移动，则另外一部分根必向右移动。

例 4-3 已知负反馈系统开环传递函数为

$$G(s)H(s)=\frac{K}{s(s+1)(s+2)}$$

其根轨迹与虚轴的交点为 $s_{1,2}=\pm \mathrm{j}1.414$，试求交点处的临界 K 值及第三个特征根。

解 系统的特征方程为 $s^3+3s^2+2s+K=0$

由闭环极点之和公式易得 $s_3=-3$；由闭环极点之积公式易得 $K=6$。

在手工绘制根轨迹图示例时，根据根轨迹绘制的八大法则，总结了根轨迹所遵循的七条规律：

1）起点与终点：起始于开环极点，终止于开环零点。

2）连续性、对称性和分支数：根轨迹连续且关于实轴对称，分支数等于系统特征方程的阶数。

3）实轴上的根轨迹：实轴上某点右侧的开环零、极点的个数之和为奇数，则该点在实轴的根轨迹上。

4）渐近线：

$$\sigma_{\mathrm{a}}=\frac{\sum_{i=1}^{n} p_i-\sum_{j=1}^{m} z_j}{n-m}$$

$$\varphi_{\mathrm{a}}=\frac{2k+1}{n-m}\pi \quad (k=0,1,2,\cdots,n-m-1)$$

5）分离点：

$$\sum_{j=1}^{m}\frac{1}{d-z_j}=\sum_{i=1}^{n}\frac{1}{d-p_i}$$

6）起始角和终止角：

$$\sum_{j=1}^{m}\varphi_{z_j p_i}-\sum_{\substack{j=1\\ j\neq i}}^{n}\theta_{p_j p_i}-\theta_{p_i}=(2k+1)\pi$$

$$\sum_{\substack{j=1\\ j\neq i}}^{m}\varphi_{z_j z_i}+\varphi_{z_j}-\sum_{j=1}^{n}\theta_{p_j z_i}=(2k+1)\pi$$

7）与虚轴的交点：将 $s=\mathrm{j}\omega$ 代入闭环特征方程，令方程两边实部和虚部分别相等，求出 ω_{c}。

另外，手工绘图时还需注意以下几点：

1）轨迹的起点（开环极点 p_i）用符号“×”标示；根轨迹的终点（开环零点 z_j）用符号“o”标示。

2）根轨迹由起点到终点是随系统开环根轨迹增益值 K^* 的增加而运动的，要用箭头标示根轨迹运动的方向。

3）要标出一些特殊点的 K^* 值，如起点（$K^*\to 0$），终点（$K^*\to\infty$）；根轨迹在实轴上

的分离点 $d(K^*=K_d^*)$；与虚轴的交点（$K^*=K_r^*$）。还有一些要求标出的闭环极点 s 及其对应的开环根轨迹增益 K^*，也应在根轨迹图上标出，以便于进行系统的分析与综合。

例 4-4 已知系统的开环传递函数如下，试绘制该系统完整的根轨迹图。

$$G(s)H(s)=\frac{K^*}{s(s+1)(s+2)}$$

解 (1) 根轨迹起始于 $p_1=0$，$p_2=-1$，$p_3=-2$ 三个极点，终止于无穷远处，如图 4-4 所示。

(2) 该系统有三条根轨迹在 s 平面上，三条根轨迹连续且对称于实轴。

(3) 实轴上的根轨迹为实轴上从 0 到 -1 的线段和从 -2 到实轴上负无穷远处的线段，如图 4-5 所示。

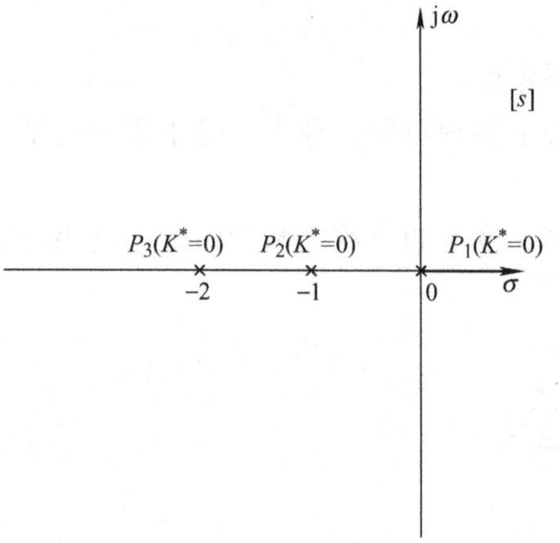

图 4-4 系统根轨迹图一

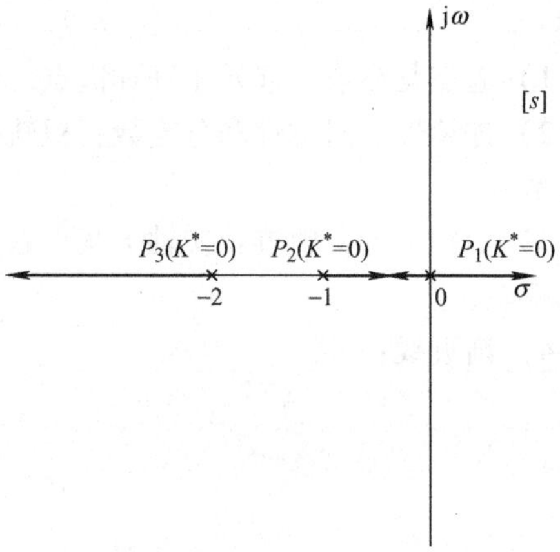

图 4-5 系统根轨迹图二

(4) 渐近线：求出根轨迹三条渐近线的交点位置和它们与实轴正方向的交角。

$$\sigma_a=\frac{\sum p_i-\sum z_j}{n-m}=\frac{-1-2}{3-0}=-1$$

$$\varphi_a=\frac{2k+1}{n-m}\pi$$

当 $K=0$ 时，$\varphi_a=\frac{\pi}{3}=60°$

当 $K=1$ 时，$\varphi_a=\pi=180°$

当 $K=2$ 时，$\varphi_a=\frac{5\pi}{3}=-60°$

可得系统根轨迹的渐近线，如图 4-6 所示。

(5) 分离点：

解方程：$\frac{1}{d}+\frac{1}{d+1}+\frac{1}{d+2}=0$

得 $d_1=-0.42$，$d_2=-1.58$

$d_2=-1.58$ 不在实轴的根轨迹上，舍去；实际的分离点应为 $d_1=-0.42$。

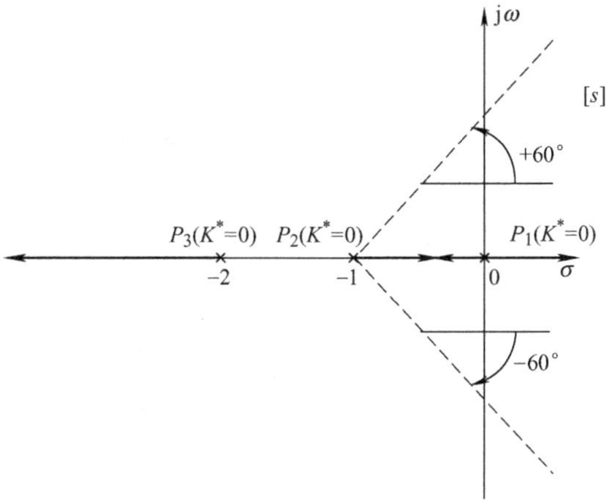

图4-6　系统根轨迹图三

(6) 无复数开环极点和零点，不存在起始角和终止角，如图4-7所示。

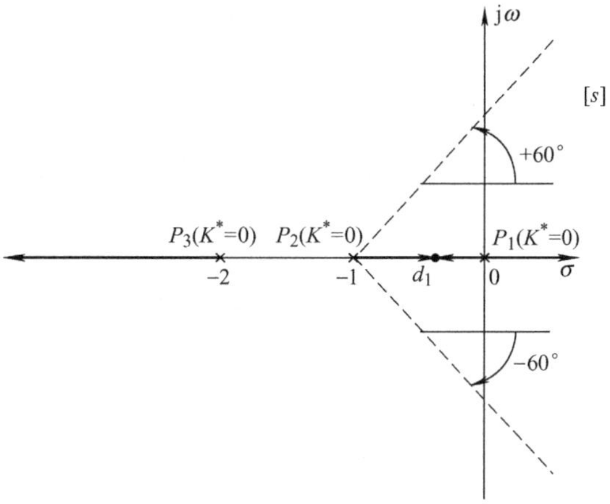

图4-7　系统根轨迹图四

(7) 根轨迹与虚轴的交点：用 $s=\mathrm{j}\omega$ 代入特征方程并令方程两边实部和虚部分别相等，即

$$-\mathrm{j}\omega^3-3\omega^2+\mathrm{j}2\omega+K^*=0$$

解虚部方程得：$\omega_1=0$，$\omega_{2,3}=\pm\sqrt{2}$

其中，$\omega_1=0$ 是开环极点对应的坐标值，它是根轨迹的起点之一。合理的交点应为 $\omega_c=\omega_{2,3}=\pm\sqrt{2}$。

可得系统最终根轨迹图如图4-8所示。

例4-5　已知系统的开环传递函数如下，试绘制该系统的根轨迹图。

$$G(s)H(s)=\frac{K^*}{s(s+4)(s^2+4s+20)}$$

解　(1) 根轨迹起始于开环极点 $p_1=0$，$p_2=-4$，$p_3=-2+4\mathrm{j}$，$p_4=-2-4\mathrm{j}$；终止于4

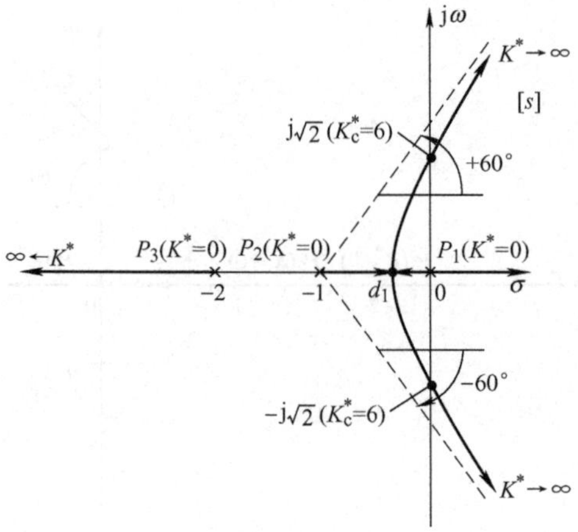

图 4-8 系统根轨迹图

个无限零点（没有有限零点）。

（2）共有 4 个根轨迹分支，连续且关于实轴对称。

（3）实轴上的根轨迹为实轴上从 0 到 −4 的线段。

（4）渐近线：渐近线在实轴上的交点为

$$\sigma_a = \frac{\sum_{i=1}^{n} p_i - \sum_{j=1}^{m} z_j}{n-m} = \frac{-4-2+4j-2-4j}{4} = -2$$

渐近线与实轴的夹角为

$$\varphi_a = \frac{2k+1}{4}\pi \qquad k=0,1,2,3$$

k 取 0、1、2、3 时，分别为 45°、135°、225°、315°。

（5）分离点和分离角：$\sum_{i=1}^{n}\frac{1}{d-p_i} = \sum_{j=1}^{m}\frac{1}{d-z_j}$

$$\frac{1}{d}+\frac{1}{d+4}+\frac{1}{d+2-4j}+\frac{1}{d+2+4j}=0$$

经整理可得$(d+2)(d^2+4d+10)=0$

求解上式可得三个分离点为

$$d_1=-2,\ d_2=-2+2.45j,\ d_3=-2-2.45j$$

分离角：$\theta_d=\frac{(2k+1)\pi}{l} \qquad k=0,1$

当 $l=2$ 时，$\theta=90°$

（6）起始角：$\theta_{p_i}=(2k+1)\pi+\left(\sum_{j=1}^{m}\varphi_{z_jp_i}-\sum_{\substack{j=1\\j\neq i}}^{n}\theta_{p_jp_i}\right)$

复数极点 p_3 和 p_4 的起始角为

$$\theta_{p_3} = (2k+1)\pi+\sum_{j=1}^{m}\varphi_{z_jp_i}-\sum_{\substack{j=1\\j\neq i}}^{n}\theta_{p_jp_i}$$

$$= (2k+1)\pi - (60^\circ + 90^\circ + 120^\circ)$$
$$= -90^\circ$$
$$\theta_{p_4} = 90^\circ$$

（7）与虚轴的交点：$s(s+4)(s^2+4s+20)+K^*=0$

用 $s=j\omega$ 代入特征方程并令方程两边实部和虚部分别相等：

$$\omega^4 - 36\omega^2 + K^* + (80\omega - 8\omega^3)j = 0$$
$$\omega^4 - 36\omega^2 + K^* = 0, 80\omega - 8\omega^3 = 0$$

解得 $\omega = \pm\sqrt{10}$，$K^* = 260$。

根据以上规则，绘制根轨迹如图 4-9 所示。

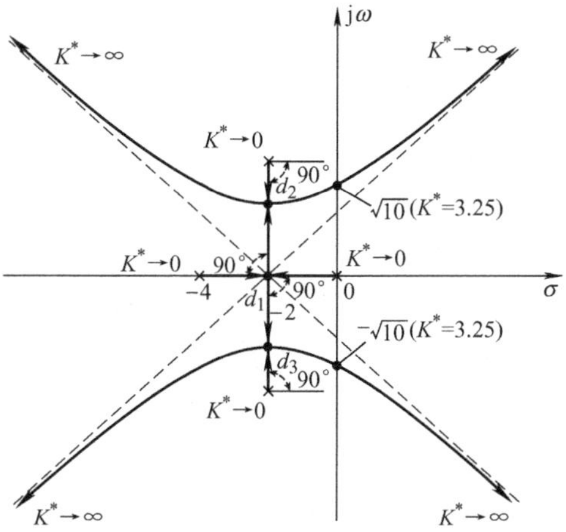

图 4-9　系统根轨迹图

4.3.2　根轨迹与系统的动态特性

系统的动态特性与根轨迹的关系不太直观，因为动态特性不仅与系统的闭环极点有关，还与系统的闭环零点有关，而根轨迹显现不出闭环零点。

根轨迹的研究对象一般是高阶系统，高阶系统的动态特性很复杂。工程上往往只用主导极点来估算系统的动态性能，即将系统近似地看成一阶或二阶系统。只有当主导极点满足二阶近似条件时，才能进行二阶近似分析。

那么，通过根轨迹分析系统的动态性能，主要体现在：

1）根据开环增益或系统动态指标的要求，在根轨迹上确定闭环主导极点。

2）在根轨迹上找到其他非主导极点，并考虑闭环零点，来判断主导极点是否满足二阶近似条件，并确定主导极点对应的典型二阶系统的动态性能指标。

例 4-6　单位负反馈系统的开环传递函数为

$$G(s) = \frac{K}{s(0.5s+1)}$$

用根轨迹法分析开环放大系数 K 对系统性能的影响，计算当 $K=5$ 时的系统动态指标。

解　$G(s) = \dfrac{K}{s(0.5s+1)} = \dfrac{2K}{s(s+2)} = \dfrac{k}{s(s+2)}$（设 $k=2K$），绘制根轨迹如图 4-10 所示。

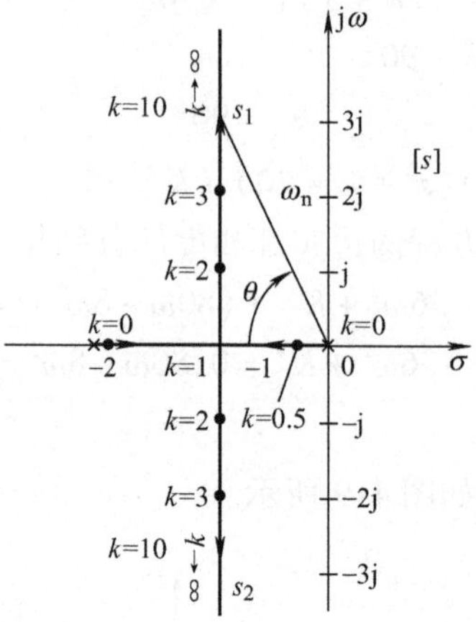

图 4-10　系统根轨迹图

K 为任意值时，系统都是稳定的。

当 $0<K<0.5$（$0<k<1$）时，系统有两个不相等的负实根，系统的动态响应是非振荡的。

当 $0.5<K<\infty$（$1<k<\infty$）时，系统有一对共轭复数极点，系统的动态响应是振荡的。

当 $K=5$（$k=10$）时，由图 4-10 可知，系统的闭环极点为

$$s_{1,2}=-\zeta\omega_n\pm j\omega_n\sqrt{1-\zeta^2}=-1\pm j3\rightarrow\omega_n=\sqrt{10}=3.16,\zeta=\cos\theta=\frac{1}{3.16}=0.316$$

由此，得到

$$\sigma_p=e^{-\frac{\pi\zeta}{\sqrt{1-\zeta^2}}}\times100\%=35\%$$

$$t_r=\frac{\pi-\theta}{\omega_n\sqrt{1-\zeta^2}}=\frac{3.14-1.25}{3}s=0.63s$$

$$t_p=\frac{\pi}{\omega_n\sqrt{1-\zeta^2}}=1.05s,\ t_s=\frac{3}{\zeta\omega_n}=3s\ (\Delta=5\%)$$

例 4-7　已知系统开环传递函数为

$$G(s)=\frac{K}{s(s+1)(0.5s+1)}$$

试应用根轨迹法分析系统的稳定性，并计算闭环主导极点具有阻尼比 0.5 时的性能指标。

解

$$G(s)=\frac{2K}{s(s+1)(s+2)}=\frac{K^*}{s(s+1)(s+2)}$$

$$K^*=2K$$

按步骤作出系统的根轨迹，如图 4-11 所示。

使系统稳定的开环增益范围是 $0<K<3$。

在平面上画出 $\zeta=0.5$ 时的阻尼线。阻尼线与根轨迹交点的坐标设为 s_1，从图上测得 $s_1=-0.33+j0.58$，与之共轭的复数极点为 $s_2=-0.33-j0.58$。已知系统闭环特征方程及两个

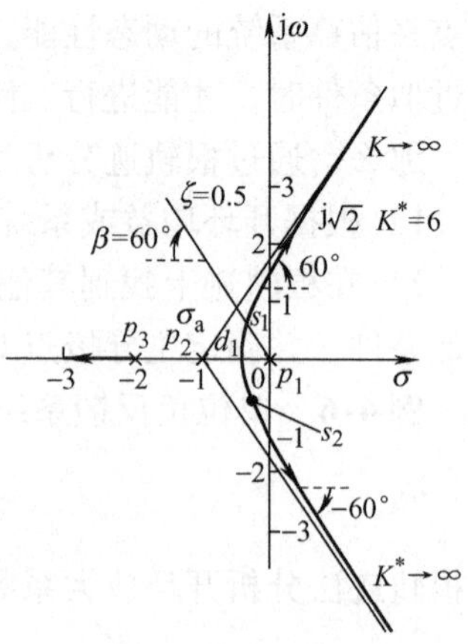

图 4-11　系统根轨迹

极点，第三个极点 $s_3=-2.34$。

系统闭环传递函数近似为二阶系统：

$$\Phi(s)=\frac{0.445}{s^2+0.667s+0.445}$$

二阶系统在单位阶跃信号作用下的性能指标：

$$\sigma\%=\mathrm{e}^{-\zeta\pi/\sqrt{1-\zeta^2}}\times100\%=\mathrm{e}^{-0.5\times3.14/\sqrt{1-0.5^2}}\times100\%=16.3\%$$

$$t_s=\frac{3.5}{\zeta\omega_n}=\frac{3.5}{0.5\times0.667}\mathrm{s}=10.5\mathrm{s}$$

4.4 广义根轨迹法

在控制系统中以根轨迹增益 K^* 变化绘制的根轨迹叫作常规根轨迹。在实际工程系统的分析设计中，有时需要分析正反馈条件下或除根轨迹增益 K^* 以外其他参量变化对系统性能的影响。这种情形下绘制的根轨迹统称为广义根轨迹。

广义根轨迹包括参数根轨迹和零度根轨迹。

4.4.1 参数根轨迹

1. 参数根轨迹的概念

参数根轨迹是以非根轨迹增益（如比例微分环节或惯性环节的时间常数）为可变参数绘制的根轨迹。

例如，对于系统 $G(s)H(s)=\dfrac{10(Ts+1)}{s(10s+1)}$及 $G(s)H(s)=\dfrac{5}{s(Ts+1)(s+1)}$，绘制以 T 为参数的根轨迹为参数根轨迹。

绘制参数根轨迹的法则与绘制常规根轨迹的法则完全相同。只要在绘制参数根轨迹之前，引入等效单位反馈系统和等效传递函数概念，则常规根轨迹的所有绘制法则，均适用于参数根轨迹的绘制。

2. 等效开环传递函数的求取

闭环特征方程为

$$1+G(s)H(s)=0 \tag{4-19}$$

假设

$$G(s)H(s)=\frac{M(s)}{N(s)}$$

则闭环特征方程为

$$M(s)+N(s)=0$$

进行等效变换，将其写为如下形式

$$A\frac{P(s)}{Q(s)}=-1 \tag{4-20}$$

式中，A 为除 K^* 外，系统任意的变化参数，而 $P(s)$ 和 $Q(s)$ 为两个与 A 无关的首一多项式。显然，式（4-20）应与式（4-19）等价，即

$$Q(s)+AP(s)=1+G(s)H(s)=0 \tag{4-21}$$

根据式（4-21），可得等效单位反馈系统，其等效开环传递函数为

$$G_1(s)H_1(s)=A\frac{P(s)}{Q(s)} \tag{4-22}$$

利用式（4-22）画出根轨迹，就是参数 A 变化时的参数根轨迹。需要强调指出，等效开环传递函数是根据式（4-21）得来的，因此“等效”的含义仅在闭环极点相同这一点上成立，而闭环零点一般是不同的。由于闭环零点对系统动态性能有影响，所以由闭环零、极点分布来分析和估算系统性能时，可以采用参数根轨迹上的闭环极点，但必须采用原来闭环系统的零点。这一处理方法和结论，对于绘制开环零极点变化时的根轨迹，同样适用。

例 4-8 单位负反馈系统开环传递函数为 $G(s)=\dfrac{615(s+26)}{s^2(Ts+1)}$，求 $T=0\to\infty$ 变化的根轨迹。

解 闭环特征多项式为

$$D(s)=s^2(Ts+1)+615(s+26)=Ts^3+s^2+615s+15990$$

取

$$G^*(s)=\frac{Ts^3}{s^2+615s+15990}=\frac{Ts^3}{(s+27.3)(s+587.7)}$$

（1）求分离点：

由$\dfrac{1}{d+27.3}+\dfrac{1}{d+587.7}=\dfrac{3}{d}$，可得

$$\frac{2d+615}{(d+27.3)(d+587.7)}=\frac{3}{d}$$

即

$$3(d^2+615s+15990)=2d^2+615d$$

从而，有

$$d^2+1231d+47970=0$$

计算得到

$$d_{1,2}=-615.5\pm575\quad\begin{cases}d_1=-40.5(\text{舍去})\\ d_2=-1190\end{cases}$$

$$T^*_{d_2}=\frac{|d+27.3|\cdot|d+587.7|}{|d^3|}=0.0004156$$

（2）与虚轴交点：$D(s)=Ts^3+s^2+615s+15990$

令 $$s=\mathrm{j}\omega\begin{cases}\text{实部}:-\omega^2+15990=0 & \to\omega=\sqrt{15990}=126.45\\ \text{虚部}:-T\omega^3+615\omega=0 & \to T=\dfrac{615}{\omega^2}=0.0385\end{cases}$$

（3）终止角：$3\varphi_1-(\theta_1+\theta_2+\theta_3)=(2k+1)\pi$

$$\varphi_1=\pm\frac{\pi}{3},\ \pi$$

（4）根据以上规则，绘制根轨迹如图 4-12 所示。

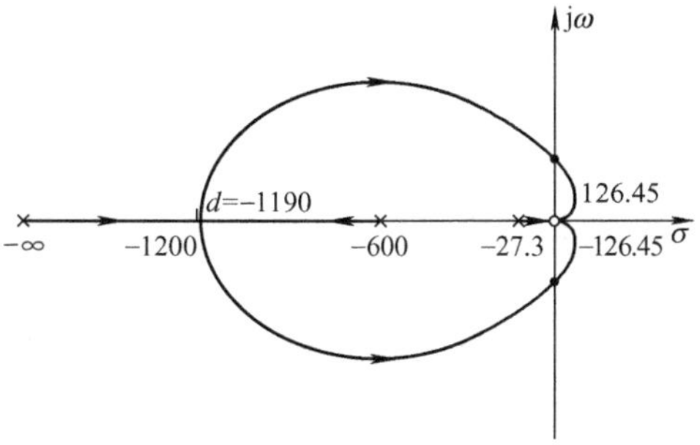

图 4-12　系统根轨迹图

4.4.2　零度根轨迹

如果负反馈系统开环传递函数的分子、分母中 s 最高次幂系数不同号，或者正反馈系统开环传递函数的分子、分母中 s 最高次幂同号，即相角不是遵循 $180° + 2k\pi$ 的条件，而是遵循 $0° + 2k\pi$ 的条件时，应该按零度根轨迹绘图。

对于如图 4-13 所示的反馈系统，其闭环传递函数为

$$\Phi(s) = \frac{G(s)}{1 - G(s)H(s)}$$

系统的闭环特征方程为

$$1 - G(s)H(s) = 0 \tag{4-23}$$

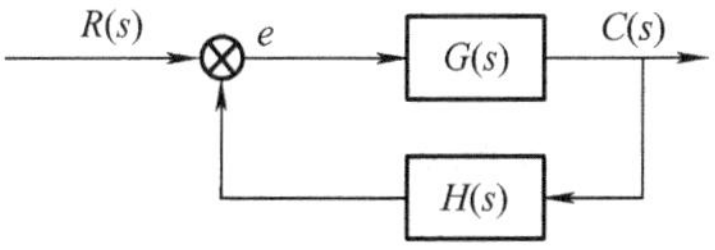

图 4-13　控制系统结构图

所以，系统的根轨迹方程为

$$K^* \frac{\prod_{j=1}^{m}(s - z_j)}{\prod_{i=1}^{n}(s - p_i)} = 1 \tag{4-24}$$

相应的根轨迹相角条件方程和幅值条件方程分别为

$$\sum_{j=1}^{m} \angle(s - z_j) - \sum_{i=1}^{n} \angle(s - p_i) = 2k\pi \quad k = 0, \pm 1, \pm 2, \cdots \tag{4-25}$$

$$K^* = \frac{\prod_{i=1}^{n}|s - p_i|}{\prod_{j=1}^{m}|s - z_j|} \tag{4-26}$$

通过将式（4-6）与式（4-25）、式（4-7）与式（4-26）相互比较，可以看出两系统的幅值条件方程相同，但相角条件不同。通常将满足相角条件方程式（4-25）的根轨迹称为零度根轨迹。

通过以上分析可知，可再次验证 4.1 节中得到的一个结论，即相角条件是确定根轨迹的充分必要条件，而幅值条件仅是必要条件。

由于 0°根轨迹和 180°根轨迹的幅值条件方程完全相同，因此在绘制 0°根轨迹时只需对 180°根轨迹绘制法则中与相角条件方程有关的 3 条法则做出相应修改，其余的法则对两类根轨迹是完全相同的。

需要修改的法则如下：

1）渐近线与实轴正方向的夹角：

$$\varphi_{a}=\frac{2k\pi}{n-m} \quad k=0,1,2,\cdots,n-m-1$$

2）实轴上的根轨迹。实轴上根轨迹区段的右侧，开环零、极点数目之和应为偶数或零。

3）根轨迹起始角与终止角。起始角为其他零、极点到所求起始角复数极点的各个向量相角之差，即

$$\theta_{p_i} = 2k\pi + \left(\sum_{j=1}^{m} \varphi_{z_j p_i} - \sum_{\substack{j=1 \\ (j\neq i)}}^{n} \theta_{p_j p_i} \right)$$

终止角等于其他零、极点到所求终止角复数零点的各个向量相角之差的负值，即

$$\varphi_{z_i} = 2k\pi - \left(\sum_{\substack{j=1 \\ (j\neq i)}}^{m} \varphi_{z_j z_i} - \sum_{j=1}^{n} \theta_{p_j z_i} \right)$$

例 4-9 设单位正反馈系统的开环传递函数如下，绘制根轨迹。

$$G(s)=\frac{K_{g}(s+1)}{(s+2)(s+4)}$$

解 按零度根轨迹的法则绘制，因为是单位正反馈，则系统的根轨迹方程为

$$\frac{K_{g}(s+1)}{(s+2)(s+4)}=1$$

有 2 个开环极点：-2，-4；1 个开环零点：-1；则 $m=1$，$n=2$。

根轨迹是关于实轴对称的连续曲线。

根轨迹有 2 条分支，起始于 2 个极点，1 条终止于开环零点，1 条终止于无穷远处。

根轨迹有 1 条渐近线，为

$$\sigma_{a} = \frac{\sum_{j=1}^{n} p_j - \sum_{i=1}^{m} z_i}{n-m} = \frac{-2-4+1}{2-1} = -5$$

$$\varphi_{a} = \frac{2k\pi}{n-m} = 0° \quad (k=0)$$

实轴上的根轨迹分布在两个开环极点［-4，-2］和两个开环零点［-1，$+\infty$］之间，所以存在 2 个分离点，由分离点方程求得

$$\frac{1}{d+1}=\frac{1}{d+2}+\frac{1}{d+4},\ d_{1,2}=-1\pm\sqrt{3}$$

则分离角为 $\pm 90°$。

求根轨迹与虚轴的交点：

$$(s+2)(s+4)-k_{g}(s+1)=0$$

$$s^{2}+(6-k_{g})s+8-k_{g}=0$$

令 $s=j\omega$，则

$$\begin{cases} -\omega^{2}+8-k_{g}=0 \\ 6-k_{g}=0 \end{cases}$$

解得

$k_g=6$，$s=\pm j\sqrt{2}$。

根据上述结论，可绘制出根轨迹如图 4-14 所示，箭头为 k_g增大的方向。

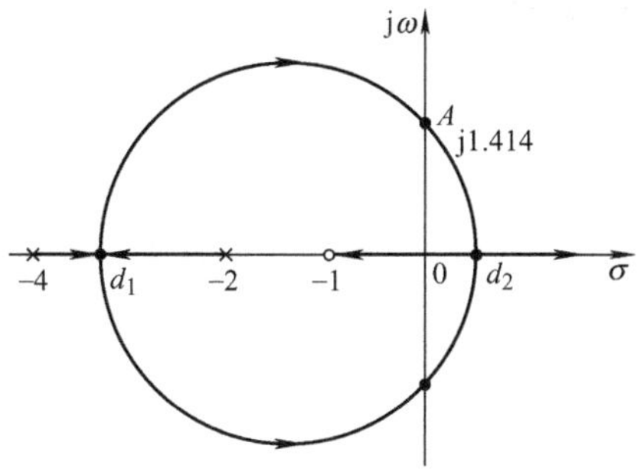

图 4-14　系统根轨迹图

4.5　基于 MATLAB 的根轨迹分析

使用 MATLAB 提供的根轨迹函数，可以方便、准确地绘制系统的根轨迹图，并可利用根轨迹图对控制系统进行分析。

例 4-10　已知一单位反馈系统开环传递函数为 $G(s)=\dfrac{K(s+2)}{s(s+5)(s^2+2s+2)}$，试在根轨迹上选择一点，求出该点的增益 K 及其闭环极点的位置，并判断在该点系统的稳定性。

解　键入如下程序：

```
clear;% 清除 Workspace 变量
clc;% 清空 Command Window 界面
num = [1 2];
den = conv(conv([1 0],[1 5]),[1 2 2]);% 求出分母对应的多项式系数
rlocus(num,den);% 绘制系统的根轨迹
[K,P] = rlocfind(num,den);
if real(P) <0
    disp('系统稳定');
else
    disp('系统不稳定');
end
```

运行结果如图 4-15 所示。

```
selected_point = 1.04739336492891 +4.1304347826087i
K = 125.616502848389
P = -7.262939536053
1.08833286976712 +4.10984035925263i
```

1. 08833286976712 - 4. 10984035925263i

- 1. 91372620348123

系统不稳定

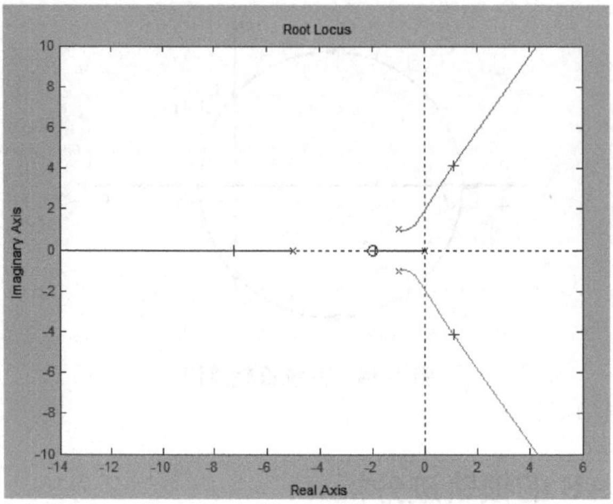

图 4-15 系统根轨迹图

例 4-11 已知单位反馈系统的开环传递函数为 $G(s)=\frac{K}{s(s+1)(s+2)}$，试绘制闭环系统根轨迹及求系统临界稳定时的根轨迹增益，并求 $K=2$ 时的单位阶跃响应曲线。

解 键入如下程序：(求系统临界稳定时的根轨迹增益，直接使用 rlocfind 单击根轨迹与虚轴的交点即可)

```
clear;% 清除 Workspace 变量
clc;% 清空 Command Window 界面
num = 1;
den = conv(conv([1 0],[1 1]),[1 2]);% 求出分母对应的多项式系数
rlocus(num,den);% 绘制系统的根轨迹
[K,P] = rlocfind(num,den);
sys_open = tf(2 * num,den);
sys = feedback(sys_open,1);
figure;
step(sys);
```

运行结果如图 4-16、图 4-17 所示。

selected_ point = 0. 0059241706161135 + 1. 44409937888198i

K = 6. 28178964006553

P = - 3. 02526752908236

0. 0126337645411773 + 1. 44093074894892i

0. 0126337645411773 - 1. 44093074894892i

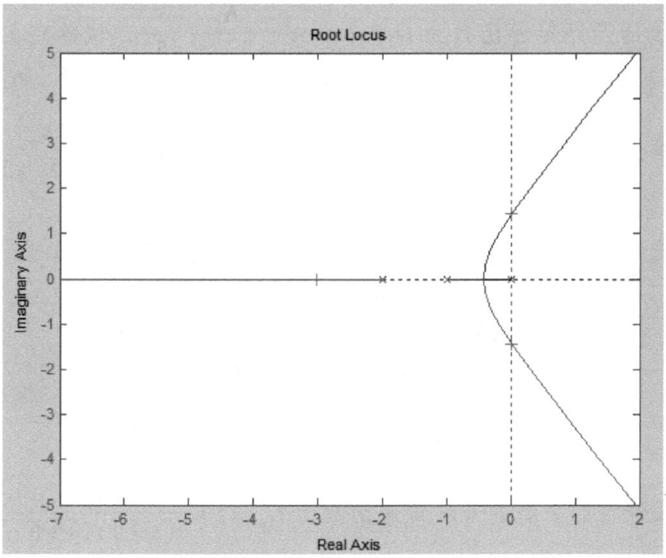

图 4-16　系统根轨迹图

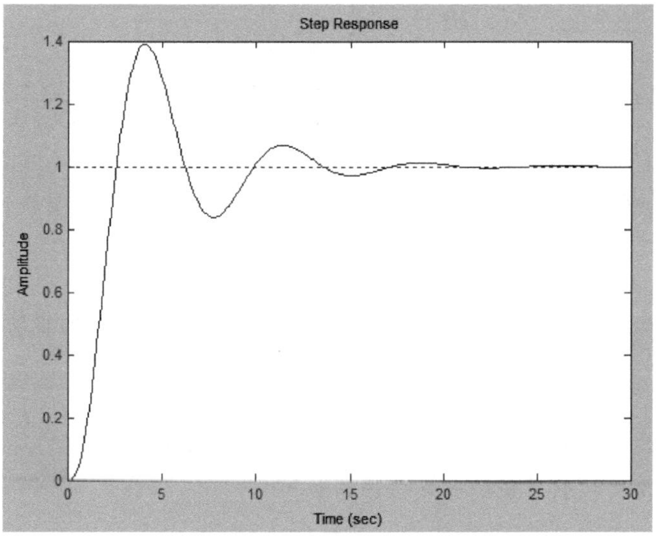

图 4-17　阶跃响应曲线

习　题

4-1　已知系统的开环传递函数如下，试确定根轨迹的起始角。

$$G_o(s)=\frac{K_g(s+2)}{s(s+3)(s^2+2s+2)}$$

4-2　已知系统的开环传递函数如下，试求其根轨迹与虚轴的交点。

$$G_o(s)=\frac{K_g}{s(s+1)(s+2)}$$

4-3 已知系统的开环传递函数为 $G_o(s)=\dfrac{K_g}{s(s+1)(s+5)}$，试确定其根轨迹的分支数、起点和渐近线。

4-4 已知一单位负反馈系统的开环传递函数为 $G(s)H(s)=\dfrac{K}{s(0.5s+1)}$，试分析该系统的特征方程的根随系统参数 K 的变化在 s 平面上全部可能的分布情况。

4-5 已知系统结构图如图 4-18 所示，作出该系统的根轨迹草图。

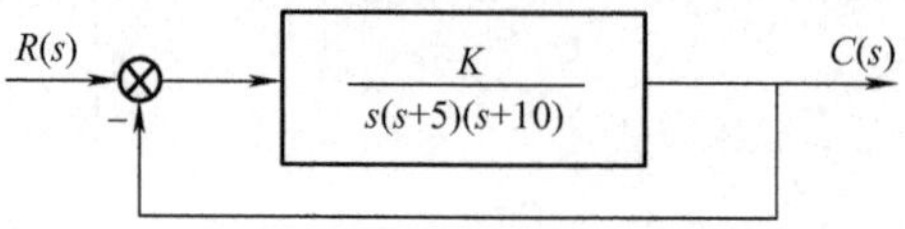

图 4-18 系统结构图

4-6 单位负反馈控制系统的开环传递函数为 $G_o(s)=\dfrac{K_g}{s(s+4)(s+6)}$，试绘制该系统的根轨迹。

4-7 已知系统的开环传递函数如下，试绘制该系统的根轨迹。

$$G(s)H(s)=\frac{K^*}{s(s+4)(s^2+4s+20)}$$

4-8 设系统开环传递函数为 $G(s)=\dfrac{K^*(s+1.5)(s+2+\mathrm{j})(s+2-\mathrm{j})}{s(s+2.5)(s+0.5+\mathrm{j}1.5)(s+0.5-\mathrm{j}1.5)}$，试绘制该系统概略根轨迹。

4-9 设非最小相位系统的开环传递函数如下，试绘制该系统的根轨迹。

$$G_o(s)=\frac{K(1-0.5s)}{s(1+0.2s)}$$

4-10 设非最小相位系统的开环传递函数如下，试绘制该系统的根轨迹，并确定使闭环系统稳定的 K_g 范围。

$$G(s)=\frac{K_g(s+1)}{s(s-1)(s^2+4s+16)}$$

4-11 设单位反馈控制系统的开环传递函数为

$$G(s)=\frac{K_g(s+2)}{s(s+1)(s+4)}$$

若要求其闭环主导极点的阻尼角为60°，试用根轨迹法确定该系统的动态性能指标 $\sigma\%$、t_p、t_s和稳态性能指标 K_v。

4-12 单位负反馈系统的开环传递函数为 $G(s)=\dfrac{K^*(s+2)}{s(s+1)}$，画出当 $K^*=0\to\infty$ 时系统闭环根轨迹，证明根轨迹是圆，求出圆心和半径。

4-13 系统的开环传递函数为 $G_o(s)=\dfrac{K_g(s+2)}{s(s+3)(s^2+2s+2)}$，利用根轨迹分析系统稳定时根轨迹增益的取值范围。

4-14 设系统的结构图如图 4-19 所示，当 $K^*=0\to\infty$，画出该系统的闭环根轨迹。

4-15　控制系统的结构图如图 4-20 所示，当 $K_g=4$ 时，试绘制开环极点 p 变化时的参数根轨迹。

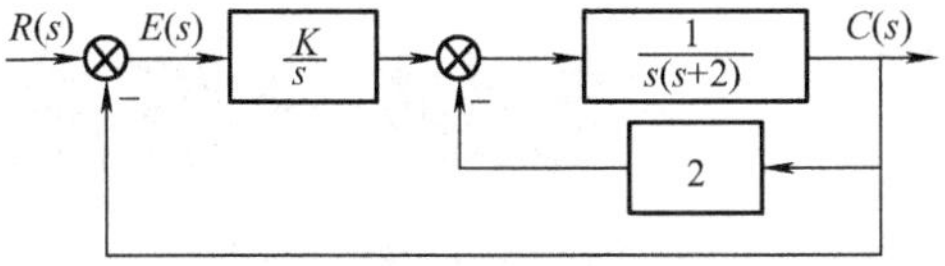

图 4-19　系统结构图

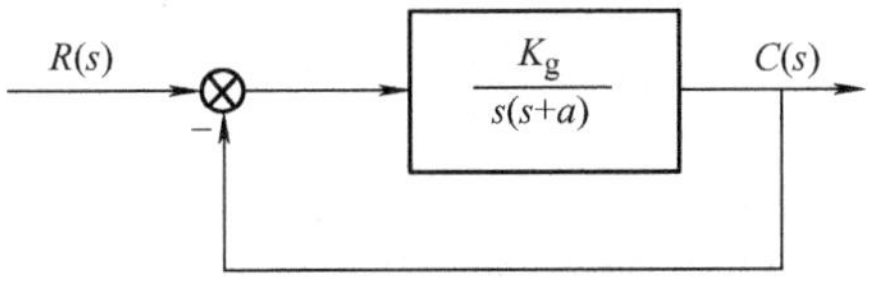

图 4-20　系统结构图

4-16　负反馈系统开环传递函数为 $G(s)=\dfrac{615(s+26)}{s^2(Ts+1)}$，求 $T=0\to\infty$ 变化时，系统的根轨迹。

4-17　设系统的结构图如图 4-21 所示，绘出以时间常数 T 为参数的根轨迹。

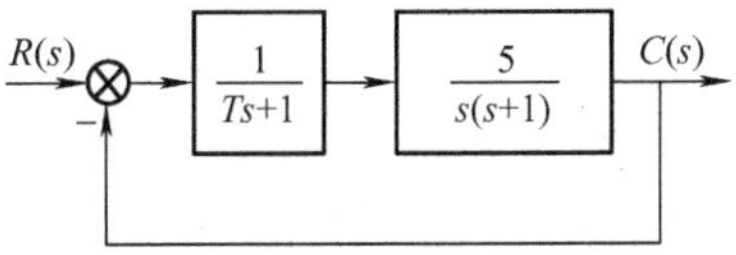

图 4-21　系统结构图

4-18　系统的结构图如图 4-22a、b 所示，图 4-22a 中 K_s 为速度反馈系数，试绘制以 K_s 为参变量的根轨迹图，图 4-22b 中 τ 为微分时间常数，试绘制以 τ 为参变量的根轨迹图。

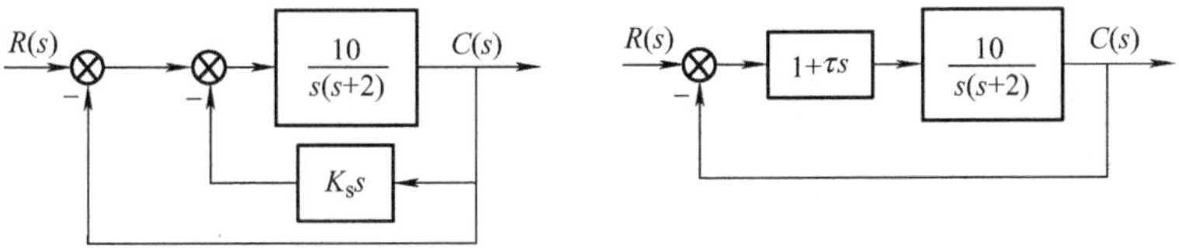

a)　　b)

图 4-22　系统结构图

4-19　系统结构图如图 4-23 所示，$K=4$。

(1) 当 $\alpha=0\to\infty$ 时，绘制出系统的根轨迹；

(2) 当 $\beta=45°$ ($\zeta=0.707$) 时，求 α、$\sigma\%$、t_s 以及当 $r(t)=t$ 时的 e_{ss}。

4-20　已知系统特征方程 $D(s)=s^3+\alpha s^2+Ks+K=0$，当 α 取不同值时，$K=0\to\infty$ 的根轨迹也不同，确定根轨迹出现不同分离点形式时 α 对应的范围，并画根轨迹。

4-21　系统结构图如图 4-24 所示，分别画出正、负反馈时的根轨迹。

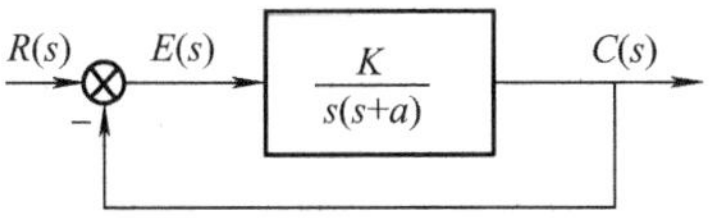

图 4-23　系统结构图

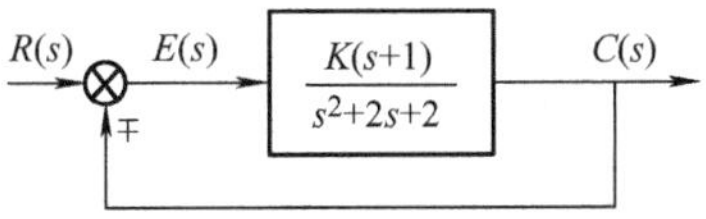

图 4-24　系统结构图

4-22　已知系统的开环传递函数为 $GH(s)=\dfrac{K^*(s+1)(s+3)(s^2+4s+5)}{(s^2+2s+2)(s^2+6s+10)}$，当 $K^*=0\to\infty$ 变化时，绘出系统的零度根轨迹、180°根轨迹。

第 5 章 频域分析法

在自动控制系统的时域分析法中，一阶和二阶系统的动态特性可以直接通过计算得出性能指标的解析表达式，而直接计算高阶系统的性能指标则比较困难和烦琐。控制系统的数学模型中，开环传递函数相对于闭环传递函数较容易从实际系统的分析中得到，而频域分析法则是针对系统的开环传递函数提出的一种间接研究控制系统稳定性、快速与平稳性，以及准确性的分析方法。系统的频率特性具有明确的物理意义，较容易从实验中获取，适用于高阶系统，并且可以推广到非线性系统的分析，因此频域分析法在工程中应用广泛。

本章将介绍控制系统的频率特性图的绘制方法，研究频率特性图与系统稳定性的关系，以及频域指标与系统性能指标之间的关系。

5.1 频率特性概述

5.1.1 线性系统在正弦信号作用下的稳态输出

对于一个线性定常系统，设其传递函数为

$$G(s)=\frac{C(s)}{R(s)} \tag{5-1}$$

其输入信号是幅度为 R，频率为 ω 的正弦函数，即 $r(t)=R\sin\omega t$，其拉普拉斯变换式为

$$R(s)=\frac{R\omega}{s^2+\omega^2} \tag{5-2}$$

则有

$$C(s)=G(s)R(s)=G(s)\frac{R\omega}{(s+\mathrm{j}\omega)(s-\mathrm{j}\omega)}=C_t(s)+C_s(s) \tag{5-3}$$

对式（5-3）做拉普拉斯逆变换，得系统的输出响应

$$c(t)=c_t(t)+c_s(t) \tag{5-4}$$

$C_t(s)$ 由 $G(s)$ 的极点带来，$C_s(s)$ 由输入信号的极点带来。当 $G(s)$ 的极点全部位于复平面左半部时，$C_t(s)$ 的拉普拉斯逆变换式 $c_t(t)$ 随时间推移衰减到零，而 $C_s(s)$ 的拉普拉斯逆变换式 $c_s(t)$ 即为系统的稳态输出。

而系统的稳态输出

$$C_s(s)=\frac{A_1}{s+\mathrm{j}\omega}+\frac{A_2}{s-\mathrm{j}\omega} \tag{5-5}$$

其中

$$A_1=G(s)\frac{R\omega}{(s+\mathrm{j}\omega)(s-\mathrm{j}\omega)}(s+\mathrm{j}\omega)\bigg|_{s=-\mathrm{j}\omega}=-\frac{R}{2\mathrm{j}}G(-\mathrm{j}\omega) \tag{5-6}$$

$$A_2=G(s)\frac{R\omega}{(s+\mathrm{j}\omega)(s-\mathrm{j}\omega)}(s-\mathrm{j}\omega)\bigg|_{s=\mathrm{j}\omega}=\frac{R}{2\mathrm{j}}G(\mathrm{j}\omega) \tag{5-7}$$

则系统的稳态输出为

$$c_s(t)=-\frac{RG(-\mathrm{j}\omega)}{2\mathrm{j}}\mathrm{e}^{-\mathrm{j}\omega t}+\frac{RG(\mathrm{j}\omega)}{2\mathrm{j}}\mathrm{e}^{\mathrm{j}\omega t} \tag{5-8}$$

而由复函数的性质可知

$$G(\mathrm{j}\omega)=\mathrm{Re}[G(\mathrm{j}\omega)]+\mathrm{j}\mathrm{Im}[G(\mathrm{j}\omega)] \tag{5-9}$$

$$G(-\mathrm{j}\omega)=\mathrm{Re}[G(-\mathrm{j}\omega)]+\mathrm{j}\mathrm{Im}[G(-\mathrm{j}\omega)]=\mathrm{Re}[G(\mathrm{j}\omega)]-\mathrm{j}\mathrm{Im}[G(\mathrm{j}\omega)] \tag{5-10}$$

将式（5-9）和式（5-10）代入式（5-8），并整理可得系统的稳态输出为

$$c_s(t)=R\{\mathrm{Im}[G(\mathrm{j}\omega)]\cos\omega t+\mathrm{Re}[G(\mathrm{j}\omega)]\sin\omega t\}=R|G(\mathrm{j}\omega)|\sin(\omega t+\theta) \tag{5-11}$$

式（5-11）中

$$\theta=\arctan\frac{\mathrm{Im}[G(\mathrm{j}\omega)]}{\mathrm{Re}[G(\mathrm{j}\omega)]}=\angle G(\mathrm{j}\omega) \tag{5-12}$$

从式（5-11）和式（5-12）可以看出，正弦信号激励下的线性系统，其稳态输出为同频率的正弦信号，只是幅度和相位发生了改变。输出信号的幅度是输入信号幅度的 $|G(\mathrm{j}\omega)|$倍，输出信号的相位相对于输入信号的相位改变量为$\angle G(\mathrm{j}\omega)$。

5.1.2　线性系统的频率特性

线性系统在正弦信号激励下，其稳态输出的幅度与输入信号幅度之比，称为线性系统的幅频特性，用$A(\omega)$表示，并且有

$$A(\omega)=|G(\mathrm{j}\omega)| \tag{5-13}$$

稳态输出的相位与输入相位之差，称为线性系统的相频特性，用$\varphi(\omega)$表示，并且

$$\varphi(\omega)=\angle G(\mathrm{j}\omega) \tag{5-14}$$

而

$$G(\mathrm{j}\omega)=|G(\mathrm{j}\omega)|\mathrm{e}^{\mathrm{j}\angle G(\mathrm{j}\omega)} \tag{5-15}$$

称为系统的频率特性。可以看出，系统的频率特性可以直接将 $s=\mathrm{j}\omega$ 代入传递函数得到，因此无论是稳定系统，还是不稳定系统都可以采用上述定义得到频率特性函数 $G(\mathrm{j}\omega)$。系统的频率特性完全由系统参数决定，是系统数学模型的一种表达形式。

5.1.3　频率特性的几何表示方法

图解法是工程分析和设计中常用的频域分析方法，其分析对象是控制系统的频率特性图。通常系统的频率特性图有幅相频率特性图（Nyquist 图）、对数频率特性图（Bode 图）和对数幅相频率特性图（Nicoles 图），比较常用的是 Nyquist 图和 Bode 图，本节将做重点介绍。

1. 幅相频率特性图

幅相频率特性图，即 Nyquist 图，简称为幅相图或极坐标图。通常 Nyquist 图以 $\omega \in (0, +\infty)$ 为自变量，将 $G(\mathrm{j}\omega)$ 函数绘制在复平面上，并且用箭头标出 ω 增大时，Nyquist 图的变化趋势。

2. 对数频率特性图

对数频率特性图，即 Bode 图，由对数幅频特性图和对数相频特性图组成。对数幅频特性图以 $20\lg|G(\mathrm{j}\omega)|$ 为纵坐标，线性分度，单位为分贝（dB）；以 ω 为横坐标，对数分度，标注真值。而对数相频特性图以 $\angle G(\mathrm{j}\omega)$ 为纵坐标，线性分度，单位为弧度或度；以 ω 为横坐标，对数分度，标注真值。

对数频率特性图的横坐标采用了对数分度，与通常使用的线性分度对比如图 5-1 所示。在线性分度中，当变量增大 1 倍或减小 1 半时，坐标间距离变化一个单位长度；在对数分度中，当变量增大为原来的 10 倍或减小为原来的 1/10 时，称为十倍频程（dec），坐标间距离变化一个单位长度。对 ω 的对数分度将对数频率特性图的横坐标非线性压缩，便于在较大频率范围内表现频率特性的变化情况。

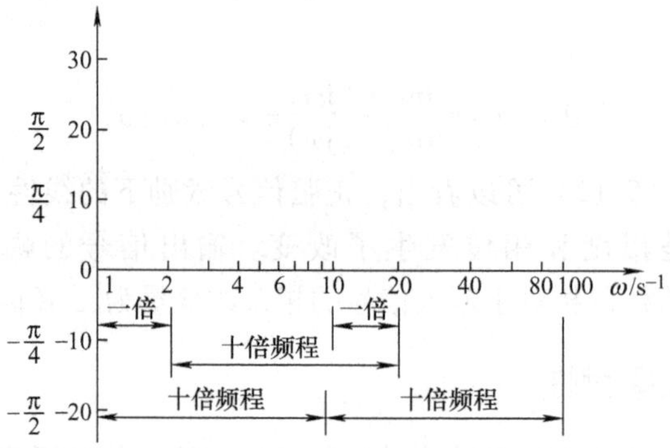

图 5-1 对数分度和线性分度

3. 对数幅相频率特性图

对数幅相频率特性图，即 Nicoles 图，该图以 $20\lg|G(\mathrm{j}\omega)|$ 为纵坐标，线性分度，单位为分贝（dB）；以 $\angle G(\mathrm{j}\omega)$ 为纵坐标，线性分度，单位为弧度或度。

5.1.4 系统频率特性与典型环节频率特性的关系

控制系统的开环传递函数相对于闭环传递函数更容易获取，用频率法研究控制系统的稳定性和动态响应时，也是根据系统的开环频率特性进行的，而控制系统的开环频率特性通常是由典型环节的频率特性组成，通常可以写成式（5-16）所示的形式。

$$G(s)=\frac{K\prod_{i=1}^{m_1}(1+\tau_i s)\prod_{k=1}^{m_2}(\tau_k^2 s^2+2\zeta_k\tau_k s+1)}{s^v\prod_{j=1}^{n_1}(1+T_j s)\prod_{l=1}^{n_2}(T_l^2 s^2+2\zeta_l T_l s+1)} \tag{5-16}$$

可以看出，线性系统的开环传递函数是由比例环节、积分环节、惯性环节、一阶微分环节、振荡环节和二阶微分环节等典型环节串联而成。掌握典型环节的频率特性，对于掌握频率特性图的绘制方法和频域分析法非常重要。下面两节将从典型环节的频率特性出发，分别讨论系统 Nyquist 图的绘制方法和 Bode 图的绘制方法。

5.2 Nyquist 图的绘制

以 Nyquist 图为分析对象，分析系统的稳定性和相对稳定性是频域分析中的基本方法。在工程分析和设计中，对 Nyquist 图的精确度要求不高，只需要确定起点、终点以及与实轴、虚轴的交点等特殊点即不影响分析结果，因此 Nyquist 图的绘制方法较为简单，步骤如下：

1）将频率特性表示成幅频特性、相频特性、实频特性和虚频特性如下：

$$G(j\omega)=|G(j\omega)|e^{j\angle G(j\omega)}=U(\omega)+jV(\omega) \tag{5-17}$$

式中，$U(\omega)$ 和 $V(\omega)$ 分别为 $G(j\omega)$ 函数的实部和虚部，根据 $U(\omega)$ 和 $V(\omega)$ 的符号初步判断 Nyquist 图在复平面的哪些象限内。

2）计算 Nyquist 图的起点（$\omega=0$）和终点（$\omega\to+\infty$）的模、辐角、实部和虚部。

3）计算特殊点坐标，包括 Nyquist 图与实轴的交点、Nyquist 图与虚轴的交点和渐近线等。

4）用光滑的曲线将第 2）、3）步中的起点、特殊点和终点连接起来。

本节将以控制系统的典型环节为重点，讨论 Nyquist 图绘制方法。

5.2.1 比例环节

比例环节的传递函数为

$$G(s)=K \tag{5-18}$$

其频率特性为

$$G(j\omega)=K \tag{5-19}$$

1）幅频特性

$$A(\omega)=K \tag{5-20}$$

2）相频特性

$$\varphi(\omega)=0° \tag{5-21}$$

3）实频特性

$$U(\omega)=K \tag{5-22}$$

4）虚频特性

$$V(\omega)=0 \tag{5-23}$$

比例环节 Nyquist 图的起点、终点见表 5-1。

表 5-1　比例环节 Nyquist 图的起点、终点

ω	$A(\omega)$	$\varphi(\omega)$	$U(\omega)$	$V(\omega)$
0	K	0	K	0
$+\infty$	K	0	K	0

用光滑曲线将表 5-1 中的起点和终点连接起来，即得到比例环节的 Nyquist 图，如图 5-2 所示。可见，该比例环节的 Nyquist 图为复平面上的点（K，j_0）。

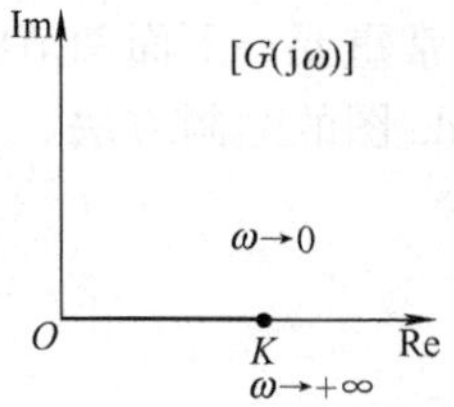

图 5-2 比例环节的 Nyquist 图

5.2.2 积分环节

积分环节的传递函数为

$$G(s)=\frac{1}{s} \tag{5-24}$$

其频率特性为

$$G(\mathrm{j}\omega)=\frac{1}{\mathrm{j}\omega} \tag{5-25}$$

1）幅频特性

$$A(\omega)=\frac{1}{\omega} \tag{5-26}$$

2）相频特性

$$\varphi(\omega)=-90^\circ \tag{5-27}$$

3）实频特性

$$U(\omega)=0 \tag{5-28}$$

4）虚频特性

$$V(\omega)=-\frac{1}{\omega} \tag{5-29}$$

比例环节 Nyquist 图的起点、终点见表 5-2。

表 5-2 比例环节 Nyquist 图的起点、终点

ω	$A(\omega)$	$\varphi(\omega)$	$U(\omega)$	$V(\omega)$
0	$+\infty$	-90°	0	$-\infty$
$+\infty$	0	-90°	0	0

用光滑曲线将表 5-2 中的起点和终点连接起来，即得到比例环节的 Nyquist 图，如图 5-3 所示。

5.2.3 惯性环节

积分环节的传递函数为

$$G(s)=\frac{1}{Ts+1} \tag{5-30}$$

其频率特性为

$$G(\mathrm{j}\omega)=\frac{1}{1+\mathrm{j}T\omega} \tag{5-31}$$

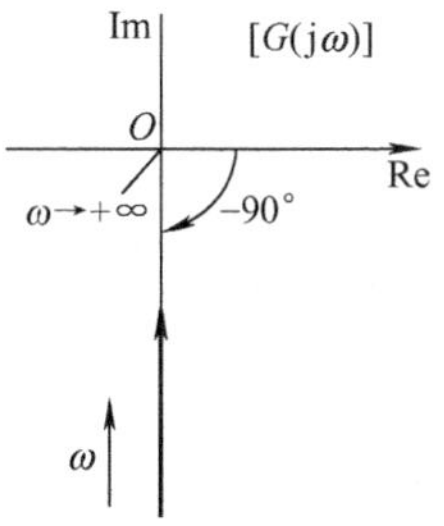

图 5-3　积分环节的 Nyquist 图

1）幅频特性

$$A(\omega)=\frac{1}{\sqrt{1+T^2\omega^2}} \tag{5-32}$$

2）相频特性

$$\varphi(\omega)=-\arctan T\omega \tag{5-33}$$

3）实频特性

$$U(\omega)=\frac{1}{1+T^2\omega^2} \tag{5-34}$$

4）虚频特性

$$V(\omega)=-\frac{T\omega}{1+T^2\omega^2} \tag{5-35}$$

从惯性环节的实频特性和虚频特性可以看出，惯性环节的 Nyquist 图位于复平面的第四象限，其起点、终点以及特殊点见表 5-3。

表 5-3　惯性环节 Nyquist 图的起点、终点、特殊点

ω	$A(\omega)$	$\varphi(\omega)$	$U(\omega)$	$V(\omega)$
0	1	0°	1	0
$+\infty$	0	-90°	0	0
$1/T$	$1/\sqrt{2}$	-45°	1/2	-1/2

用光滑曲线将表 5-3 中的起点、特殊点和终点连接起来，即得到惯性环节的 Nyquist 图，如图 5-4 所示。

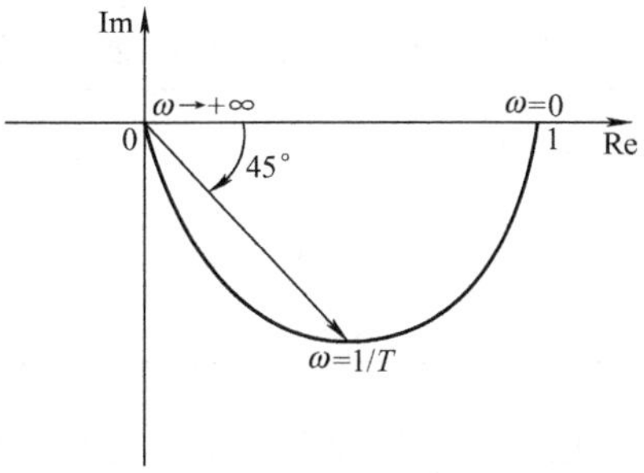

图 5-4　惯性环节的 Nyquist 图

5.2.4 振荡环节

振荡环节的传递函数为

$$G(s)=\frac{1}{T^2s^2+2\zeta Ts+1} \tag{5-36}$$

其频率特性为

$$G(\mathrm{j}\omega)=\frac{1}{(1-\omega^2T^2)+\mathrm{j}2\zeta\omega T}=\frac{(1-\omega^2T^2)-\mathrm{j}2\zeta\omega T}{(1-\omega^2T^2)^2+(2\zeta\omega T)^2} \tag{5-37}$$

1）幅频特性

$$A(\omega)=\frac{1}{\sqrt{(1-\omega^2T^2)^2+(2\zeta\omega T)^2}} \tag{5-38}$$

2）相频特性

$$\varphi(\omega)=\begin{cases}-\arctan\dfrac{2\zeta T\omega}{1-T^2\omega^2} & \omega\leqslant\dfrac{1}{T}\\[2ex] -\pi-\arctan\dfrac{2\zeta T\omega}{1-T^2\omega^2} & \omega>\dfrac{1}{T}\end{cases} \tag{5-39}$$

3）实频特性

$$U(\omega)=\frac{1-\omega^2T^2}{(1-\omega^2T^2)^2+4\zeta^2\omega^2T^2} \tag{5-40}$$

4）虚频特性

$$V(\omega)=-\frac{2\zeta\omega T}{(1-\omega^2T^2)^2+4\zeta^2\omega^2T^2} \tag{5-41}$$

振荡环节的实频特性的符号随 ω 的增大由正变为负，而虚频特性的符号始终为负。可以看出，振荡环节的 Nyquist 图随 ω 的增大由第四象限运动到第三象限，与虚轴的负半轴有交点。当 Nyquist 图与虚轴相交时，其实部为零，即

$$U(\omega)=\frac{1-\omega^2T^2}{(1-\omega^2T^2)^2+4\zeta^2\omega^2T^2}=0 \tag{5-42}$$

解得 $\omega=1/T$，代入虚部得

$$V(\omega)=\frac{-1}{2\zeta} \tag{5-43}$$

因此，振荡环节 Nyquist 图的起点、终点以及特殊点见表 5-4。

表 5-4 振荡环节 Nyquist 图的起点、终点、特殊点

ω	$A(\omega)$	$\varphi(\omega)$	$U(\omega)$	$V(\omega)$
0	1	0°	1	0
$+\infty$	0	−180°	0	0
$1/T$	$1/2\zeta$	−90°	0	$-1/2\zeta$

用光滑曲线将表 5-4 中的起点、特殊点和终点连接起来，即得到振荡环节的 Nyquist 图，如图 5-5 所示。

从式（5-38）可以看出，振荡环节幅频特性的分母中，其根号内的表达式是 $(\omega T)^2$ 的

抛物线函数。通常抛物线都具有极值点，因此振荡环节的幅频特性也可能具有极值点，令振荡环节幅频特性的一阶导数为零，即

$$\frac{\mathrm{d}A(\omega)}{\mathrm{d}\omega}=0 \tag{5-44}$$

得

$$\omega_{\mathrm{r}}=\frac{1}{T}\sqrt{1-2\zeta^2}=\omega_{\mathrm{n}}\sqrt{1-2\zeta^2} \tag{5-45}$$

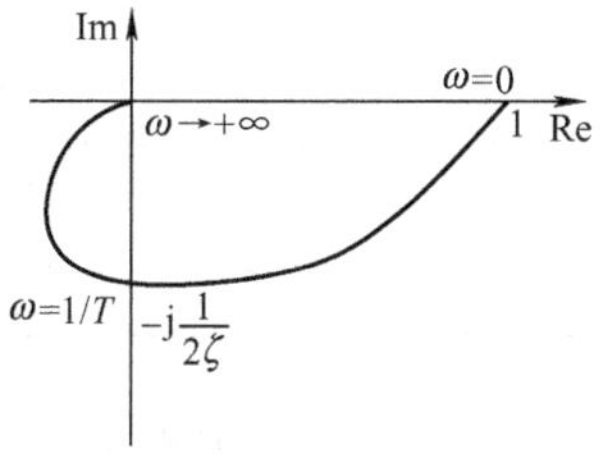

图 5-5　振荡环节的 Nyquist 图

ω_{r}称为振荡环节的谐振频率，可以看出当$0<\zeta<1/\sqrt{2}$时，谐振频率存在，此时振荡环节幅频特性为

$$M_{\mathrm{r}}=|G(\mathrm{j}\omega_{\mathrm{r}})|=\frac{1}{2\zeta\sqrt{1-\zeta^2}} \tag{5-46}$$

M_{r}称为振荡环节的谐振峰值。当$\zeta>1/\sqrt{2}$时，不会发生谐振现象，此时$A(\omega)$的最大值位于$\omega=0$处。图 5-6 为不同阻尼比条件下振荡环节的 Nyquist 图，随着ζ的减小，振荡环节的幅频特性开始出现谐振峰，并且从式（5-46）可以看出，ζ越小，谐振峰值越大。

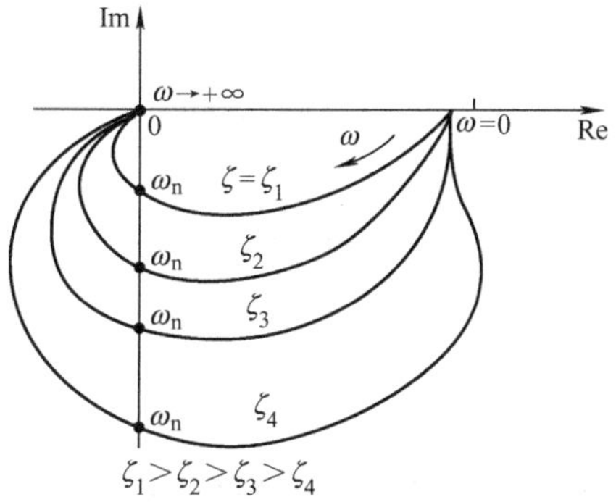

图 5-6　不同阻尼比条件下振荡环节的 Nyquist 图

5.2.5　微分环节

微分环节的传递函数为

$$G(s)=s \tag{5-47}$$

其频率特性为

$$G(\mathrm{j}\omega)=\mathrm{j}\omega \tag{5-48}$$

1）幅频特性

$$A(\omega)=\omega \tag{5-49}$$

2）相频特性

$$\varphi(\omega)=90^\circ \tag{5-50}$$

3）实频特性

$$U(\omega)=0 \tag{5-51}$$

4）虚频特性

$$V(\omega)=\omega \tag{5-52}$$

微分环节 Nyquist 图的起点、终点见表 5-5。

表 5-5　微分环节 Nyquist 图的起点、终点

ω	$A(\omega)$	$\varphi(\omega)$	$U(\omega)$	$V(\omega)$
0	0	90°	0	0
+∞	+∞	90°	0	+∞

用光滑曲线将表 5-5 中的起点和终点连接起来，即得到微分环节的 Nyquist 图，如图 5-7 所示。

5.2.6　一阶微分环节

一阶微分环节的传递函数为

$$G(s)=1+\tau s \tag{5-53}$$

其频率特性为

$$G(\mathrm{j}\omega)=1+\mathrm{j}\tau\omega \tag{5-54}$$

1）幅频特性

$$A(\omega)=\sqrt{1+\tau^2\omega^2} \tag{5-55}$$

2）相频特性

$$\varphi(\omega)=\arctan\tau\omega \tag{5-56}$$

3）实频特性

$$U(\omega)=1 \tag{5-57}$$

4）虚频特性

$$V(\omega)=\tau\omega \tag{5-58}$$

一阶微分环节 Nyquist 图的起点、终点、特殊点见表 5-6。

表 5-6　一阶微分环节 Nyquist 图的起点、终点、特殊点

ω	$A(\omega)$	$\varphi(\omega)$	$U(\omega)$	$V(\omega)$
0	1	0°	1	0
+∞	+∞	90°	1	+∞
$1/T$	$\sqrt{2}$	45°	1	1

用光滑曲线将表 5-6 中的起点、特殊点和终点连接起来，即得到比例环节的 Nyquist 图，如图 5-8 所示。

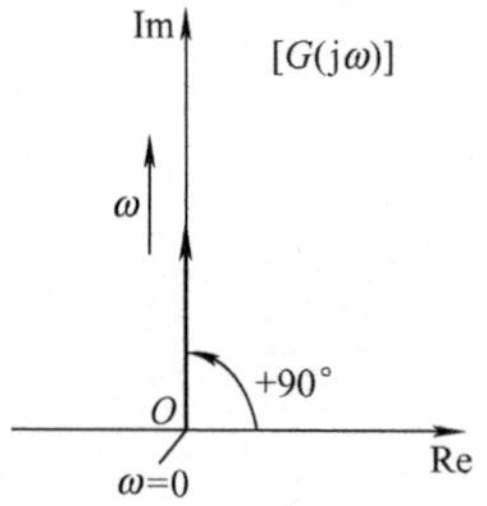

图 5-7　微分环节的 Nyquist 图

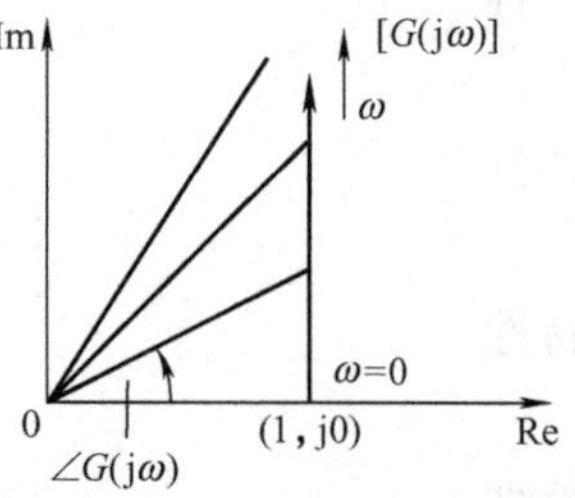

图 5-8　一阶微分环节的 Nyquist 图

5.2.7　二阶微分环节

二阶微分环节的传递函数为

$$G(s)=1+2\zeta\tau s+\tau^2s^2 \tag{5-59}$$

其频率特性为

$$G(\mathrm{j}\omega)=1-\tau^2\omega^2+\mathrm{j}2\zeta\tau\omega \tag{5-60}$$

1）幅频特性

$$A(\omega)=\sqrt{(1-\omega^2\tau^2)^2+(2\zeta\omega\tau)^2} \tag{5-61}$$

2）相频特性

$$\varphi(\omega)=\begin{cases}\arctan\dfrac{2\zeta\tau\omega}{1-\tau^2\omega^2} & \omega\leqslant\dfrac{1}{\tau}\\ \pi+\arctan\dfrac{2\zeta\tau\omega}{1-\tau^2\omega^2} & \omega>\dfrac{1}{\tau}\end{cases} \tag{5-62}$$

3）实频特性

$$U(\omega)=1-\omega^2\tau^2 \tag{5-63}$$

4）虚频特性

$$V(\omega)=2\zeta\omega\tau \tag{5-64}$$

二阶微分环节实频特性的符号随 ω 的增大由正变为负，虚频特性的符号始终为正，可以看出其 Nyquist 图随 ω 的增大由第一象限运动到第二象限，与虚轴的正半轴相交，令二阶微分环节的实部为零，即

$$U(\omega)=1-\omega^2\tau^2=0 \tag{5-65}$$

得 $\omega=1/\tau$，将其代入到虚频特性得

$$V(\omega)=2\zeta \tag{5-66}$$

因此，二阶微分环节 Nyquist 图的起点、终点和特殊点见表5-7。

表5-7　二阶微分环节 Nyquist 图的起点、终点、特殊点

ω	$A(\omega)$	$\varphi(\omega)$	$U(\omega)$	$V(\omega)$
0	1	0°	1	0
$+\infty$	$+\infty$	180°	$-\infty$	$+\infty$
$1/\tau$	2ζ	90°	0	2ζ

用光滑曲线将表5-7中的起点、特殊点和终点连接起来，即得到二阶微分环节的 Nyquist 图，如图5-9所示。

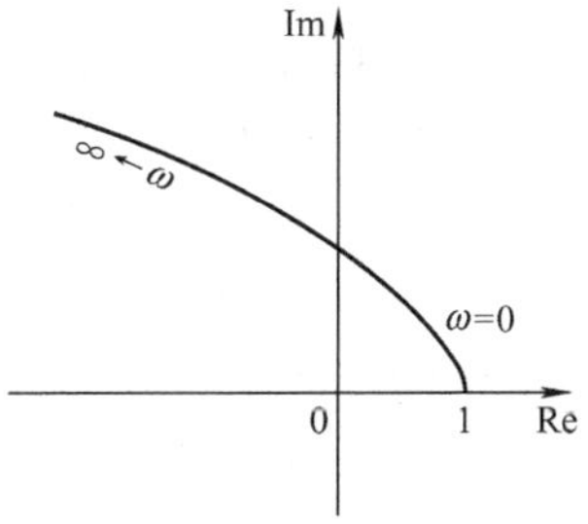

图5-9　二阶微分环节的 Nyquist 图

5.2.8　延迟环节

延迟环节的传递函数为

$$G(s)=\mathrm{e}^{-\tau s} \tag{5-67}$$

其频率特性为

$$G(\mathrm{j}\omega)=\mathrm{e}^{-\mathrm{j}\tau\omega}=\cos\tau\omega-\mathrm{j}\sin\tau\omega \tag{5-68}$$

1）幅频特性

$$A(\omega)=1 \tag{5-69}$$

2）相频特性

$$\varphi(\omega)=-\tau\omega \tag{5-70}$$

3）实频特性

$$U(\omega)=\cos\tau\omega \tag{5-71}$$

4）虚频特性

$$V(\omega)=-\sin\tau\omega \tag{5-72}$$

延迟环节幅频特性始终为 1，相频特性随 ω 的增大逐渐减小，因此其 Nyquist 图随 ω 的增大，沿着单位圆绕坐标原点顺时针旋转，如图 5-10 所示。

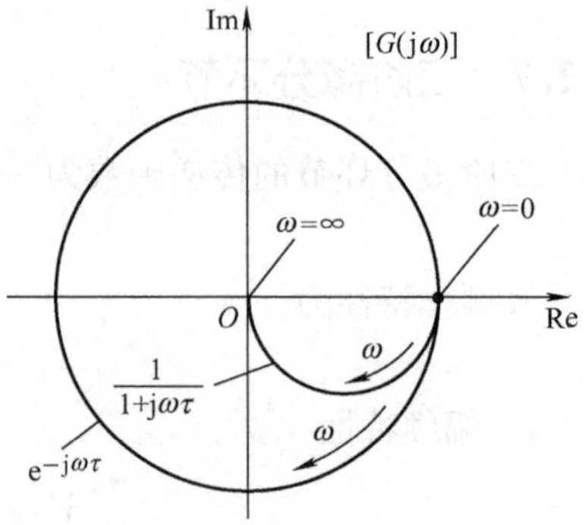

图 5-10 延迟微分环节的 Nyquist 图

5.2.9 系统 Nyquist 图绘制举例

例 5-1 系统开环传递函数为

$$G(s)=\frac{K}{s(Ts+1)}$$

试绘制其开环频率特性 Nyquist 图。

解 系统的频率特性为

$$G(\mathrm{j}\omega)=\frac{K}{\mathrm{j}\omega(1+\mathrm{j}T\omega)}=K\cdot\frac{1}{\mathrm{j}\omega}\cdot\frac{1}{1+\mathrm{j}T\omega}=\frac{-KT}{1+T^2\omega^2}-\mathrm{j}\frac{K}{\omega(1+T^2\omega^2)}$$

1）幅频特性

$$A(\omega)=\frac{K}{\omega\sqrt{1+(T\omega)^2}} \tag{5-73}$$

2）相频特性

$$\varphi(\omega)=\pi+\arctan\frac{T}{\omega}=-\frac{\pi}{2}-\arctan T\omega \tag{5-74}$$

3）实频特性

$$U(\omega)=\frac{-KT}{1+T^2\omega^2} \tag{5-75}$$

4）虚频特性

$$V(\omega)=-\frac{K}{\omega(1+T^2\omega^2)} \tag{5-76}$$

系统实频特性的符号始终为负，虚频特性的符号也始终为负，可以看出其 Nyquist 图始终在第三象限。此外，当 $\omega\to0$ 时，实频特性为 $-KT$，可以看出该系统的 Nyquist 图的起点实部趋于 $-KT$。因此，二阶微分环节的起点和终点见表 5-8。

表 5-8 二阶微分环节的起点、终点

ω	$A(\omega)$	$\varphi(\omega)$	$U(\omega)$	$V(\omega)$
0	∞	$-90°$	$-KT$	$-\infty$
$+\infty$	0	$-180°$	0	0

用光滑曲线将表 5-8 中的起点、终点连接起来，即得到系统的 Nyquist 图，如图 5-11 所示。

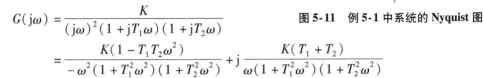

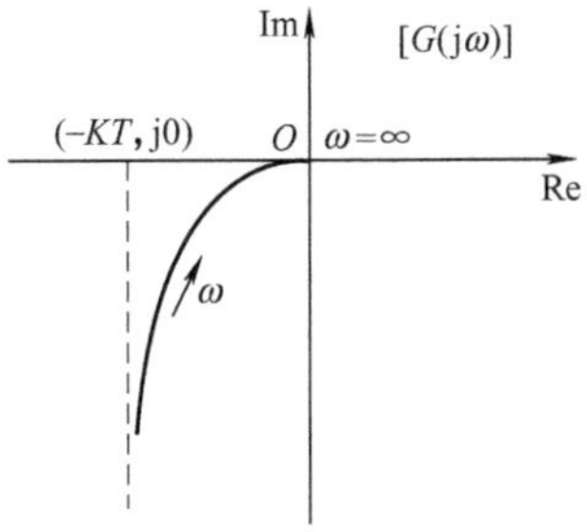

图 5-11 例 5-1 中系统的 Nyquist 图

例 5-2 系统开环传递函数为

$$G(s)=\frac{K}{s^2(1+T_1s)(1+T_2s)}$$

试绘制其开环频率特性 Nyquist 图。

解 系统的频率特性为

$$G(j\omega)=\frac{K}{(j\omega)^2(1+jT_1\omega)(1+jT_2\omega)}$$
$$=\frac{K(1-T_1T_2\omega^2)}{-\omega^2(1+T_1^2\omega^2)(1+T_2^2\omega^2)}+j\frac{K(T_1+T_2)}{\omega(1+T_1^2\omega^2)(1+T_2^2\omega^2)}$$

1）幅频特性

$$A(\omega)=\frac{K}{\omega^2\sqrt{1+T_1^2\omega^2}\sqrt{1+T_2^2\omega^2}} \tag{5-77}$$

2）相频特性

$$\varphi(\omega)=-\pi-\arctan(T_1\omega)-\arctan(T_2\omega) \tag{5-78}$$

3）实频特性

$$U(\omega)=\frac{-K(1-T_1T_2\omega^2)}{\omega^2(1+T_1^2\omega^2)(1+T_2^2\omega^2)} \tag{5-79}$$

4）虚频特性

$$V(\omega)=\frac{K(T_1+T_2)}{\omega(1+T_1^2\omega^2)(1+T_2^2\omega^2)} \tag{5-80}$$

随着 ω 的增大，系统实频特性的符号由负变为正，虚频特性的符号始终为正，可以看出其 Nyquist 图随 ω 的增大由第二象限运动到第一象限，与虚轴正半轴相交，令实频特性为零，即

$$U(\omega)=\frac{-K(1-T_1T_2\omega^2)}{\omega^2(1+T_1^2\omega^2)(1+T_2^2\omega^2)}=0 \tag{5-81}$$

得 $\omega_1=\dfrac{1}{\sqrt{T_1T_2}}$，代入虚频特性得 $V(\omega_1)=\dfrac{K(T_1T_2)^{3/2}}{T_1+T_2}$。

因此，例 5-2 中系统的起点、特殊点和终点见表 5-9。

表 5-9 例 5-2 中系统的起点、特殊点和终点

ω	$A(\omega)$	$\varphi(\omega)$	$U(\omega)$	$V(\omega)$
0	∞	-180°	$-\infty$	∞
$+\infty$	0	0°	0	0
$\omega_1=\dfrac{1}{\sqrt{T_1T_2}}$	$\dfrac{K(T_1T_2)^{3/2}}{T_1+T_2}$	-270°	0	$\dfrac{K(T_1T_2)^{3/2}}{T_1+T_2}$

用光滑曲线将表 5-9 中的起点、终点连接起来，即得到系统的 Nyquist 图，如图 5-12 所示。

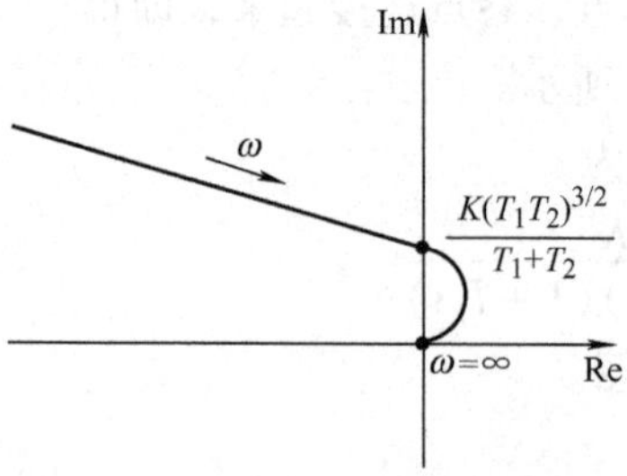

图 5-12　例 5-2 中系统的 Nyquist 图

5.3 Bode 图的绘制

在频域分析法中，Bode 图被广泛应用于系统性能的分析。在工程分析和设计中，通常只需要绘制出近似的 Bode 图即可用于系统性能分析。本节首先讨论典型环节的 Bode 图绘制方法，然后将其扩展到一般系统的 Bode 图绘制。

5.3.1 比例环节

比例环节的传递函数为

$$G(s)=K \tag{5-82}$$

其频率特性为

$$G(j\omega)=K \tag{5-83}$$

对数幅频特性为

$$20\lg|G(j\omega)|=20\lg K \tag{5-84}$$

相频特性为

$$\varphi(\omega)=0° \tag{5-85}$$

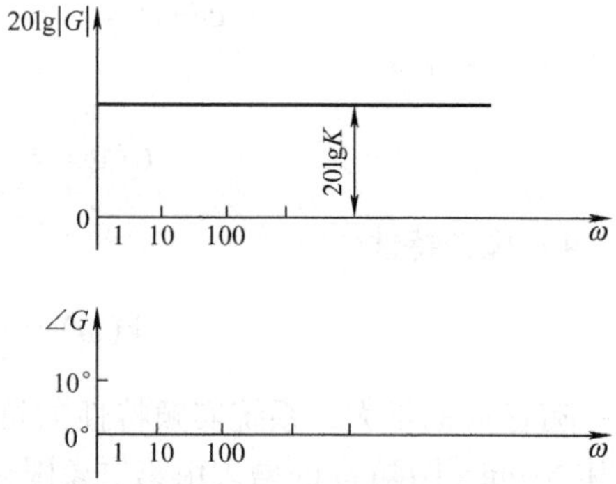

图 5-13　比例环节的 Bode 图

根据 Bode 图的定义，比例环节的幅频特性图和相频特性图如图 5-13 所示。

可以看出，比例环节的幅频特性图为一条斜率为 0、截距为 20lg$K$ 的直线，而其相频特性图则是位于横轴上的直线。

5.3.2 积分环节

积分环节的传递函数为

$$G(s)=\frac{1}{s} \tag{5-86}$$

其频率特性为

$$G(j\omega)=\frac{1}{j\omega} \tag{5-87}$$

对数幅频特性为

$$20\lg|G(j\omega)|=20\lg\frac{1}{\omega}=-20\lg\omega \tag{5-88}$$

相频特性为

$$\varphi(\omega) = -90° \tag{5-89}$$

由于 Bode 图横坐标采用对数分度，即 $\lg\omega$，由式（5-88）可以看出，积分环节的对数幅频特性图是斜率为 -20 的直线，且 $\omega=1$ 时，$20\lg|G(\mathrm{j}\omega)|=0\mathrm{dB}$。因此积分环节的对数幅频特性图为过点（1，0），斜率为 -20 的直线。另当 $\omega=10$ 时，$20\lg|G(\mathrm{j}\omega)|=-20\mathrm{dB}$，可以看出该直线的斜率在对数幅频特性图的意义为每 10 倍频下降 20dB，用 $-20\mathrm{dB/dec}$ 表示。而其相频特性图则为斜率为 0，截距为 $-90°$的直线。积分环节的 Bode 图如图 5-14 所示。

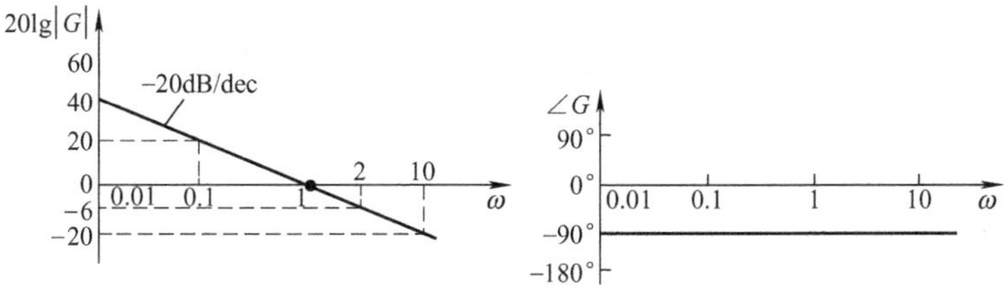

图 5-14　积分环节的 Bode 图

5.3.3　微分环节

微分环节的传递函数为

$$G(s) = s \tag{5-90}$$

其频率特性为

$$G(\mathrm{j}\omega) = \mathrm{j}\omega \tag{5-91}$$

对数幅频特性为

$$20\lg|G(\mathrm{j}\omega)| = 20\lg\omega \tag{5-92}$$

相频特性为

$$\varphi(\omega) = 90° \tag{5-93}$$

参考积分环节的 Bode 图绘制，可以得出微分环节的 Bode 图如图 5-15 所示。

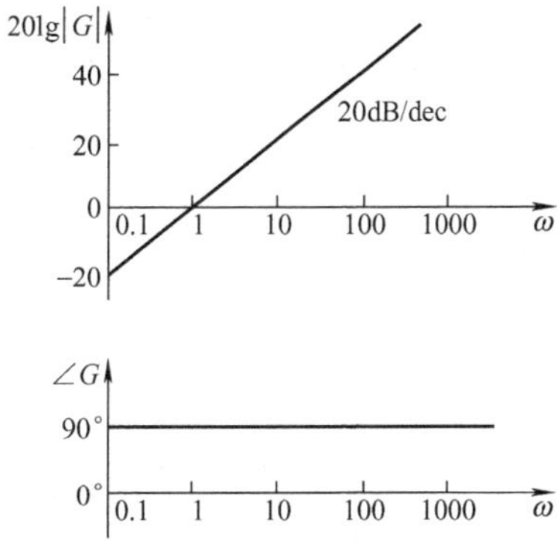

图 5-15　微分环节的 Bode 图

5.3.4　惯性环节

惯性环节的传递函数为

$$G(s) = \frac{1}{Ts+1} \tag{5-94}$$

其频率特性为

$$G(\mathrm{j}\omega) = \frac{1}{1+\mathrm{j}T\omega} = \frac{1/T}{1/T+\mathrm{j}\omega} = \frac{\omega_{\mathrm{T}}}{\omega_{\mathrm{T}}+\mathrm{j}\omega} \tag{5-95}$$

式中，$\omega_{\mathrm{T}}=1/T$。其对数幅频特性为

$$20\lg|G(\mathrm{j}\omega)| = 20\lg\frac{\omega_{\mathrm{T}}}{\sqrt{\omega_{\mathrm{T}}^2+\omega^2}} = 20\lg\omega_{\mathrm{T}} - 20\lg\sqrt{\omega_{\mathrm{T}}^2+\omega^2} \tag{5-96}$$

相频特性为

$$\varphi(\omega) = -\arctan\frac{\omega}{\omega_T} \tag{5-97}$$

在工程分析和设计中，通常绘制对数幅频特性和对数相频特性的的近似曲线即可满足要求。因此式（5-96）可分为以下三种情况进行讨论：

1）当 $\omega \ll \omega_T$时，$20\lg|G(j\omega)| \approx 0\text{dB}$，该式的图形如图5-16中第（1）段所示。

2）当 $\omega \gg \omega_T$时，$20\lg|G(j\omega)| \approx 20\lg\omega_T - 20\lg\omega$，可以看出该式的图形是斜率为$-20\text{dB/dec}$的直线，且当 $\omega=\omega_T$时，$20\lg|G(j\omega)| \approx 0\text{dB}$，如图5-16中第（2）段所示。图5-16中的第（1）和第（2）段称为惯性环节的对数幅频特性渐近线，在精度要求不高的工程分析和设计中，经常使用对数幅频特性的渐近线代替实际的对数幅频特性曲线。

3）当 $\omega=\omega_T$时，$20\lg|G(j\omega)| = -20\lg\sqrt{2} \approx -3\text{dB}$，为惯性环节在 $\omega=\omega_T$处的实际幅值。从$0.1\omega_T$出发，以第（1）段渐近线幅值（0dB）为起点，经点（ω_T，-3dB），到$10\omega_T$处，以第（2）段渐近线为终点，做渐近线的修正曲线如图5-16中第（3）段所示。

实际上，Bode图第（1）段渐近线和实际曲线的误差可表示为

$$e(\omega) = 20\lg\omega_T - 20\lg\sqrt{\omega_T^2+\omega^2} - 0 \tag{5-98}$$

而Bode图第（2）段渐近线与实际曲线的误差为

$$e(\omega) = 20\lg\omega_T - 20\lg\sqrt{\omega_T^2+\omega^2} - (20\lg\omega_T - 20\lg\omega) = 20\lg\omega - 20\lg\sqrt{\omega_T^2+\omega^2} \tag{5-99}$$

将式（5-98）和式（5-99）绘制在对数坐标上，如图5-17所示，可以看出在 $\omega=0.1\omega_T$及 $\omega=10\omega_T$ 处精确特性与渐近特性之间的误差都是 -0.04dB；而在 $\omega=\omega_T$ 处误差最大，为 -3dB。

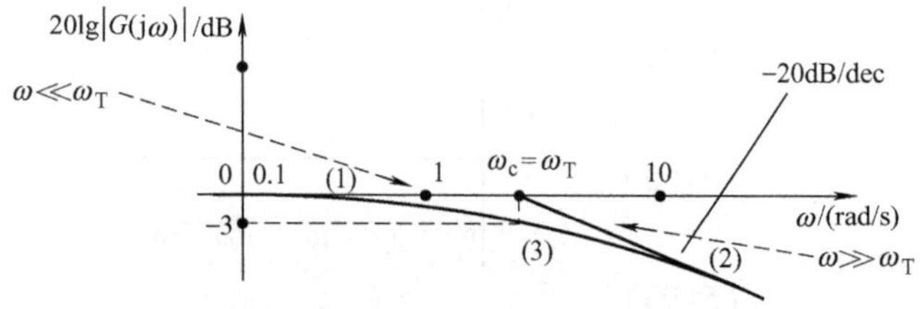

图5-16　惯性环节的Bode图幅频特性曲线

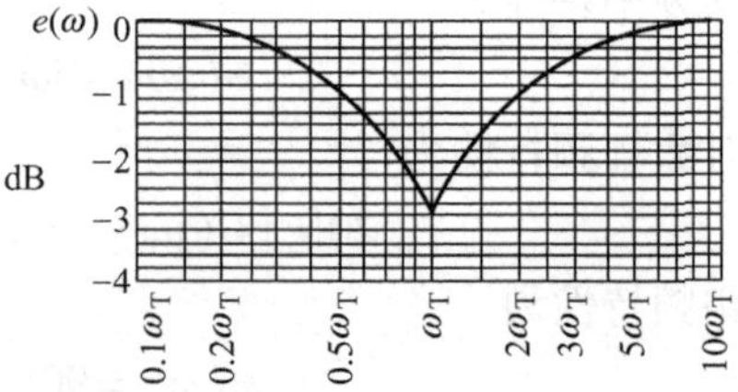

图5-17　惯性环节的Bode图误差曲线

我们再来看惯性环节的相频特性，式（5-97）可以分为三种情况讨论：

1）当 $\omega\to 0$ 时，$\angle G(j\omega)\to 0°$。

2）当 $\omega\to\infty$ 时，$\angle G(j\omega)\to -90°$。

3）当 $\omega=1/T$ 时，$\angle G(j\omega) = -45°$。

实际上当 $\omega=0.1\omega_T$ 时，$\angle G(j\omega)=5.7°$，而当 $\omega=10\omega_T$ 时，$\angle G(j\omega)=84.3°$，将这些点用光滑曲线连接起来即得惯性环节相频特性曲线，如图5-18所示，需要注意的是，反正切曲线在 $\omega=\omega_T$ 处的斜率最大这一特性应该在相频特性图中反映出来。

5.3.5　一阶微分环节

一阶环节的传递函数为

$$G(s) = 1 + Ts \tag{5-100}$$

其频率特性为

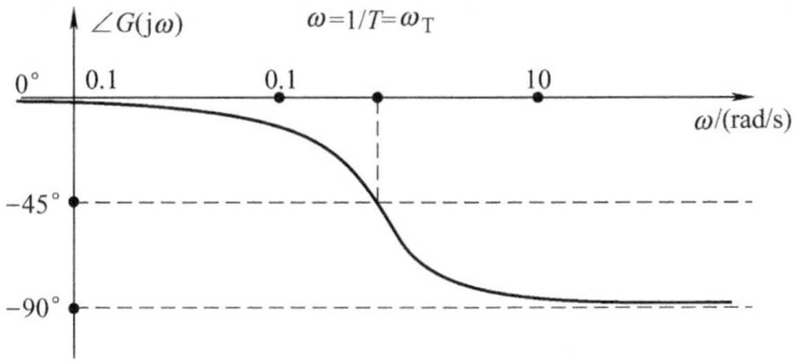

图 5-18 惯性环节 Bode 图相频特性曲线

$$G(j\omega)=1+jT\omega=\frac{\omega_T+j\omega}{\omega_T} \tag{5-101}$$

式中，$\omega_T=1/T$。其对数幅频特性为

$$20\lg|G(j\omega)|=20\lg\frac{\sqrt{\omega_T^2+\omega^2}}{\omega_T}=20\lg\sqrt{\omega_T^2+\omega^2}-20\lg\omega_T \tag{5-102}$$

相频特性为

$$\varphi(\omega)=\arctan\frac{\omega}{\omega_T} \tag{5-103}$$

参考惯性环节的幅频特性绘制方法，式（5-102）可分为以下三种情况进行讨论：

1）当 $\omega\ll\omega_T$时，$20\lg|G(j\omega)|\approx 0\text{dB}$，该式的图形如图5-19a中第（1）段所示。

2）当 $\omega\gg\omega_T$时，$20\lg|G(j\omega)|\approx 20\lg\omega-20\lg\omega_T$，可以看出该式的图形是斜率为20dB/dec的直线，且当 $\omega=\omega_T$时，$20\lg|G(j\omega)|\approx 0\text{dB}$，图形如图5-19a中第（2）段所示。

3）当 $\omega=\omega_T$时，$20\lg|G(j\omega)|=20\lg\sqrt{2}\approx 3\text{dB}$，为惯性环节在 $\omega=\omega_T$处的实际幅值为3dB。从 $0.1\omega_T$出发，以第（1）段渐近线幅值（0dB）为起点，经点（ω_T，3dB），到 $10\omega_T$处，以第（2）段渐近线为终点，做渐近线的修正曲线如图5-19a中第（3）段所示。

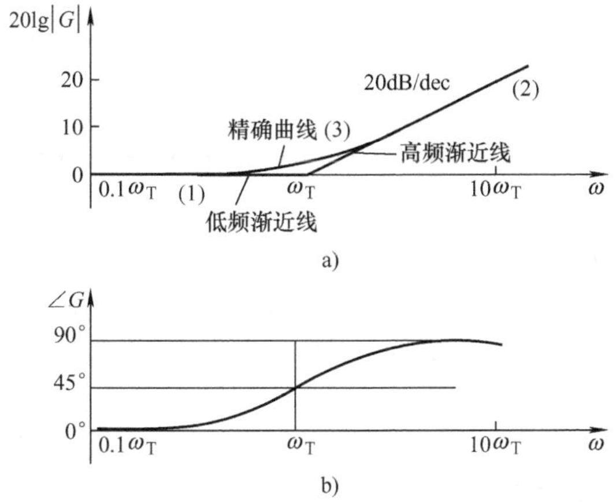

图 5-19 一阶微分环节的 Bode 图

与惯性环节类似，在 $\omega=0.1\omega_T$ 及 $\omega=10\omega_T$ 处精确特性与渐近特性之间的误差都是0.04dB；而在 $\omega=\omega_T$ 处误差最大，为3dB。

而参考惯性环节的相频特性，一阶微分环节的相频特性如图 5-19b 所示。

5.3.6 振荡环节

振荡环节的传递函数为

$$G(s)=\frac{1}{T^2s^2+2\zeta Ts+1}\quad(0\leqslant\zeta<1) \tag{5-104}$$

其频率特性为

$$G(\mathrm{j}\omega)=\frac{(1-\omega^2T^2)-\mathrm{j}2\zeta\omega T}{(1-\omega^2T^2)^2+(2\zeta\omega T)^2} \tag{5-105}$$

其对数幅频特性为

$$20\lg|G(\mathrm{j}\omega)|=-20\lg\sqrt{(1-\omega^2T^2)^2+(2\zeta\omega T)^2} \tag{5-106}$$

式（5-106）可分为以下三种情况进行讨论：

1）当 $\omega\ll 1/T$ 时，$20\lg|G(\mathrm{j}\omega)|\approx 0\mathrm{dB}$，该式的图形如图 5-20 中第（1）段所示。

2）当 $\omega\gg\omega_T$ 时，$20\lg|G(\mathrm{j}\omega)|\approx -40\lg\omega-40\lg T$，可以看出该式的图形是斜率为 $-40\mathrm{dB/dec}$ 的直线，且当 $\omega=\omega_T$ 时，$20\lg|G(\mathrm{j}\omega)|\approx 0\mathrm{dB}$，如图 5-20 中第（2）段所示。图 5-20中的第（1）和第（2）段称为振荡环节的对数幅频特性渐近线。

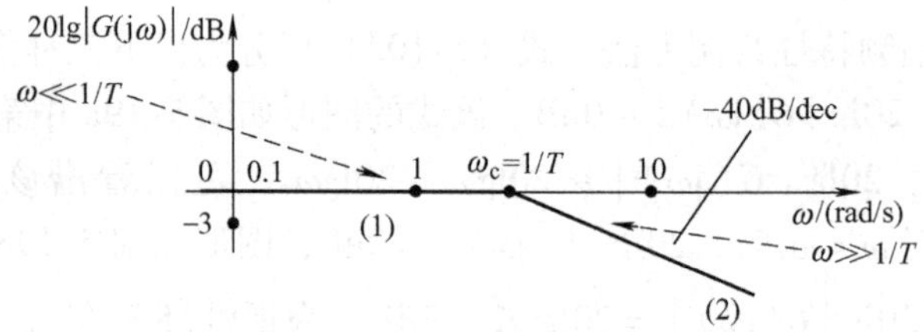

图 5-20 振荡环节的 Bode 图幅频特性渐进

3）实际上，Bode 图第（1）段渐近线和实际曲线的误差可表示为

$$e(\omega)=-20\lg\sqrt{(1-\omega^2T^2)^2+(2\zeta\omega T)^2}-0 \tag{5-107}$$

Bode 图第（2）段渐近线与实际曲线的误差为

$$e(\omega)=-20\sqrt{(1-\omega^2T^2)^2+(2\zeta\omega T)^2}-(-40\lg T\omega) \tag{5-108}$$

当 $\omega=1/T$ 时，误差为

$$-20\lg\sqrt{(1-\omega^2T^2)^2+(2\zeta\omega T)^2}\Big|_{\omega=1/T}=-20\lg 2\zeta \tag{5-109}$$

绘制振荡环节的误差曲线如图 5-21 所示，可以看出，随着 ζ 的减小，振荡的环节误差由负变正。而当 $\zeta=0.5$ 时，振荡环节的最大误差出现在 $\omega=1/T$ 以外，这是由振荡环节的谐振特性带来的。

在振荡环节的 Nyquist 图绘制中，我们已经讨论过振荡环节的谐振特性，当 $0<\zeta<1/\sqrt{2}$ 时，产生谐振，此时的谐振频率为

$$\omega_r=\frac{1}{T}\sqrt{1-2\zeta^2}<\frac{1}{T} \tag{5-110}$$

而谐振频率处的误差，即谐振峰为

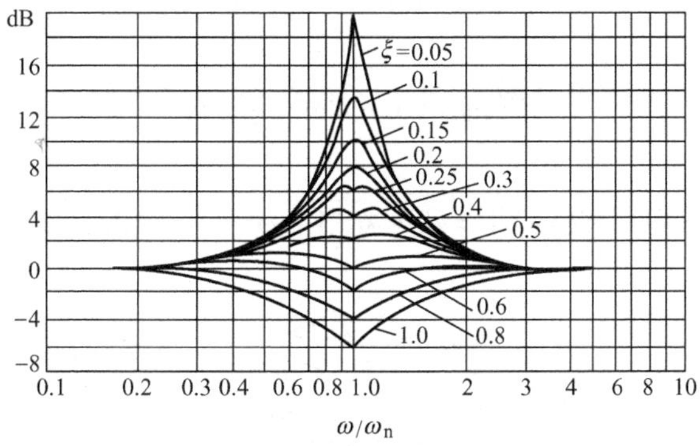

图 5-21　振荡环节的 Bode 图误差曲线

$$M_r = e(\omega_r) = 20\lg \frac{1}{2\zeta\sqrt{1-\zeta^2}} = -20\lg 2\zeta\sqrt{1-\zeta^2} \tag{5-111}$$

当振荡环节产生谐振时，其对数幅频特性修正曲线如图 5-22 所示。

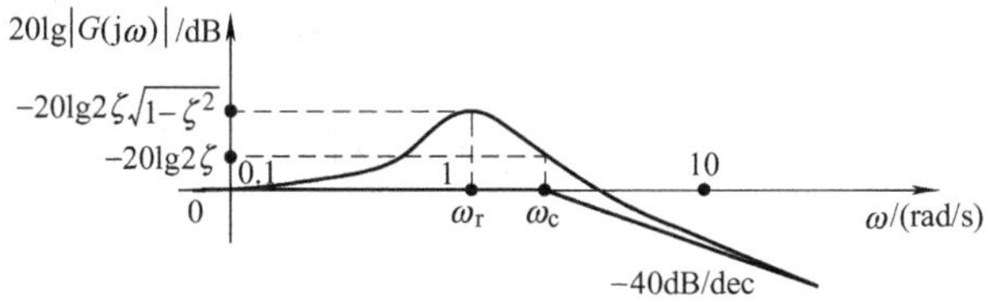

图 5-22　振荡环节 Bode 图幅频特性修正曲线

振荡环节的相频特性为

$$\angle G(j\omega) = \begin{cases} -\arctan \dfrac{2\zeta T\omega}{1-T^2\omega^2} & \omega \leqslant 1/T \\ -\pi - \arctan \dfrac{2\zeta T\omega}{1-T^2\omega^2} & \omega > 1/T \end{cases} \tag{5-112}$$

1）当 $\omega \to 0$ 时，$\angle G(j\omega) \to 0°$。

2）当 $\omega \to \infty$ 时，$\angle G(j\omega) \to -180°$。

3）当 $\omega = 1/T$ 时，$\angle G(j\omega) = -90°$。

其相频特性曲线可近似绘制如图 5-23 所示。

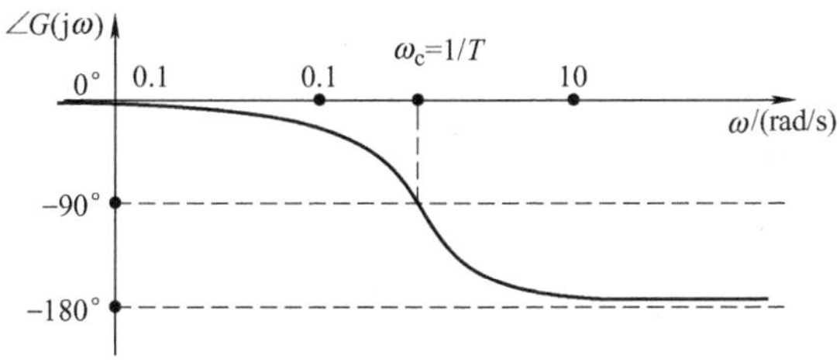

图 5-23　振荡环节 Bode 图相频特性曲线

5.3.7　二阶微分环节

二阶微分环节的传递函数为

$$G(s)=\tau^2s^2+2\zeta\tau s+1 \tag{5-113}$$

其频率特性为

$$G(j\omega)=1-\tau^2\omega^2+j2\zeta\tau\omega \tag{5-114}$$

其对数幅频特性为

$$20\lg|G(j\omega)|=20\lg\sqrt{(1-\omega^2\tau^2)^2+(2\zeta\omega\tau)^2} \tag{5-115}$$

而其相频特性为

$$\angle G(j\omega)=\begin{cases}\arctan\dfrac{2\zeta\tau\omega}{1-\tau^2\omega^2} & \omega\leqslant 1/\tau\\ \pi-\arctan\dfrac{2\zeta\tau\omega}{1-\tau^2\omega^2} & \omega>1/\tau\end{cases} \tag{5-116}$$

参考振荡环节 Bode 图的绘制方法，二阶微分环节 Bode 图的渐进曲线，以及 Bode 图实际曲线和相频特性曲线在不同ζ取值条件下的图形，如图 5-24 所示。

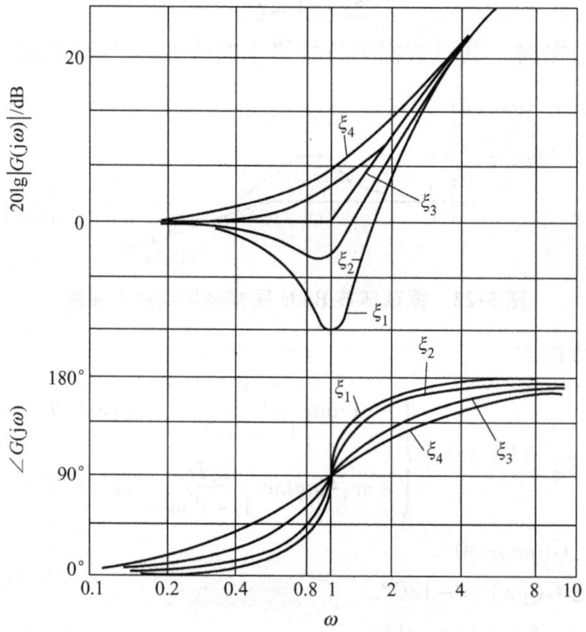

图 5-24 二阶微分环节的 Bode 图幅频特性曲线

5.3.8 延时环节

延时环节的传递函数为

$$G(s)=e^{-\tau s} \tag{5-117}$$

其频率特性为

$$G(j\omega)=e^{-j\tau\omega} \tag{5-118}$$

其对数幅频特性为

$$20\lg|G(j\omega)|=20\lg e^0=0\text{dB} \tag{5-119}$$

延时环节的 Bode 图幅频特性可以很方便地绘制，如图 5-25 所示。

延时环节的相频特性为

$$\angle G(\mathrm{j}\omega) = -\tau\omega \tag{5-120}$$

如图 5-26 所示，由于相频特性横坐标为对数坐标，因此延时环节的相频特性是一条曲线。

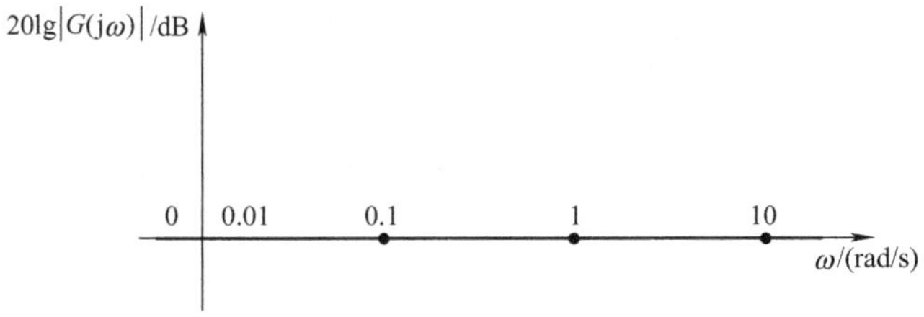

图 5-25　延时的 Bode 图幅频特性曲线

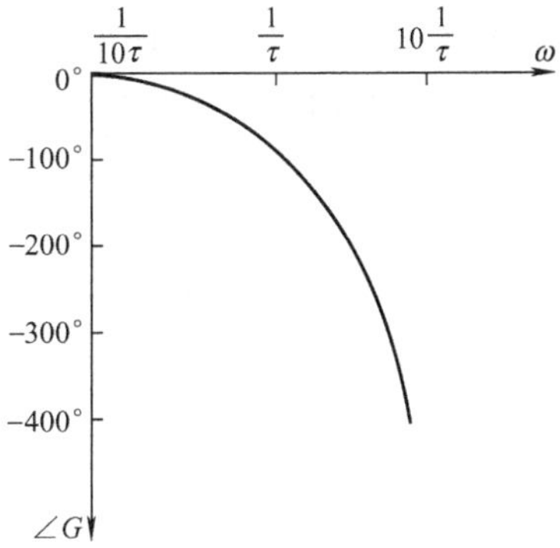

图 5-26　延时的 Bode 图幅相特性曲线

5.3.9　系统 Bode 图的绘制方法

控制系统的开环传递函数一般可以表示为

$$G(s) = \frac{K\prod_{i=1}^{m_1}(1+\tau_i s)\prod_{k=1}^{m_2}(\tau_k^2 s^2 + 2\zeta_k\tau_k s + 1)}{s^v\prod_{j=1}^{n_1}(1+T_j s)\prod_{l=1}^{n_2}(T_l^2 s^2 + 2\zeta_l T_l s + 1)} \tag{5-121}$$

可以看出控制系统的开环传递函数是各典型环节串联而成，可以写成

$$G(s) = G_1(s)G_2(s)\cdots G_n(s) \tag{5-122}$$

则其开环幅频特性可以表示成

$$20\lg|G(\mathrm{j}\omega)| = 20\lg|G_1(\mathrm{j}\omega)| + 20\lg|G_2(\mathrm{j}\omega)| + \cdots + 20\lg|G_n(\mathrm{j}\omega)| \tag{5-123}$$

而其相频特性则可以表示成

$$\angle G(\mathrm{j}\omega) = \angle G_1(\mathrm{j}\omega) + \angle G_2(\mathrm{j}\omega) + \cdots + \angle G_n(\mathrm{j}\omega) \tag{5-124}$$

从式（5-123）可以看出控制系统的 Bode 图幅频特性曲线，可以由各串联环节 Bode 图幅频特性曲线相加得到，而从式（5-124）可以看出控制系统的 Bode 图相频特性曲线，也可以由各串联环节 Bode 图相频特性曲线相加得到。在已知各典型环节 Bode 图幅频特性和相频特性曲线的前提下，可以较方便地得出一般系统的 Bode 图。

例 5-3　已知控制系统的开环传递函数为

$$G(s) = \frac{K}{1+Ts}$$

试绘制该系统的 Bode 图。

解　该系统的对数幅频特性为

$$20\lg|G(\mathrm{j}\omega)| = 20\lg\frac{K}{\sqrt{1+(T\omega)^2}} = 20\lg K + 20\lg\frac{1}{\sqrt{1+(T\omega)^2}} \tag{5-125}$$

其相频特性为

$$\angle G(\mathrm{j}\omega)=\angle K+\angle\left(\frac{1}{1+\mathrm{j}T\omega}\right) \tag{5-126}$$

由该系统的传递函数可以看出，其开环传递函数是由一个比例环节和一个惯性环节串联而成。因此，其 Bode 图幅频特性和相频特性曲线可由上述两个环节的 Bode 图相加得到。

图 5-27a、b 分别为比例环节和惯性环节的 Bode 图，可以看出该系统的对数幅频特性曲线可以由典型惯性平移 20lg$K$ 得到，而其相频特性曲线则与惯性环节相同，如图 5-28 所示。

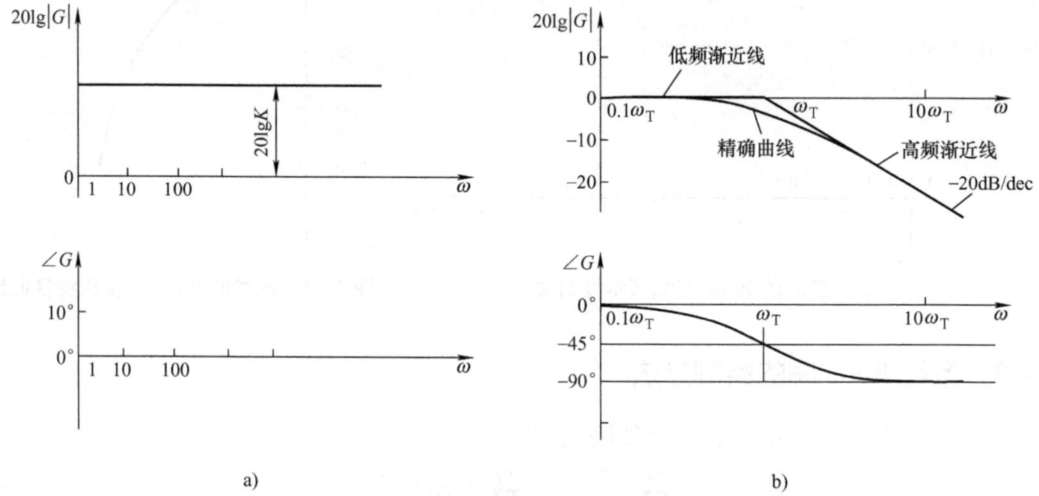

图 5-27　比例环节和惯性环节的 Bode 图

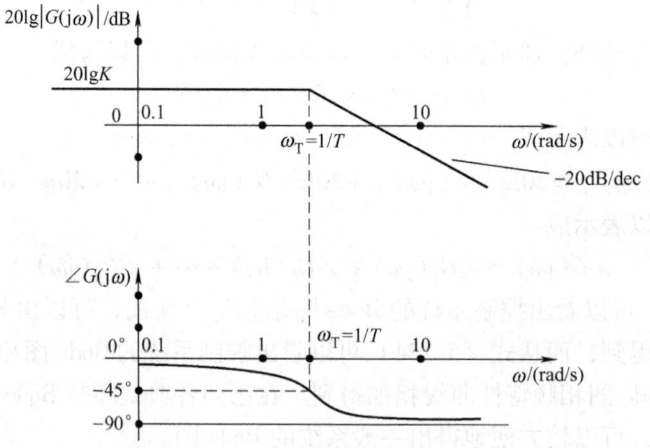

图 5-28　例 5-3 中系统的 Bode 图

由典型环节的 Bode 图幅频特性曲线可以看出，除比例环节、积分环节和微分环节外，其余典型环节在小于转折频率的频段内的幅频特性都为 0dB，在转折频率（如惯性环节的 ω_T）后发生斜率变化。而除比例环节、积分环节和微分环节外，其余典型环节的相频特性在低频段为 0°，在 0.1 倍转折频率处开始发生明显变化，在转折频率处变化率最大，而在 10 倍转折频率处变化率趋于平缓。考虑各典型环节幅频特性和相频特性的特点，以及系统 Bode 图幅频特性和相频特性是由典型环节的幅频特性和相频特性相加得到，因此系统

Bode 图的绘制可采用如下步骤：

1）把小于所有典型环节转折频率中最低频率点的频段，称为系统的低频段。在此频段内绘制对数幅频特性曲线，仅需考虑式（5-121）中的 K/s^v 部分。因此，系统低频段幅频特性可以方便地由积分环节（v 小于零时为微分环节）向上平移 $20\lg K$ 得到，即过点 $(1,\ 20\lg K)$，斜率为 $-(20v)$ dB/dec 的直线。

2）把所有转折频率中最低频率点到最高频率点的频段，称为系统的中频段。系统低频段直线由低频段向中频段延伸，到达第一个转折频率点，即最低转折频率点时，该转折频率点所对应的典型环节 Bode 图幅频特性曲线发生转折，转折的斜率由该典型环节的类型决定。同时该转折也叠加在系统的 Bode 图对数幅频特性曲线上，因此系统 Bode 图对数幅频特性曲线在该点发生同样的转折。如图 5-28 所示的例 5-3 系统 Bode 图中，低频段曲线延伸到 ω_T 时发生转折，转折斜率由该点对应的惯性环节决定，为 -20dB/dec。随频率继续增大，到达下一个转折频率时，则根据该转折频率对应的典型环节的类型，改变对数幅频特性图渐近线的斜率即可，直到最高转折频率点。

3）把大于最高转折频率点的频段，称为系统的高频段。在高频段内，系统的对数幅频特性渐近线不再发生改变，其斜率由低频段和中频段共同决定，即由式（5-121）中系统开环传递函数分子与分母多项式的阶次之差决定，为 $-20(n-m)$ dB/dec，其中 n 为分母多项式阶次，m 为分子多项式阶次。

4）根据各转折频率对应的典型环节类型对渐近线进行修正，系统 Bode 图的对数幅频特性曲线绘制完成。

5）低频段中，在小于 0.1 倍最低转折频率的频段内，系统相频特性曲线由 K/s^v 部分决定，即趋近于 $-90v°$。接近最低转折频率时，系统相频特性曲线主要由第一个转折频率点所对应的典型环节的相频特性决定。

6）中频段系统相频特性曲线由各典型环节相频特性曲线叠加而成。

7）高频段中，在大于 10 倍最高转折频率的频段内，系统相频特性曲线由式（5-121）中系统开环传递函数分子与分母多项式的阶次之差决定，为趋近于 $-90(n-m)°$，系统 Bode 图的相频特性曲线绘制完成。

例 5-4　已知系统开环传递函数为

$$G(s)=\frac{24(0.25s+0.5)}{(5s+2)(0.05s+2)}$$

试绘制该系统 Bode 图的对数幅频特性渐近线和相频特性曲线。

解　首先将系统传递函数表达式按照式（5-121）的形式重写为

$$G(s)=\frac{3(0.5s+1)}{(2.5s+1)(0.025s+1)}$$

计算系统的转折频率如下：

1）$\omega_{T_1}=0.4$ 对应惯性环节 $\dfrac{1}{2.5s+1}$。

2）$\omega_{\tau_1}=2$ 对应一阶微分环节 $0.5s+1$。

3）$\omega_{T_2}=40$ 对应惯性环节 $\dfrac{1}{0.025s+1}$。

系统 Bode 图对数幅频特性渐近线的绘制过程如下：

1）系统低频段由比例环节3决定，即为过点（1，20lg3），斜率为0dB/dec的直线，如图5-29的低频段所示。

2）系统中频段由各转折频率决定，如图5-29所示，当频率增大到$\omega_{T_1}=0.4$时，对数幅频特性曲线斜率变化量为－20dB/dec，变为－20dB/dec。当频率增大到$\omega_{\tau_1}=2$时，斜率变化量为20dB/dec，变为0dB/dec。当频率增大到$\omega_{T_2}=40$时，斜率变化量为－20dB/dec，变为－20dB/dec。

3）系统高频段斜率为－20dB/dec，与开环传递函数分子分母阶次之差为－1相符。

图5-29用虚线绘制出了各典型环节的对数幅频特性渐近线，而实线则为系统对数幅频特性渐近线。根据各典型环节的类型，可以对渐近线进行修正，以得到对数幅频特性曲线。

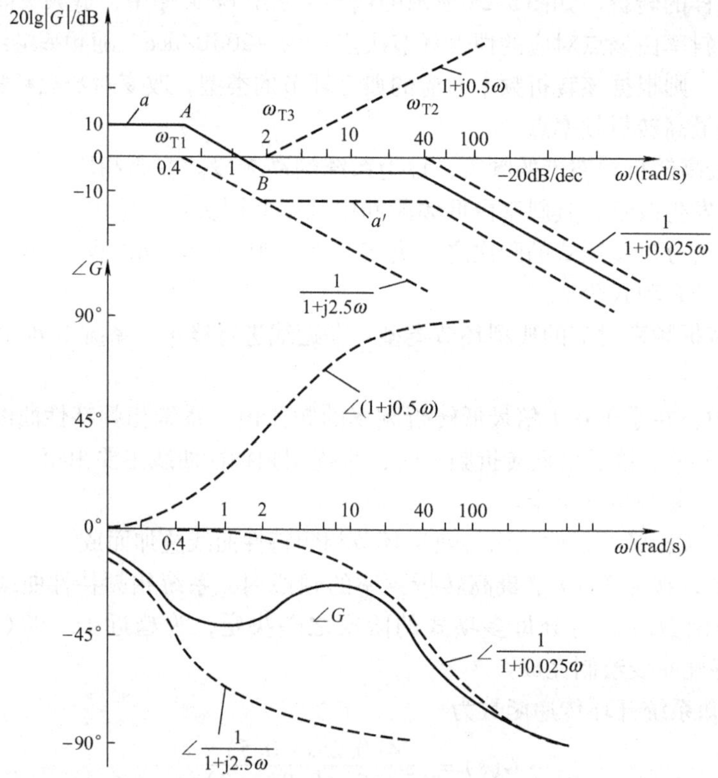

图5-29 例5-4中系统的Bode图

如图5-29所示，系统相频特性曲线的绘制过程如下：

1）小于0.1倍$\omega_{T_1}=0.4$的频段内，系统相频特性趋近于－0°，随频率增大，接近$\omega_{T_1}=0.4$的过程中，相频特性主要受惯性环节$\dfrac{1}{2.5s+1}$的影响而下降。

2）中频段内，系统相频特性由各环节相频特性叠加而成。

3）大于10倍$\omega_{T_2}=40$的频段内，系统相频特性趋近于－90°。

图5-29用虚线绘制出了各典型环节的相频特性图，而实线则为系统相频特性曲线，是由各环节相频特性叠加而成。

在绘制系统Bode图的幅频特性曲线过程中，往往需要计算幅频特性曲线穿越横坐标轴，即0dB线的频率点，用于工程设计和分析，该频率点称为Bode图对数幅频特性曲线的穿越频率，记为ω_c，也被称为剪切频率。在Bode图中，该频率点常采用近似算法，由对数幅频特性渐近线计算得到。计算ω_c需要首先得到中频段在ω_c附近直线的方程，而在对数幅频特性渐近线中，只有低频段直线是已知的，因此计算ω_c只能从低频段逐步推算至中频段。如图5-29中，低频段直线过点（1，20lg3），斜率为0dB/dec，而点A的横坐标为$\omega_{T_1}=0.4$，用A表示A点的纵坐标，根据直线斜率与直线上任意两点横纵坐标的关系可得

$$\frac{A-20\lg 3}{\lg 0.4-\lg 1}=0 \tag{5-127}$$

需要注意的是，Bode图横坐标为频率的对数，则由式（5-127）可求得

$$A(\omega_{T_1})=20\lg 3 \tag{5-128}$$

系统在$\omega_{T_1}=0.4$发生转折后，斜率为-20dB/dec，而由于A点坐标已知，则图5-29中左数第二段直线已知，根据直线斜率与直线上A点和B点横纵坐标的关系可得

$$\frac{A-B}{\lg 0.4-\lg 2}=-20 \tag{5-129}$$

可得$B=20\lg 0.6<0$，可以判断出ω_c在A点和B点之间的直线上，根据直线斜率与直线上的A点和（ω_c，20lg1）横纵坐标的关系可得

$$\frac{A-20\lg 1}{\lg 0.4-\lg\omega_c}=-20 \tag{5-130}$$

由式（5-130）可得$\omega_c=1.2$。

需要指出的是，由对数幅频特性渐进线计算所得的穿越频率存在一定的误差，尤其是当穿越频率附近的修正曲线与渐近线相差较大时，误差也相对较大。

5.3.10　最小相位系统的Bode图

本节讨论的Bode图的绘制方法均基于最小相位系统，而对于非最小相位系统，与最小相位系统相比，则在相频特性上存在差异。如$\frac{1}{Ts+1}$与$\frac{1}{Ts-1}$分别为最小相位系统和非最小相位系统，显然二者的对数幅频特性相同，均为

$$20\lg|G(j\omega)|=20\lg\omega_T-20\lg\sqrt{\omega_T^2+\omega^2} \tag{5-131}$$

而最小相位系统$\frac{1}{Ts+1}$的相频特性为

$$\angle G(j\omega)=-\arctan\frac{\omega}{\omega_T} \tag{5-132}$$

非最小相位系统的$\frac{1}{Ts-1}$的相频特性为

$$\angle G(j\omega)=-\left(\pi-\arctan\frac{\omega}{\omega_T}\right) \tag{5-133}$$

因此，可以绘制$\frac{1}{Ts+1}$与$\frac{1}{Ts-1}$的Bode图如图5-30所示。

实际上最小相位系统的幅频特性与相频特性，存在一一对应的关系。如上文中讨论的惯性环节，相频特性从低频段趋于$-0°$随ω的增大逐步减小，到ω_T变化为$-45°$，到高频段

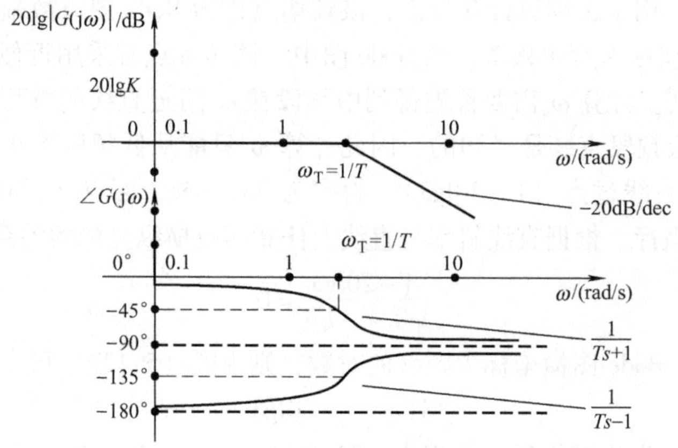

图 5-30 $\dfrac{1}{Ts+1}$与$\dfrac{1}{Ts-1}$的 Bode 图

趋于 $-90°$。又例如振荡环节，从低频段趋于 $-0°$ 随 ω 的增大逐步减小，到 ω_T变化为 $-90°$，到高频段趋于 $-180°$。由各典型环节组成的复杂最小相位系统的相频特性，也可以采用类似的方法推导得到。因此，对于最小相位系统而言，对数幅频特性曲线即可反映系统的全部特性。反之，由对数幅频特性曲线，即可推导出最小相位系统的开环传递函数。

例 5-5 已知最小相位系统 Bode 图的幅频特性曲线如图 5-31 所示，求取该系统的开环传递函数。

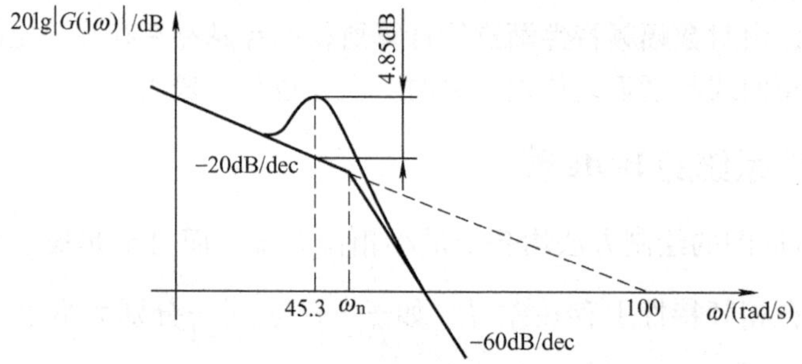

图 5-31 例 5-5Bode 图

解 由于该系统为最小相位系统，因此该系统的开环传递函数具有如下形式，且各时间常数均为正数。

$$G(s)=\frac{K\prod\limits_{i=1}^{m_1}(1+\tau_i s)\prod\limits_{k=1}^{m_2}(\tau_k^2 s^2+2\zeta_k\tau_k s+1)}{s^v\prod\limits_{j=1}^{n_1}(1+T_j s)\prod\limits_{l=1}^{n_2}(T_l^2 s^2+2\zeta_l T_l s+1)}$$

系统低频段直线斜率为 -20dB/dec，因此该系统开环传递函数含有一个积分环节；在点 ω_n处斜率变化量为 -40dB/dec，因此该系统开环传递函数含有一个振荡环节。因此，该系统开环传递函数具有如下形式：

$$G(s)=\frac{K}{s(T^2s^2+2\zeta Ts+1)} \tag{5-134}$$

低频段直线经过点（$\omega=1$，$20\lg K$）和（$\omega=100$，0dB），由直线斜率与直线上任意两

点横纵坐标的关系可得

$$\frac{20\lg K - 20\lg 1}{\lg 1 - \lg 100} = -20 \tag{5-135}$$

可以计算出 $K = 100$。而由振荡环节的谐振峰修正值与阻尼比之间的关系可得

$$M_r = -20\lg 2\zeta\sqrt{1-\zeta^2} = 4.85 \tag{5-136}$$

可以计算出振荡环节的阻尼比 $\zeta \approx 0.3$。而由谐振频率与自然频率的关系可得

$$\omega_r = \frac{1}{T}\sqrt{1-2\zeta^2} = 45.3 \tag{5-137}$$

可以计算出 $T \approx 0.02$。因此，该系统的开环传递函数为

$$G(s) = \frac{100}{s(0.02^2 s^2 + 2 \times 0.01 \times 0.02s + 1)} \tag{5-138}$$

5.4 Nyquist 稳定判据及其扩展

在控制系统的时域分析中我们已经得出结论，控制系统的稳定性由其闭环极点在复平面上的位置决定。当全部闭环极点均位于复平面左半部时系统稳定，而当部分极点位于复平面右半部时系统不稳定，判断控制系统是否稳定的基本方法就是判断控制系统闭环极点在复平面上的位置。本节我们将以闭环极点在复平面上的位置为判断依据，以 Nyquist 图和 Bode 图为手段，讨论判断系统稳定性的方法。

5.4.1 稳定判据分析对象函数

在频域分析中，分析对象为系统开环传递函数

$$G(s)H(s) = \frac{b_m s^m + b_{m-1}s^{m-1} + \cdots + b_1 s + b_0}{s^v(s-p_1)(s-p_2)\cdots(s-p_{n-v})} \tag{5-139}$$

式中，$p_i(i = 1, 2, \cdots, n-v)$ 为系统开环传递函数的极点，称为开环极点。此外式（5-139）所示开环传递函数还有 v 个等于 0 的开环极点。而系统稳定性判断的基本依据是闭环极点在复平面上的位置，对于一个典型的控制系统，其闭环传递函数的分母为

$$F(s) = 1 + G(s)H(s) = \frac{k(s-z_1)(s-z_2)\cdots(s-z_n)}{s^v(s-p_1)(s-p_2)\cdots(s-p_{n-v})} \tag{5-140}$$

式中，$z_j(j=1, 2, \cdots, n)$ 为函数 $F(s)$ 的零点，而函数 $F(s)$ 的极点即是系统开环极点。令 $F(s)$ 为零，即得到系统特征方程，显然函数 $F(s)$ 的零点即是系统特征方程的根，即系统闭环极点。多数情况下，控制系统的开环传递函数相对闭环传递函数容易得到，而频域分析的对象也多是开环传递函数，开环极点也是频域分析中的已知条件。而系统的稳定性由闭环极点决定，函数 $F(s)$ 将开环极点与闭环极点联系起来，是频域分析中系统稳定性的对象函数。

5.4.2 辐角定理

辐角定理是复变函数中的基本定理，这里我们不加证明直接给出辐角定理：

设 $F(s)$ 是复变量 s 的单值连续解析函数（除 s 平面上的有限个奇点外），在 s 的复平面

上的某一封闭曲线 D 的内部包含了 $F(s)$ 的 P 个极点和 Z 个零点（包括重根点），且曲线 D 不通过 $F(s)$ 任何一个零点和极点。当 s 按顺时针方向沿封闭曲线 D 连续变化一周时，函数 $F(s)$ 的值在 $[F(s)]$ 的复平面上也按顺时针方向旋转包围原点的次数为

$$N = Z - P$$

例如有函数

$$F(s)=\frac{(s-z_1)(s-z_2)}{(s-p_1)(s-p_2)} \tag{5-141}$$

其零点为 z_1、z_2，极点为 p_1、p_2，在 s 平面，有一封闭轨线包围 z_1 和 p_1，如图 5-32a 所示。实际上，函数 $F(s)$ 随着 s 的变化，顺时针绕过原点的次数，是由 $F(s)$ 的辐角决定的，而其辐角可以表示为

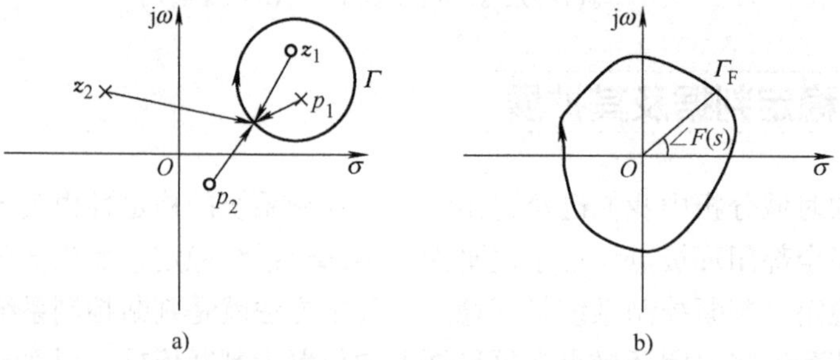

图 5-32 辐角定理

$$\angle F(s)=\angle(s-z_1)+\angle(s-z_2)-\angle(s-p_1)-\angle(s-p_2) \tag{5-142}$$

当 s 沿着图 5-32a 中封闭轨线顺时针运动一周，向量 $s-z_1$ 的辐角，即 $\angle(s-z_1)$ 顺时针变化 2π。同理向量 $s-p_1$ 的辐角，即 $\angle(s-p_1)$ 也顺时针变化 2π。而向量 $s-z_2$ 的辐角，即 $\angle(s-z_2)$ 先逆时针变化，再顺时针变化，总的变化量为 0。同理，向量 $s-p_2$ 的辐角，即 $\angle(s-p_2)$ 先逆时针变化，再顺时针变化，总的变化量为 0。综合上述分析可以看出，当 s 沿着图 5-32a 中封闭轨线顺时针运动一周，函数 $F(s)$ 的辐角变化量只与该封闭轨线包围的零、极点有关，其顺时针变化量为 2π 乘以封闭轨线内零、极点数之差，即图 5-32b 中 $F(s)$ 绕原点顺时针转过的圈数等于封闭轨线内零极点数之差。因此，可以判断出式（5-141）表示的 $F(s)$ 在图 5-32a 所示的条件下，绕原点顺时针转过的圈数为零。

辐角定理把封闭轨线内包含的零、极点和与封闭轨线所对应的 $F(s)$ 图形联系起来，当 $z_i(i=1,2,\cdots,n)$ 已知，且 $F(s)$ 图形可绘制时，$F(s)$ 在该封闭轨线内的极点数目是可以推算出来的。

5.4.3 Nyquist 稳定判据

控制系统的稳定性由闭环极点决定，将式（5-140）重写如下：

$$F(s)=1+G(s)H(s)=\frac{k(s-z_1)(s-z_2)\cdots(s-z_n)}{s^v(s-p_1)(s-p_2)\cdots(s-p_{n-v})} \tag{5-143}$$

$F(s)$ 的零点即是系统的闭环极点，而其极点是系统的开环极点。在工程分析和设计中，开环传递函数相对容易得到，即开环极点为已知条件。判断系统是否稳定，与判断复平面右半部是否出现闭环极点等价。从辐角定理出发，如果有一条封闭轨线包围复平面右半

部，其内部包围的开环极点的数目为 P，当 s 沿着这条封闭轨线顺时针绕过一周，$F(s)$ 的轨线绕原点顺时针转过 N 圈，则该封闭轨线内部即复平面右半部闭环极点的数目为 $Z=N+P$。当 Z 等于零时，系统稳定；而当 Z 大于零时，系统不稳定。利用辐角定理，判断系统稳定性的问题转化为以下两个问题：

1）如何选取一条封闭轨线，包围复平面右半部。

2）当 s 沿着上述封闭轨线顺时针运动一圈，如何绘制 $F(s)$ 的图形。

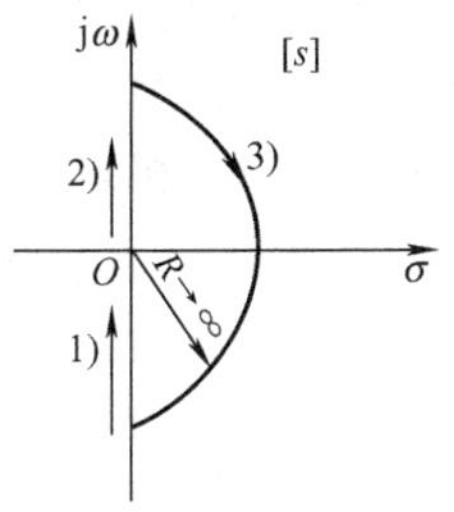

图5-33　虚轴上无开环极点时的 s 平面封闭轨线

当 s 平面虚轴上不存在 $F(s)$ 的极点，即虚轴上无开环极点时，选取 s 平面封闭轨线 D 如图5-33所示。该轨线分为3段：

1）s 平面虚轴负半轴，即 $s=j\omega$，$-\infty<\omega<0$。

2）s 平面虚轴正半轴，即 $s=j\omega$，$0<\omega<+\infty$。

3）从虚轴正半轴正无穷远处出发，到虚轴负半轴负无穷远处结束，半径无穷大的半圆，即 $s=\lim\limits_{R\to\infty}Re^{-j\varphi}\left(-\dfrac{\pi}{2}<\varphi<\dfrac{\pi}{2}\right)$。

显然，当 s 沿着轨线 D 顺时针转过一圈，该轨线包围了复平面的整个右半部。而与该轨线相对应的函数 $F(s)$ 的图形也可以分段讨论：

1）当 $s=j\omega$，$0<\omega<+\infty$ 时，$F(s)=F(j\omega)=1+G(j\omega),0<\omega<+\infty$，可以看出，此时 $F(s)$ 的图形为系统 Nyquist 图沿横轴右移一个单位。

2）当 $s=j\omega$，$-\infty<\omega<0$ 时，$F(s)=F(j\omega)=1+G(j\omega)$，$-\infty<\omega<0$，也可以写成 $F(s)=1+G(-j\omega),0<\omega<+\infty$。由复函数的性质可知，$G(-j\omega)$ 与 $G(j\omega)$ 为共轭复数。因此当 $-\infty<\omega<0$ 时，$F(s)$ 的图形与 $0<\omega<+\infty$ 时 $F(s)$ 的图形关于实轴对称。

3）当 $s=\lim\limits_{R\to\infty}Re^{-j\varphi}\left(-\dfrac{\pi}{2}<\varphi<\dfrac{\pi}{2}\right)$ 时

$$F(s)=1+G(s)H(s)=1+\frac{b_ms^m+b_{m-1}s^{m-1}+\cdots+b_1s+b_0}{a_ns^n+a_{n-1}s^{n-1}+\cdots+a_1s+a_0}$$

$$=1+\lim_{R\to\infty}\frac{b_m}{a_n}\frac{1}{R^{n-m}}e^{j(n-m)\varphi}=\begin{cases}1 & n>m\\ 1+\dfrac{b_m}{a_n} & n=m\end{cases}\tag{5-144}$$

当开环传递函数的分子、分母阶数相等时，$F(s)=1+b_m/a_n$；而当开环传递函数的分母阶次大于分子阶次时，$F(s)=1$。上述两种情况下，函数 $F(s)$ 均为实数，对于判断 $F(s)$ 绕过原点顺时针转过的圈数并无贡献。

综上所述，当 s 平面虚轴上不存在 $F(s)$ 的极点，即虚轴上无开环极点时，选取如图5-33所示 s 平面封闭轨线，其对应的 $F(s)$ 的图形为当 $-\infty<\omega<+\infty$ 时，$F(j\omega)$ 在复平面走过的轨迹，以及一个实数点。

从辐角定理出发判断系统稳定性，需要计算 $F(s)$ 顺时针绕过原点的圈数 N。由于 $F(s)=1+G(s)$，$F(s)$ 绕过顺时针原点的圈数，也就是 $G(s)$ 顺时针绕过点（-1，j0）的圈数，如图5-34所示。可以看出，绘制出系统的 Nyquist 图 $G(j\omega),0<\omega<+\infty$，以及其关

于实轴对称的图形 $G(\mathrm{j}\omega)$，$-\infty<\omega<0$，计算 $G(\mathrm{j}\omega)$，$-\infty<\omega<+\infty$ 顺时针绕过（-1，j0）点的圈数即得到 N。当 $-\infty<\omega<+\infty$ 时，$G(\mathrm{j}\omega)$ 的图形称为完整的 Nyquist 图。

当 s 平面虚轴上存在 $F(s)$ 的极点，即虚轴有开环极点时，s 平面封闭轨线的选取需要绕过虚轴上的开环极点。在此我们仅讨论开环极点出现在原点的情况，选取 s 平面封闭轨线 D 如图 5-35 所示。该轨线分为 4 段：

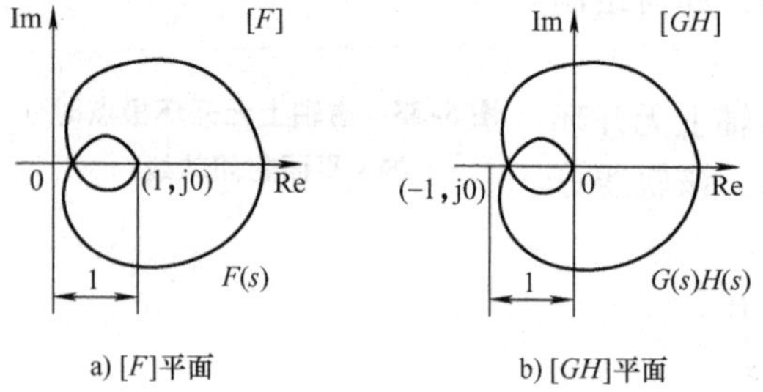

图 5-34 *F* 平面与 *GH* 平面的 Nyquist 图

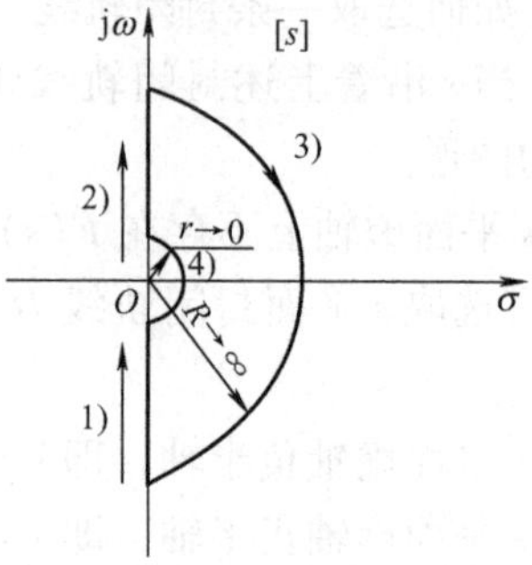

图 5-35 虚轴上有开环极点时的 *s* 平面封闭

1）$s=\mathrm{j}\omega$，$-\infty<\omega<0^-$，0^- 表示从负方向无限接近 0。

2）$s=\mathrm{j}\omega$，$0^+<\omega<+\infty$，0^+ 表示从正方向无限接近 0。

3）$s=\lim\limits_{R\to\infty}R\mathrm{e}^{-\mathrm{j}\varphi}\left(-\dfrac{\pi}{2}<\varphi<\dfrac{\pi}{2}\right)$。

4）$s=\lim\limits_{r\to 0}r\mathrm{e}^{\mathrm{j}\theta}\left(-\dfrac{\pi}{2}<\theta<\dfrac{\pi}{2}\right)$，该段轨线为从 0^- 到 0^+，逆时针绕过原点的半径无穷小的圆。

第 1）、2）和 3）段轨线对应的 $F(s)$ 和 $G(s)$ 的图形我们已经讨论过，在此讨论第 4）段轨线对应的 $G(s)$ 的图形，将 $s=\lim\limits_{r\to 0}r\mathrm{e}^{\mathrm{j}\theta}\left(-\dfrac{\pi}{2}<\theta<\dfrac{\pi}{2}\right)$ 代入 $G(s)$，得

$$G(s)=\left.\frac{K\prod\limits_{i=1}^{m}(\tau_i s+1)}{s^v\prod\limits_{j=v+1}^{n}(T_j s+1)}\right|_{s=\lim\limits_{r\to 0}r\mathrm{e}^{\mathrm{j}\theta}\left(-\frac{\pi}{2}<\theta<\frac{\pi}{2}\right)}=\lim_{r\to 0}\frac{K\prod\limits_{i=1}^{m}(\tau_i r\mathrm{e}^{\mathrm{j}\theta}+1)}{(r\mathrm{e}^{\mathrm{j}\theta})^v\prod\limits_{j=v+1}^{n}(T_j r\mathrm{e}^{\mathrm{j}\theta}+1)}=\infty\,\mathrm{e}^{-\mathrm{j}v\theta}\left(-\frac{\pi}{2}<\theta<\frac{\pi}{2}\right)\tag{5-145}$$

可以看出，第 4）段轨线对应的 $G(s)$ 的图形为一半径无穷大的圆弧，该圆弧从 $G(\mathrm{j}0^-)$ 出发顺时针转过 $v\pi$ 到 $G(\mathrm{j}0^+)$ 结束，该段轨线称为 Nyquist 图的增补段。显然，在计算 $G(s)$ 图形顺时针绕过（-1，j0）点的圈数时，增补段是不应该忽略的。因此，当系统类型为 I 型及以上时，应绘制完整的 Nyquist 图及其增补段。

完整的 Nyquist 图绘制完成后，即可应用辐角定理得到 Nyquist 稳定判据如下：

闭环系统稳定的充分必要条件是，增补完整的频率特性曲线 $G(\mathrm{j}\omega)(-\infty<\omega<+\infty)$ 逆时针方向绕过（-1，j0）点 P 圈，P 为开环传递函数 $G(s)$ 位于复平面右半部极点的个数。辐角定理中，用 N 表示 $G(\mathrm{j}\omega)(-\infty<\omega<+\infty)$ 顺时针方向绕过（-1，j0）点的圈数，即系统稳定的充要条件是 $N=-P$。

例 5-6 设一个闭环系统的开环传递函数为

$$G(s)=\frac{K}{s(Ts-1)}$$

试确定该系统的闭环稳定性。

解 将 $s=\mathrm{j}\omega$ 代入系统开环传递函数得到系统开环幅频特性如下：

$$G(\mathrm{j}\omega)=\frac{K}{\mathrm{j}\omega(-1+\mathrm{j}\omega T)}$$

根据 Nyquist 图绘制规则，绘制 $0^+<\omega<+\infty$ 条件下的 Nyquist 图如图 5-36 中第 1）段所示，根据 $G(-\mathrm{j}\omega)$ 与 $G(\mathrm{j}\omega)$ 图像关于实轴对称的性质，绘制 $-\infty<\omega<0^-$ 条件下的 Nyquist 图如图 5-36 中第 2）段所示。由于系统开环传递函数有一个积分环节，从 $G(\mathrm{j}0^-)$ 出发到 $G(\mathrm{j}0^+)$ 结束绘制增补段如图 5-36中第 3）段所示。增补完整的频率特性曲线绘制完成，其运动方向即为 ω 从 $-\infty$ 变化到 0^-，再变化到 0^+，最后变化到 $+\infty$，$G(\mathrm{j}\omega)$ 变化的方向如图 5-36 中箭头所示。可以看出 $G(s)$ 增补完整的频率特性图顺时针绕（-1，j0）点转过 1 圈，即 $N=1$。而开环传递函数在复平面右半部有一个开环极点，即 $P=1$。因此 $N\neq-P$，系统不稳定。实际上，由辐角定理可以得到，系统在复平面右半部的闭环极点数 $Z=N+P=2$。

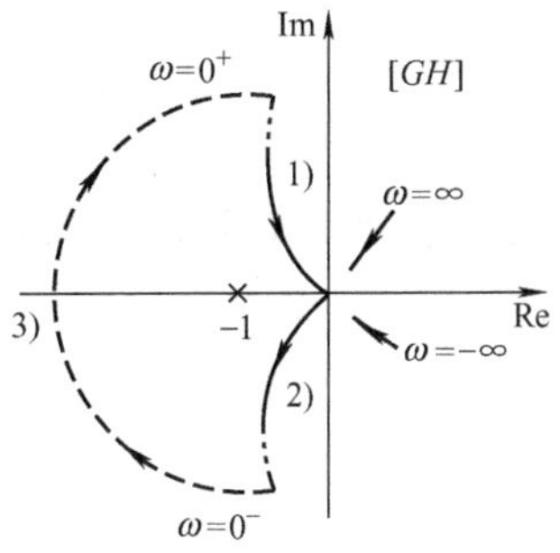

图 5-36 例 5-6 中增补完整的 Nyquist 图

5.4.4 Nyquist 稳定判据扩展

在实际应用中，一些形式相对复杂的开环传递函数，在 Nyquist 曲线的绘制和判断曲线顺时针绕过（-1，j0）点圈数上，也显得相对烦琐。因此，对 Nyquist 稳定判据做一些有益的简化是非常有必要的。

1. 基于 ω: $0\to0^+\to+\infty$ Nyquist 图的稳定判据

应用辐角定理，已知开环传递函数并通过绘制增补完整的 Nyquist 图即可判断系统稳定性，而绘制“半个”增补完整的 Nyquist 图也可以达到判断系统稳定的目的，即：

绘制 ω: $0\to0^+\to+\infty$ 的 Nyquist 图，其中增补段为从 $G(\mathrm{j}0)$ 出发到 $G(\mathrm{j}0^+)$ 结束顺时针转过 $\nu\pi/2$，v 为系统开环传递函数中积分环节的个数。则系统稳定的充分必要条件为 $G(\mathrm{j}\omega)$ 图形逆时针绕过（-1，j0）$P/2$ 圈，即 $N=-P/2$，其中 P 为开环传递函数正实部极点的个数。

例 5-7 某系统 $G(\mathrm{j}\omega)$ 轨迹如图 5-37 所示，已知有 0 个开环极点位于 s 右半平面，试判别系统的稳定性。

解 从图 5-37 可以看出，“半个”增补完整的 Nyquist 图顺时针转过（-1，j0）点 1 圈，不满足 $N=-P/2$ 的条件，系统不稳定。

绘制“半个”增补完整的 Nyquist 图，应用辐角定理对系统稳定性进行判断，仅需改变判断条件，简化了 Nyquist 图的绘制。然而对于一些形式相对复杂系统的 Nyquist 图，判断其顺时针绕过（-1，j0）点的圈数也相对困难。如图 5-38 所示的 Nyquist 图，判断其顺时针绕过（-1，j0）点的圈数就比较容易出错，因此有必要对 Nyquist 稳定判据做进一步的简化。

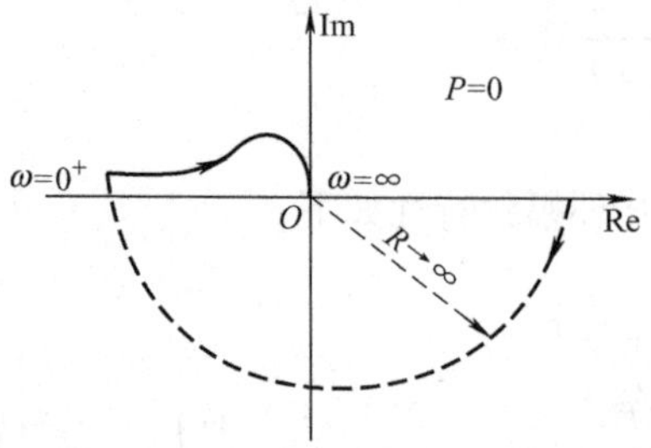

图 5-37 例 5-7 中“半个”Nyquist 图

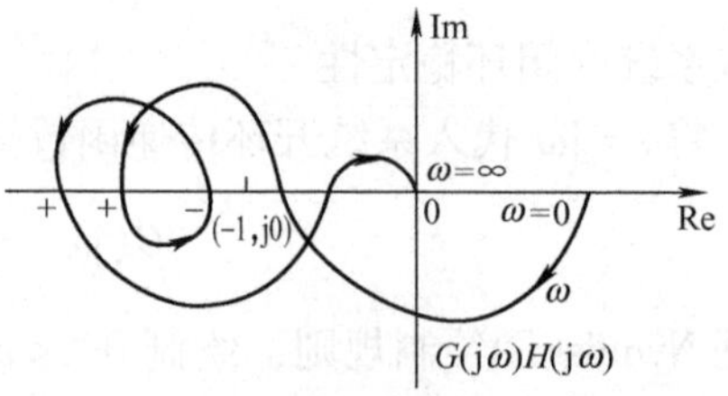

图 5-38 形式相对复杂的 Nyquist 图

2. 基于正负穿越次数之差的 Nyquist 稳定判据

在讨论基于正负穿越次数之差的 Nyquist 稳定判据前，首先需要定义 Nyquist 图的正穿越和负穿越。如图 5-38 所示，该系统的半个 Nyquist 图顺时针绕（−1，j0）点转过 $N=-1$ 圈。可以看出，只有（−1，j0）左侧的 Nyquist 图对 N 有贡献，因此把（−1，j0）左侧的穿越定义如下：

1）随着 ω 的增大，相位增加的穿越为正穿越，如图 5-39a 所示开环 Nyquist 图在（−1，j0）左侧自上而下的穿越即为正穿越。

2）随着 ω 的增大，相位减小的穿越为负穿越，如图 5-39b 所示开环 Nyquist 图在（−1，j0）左侧自下而上的穿越即为负穿越。

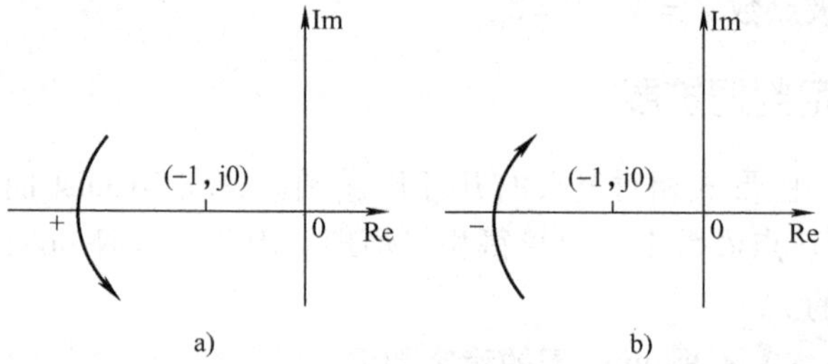

图 5-39 正负穿越图

3）当 $G(\mathrm{j}\omega)$ 起始或终止于负实轴时，穿越次数为 1/2 次，如图 5-40 所示。

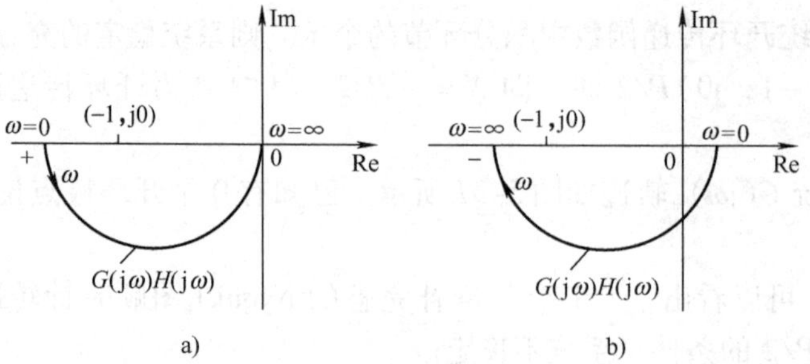

图 5-40 1/2 次穿越图

分析图 5-38 所示的 Nyquist 图可以看出，该图形左数第 1 个正穿越，与（−1，j0）点右侧的图形构成了逆时针绕过（−1，j0）点的 1 次的包围；而该图形左数第 2 个正穿越则与（-1，j0）点左侧的负穿越抵消，不构成对（-1，j0）点包围。因此，可以得出结论：（-1，j0）点左侧的 1 次正穿越对应逆时针包围（-1，j0）点 1 次，而（-1，j0）点左侧的 1 次负穿越则对应顺指针包围（-1，j0）点 1 次。因而可得出基于正负穿越次数之差的 Nyquist 稳定判据如下：

绘制 ω: $0 \to 0^{+} \to +\infty$ 的 Nyquist 图，其中增补段为从 $G(\mathrm{j}0)$ 出发，到 $G(\mathrm{j}0^{+})$ 结束顺时针转过 $\nu\pi/2$，v 为系统开环传递函数中积分环节的个数。则系统稳定的充分必要条件为（-1，j0）点左侧 $G(\mathrm{j}\omega)$ 图形正负穿越次数之差为 $P/2$，其中 P 为开环传递函数正实部极点的个数。

图 5-38 所示 Nyquist 图正负穿越次数之差为 1，当 $P=2$ 时，该系统是稳定的。

3. 基于 Bode 图的 Nyquist 稳定判据

Bode 图与 Nyquist 图相同，是基于系统开环传递函数绘制的，二者是一一对应的。因此，利用 Nyquist 稳定判据判断系统稳定性也可以通过观察 Bode 图来实现。在 Nyquist 稳定判据中，可以通过（-1，j0）点左侧的正负穿越次数之差与系统正实部开环极点的数目之间的关系来判断系统稳定性，该方法也可以由 Bode 图来实现。

在 Nyquist 图中与系统稳定性密切相关的（-1，j0）点，其幅值为 1，相角为 $-(2l+1)\pi$，其中 l 为整数。而在 Bode 图上则分别如图 5-41 中的幅频特性曲线和相频特性曲线所示，Nyquist 图中的（-1，j0）点对应 Bode 图幅频特性曲线中的 0dB 线和相频特性曲线图中 $-(2l+1)\pi$ 线，图 5-41 中的相频特性曲线图中只画出了 $-\pi$ 线。

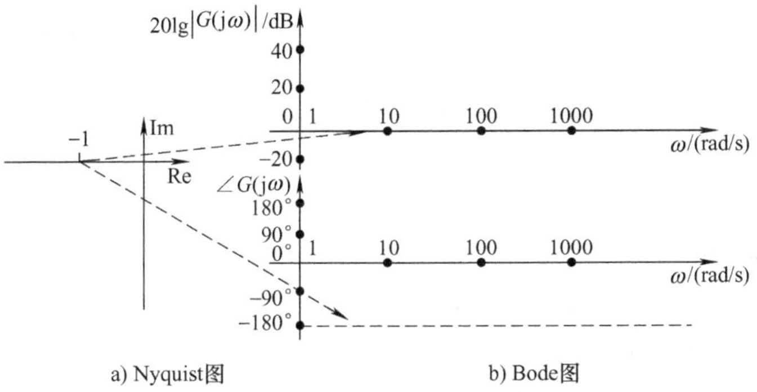

图 5-41　Bode 图与 Nyquist 图的对应关系

依据 Nyquist 图判断系统稳定性，需要得到（-1，j0）点左侧的正负穿越次数之差。（-1，j0）点左侧 Nyquist 图与实轴交点处幅值大于 1，对应 Bode 图中 0dB 线以上的幅频特性曲线。在 Nyquist 图中，正穿越为（-1，j0）点左侧辐角增加的穿越，对应 Bode 图中则为开环幅频特性大于 0dB 的频段内相位增加的穿越，如图 5-42 中“+”号对应的穿越；而在 Nyquist 图中，负穿越为（-1，j0）点左侧辐角减小的穿越，对应 Bode 图中则为开环幅频特性大于 0dB 的频段内相位减小的穿越，如图 5-42 中“-”号对应的穿越。

综合上述讨论，可以得到基于 Bode 图的 Nyquist 稳定判据如下：

闭环系统稳定的充要条件是，在 Bode 图上，当 ω 从 0 变化到 $+\infty$ 时，在开环幅频特性曲线大于 0dB 的频段内，相频特性对 $-(2l+1)\pi$ 线的正负穿越次数之差为 $P/2$，其中 P 为系统正实部开环极点的个数。

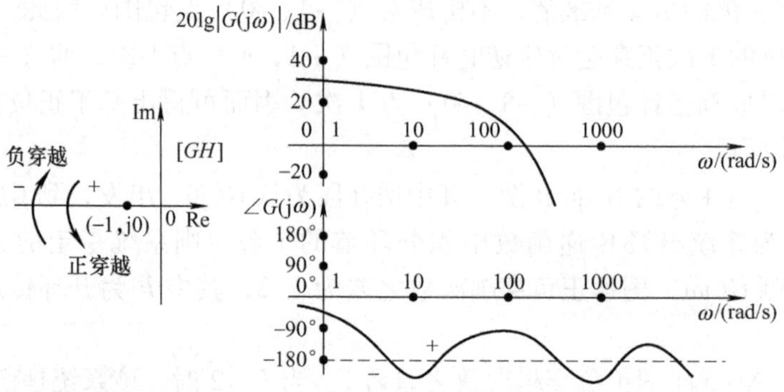

a) Nyquist图　　b) Bode图

图 5-42　Bode 图与 Nyquist 图中的正负穿越

在应用基于 Bode 图的 Nyquist 稳定判据时，需要注意两点：

1）判断系统稳定性，应在开环幅频特性大于 0dB 的所有频段内讨论

如图 5-43 所示系统幅频特性有两个频段大于 0dB，因此对应的相频特性图中，从左侧开始有 1 次负穿越、1 次正穿越和 1 次负穿越。正负穿越次数之差为 −1，不等于 $P/2$，系统不稳定。

2）有积分环节时，应在开环相频特性曲线上补全 $\omega: 0\to 0^+$ 的曲线

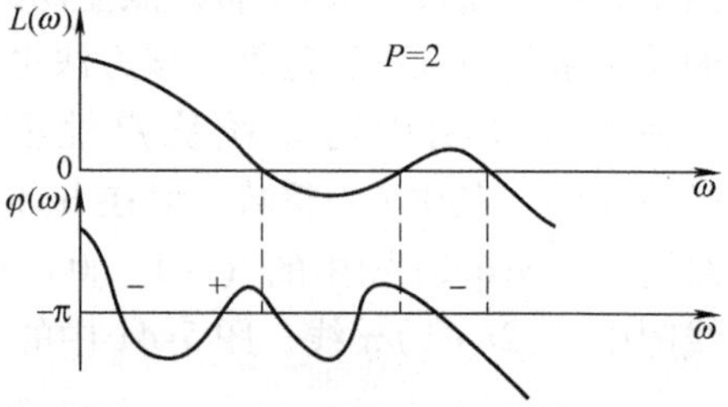

图 5-43　多个频段幅频特性大于 0dB 示例

如图 5-44 所示最小相位系统，其具有正实部开环极点的数目 $P=0$，且低频段斜率为 −40dB/dec，可见系统开环传递函数有两个积分环节。在之前的 Bode 图相频特性绘制中 $\omega\neq 0$，而在 Nyquist 稳定判据中，需要绘制增补完整的 Nyquist 曲线。因此在对应的 Bode 图中需要增补 $\omega: 0\to 0^+$ 的相频特性曲线，其绘制方法为从 $\omega\to 0^+$ 开始，向 $\omega\to 0$ 的方向将相频特性增加 $v\pi/2=\pi$。系统在幅频特性大于 0dB 的频段内，有 1 次负穿越，正负穿越次数之差为 −1，不等于 $P/2$，系统不稳定。

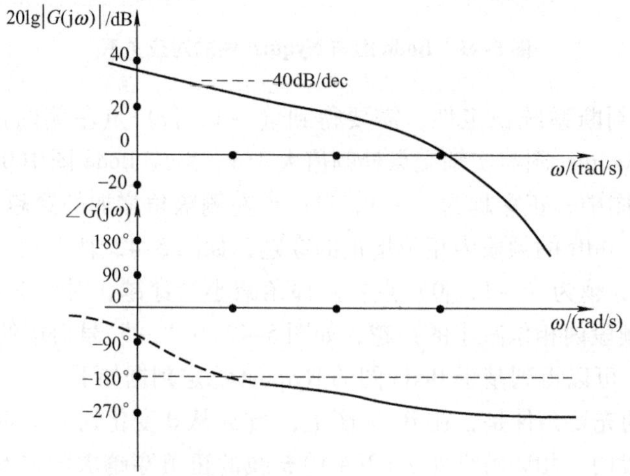

图 5-44　具有积分环节的 Nyquist 稳定判据

5.5 系统的相对稳定性和稳定裕度

在实际的控制系统分析和设计中，不仅需要判断系统的稳定性，还需要分析系统稳定的相对程度，以评估外部条件和内部状态发生变化时，系统进入不稳定状态的风险程度。如系统开环传递函数为

$$G(s)=\frac{K}{s(s+1)(2s+1)} \tag{5-146}$$

其半个增补完整的 Nyquist 曲线如图 5-45 所示。由于系统具有正实部开环极点的数目为 0，只需（-1，j0）点左侧的正负穿越次数之差为 0，系统就处于稳定状态，如图 5-45 所示。通过进一步分析该系统的 Nyquist 曲线，可以看出当开环频率特性的虚部 $V(\omega)=0$ 时，可解出对应的频率 $\omega=1/\sqrt{2}$，而此频率点对应的实部为 $U(\omega)=-2K/3$。可以看出当 $K<3/2$ 时，系统是稳定的。随着 K 的减小，$U(\omega)=-2K/3$ 距离（-1，j0）越来越远，系统受干扰后脱离稳定状态的风险就越来越低，系统的相对稳定性则越来越高。评估系统相对稳定性的指标，定义为系统的稳定裕度。

5.5.1 相位裕度

相位裕度是以相位为指标的稳定裕度，定义为使系统达到临界稳定需要增加的相位，用 γ 表示。定义 Nyquist 曲线与单位圆交点的频率为剪切频率，记为 ω_c，如图 5-46 所示。从 Nyquist 稳定判据可知，对于最小相位系统当 Nyquist 曲线与（-1，j0）相交时，系统处于临界稳定状态。因此，图 5-46 中使系统达到临界稳定状态所需要增加的相位即是图中的 γ，其表达式为

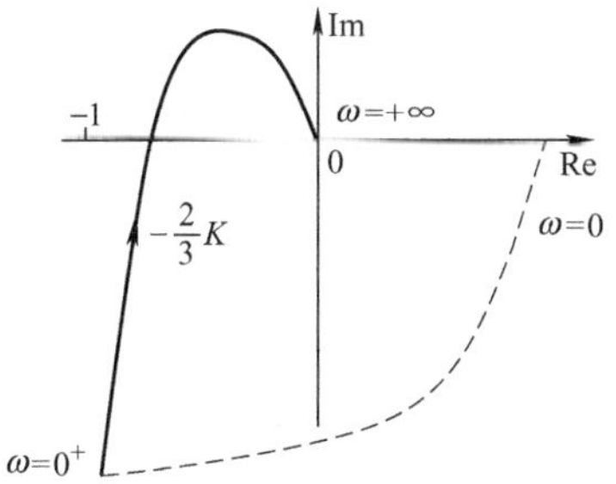

图 5-45　系统相对稳定性示例

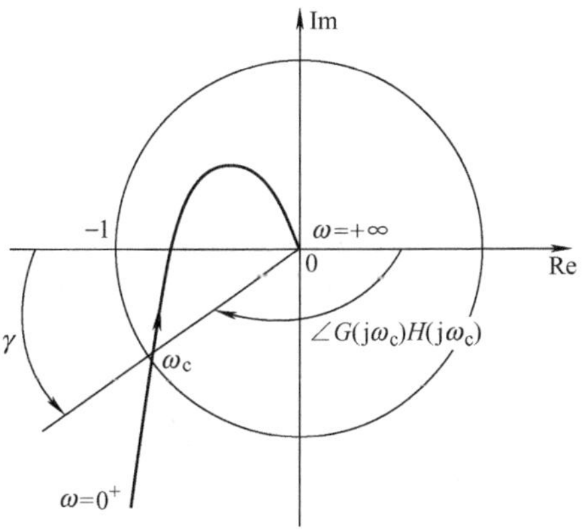

图 5-46　Nyquist 图中的相位裕度

$$\gamma=\angle G(\mathrm{j}\omega_c)-(-180°)=180°+\angle G(\mathrm{j}\omega_c) \tag{5-147}$$

在 Bode 图中，ω_c对应幅频特性曲线与 0dB 线的交点，如图 5-47 所示。而相位裕度则为相频特性曲线中 ω_c对应相位与 -180°线之间的距离。

当相位裕度为正时，系统稳定；而当相位裕度为负时，系统不稳定；相位裕度越大，系统稳定的程度越高。从相位裕度的定义出发，计算系统相位裕度的方法分为两步：

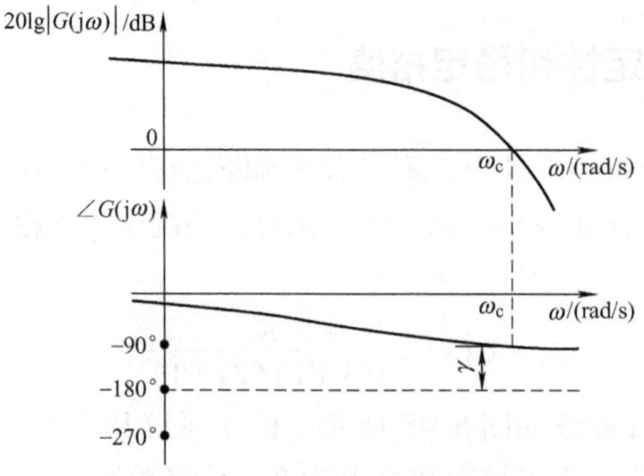

图 5-47　Bode 图中的相位裕度

（1）计算 ω_c　ω_c是系统幅频特性为 1 时所对应的频率点，因此有

$$|G(j\omega_c)|=1 \tag{5-148}$$

由式（5-148）可求得 ω_c。

（2）计算 γ　将 ω_c代入相位裕度计算公式可得

$$\gamma=180°+\angle G(j\omega_c) \tag{5-149}$$

此外，当系统阶数大于或等于 3 时，根据式（5-148）手动计算 ω_c往往比较困难。可在 Bode 图中，利用幅频特性渐近线计算 ω_c的估计值，从而得到相位裕度的估计值。

5.5.2　幅值裕度

幅值裕度定义为使系统达到临界稳定状态，幅值所需要增大的倍数，用 K_g 表示。Nyquist 曲线与负实轴交点处的频率称为相角穿越频率，记为 ω_g。如图 5-48 所示。从 Nyquist 稳定判据可知，对于最小相位系统当 Nyquist 曲线与（-1，j0）相交时，系统处于临界稳定状态。因此，使系统达到临界稳定状态幅值所需要增大的倍数为系统在 ω_g处开环幅频特性的倒数，其表达式为

$$K_g=\frac{1}{|G(j\omega_g)|} \tag{5-150}$$

在图 5-49 所示的 Bode 图中，ω_g 对应相频特性曲线与 -180°线的交点。而幅值裕度则为幅频特性曲线中 ω_g对应幅值与 0dB 线之间的距离，其表达式为

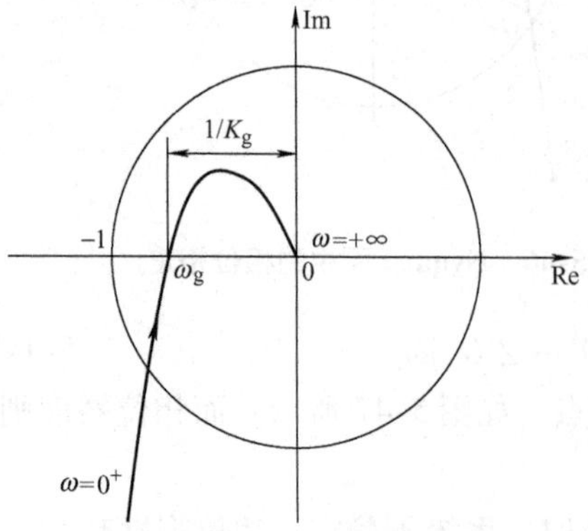

图 5-48　Nyquist 图中的幅值裕度

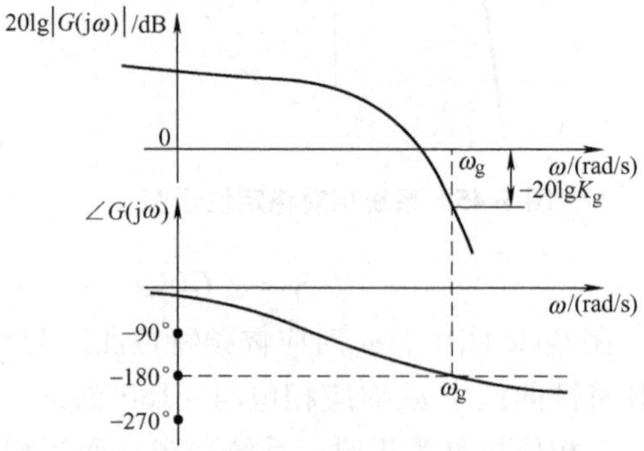

图 5-49　Bode 图中的幅值裕度

$$K_g(\mathrm{dB}) = -20\lg|G(\mathrm{j}\omega_g)| \tag{5-151}$$

当幅值裕度 $K_g>1$ 或 $K_g(\mathrm{dB})>0$ 时，系统稳定；当 $K_g<1$ 或 $K_g(\mathrm{dB})<0$ 时，系统不稳定；幅值裕度越大，系统稳定的程度越高。从幅值裕度的定义出发，计算系统幅值裕度的方法分为两步：

（1）计算 ω_g　ω_g是系统相频特性为 $-180°$时所对应的频率点，因此有

$$\angle G(\mathrm{j}\omega_g) = -180° \tag{5-152}$$

由式（5-152）可求得 ω_g。

（2）计算 K_g或 $K_g(\mathrm{dB})$　将 ω_g代入式（5-150）可得 K_g，而将 ω_g代入式（5-151）可得 $K_g(\mathrm{dB})$。

需要指出的是，对于最小相位系统，只有当相位裕度和幅值裕度（dB）都为正时，系统才是稳定的；任一个稳定裕度为负，都表示系统不稳定。为了严格确定系统的相对稳定性，必须同时计算相位裕度和幅值裕度。但在粗略估计系统的暂态指标时，仅考虑相位裕度即可。

例 5-8　已知系统的开环传递函数为

$$G(s) = \frac{K}{s(1+0.2s)(1+0.05s)} \tag{5-153}$$

（1）当 $K=1$ 时，计算系统的幅值裕度和相位裕度；

（2）通过调整 K，使系统的幅值裕度 $K_g=20\mathrm{dB}$，相位裕度 $\gamma\geqslant 40°$。

解　（1）求系统幅值裕度，首先需要确定相位穿越频率 ω_g。

$$\angle G(\mathrm{j}\omega_g) = -90° - \arctan 0.2\omega_g - \arctan 0.05\omega_g = -180°$$

求得 $\omega_g=10$，将 $K=1$ 和 $\omega_g=10$ 代入幅值裕度表达式可得

$$K_g(\mathrm{dB}) = -20\lg|G(\mathrm{j}\omega_g)| = 28\mathrm{dB}$$

求系统相位裕度，首先需要确定剪切频率 ω_c。

$$|G(\mathrm{j}\omega_c)| = \left|\frac{1}{\mathrm{j}\omega_c(1+\mathrm{j}0.2\omega_c)(1+\mathrm{j}0.05\omega_c)}\right| = 1$$

求得 $\omega_c=1$，将其代入相位裕度表达式可得

$$\gamma = 180° + \angle G(\mathrm{j}\omega_c) = 180° - 104° = 76°$$

（2）由幅值裕度要求

$$K_g(\mathrm{dB}) = -20\lg|G(\mathrm{j}\omega_g)| = -20\lg\frac{K}{\omega_g\sqrt{1+(1+0.2\omega_g)^2}\sqrt{1+(1+0.05\omega_g)^2}} = 20\mathrm{dB}$$

将 $\omega_g=10$ 代入上式可得 $K=2.5$。而该系统的相位裕度表达式为

$$\gamma = 180 + \angle G(\mathrm{j}\omega_c) = 180° - 90° - \arctan 0.2\omega_c - \arctan 0.05\omega_c$$

可得当相位裕度为 40°时，相应的剪切频率 $\omega_c=4$。根据相位裕度的定义，$\omega_c=4$ 所对应的幅频特性为 1，即

$$\frac{K}{\omega_c\sqrt{(1+0.04\omega_c^2)(1+0.0025\omega_c^2)}} = 1$$

可得 $K=5.2$。对比幅值裕度为 20dB 和相位裕度为 40°的要求所得到的 K 值，可以确定当 $K=2.5$时，既满足幅值裕度 $K_g=20\mathrm{dB}$，也满足相位裕度 $\gamma\geqslant 40°$的要求。

5.6 频域指标与系统性能的关系

在工程分析和设计中，频域分析是常用的系统性能分析方法。频域分析不仅用于分析系统的稳定性，还用于分析系统的动态性能和稳态性能。实际上，频域指标除了反映系统的稳定性，同时还反映系统响应的快速性、平稳性和准确性。本节我们先简单讨论系统的闭环频率特性，然后讨论频域指标与系统性能之间的关系。

5.6.1 闭环频率特性

如图 5-50 所示的典型闭环系统，其变换传递函数为

$$\Phi(s)=\frac{G(s)}{1+G(s)H(s)} \tag{5-154}$$

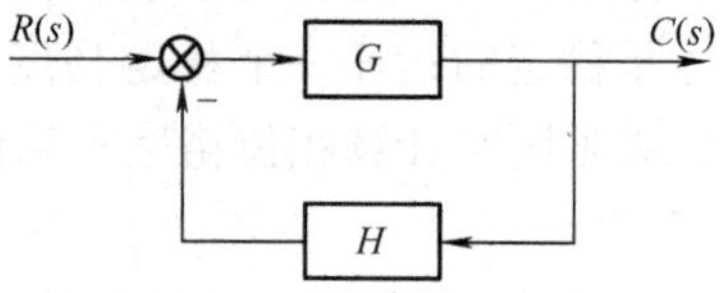

图 5-50 典型控制系统框图

同开环传递函数相似，闭环传递函数也有其幅频特性和相频特性，如式（5-154）所示。将 $s=j\omega$ 代入系统闭环传递函数，则其闭环频率特性可以表示为

$$\Phi(j\omega)=\frac{G(j\omega)}{1+G(j\omega)H(j\omega)}=A(\omega)e^{j\theta(\omega)} \tag{5-155}$$

式中，

$$A(\omega)=\frac{|G(j\omega)|}{|1+G(j\omega)H(j\omega)|} \tag{5-156}$$

为系统的闭环幅频特性；

$$\theta(\omega)=\angle\frac{G(j\omega)}{1+G(j\omega)H(j\omega)} \tag{5-157}$$

为系统的闭环相频特性。

从复现输入信号的角度考虑系统性能，$\Phi(j\omega)$ 近似为常数的时候，系统的闭环特性最好。考虑系统的闭环频率特性：

1）当 $|G(j\omega)H(j\omega)|\gg 1$ 时，$\Phi(j\omega)\approx\frac{1}{H(j\omega)}$，而在控制系统中的反馈环节往往结构简单，反馈环节传递函数近似为常数，因此在此条件下的闭环传递函数近似为常数，系统复现输入信号的特性最好。

2）当 $|G(j\omega)H(j\omega)|\ll 1$ 时，$\Phi(j\omega)\approx G(j\omega)$，该条件往往出现在系统开环传递函数的高频段，即闭环传递函数的频率特性与开环传递函数的频率特性在高频段近似。

通过以上讨论可以得知，开环频率特性幅值保持大数值频带越宽，闭环系统复现输入信号的性能越好。

5.6.2 频域指标与系统性能的关系

在时域分析中，系统稳定性、响应的快速与平稳性和准确性，分别由闭环极点在复平面上的位置、动态性能指标和稳态性能指标衡量。系统的动态性能指标包括上升时间、峰值时间、最大超调量和调整时间等，而系统的稳态性能指标则为系统的稳态误差。以二阶系统为例，与系统性能直接相关的系统参数为阻尼比、自然频率、系统类型和开环增益。

在频域分析中，系统开环传递函数的频域指标有剪切频率、相位裕度和幅值裕度等。而闭环传递函数的频域指标则如图 5-51 所示，闭环幅频特性零频值 $A(0)$，图 5-51 中以实际幅频特性零频值为参考进行归一化，因此 $A(0)=1$；闭环幅频特性出现谐振时的谐振峰值 M_r；闭环幅频特性出现谐振时的谐振频率 ω_r；闭环幅频特性下降到零频值的 $\sqrt{2}/2$ 时的截止频率 ω_b。

下面以图 5-52 所示典型二阶系统为例，讨论开环频域指标、闭环频域指标与时域性能指标之间的关系。根据开环频率指标的定义，可以分别求出图 5-52 中系统的剪切频率和相位裕度分别为

$$\omega_c=\omega_n\sqrt{\sqrt{4\zeta^4+1}-2\zeta^2} \tag{5-158}$$

$$\gamma=\arctan\frac{2\zeta}{\sqrt{\sqrt{4\zeta^4+1}-2\zeta^2}} \tag{5-159}$$

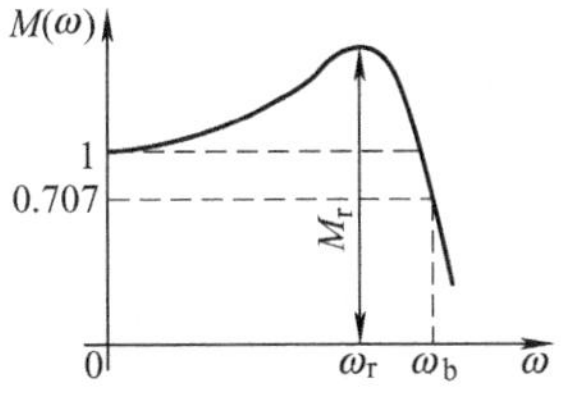

图 5-51　闭环频域指标

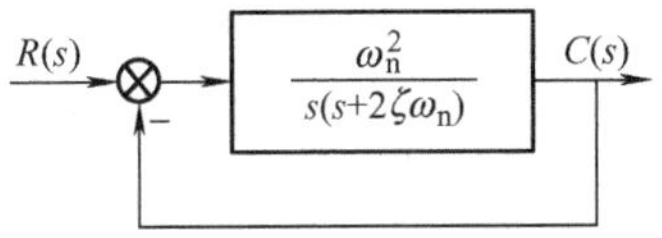

图 5-52　典型二阶系统框图

可以看出，相位裕度仅与阻尼比有关，并且可作出相位裕度与阻尼比关系曲线如图 5-53所示。显然相位裕度与阻尼比成正比，并且当 $0°<\gamma<60°$ 时，相位裕度与阻尼比近似成线性关系，有 $\gamma\approx100\zeta$。而二阶系统的阻尼比与动态性能中的响应的平稳性直接相关，如阶跃响应的最大超调量为

$$\sigma_p=e^{-\frac{\zeta\pi}{\sqrt{1-\zeta^2}}}\times100\% \tag{5-160}$$

根据式（5-160）可以得出阻尼比与最大超调量的关系如图 5-54 所示。综合图 5-53 和图 5-54 可以得出结论：二阶系统的相位裕度与最大超调量成反比，即相位裕度越大，系统响应的平稳性越好。

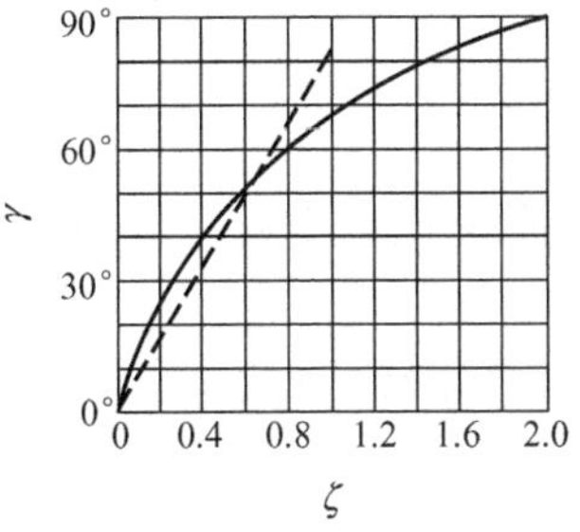

图 5-53　相位裕度与阻尼比关系曲线

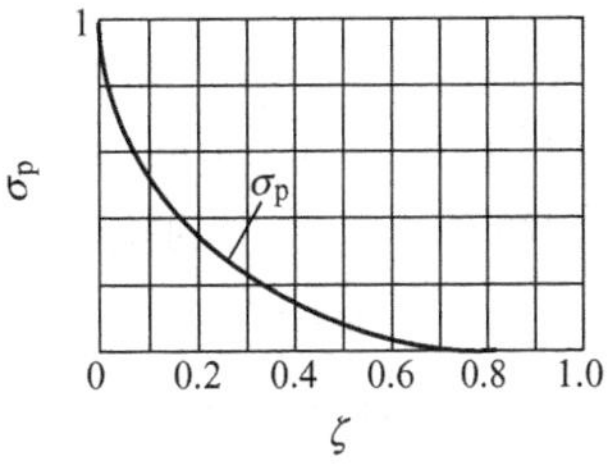

图 5-54　阻尼比与最大超调量的关系

二阶系统响应的快速性可由调整时间来评价，调整时间与系统参数的关系为

$$t_s\approx\frac{3.5}{\zeta\omega_n}(\Delta=\pm5\%) \tag{5-161}$$

而由式（5-158）可得

$$\omega_n=\frac{\omega_c}{\sqrt{\sqrt{1+4\zeta^4}-2\zeta^2}} \tag{5-162}$$

将式（5-162）代入式（5-161）可得

$$t_s\omega_c=\frac{3\sqrt{\sqrt{1+4\zeta^4}-2\zeta^2}}{\zeta} \tag{5-163}$$

由式（5-163）可以看出，当系统阻尼比确定后，剪切频率越大，过渡时间越短，即系统的响应速度越快。

典型二阶系统的闭环传递函数与二阶振荡环节的传递函数相同，因此其谐振峰值为

$$M_r=\frac{1}{2\zeta\sqrt{1-\zeta^2}}\quad(0\leqslant\zeta\leqslant0.707) \tag{5-164}$$

其谐振频率为

$$\omega_r=\omega_n\sqrt{1-2\zeta^2}\quad(0\leqslant\zeta\leqslant0.707) \tag{5-165}$$

由式（5-164）可得到谐振峰值与阻尼比的关系曲线，另将阻尼比与最大超调量曲线一同绘制在图5-55中，可以看出谐振峰值与最大超调量成正比。谐振峰值越大，最大超调量越大，响应的平稳性越差。

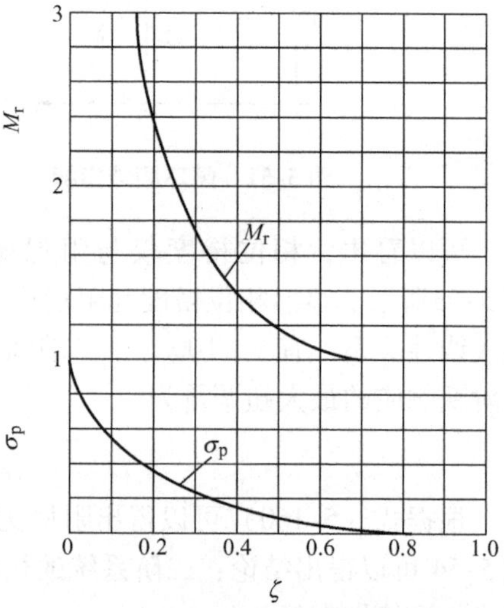

图5-55 谐振峰值与阻尼比关系曲线

根据系统截止频率的定义，可以计算出二阶系统的带宽为

$$\omega_b=\omega_n\sqrt{1-2\zeta^2+\sqrt{2-4\zeta^2+4\zeta^4}} \tag{5-166}$$

由式（5-161）、式（5-165）和式（5-166）可分别得到谐振频率和截止频率，与调整时间和阻尼比之间的关系为

$$\omega_r t_s\approx\frac{3}{\zeta}\sqrt{1-2\zeta^2} \tag{5-167}$$

和

$$\omega_b t_s\approx\frac{3}{\zeta}\sqrt{1-2\zeta^2+\sqrt{2-4\zeta^2+4\zeta^4}} \tag{5-168}$$

由式（5-167）和式（5-168）可以看出，当系统阻尼比确定后，谐振频率和截止频率越大，过渡时间越短，即系统的响应速度越快。

对于高阶系统，当系统存在主导极点时，可采用二阶系统性能指标的关系估算频域指标与时域指标之间的关系；而当系统不存在主导极点时，则可以根据以下的经验公式计算频域指标与时域指标之间的关系为

$$M_r=\frac{1}{\sin\gamma}\quad(35^\circ<\gamma<90^\circ) \tag{5-169}$$

$$\sigma_p=0.16+0.4(M_r-1)\quad(1\leqslant M_r\leqslant1.8) \tag{5-170}$$

$$t_s=\frac{\pi}{\omega_c}[2+1.5(M_r-1)+2.5(M_r-1)^2]\quad(1<M_r<1.8)\tag{5-171}$$

可以看出，高阶系统频域指标与动态性能之间的关系与典型二阶系统类似。

因此对于系统频域指标与系统动态性能指标的关系，可以得出以下结论：

1）相位裕度和谐振峰值决定系统响应的平稳性，相位裕度越大，谐振峰值越小，系统响应的平稳性越好。

2）在阻尼比确定的前提下，剪切频率、谐振频率和截止频率决定系统响应的快速性，剪切频率、谐振频率和截止频率越大，系统响应的快速性越好。

而对于系统的稳态性能，无论是典型二阶系统还是高阶系统，其稳态误差都由系统的类型和开环增益决定。系统类型决定 Bode 图的低频段斜率，系统开环增益决定 Bode 图的低频段高度。因此可以得出结论，系统开环传递函数 Bode 图的低频段决定系统的稳态性能。而剪切频率和相位裕度为开环传递函数 Bode 图的中频段参数，即系统开环传递函数 Bode 图中频段决定系统的动态性能。

5.7 MATLAB 的频域分析应用

MATLAB 软件为控制系统的频域分析提供了方便的绘图工具，可以实现 Nyquist 图、Bode 图和 Nicols 图等的绘制，还可以实现系统稳定裕度的计算。本节我们结合例题讨论 MATLAB 频域分析工具的应用。

例 5-9　已知系统开环传递函数为 $G(s)=\dfrac{20}{(0.2s+1)(s+2)(s+0.5)}$，在 MATLAB 环境中解决以下问题：

（1）绘制该系统的 Nyquist 图，并应用 Nyquist 稳定判据判断系统稳定性；

（2）绘制该系统的 Bode 图；

（3）计算该系统的相位裕度和幅值裕度。

解　已知系统的开环传递函数为

$$G(s)=\frac{20}{(0.2s+1)(s+2)(s+0.5)}$$

将其转化为标准的零极点形式为

$$G(s)=\frac{100}{(s+5)(s+2)(s+0.5)}$$

采用零极点形式在 MATLAB 环境中表示该传递函数，输入如下命令：

```
z=[];
p=[-5,-2,-0.5];
k=[100];
sys=zpk(z,p,k);
```

（1）可应用 Nyquist 图绘制命令 nyquist（sys），绘制系统 Nyquist 图如图 5-56 所示。

将 Nyquist 图（−1，j0）点处局部放大，可以看出 Nyquist 图顺时针绕（-1，j0）点 2 圈，可知系统有 2 个闭环极点位于复平面右半部，系统不稳定。

（2）应用 Bode 图的绘制命令 bode（sys），结合打开网格命令 grid on，可以绘制系统的

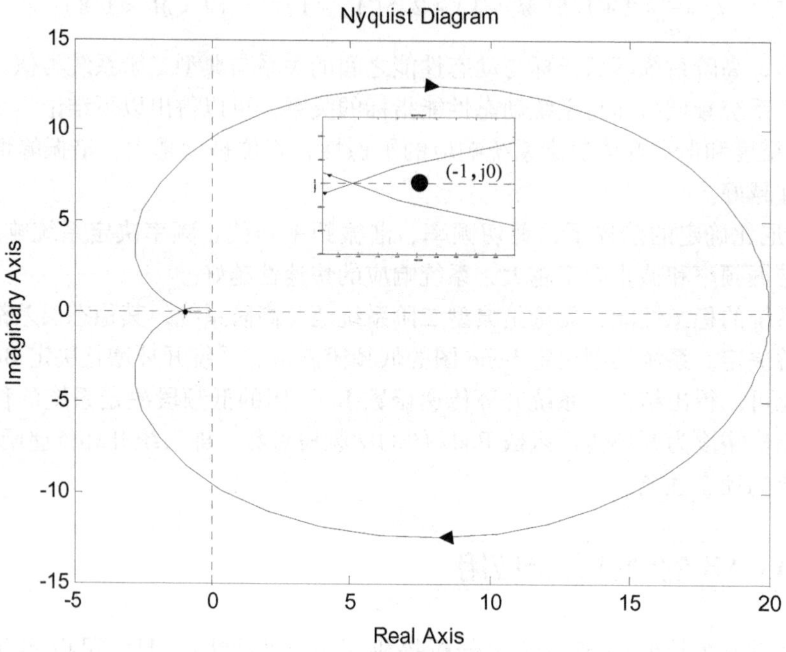

图 5-56　例 5-9Nyquist 图

Bode 图如图 5-57 所示。在 Bode 图中单击右键，选择“Characteristic”后，再选择“Minimum Stability Margins”，可在 Bode 图中显示出相位裕度对应点和幅值裕度对应点，如图 5-57 中的实心圆点所示。可以看出，该系统幅频特性 0dB 点对应的相位略小于 －180°，系统不稳定，与 Nyquist 稳定判据的判断相符。

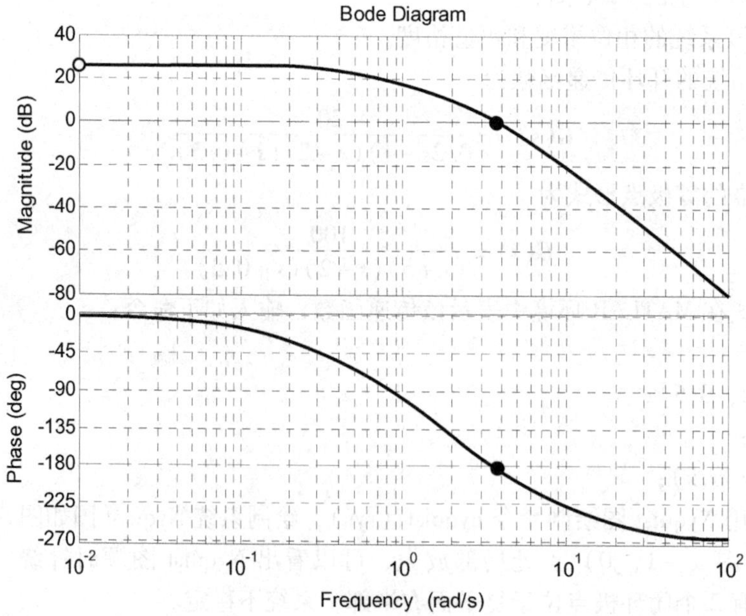

图 5-57　例 5-9Bode 图

（3）应用稳定裕度计算命令［Gm，Pm，Wgm，Wpm］=margin(sys)，可以方便地计算出该系统的幅值裕度（Gm）、相位裕度（Pm）、剪切频率 ω_c（Wgm）和相角穿越频率 ω_g（Wpm）如下：

Gm = 0.9630

Pm = -1.0602

Wgm = 3.6752

Wpm = 3.7409

可以看出，该系统的幅值裕度和相位裕度均不满足稳定的要求。

习　题

5-1　若系统单位阶跃响应 $h(t)=1-1.8e^{-4t}+0.8e^{-9t}(t\geqslant 0)$，试求系统频率特性。

5-2　绘制下列传递函数的 Nyquist 曲线：

（1）$G(s)=K/s$；

（2）$G(s)=K/s^2$；

（3）$G(s)=K/s^3$。

5-3　已知系统开环传递函数

$$G(s)H(s)=\frac{10}{s(2s+1)(s^2+0.5s+1)}$$

试分别计算当 $\omega=0.5$ 和 $\omega=2$ 时开环频率特性的幅值 $A(\omega)$ 和相角 $\varphi(\omega)$。

5-4　试绘制下列传递函数的 Nyquist 曲线：

（1）$G(s)=\dfrac{5}{(2s+1)(8s+1)}$；

（2）$G(s)=\dfrac{10(1+s)}{s^2}$。

5-5　已知系统开环传递函数为

$$G(s)=\frac{10}{s(s+1)(s^2+1)}$$

试概略绘制系统开环幅相频率特性曲线。

5-6　绘制下列传递函数的渐近对数幅频特性曲线。

（1）$G(s)=\dfrac{2}{(2s+1)(8s+1)}$；

（2）$G(s)=\dfrac{200}{s^2(s+1)(10s+1)}$；

（3）$G(s)=\dfrac{40(s+0.5)}{s(s+0.2)(s^2+s+1)}$；

（4）$G(s)=\dfrac{20(3s+1)}{s^2(6s+1)(s^2+4s+25)(10s+1)}$；

（5）$G(s)=\dfrac{8(s+0.1)}{s(s^2+s+1)(s^2+4s+25)}$。

5-7 三个最小相位系统传递函数的近似对数幅频特性曲线分别如图5-58a、b、c所示。要求：

(1) 写出对应的传递函数；

(2) 概略绘制对应的对数相频特性曲线。

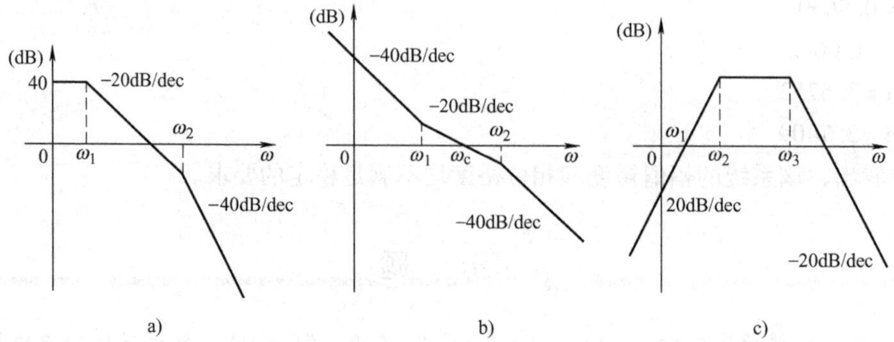

图5-58 题5-7图

5-8 已知 $G_1(s)$、$G_2(s)$ 和 $G_3(s)$ 均为最小相位传递函数，其近似对数幅频特性曲线如图5-59所示。试概略绘制传递函数 $G_4(s)$ 的对数幅频、对数相频和幅相特性曲线。

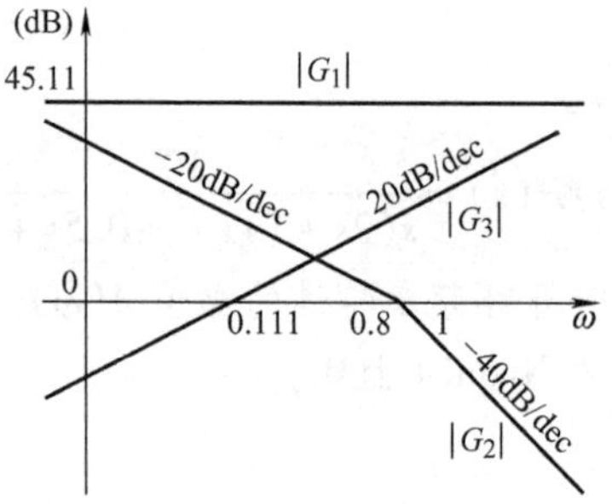

图5-59 题5-8图

$$G_4(s)=\frac{G_1(s)G_2(s)}{1+G_2(s)G_3(s)}$$

5-9 试根据Nyquist判据，判断图5-60中1～10所示的最小相位系统Nyquist曲线对应闭环系统的稳定性。

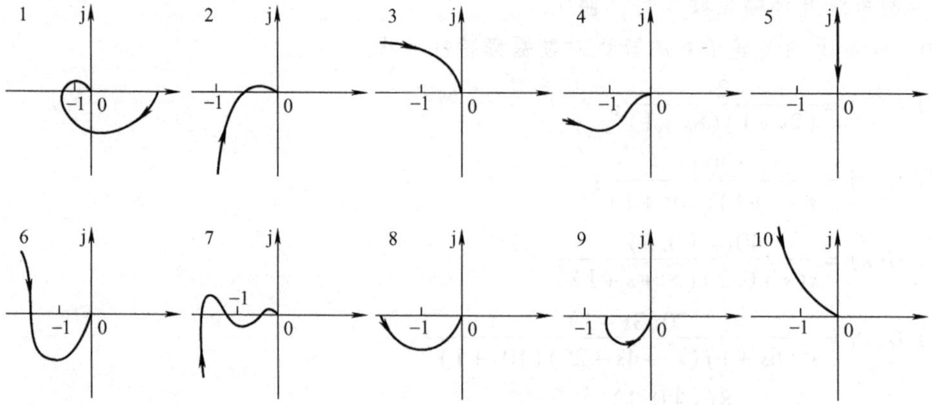

图5-60 题5-9图

5-10 已知系统开环传递函数为

$$G(s)=\frac{10(s^2-2s+5)}{(s+2)(s-0.5)}$$

试概略绘制幅相特性曲线，并根据 Nyquist 判据判定闭环系统的稳定性。

5-11 已知反馈系统的开环传递函数为

$$G(s)=\frac{50}{(0.2s+1)(s+2)(s+0.5)}$$

试用 Nyquist 判据或对数稳定判据判断闭环系统的稳定性，并确定系统的相角裕度和幅值裕度。

5-12 某最小相位系统的开环对数幅频特性如图 5-61 所示。

(1) 写出系统开环传递函数；

(2) 利用相角裕度判断系统的稳定性；

(3) 将其对数幅频特性向右平移十倍频程，试讨论对系统性能的影响。

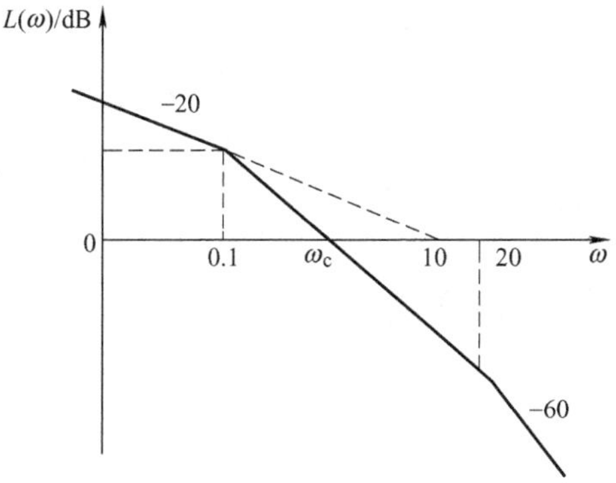

图 5-61 题 5-12 图

5-13 对于典型二阶系统，已知参数 $\omega_n=3$，$\zeta=0.7$，试确定截止频率 ω_c 和相角裕度 γ。

5-14 对于典型二阶系统，已知 $\sigma\%=15\%$，$t_s=3s$，试计算相角裕度 γ。

5-15 对于高阶系统，要求时域指标 $\sigma=18\%$，$t_s=0.05s$，试将其转换成频域指标。

第 6 章 控制系统的校正

控制系统一般由比较元件、校正元件、放大元件、执行元件、被控对象和反馈元件组成。在系统设计过程中，通常被控对象的特性是不可改变的。为了达到稳定性、动态性能指标和稳态指标等要求，需要合理选择其余的组成元件，并对校正元件进行设计。而在一些复杂系统中，被控对象的特性是可变的，并且各组成元件的特性易受外部条件影响，对校正元件设计的要求则更高。本章仅讨论当除校正元件以外的组成元件确定的情况下，校正元件的设计问题，即控制系统的校正问题。通过控制系统的校正，使系统满足各项性能指标要求。按校正元件在系统结构中所处的位置不同，校正方法分为串联校正、反馈校正和前馈校正。

6.1 校正问题的提出和一般方法

6.1.1 校正问题的提出

如图 6-1 所示的自动绕线机系统，由绕线子系统和转子位置子系统组成。绕线子系统由控制器、直流电动机以及与直流电动机同轴的直流发电机组成。绕线子系统的输入信号为绕线转速，直流电动机将漆包线绕在转子上，与直流电动机同轴的直流发电机输出代表转速的电压到反馈到控制器形成负反馈。转子位置子系统由步进电动机、气动夹具和被绕转子组成。当被绕转子的某一相绕线完成后，绕线系统的直流电机停止绕线，步进电动机带动气动夹具将被绕转子的下一相转到等待绕线的位置，绕线系统的直流电动机再次起动绕线，直到被绕转子所有相绕线完成。

当直流电动机匀速转动将漆包线绕在被绕转子上时，绕线的工艺质量是最理想的。该子系统中，直流电动机的传递函数为输入电压与输出转速之间的关系，其表达式为

$$G(s)=\frac{10}{s(0.2s+1)(0.1s+1)} \tag{6-1}$$

不失一般性，假设与直流电动机同轴的直流发电机传递函数为

$$H(s)=1 \tag{6-2}$$

控制器仅具有比较功能，系统的开环传递函数为直流电机的传递函数，其 Bode 图如图 6-2所示。经计算该系统的相位裕度仅有 12°，对该系统进一步做阶跃响应分析，可以计算出其最大超调量约为 70%。可以看出，在为对控制器做任何设计的情况下，该绕线子系统的绕线速度变化很大，无法保证绕线质量。要满足绕线质量的要求，需要合理设计控制器

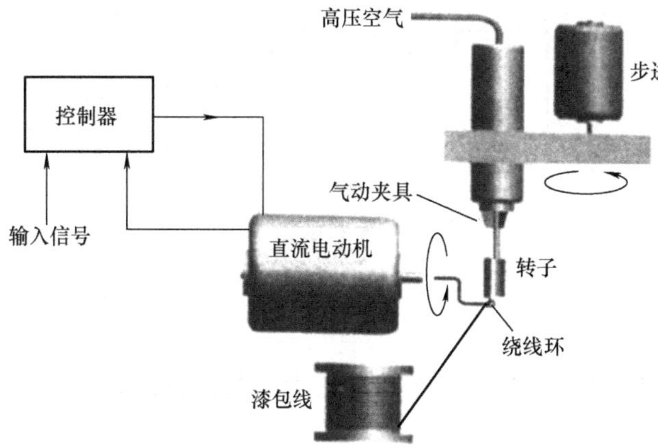

图 6-1　自动绕线机系统图

的传递函数，提高系统开环传递函数的相位裕度。该绕线子系统中控制器的设计问题，即为控制系统的校正问题。

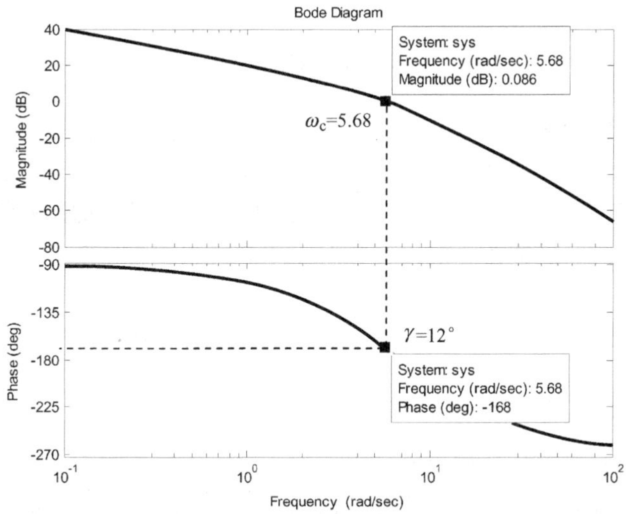

图 6-2　自动绕线机系统图

6.1.2　校正的一般方法

按校正元件在控制系统中所处的位置，校正方法分为串联校正、反馈校正和前馈校正。

1. 串联校正

校正元件位于前向通道前端的校正方法为串联校正，如图 6-3 所示系统，$G_c(s)$ 即为串联校正元件，串联校正元件有时也与控制系统的控制器一同设计。

串联校正元件位于前向通道的前端，输入信号和输出信号的功率均较小，有利于降低串联校正元件的制造成本，也有利于降低系统总体功耗。并且串联校正元件对系统开环传递函数的贡献也为串联关系，便于对校正效果进行分析。因此，串联校正是较为常用的校正

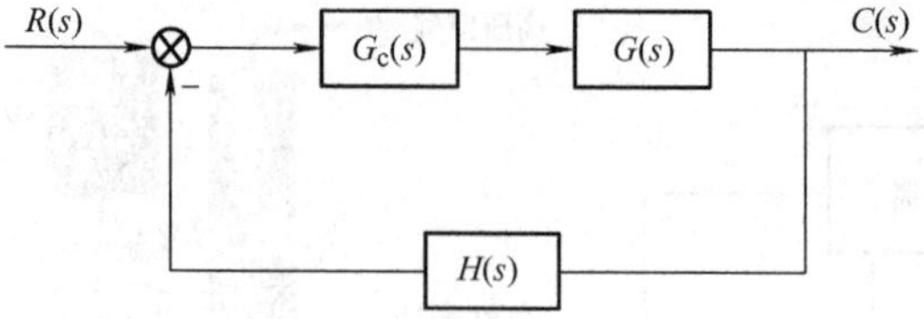

图 6-3　串联校正

方法。

2. 反馈校正

校正元件与系统部分元件组成回路的校正方法为反馈校正，如图 6-4 所示系统，$G_c(s)$ 即为反馈校正元件。

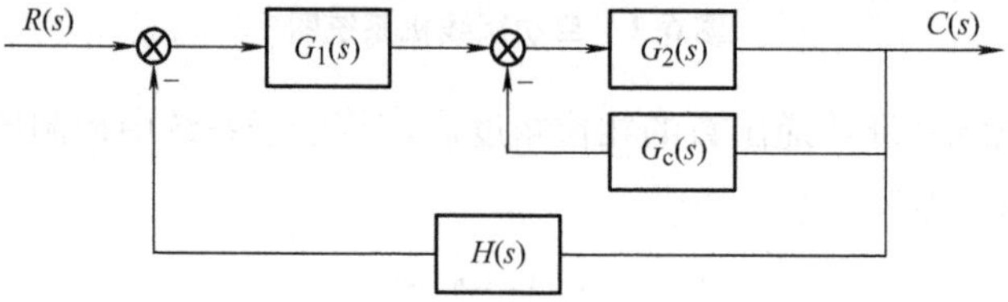

图 6-4　反馈校正

通常反馈校正元件的输入信号来源于系统的高功率点，输出信号到系统的低功率点，不需要附加放大元件，通常对反馈元件的功率要求不高。利用反馈元件形成的回路，反馈校正往往可以消除该回路所包围的元件对系统性能的影响，并且可以抑制系统参数波动和非线性因素对系统性能的影响。反馈校正的设计相对于串联校正较为复杂。

3. 前馈校正

前馈校正即为时域分析中讨论的复合控制，本章不再赘述。

6.1.3　基于频域分析法的校正思想

频域分析法在控制系统的分析和设计中应用广泛，主要原因在于频域分析法的分析对象为相对容易得到的系统开环传递函数，并且以 Bode 图为分析手段的频域分析法可以方便地判断系统的稳定性、响应的快速与平稳性，以及跟踪输入信号的准确性。

在频域分析中通常把 Bode 图分为三个频段，如图 6-5 所示。剪切频率附近的频段称为中频段，比中频段频率低的频段称为低频段，反之为高频段。Bode 图低频段直线经过点 $(1, 20\lg K)$，其高度反映出系统的开环增益 K 的大小，而低频段的斜率 -20νdB/dec，ν 为系统的类型，因此 Bode 图低频段综合反映系统追踪输入信号的准确性；对于最小相位系统，相位裕度反映系统响应的平稳性，当 Bode 图中频段具有 -20dB/dec 斜率并保持一定的宽度时，其相位裕度约为 45°，响应的平稳性较好。而剪切频率则反映系统响应的快速性；高频段对系统性能指标影响不大，但较高的高频段斜率反映出系统抗高频干扰的能力较强。因此，通过 Bode 图可以方便地分析系统的稳定性、响应的快速与平稳性和追踪输入信号的准确性。从校正的角度看，如果系统性能不满足要求，则可以通过改变原系统 Bode 图低频段和中频段的形状，达到改善性能指标的目的。

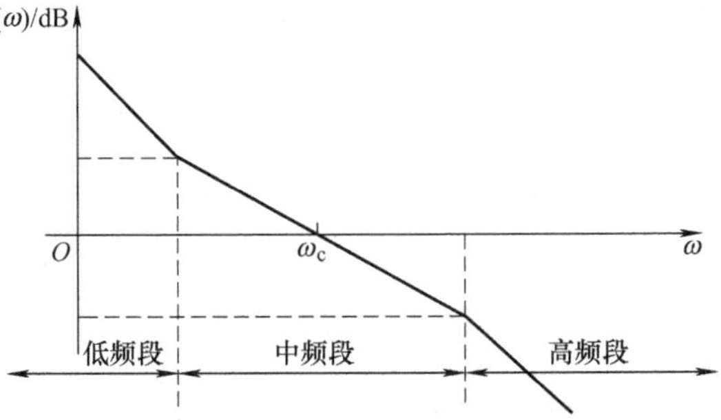

图 6-5 Bode 图中的三个频段

通过对 Bode 图低频段的分析可知，当系统跟踪输入信号的准确性不足时，通过如图 6-6a所示的方式可以提高 Bode 图低频段的高度，甚至提高低频段的斜率。而当最小相位系统响应的平稳性不满足要求时，其中频段斜率往往小于 -20dB/dec，或以 -20dB/dec 为斜率的中频段宽度不够，通过如图 6-6b 所示的方式，可以提高 Bode 图的中频段斜率，从而提高系统相位裕度改善响应的平稳性。图 6-6c 所示的方式同时改变 Bode 图的低频段和中频段，并改善系统跟踪输入信号的准确性和响应的平稳性。

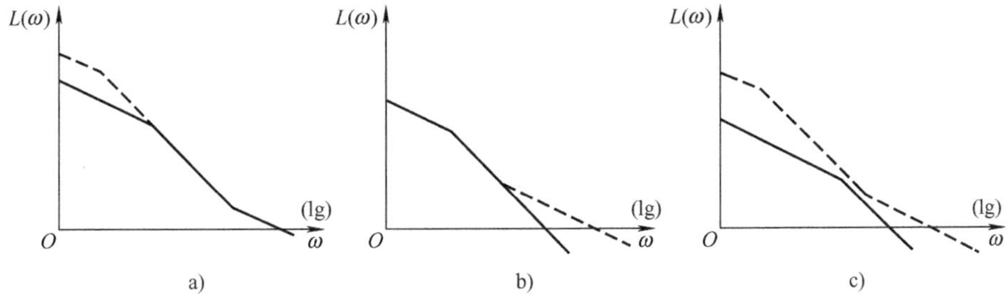

图 6-6 频域法校正的基本思想

基于频域分析的校正方法以 Bode 图为分析对象，操作直观简便，是工程分析和设计中常用的校正方法。该校正方法以改善 Bode 图的中频段和低频段为基本思路，因为具体系统和具体指标不同，具体操作流程灵活多变方法各异。本章后续的内容，将从频域分析的角度讨论 PID 控制器的特点和几种串联校正的操作方法。

6.2 PID 控制器简述

PID 控制器控制原理直观，易于硬件或软件实现，通常串联在前向通道的最前端，是工程实践中常用的控制器，在工业自动化、汽车控制、飞行器控制和航空航天等领域应用广泛。本节将讨论几种 PID 控制器，及其各自的特点。

6.2.1 比例控制器

比例控制器又称为 P(Proportional) 控制器，其传递函数为

$$G_c(s) = K_p \tag{6-3}$$

可以看出，P 控制器即为一个比例环节，其增益 K_p 可以根据性能指标要求进行调整，引入 P 控制器的控制系统框图如图 6-7 所示。

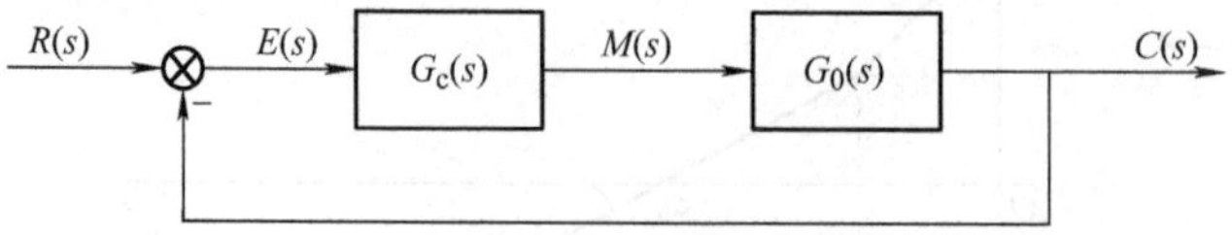

图 6-7 比例控制器

图 6-7 所示系统在未引入比例控制器时，不失一般性假设其开环传递函数为

$$G_0(s)=\frac{K_0}{Ts+1} \tag{6-4}$$

其开环增益为 K_0，并且可得到系统的闭环传递函数为

$$\Phi(s)=\frac{G_0}{1+G_0}=\frac{K_1}{T_1s+1} \tag{6-5}$$

式中，$T_1=\frac{T}{1+K_0}$，$K_1=\frac{K_0}{1+K_0}$。系统的闭环传递函数是增益为 K_1 的惯性环节，其时间常数为 T_1。该系统的误差传递函数为

$$\Phi_E(s)=\frac{1}{1+G_0}=\frac{Ts+1}{Ts+1+K_0} \tag{6-6}$$

当输入信号 $r(t)=1(t)$ 时，系统的稳态误差为

$$e_{ss}=\lim_{s\to 0}sE(s)=s\,\frac{Ts+1}{Ts+1+K_0}\,\frac{1}{s}=\frac{1}{1+K_0} \tag{6-7}$$

开环增益决定了该系统在阶跃输入信号下的稳态误差的大小。

当图 6-7 所示系统引入 P 控制器以后，其开环传递函数改变为

$$G(s)=K_pG_0(s)=\frac{K_pK_0}{T_0s+1} \tag{6-8}$$

系统的开环增益变为 K_pK_0，而系统的闭环传递函数为

$$\Phi'(s)=\frac{G_cG_0}{1+G_cG_0}=\frac{K_2}{T_2s+1} \tag{6-9}$$

式中，$K_2=\frac{K_pK_0}{1+K_pK_0}$，$T_2=\frac{T}{1+K_pK_0}$。系统的闭环传递函数是增益为 K_2 的惯性环节，其时间常数为 T_2。该系统的误差传递函数为

$$\Phi'_E(s)=\frac{1}{1+G_cG_0}=\frac{Ts+1}{Ts+1+K_0K_p} \tag{6-10}$$

当输入信号 $r(t)=1(t)$ 时，系统的稳态误差为

$$e'_{ss}=\lim_{s\to 0}sE'(s)=\frac{1}{1+K_0K_p} \tag{6-11}$$

当 $K_p>1$ 时，引入 P 控制器的系统开环增益大于原系统，系统的稳态误差减小，对比式（6-7）和式（6-11）也可以得到相同的分析结果。而系统闭环传递函数的惯性时间常数随着该 P 控制器的引入而减小，意味着系统响应速度随之加快。

系统开环增益增大也会带来动态性能的改变，例如原系统开环传递函数为

$$G_0(s)=\frac{1}{s(0.2s+1)(0.1s+1)} \tag{6-12}$$

引入 P 控制器后，系统的开环传递函数变为

$$G(s)=\frac{K_p}{s(0.2s+1)(0.1s+1)} \tag{6-13}$$

图 6-8 为系统开环传递函数 Bode 图的幅频特性和相频特性随 K_p 增大的变化情况，可以看出，当 K_p 增大时，剪切频率随之增大，而相频特性不受 K_p 影响，因此相位裕度随 K_p 增大而减小。最小相位系统的相频特性通常具有与图 6-8 所示系统类似的特性，其相位随着频率的增大而减小，因此当剪切频率随着开环增益的增大而增加时，系统的相位裕度会随之减小。在这种情况下，系统的相对稳定程度会变弱，响应的平稳性会变差。

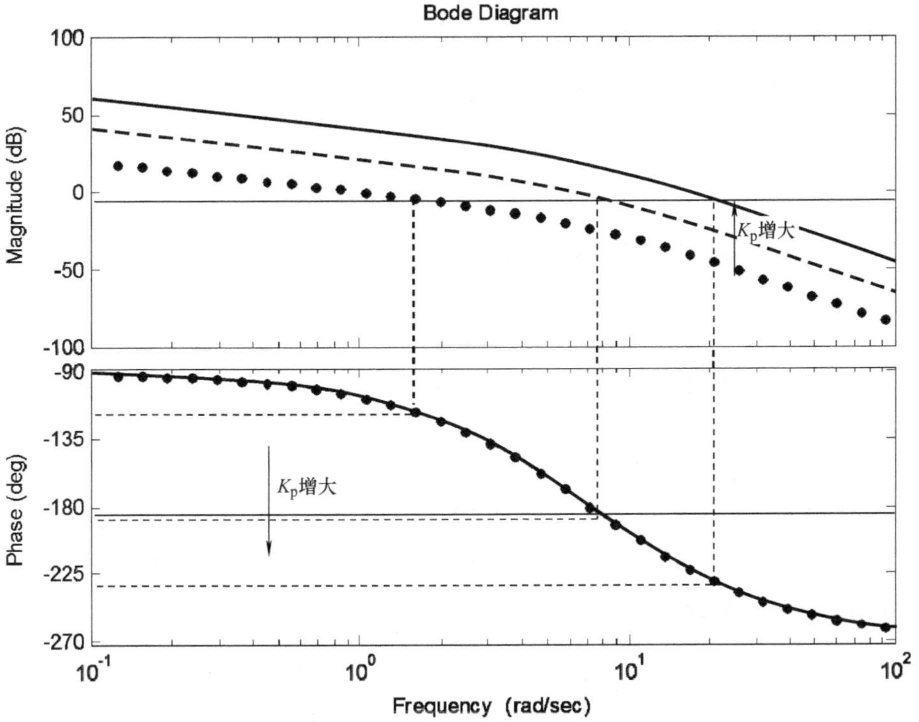

图 6-8　系统开环增益对动态性能的影响

综合上述的分析，P 控制器具有以下特点：

1）提高 K_p 可以减小稳态误差，提高响应速度。

2）提高 K_p 会降低系统的稳定程度，降低响应的平稳性，甚至造成系统不稳定。

6.2.2　比例微分控制器

比例微分控制器又称为 PD（Proportional Differential）控制器，其传递函数为

$$G_c(s)=K_p+K_p\tau s=K_p(1+\tau s) \tag{6-14}$$

可以看出，PD 控制器为一个比例环节和一个微分环节并联而成，或一个比例环节和一个一阶微分环节串联而成，其增益 K_p 和时间常数 τ 可以根据性能指标要求进行调整。

PD 控制器的相频特性为

$$\angle G_c(j\omega) = \arctan(\tau\omega) \tag{6-15}$$

可以看出，PD 控制器可以为校正后的系统提供正的相位，合理选择增益 K_p 和时间常数 τ，PD 控制器可以增大原系统的相位裕度。因此 PD 控制器具有以下特点：

1）PD 控制器可以提高相位裕度，从而提高阻尼比，减小超调量，改善动态性能，提高系统的稳定程度。

2）微分环节易于放大噪声，并且只在暂态过程中有效，通常不单独使用。

6.2.3 积分控制器

积分控制器又称为 I（Integral）控制器，其传递函数为

$$G_c(s) = \frac{K_i}{s} \tag{6-16}$$

可以看出，I 控制器为一个积分环节和一个比例环节串联而成。原系统引入 I 控制器后开环传递函数变为

$$G(s) = G_c(s)G_0(s) = \frac{K_i}{s}G_0(s) \tag{6-17}$$

可以看出，经 I 控制器校正以后系统类型提高 1 型，稳态误差随之减小。而经过 I 控制器校正以后的系统相频特性为

$$\angle G(j\omega) = \angle G_0(j\omega) - 90° \tag{6-18}$$

可以看出，经 I 控制器校正以后系统的相频特性减小 90°，系统的稳定程度随之降低，甚至不稳定。

综合上述分析，I 控制器具有以下特点：

1）I 控制器可以提高系统类型，减小稳态误差。

2）I 控制器引入 -90°相位，降低系统稳定程度，甚至造成系统不稳定。

6.2.4 比例积分控制器

比例积分控制器又称为 PI（Proportional Integral）控制器，其传递函数为

$$G_c(s) = K_p + \frac{K_p}{T_i s} = K_p\left(1 + \frac{1}{T_i s}\right) \tag{6-19}$$

可以看出，PI 控制器为一个比例环节和一个积分环节并联而成。原系统引入 PI 控制器后开环传递函数变为

$$G(s) = G_c(s)G_0(s) = \frac{K_p(T_i s + 1)}{T_i s}G_0(s) \tag{6-20}$$

可以看出，经 PI 控制器校正以后系统类型提高 1 型，稳态误差随之减小。而经过 PI 控制器校正以后的系统相频特性为

$$\angle G(j\omega) = \angle G_0(j\omega) + \arctan(T_i\omega) - 90° \tag{6-21}$$

可以看出，PI 控制器会引入负的相位。但是当剪切频率远大于 $1/T_i$ 时有

$$\gamma = 180° + \angle G_0(j\omega_c) + \arctan(T_i\omega_c) - 90° \approx 180° + \angle G_0(j\omega_c) \tag{6-22}$$

校正后系统的相位裕度受比例积分环节的影响不大。

实际上，PI 控制器的传递函数

$$G_c(s)=K_p\left(1+\frac{1}{T_is}\right)=\frac{1}{T_is}K_p(1+T_is) \tag{6-23}$$

PI 控制器可以看作是一个积分环节和一个比例微分环节串联而成，其中积分环节可以提高系统类型，而比例微分环节则提高阻尼程度，保证系统稳定。

综合上述分析，PI 控制器具有以下特点：PI 控制器可以在不降低系统稳定程度的前提下，提高系统类型，从而减小稳态误差。

6.2.5　比例积分微分控制器

比例积分微分控制器又称为 PID（Proportional Integral Differential）控制器，其传递函数为

$$G_c(s)=K_p+\frac{K_p}{T_is}+K_p\tau s=K_p\frac{(T_i\tau s^2+T_is+1)}{T_is} \tag{6-24}$$

当满足 $4\tau<T_i$ 时，式（6-24）可以改写为

$$G_c(s)=\frac{\tau_1K_p}{T_i}\left(1+\frac{1}{\tau_1s}\right)(\tau_2s+1) \tag{6-25}$$

可以看出，PID 控制器为一个比例环节、一个比例积分环节和一个比例微分串联而成。合理选择参数，PID 控制器可以结合 P 控制器、PI 控制器和 PD 控制器各自的优点，因此 PID 控制器具有如下特点：

1）结合 P、PI 和 PD 控制器的优点。

2）提高 K_p 可减小稳态误差，提高响应速度。

3）提高系统类型，减小稳态误差。

4）提高系统相对稳定程度，提高系统响应的平稳性。

6.3　串联超前校正

6.3.1　超前校正元件特性

串联超前校正是串联校正方式中，由校正元件为开环传递函数提供超前相位的一种校正方式。PID 控制器中的 PD 控制器的相频特性始终为正，是一种超前校正元件。然而 PD 控制器的引入，会将原系统开环传递函数分子的阶次增加 1 阶，使得开环传递函数对数幅频特性的高频段斜率增加 20dB/dec，从而降低系统对高频噪声的抗干扰能力。因此，在对抗高频噪声干扰能力比较敏感的系统进行校正的过程中，经常采用带惯性环节的 PD 控制器作为校正元件，其传递函数为

$$G_c(s)=\frac{aTs+1}{Ts+1}=\frac{\frac{1}{\omega_1}s+1}{\frac{1}{\omega_2}s+1}\quad(a>1,\omega_1<\omega_2) \tag{6-26}$$

式中，$\omega_1=1/aT$，$\omega_2=1/T$。其相频特性为

$$\angle G_c(j\omega)=\arctan(aT\omega)-\arctan(T\omega) \tag{6-27}$$

由于 $a>1$，该元件的相频特性始终为正。将带惯性环节的PD控制器串联在原系统的前向通道前端为系统引入正的相位，可以对系统进行超前校正，并且不改变原系统分子、分母多项式阶次之差，也不会改变原系统对数幅频特性的高频段斜率。

带惯性环节的PD控制器的Bode图如图6-9所示，其幅频特性的低频段为0dB，在 ω_1 处转折为斜率为20dB/dec的线段，到 ω_2 处转折为斜率为0dB/dec的射线。令从 ω_1 到 ω_2 幅频特性上升的幅度为 A，可知 A 满足中频段线段的斜率方程

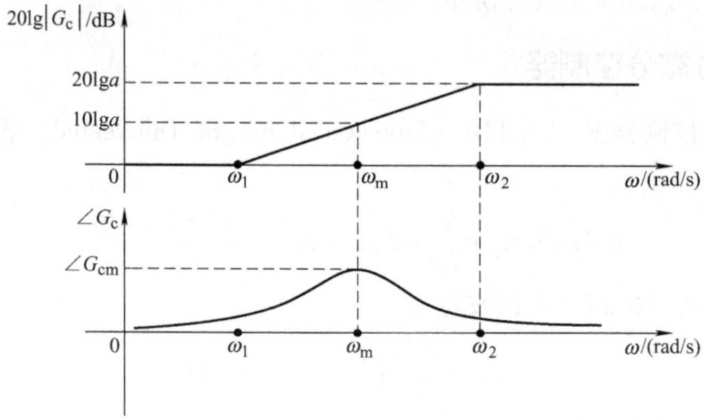

图6-9　带惯性环节的PD控制器Bode图

$$\frac{A-0}{\lg\omega_2-\lg\omega_1}=20 \tag{6-28}$$

可得，$A=20\lg(\omega_2/\omega_1)=20\lg a$。

带惯性环节的PD控制器的相频特性如式（6-27）所示，利用正切函数求和公式，可将其变换为

$$\angle G_c(\mathrm{j}\omega)=\arctan\frac{aT\omega-T\omega}{1+aT^2\omega^2} \tag{6-29}$$

对式（6-29）求关于 a 的极值，得

$$\angle G_{cm}=\arctan\frac{a-1}{2\sqrt{a}} \tag{6-30}$$

$$\omega_m=\frac{1}{T\sqrt{a}}=\sqrt{\omega_1\omega_2} \tag{6-31}$$

式中，$\omega_m=\sqrt{\omega_1\omega_2}$ 为 ω_1 和 ω_2 的几何中点，利用中频段直线方程可以计算出该点的幅值为 $10\lg a$。可以看出，在惯性环节的PD控制器的几何中点，其相频特性达到最大值。考虑物理可实现性，通常 a 的取值不大于20，而带惯性环节的PD控制器所能提供的最大相位可由式（6-30）计算得到，为65°。

6.3.2　超前校正元件设计

超前校正元件的相频特性始终为正，利用超前元件进行校正的主要功能就是增加系统的相位裕度，而对系统低频段特性没有影响。令 G_e 为校正后系统的开环传递函数，则将超前校正元件串联进系统前向通道后，系统开环对数幅频特性为

$$20\lg|G_e| = 20\lg|G_c| + 20\lg|G_0| \tag{6-32}$$

可以看出，校正后系统的对数幅频特性为超前元件与原系统对数幅频特性之和。由于超前校正元件的低频段幅频特性为零，因此超前校正不改变系统低频段幅频特性，即超前校正不改变系统跟踪输入信号的准确性。而超前校正元件的中频段增加 20dB/dec，高度随之上升，使得原系统对应频段的斜率增加 20dB/dec，高度也随之上升。因此，将超前元件置于原系统的中频段，可以将原系统中频段斜率增大 20dB/dec，同时也会增大原系统的剪切频率。

将超前校正元件串联进系统前向通道校正后，系统的相频特性为

$$\angle G_e(j\omega) = \angle G_c(j\omega) + \angle G_0(j\omega) \tag{6-33}$$

由于超前校正元件的相频特性为正，校正后系统的相频特性始终大于原系统的相频特性。但不能简单地认为系统相位裕度随之增大，因为校正后系统的剪切频率增大，而原系统的相频特性往往随着频率的增大而减小。因此，利用超前校正元件对系统进行校正应尽可能满足以下两点：

1）将超前校正环节相频特性的极值点置于校正后的剪切频率处。

2）原系统的相频特性在校正后的剪切频率处不应过小，而抵消掉超前校正环节引入的正的相位。

由于超前校正涉及幅频特性和相频特性，二者分别由对数方程和三角函数方程表示，解析方式求解非常困难。因此，超前校正元件的设计往往利用 Bode 图图解的方式，从幅频特性出发进行试探求解，然后利用相频特性进行验证。

例 6-1　有最小相位系统开环传递函数为

$$G_0(s) = \frac{K}{s(0.5s+1)} \tag{6-34}$$

要求开环增益 $K = 20\text{s}^{-1}$，并且系统相位裕度 $\gamma(\omega_c) > 50°$，试设计串联超前校正环节。

解　由开环增益要求，原系统开环传递函数变为

$$G_0(s) = \frac{20}{s(0.5s+1)} \tag{6-35}$$

根据式（6-35）可以做出系统开环传递函数对数幅频特性曲线如图 6-10 所示，可以看出系统中频段斜率为 −40dB/dec。对于最小相位系统而言，该中频段斜率无法满足题设相位裕度的要求。由中频段直线斜率方程可以计算出原系统的剪切频率 $\omega_{c0} = 6.3$，将其代入原系统相位裕度方程得

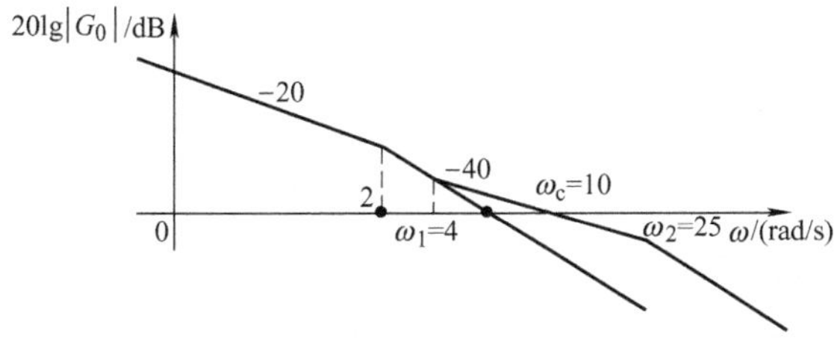

图 6-10　例 6-1 图

$$\gamma_0 = 180° + \angle G_0(j\omega_{c0}) = 18° \tag{6-36}$$

下面从幅频特性中频段出发，采用试探法设计超前校正元件。令超前校正元件的传递函数为

$$G_c(s)=\frac{\frac{1}{\omega_1}s+1}{\frac{1}{\omega_2}s+1}(\omega_1<\omega_2) \tag{6-37}$$

设计该校正元件，即为确定 ω_1 和 ω_2。

欲使校正后系统的相位裕度 $\gamma(\omega_c)>50°$，中频段斜率应为 -20dB/dec，并保持一定的宽度。超前校正元件在 ω_1 以前的幅频特性为 0，从 ω_1 开始斜率增大为 20dB/dec，对系统幅频特性的贡献也为增大 20dB/dec。欲使原系统中频段斜率增大为 -20dB/dec，尝试将 ω_1 取在原系统第一个转折频率 2 与 $\omega_{c0}=6.3$ 之间，即 $\omega_1=4$。

过 $\omega_1=4$ 作一条斜率为 -20dB/dec 的直线，该直线即为引入超前校正元件后系统的中频段。利用该直线的斜率方程，可以计算出校正后系统的剪切频率 $\omega_c=10$。

采用超前校正元件进行校正，应最大限度地利用超前校正环节的相频特性为系统提供正的相位，即把超前校正环节的最大相位点置于校正后的剪切频率处，即

$$\omega_m=\sqrt{\omega_1\omega_2}=\omega_c=10 \tag{6-38}$$

解得 $\omega_2=25$，至此采用试探法设计超前校正环节完毕。

由于试探过程中只考虑了系统幅频特性，需要对试探结果进行验证，校正以后的系统开环传递函数为

$$G(s)=\frac{\frac{1}{4}s+1}{\frac{1}{25}s+1}\cdot\frac{20}{s(0.5s+1)} \tag{6-39}$$

将校正后系统的剪切频率代入其相位裕度公式得

$$\gamma(\omega_c)=180°+\angle G(j\omega_c)=57.7° \tag{6-40}$$

可以看出，该校正元件满足题设要求，设计结束。

若试探结果不满足指标要求，可适当提高校正后系统的中频段宽度，即提高超前校正元件中频段宽度以提供更大的正的相位。但值得注意的是，原系统的相频特性在校正后的剪切频率附近下降比较平缓的情况下，上述调整才能改善校正结果，因为提高校正后系统中频段宽度，剪切频率也会随之增大。

串联超前校正有时也从相位裕度指标出发，结合幅频特性设计超前校正元件，下面以例 6-2为例讨论该方法。

例 6-2 有最小相位系统开环传递函数为

$$G_0(s)=\frac{K}{s(0.001s+1)(0.1s+1)} \tag{6-41}$$

对该系统的指标要求分别如下：

（1）响应匀速信号 $r(t)=Rt$ 的稳态误差不大于 $0.001R$；

（2）剪切频率 $\omega_c\geqslant 165\text{rad/s}$；

（3）相位裕度 $\gamma>45°$。

试设计超前校正元件以满足上述指标要求。

解　系统类型为 1 型，响应匀速信号 $r(t)=Rt$ 的稳态误差为 $1/K$，因此可以得到 $K\geqslant 1000$，取 $K=1000$。

要求剪切频率 $\omega_c\geqslant 165\text{rad/s}$，取 $\omega_c=165$ 可以计算出原系统在该剪切频率处的相频特性为

$$\angle G_0(j\omega_c)=-90°-\arctan(0.001\omega_c)-\arctan(0.1\omega_c)=-186° \tag{6-42}$$

如要同时满足题设中对剪切频率和相位裕度的要求，超前元件在 $\omega_c=165$ 至少应提供 51°的相位。保留 5°的余量，取

$$\angle G_{cm}=\arctan\frac{a-1}{2\sqrt{a}}=56° \tag{6-43}$$

可得到超前校正元件的参数 $a=10.7$，为便于计算，取 $a=10$。

超前校正元件的最大相位点应置于校正后的剪切频率处，即

$$\omega_m=\sqrt{\omega_1\omega_2}=\omega_c=165 \tag{6-44}$$

由 $a=10$ 和式（6-44）可以计算出 $\omega_1=52.2$，$\omega_2=522$，超前校正元件设计完毕。

由于该设计过程中没有考虑幅频特性，校正后系统实际的剪切频率在 165 处，因此需要校正结果进行验证。校正后系统的开环传递函数为

$$G_e(s)=\frac{\frac{1}{52.2}s+1}{\frac{1}{522}s+1}\frac{1000}{s(0.001s+1)(0.1s+1)} \tag{6-45}$$

可计算出该系统的实际剪切频率为 $\omega_c=192$，相位裕度 $\gamma=46.7°$，满足指标要求，校正完毕。

如果校正结果不满足指标要求，可适当提高超前校正元件的中频段宽度，重新计算元件参数，并再次进行验证直到满足指标要求。

6.3.3　串联超前校正对系统的影响

串联超前校正对系统性能指标的影响如下：

1）增加开环频率特性在剪切频率附近的相位，可提高系统的相位裕度。

2）增加对数幅频特性在剪切频率上的斜率，提高系统的稳定性和相位裕度。

3）提高系统的频带宽度，可提高系统的响应速度。

串联超前校正也具有一定的局限性，在以下一些情况下，串联超前校正并不适用：

1）原系统不稳定时，不宜采用串联超前校正。如果原系统不稳定，则原系统的相位裕度为负，考虑到串联超前校正元件一般仅能提供 65°的相位，以及大多数系统的相频特性具有下降趋势，仅采用单个串联超前校正元件很难满足相位裕度为 45°左右的要求。

2）原系统相位裕度很小，并且在剪切频率附近相频特性下降速度较快的情况下，也不宜采用串联超前校正。串联超前校正会增大系统的剪切频率，原系统在校正后剪切频率处的相位远小于校正前的相位，串联超前校正元件提供的正的相位被抵消掉，很难达到增大相位裕度到 45°左右的要求。

6.4 串联滞后校正

6.4.1 滞后校正元件特性

串联滞后校正是串联校正方式中，由校正元件为开环传递函数提供滞后相位的一种校正方式。PID 控制器中的 PI 控制器的相频特性始终为负，是一种滞后校正元件。而在串联滞后校正中，也经常用到如下形式的滞后校正元件：

$$G_c(s)=\frac{aTs+1}{Ts+1}=\frac{\frac{1}{\omega_1}s+1}{\frac{1}{\omega_2}s+1}(a<1,\omega_1>\omega_2) \tag{6-46}$$

式中，$\omega_1=1/aT$，$\omega_2=1/T$。其相频特性为

$$\angle G_c(\mathrm{j}\omega)=\arctan(aT\omega)-\arctan(T\omega) \tag{6-47}$$

根据式（6-46）和（6-47）可作出串联滞后校正元件的 Bode 图如图 6-11 所示。可以看出，串联滞后元件的幅频特性的低频段为 0dB，在 ω_2 处转折为斜率为 -20dB/dec 的线段，到 ω_1 处转折为斜率为 0dB/dec 的射线。令从 ω_2 到 ω_1 幅频特性下降的幅度为 A，可知 A 满足中频段线段的斜率方程

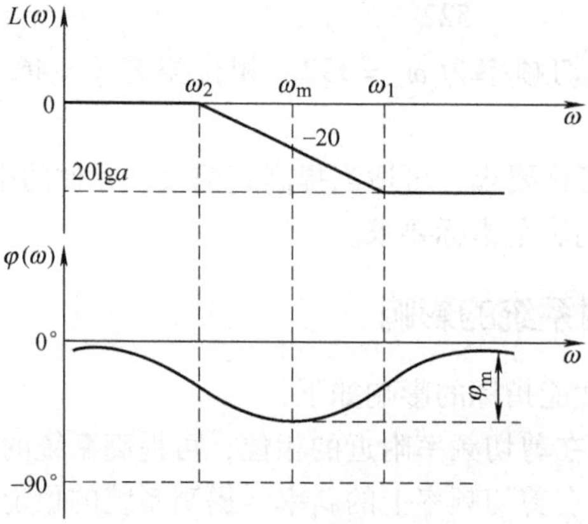

图 6-11 串联滞后校正元件 Bode 图

$$\frac{A-0}{\lg\omega_1-\lg\omega_2}=-20 \tag{6-48}$$

可得，$A=20\lg(\omega_2/\omega_1)=20\lg a$。

串联滞后元件的相频特性为

$$\angle G_c(\mathrm{j}\omega)=\arctan(aT\omega)-\arctan(T\omega) \tag{6-49}$$

由于 $a<1$，该元件的相频特性始终为负。为了避免串联滞后校正元件过大降低系统相位裕度，通常令 $\omega_1=(0.1\sim0.05)\omega_c$，这样滞后元件在校正后的剪切频率处引入的相位为 $-5°\sim-3°$。同时，由于滞后元件从 ω_2 到 ω_1 的幅频特性下降 20lg$a$，即将原系统的中频段幅频特性拉低 20lg$a$，剪切频率随之减小。通常情况下，最小相位系统的相频特性具有随频率减小而增大的

趋势，系统的相位裕度也随之增大。

6.4.2　滞后校正元件设计

通过分析滞后校正元件的特性，可以看出，串联滞后校正是利用滞后校正元件的中频段特性，将原系统的中频段拉低减小剪切频率，从而增加系统的相位裕度。因此在进行串联滞后校正的过程中，应注意以下两点：

1）把滞后校正元件的 ω_1 置于远小于校正后的剪切频率处。

2）原系统的相频特性，在校正后的剪切频率处应具有足够的相位余量以满足相位裕度要求。

例 6-3　设系统开环传递函数为

$$G_0(s)=\frac{30}{s(0.1s+1)(0.2s+1)} \tag{6-50}$$

试采用串联滞后校正，使系统满足相位裕度 $\gamma \geq 40°$。

解　根据式（6-50）可绘制原系统的 Bode 图如图 6-12 所示，利用 Bode 图可计算出原系统的剪切频率 $\omega_{c0}=11$，相位裕度 $\gamma_0=-25°$，原系统不稳定。从相频特性可以看出，在剪切频率附近，相频特性变化的速率较大，采用超前校正很难满足相位裕度的要求。在这种情况下可以考虑采用串联滞后校正。

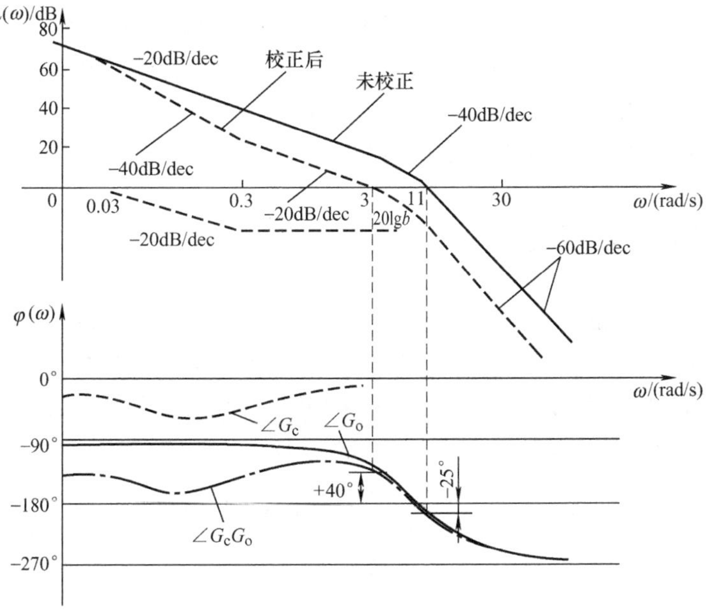

图 6-12　例 6-3Bode 图

根据相位裕度 $\gamma \geq 40°$ 的要求，同时考虑到滞后元件负相位带来的影响，预留 5°余量在原系统相频特性上找到相位为 $-135°$ 的频率点作为校正后的剪切频率，即

$$\angle G(\mathrm{j}\omega_c)=-135° \tag{6-51}$$

求得 $\omega_c \approx 3$。由于在确定 ω_c 预留了 5°余量，可以取 $\omega_1=0.1\omega_c=0.3$。

串联滞后元件在幅频特性上对原系统的贡献为，将原系统 $\omega=3$ 处的幅频特性拉低为

0dB。因此有

$$20\lg a = 20\lg|G_0(j\omega_c)| = -20\text{dB} \tag{6-52}$$

可以求得，$a=0.1$，则 $\omega_2=0.1\omega_1=0.03$。至此滞后校正元件确定，其传递函数为

$$G_c(s)=\frac{\frac{1}{0.3}s+1}{\frac{1}{0.03}s+1}=\frac{3.33s+1}{33.3s+1} \tag{6-53}$$

校正后的系统开环传递函数为

$$G(s)=G_0(s)G_c(s)=\frac{30(3.33s+1)}{s(0.1s+1)(0.2s+1)(33.3s+1)} \tag{6-54}$$

在上述滞后校正元件的设计过程中，采用了确定性的计算方法，该结果无需进行验证。

6.4.3 串联滞后校正对系统的影响

串联滞后校正对系统性能指标的影响包括以下几点：

1）提高系统的相位裕度。

2）降低系统的剪切频率，系统的响应速度会随之降低。

3）高频段幅频特性下降，系统抗高频干扰能力提高。

串联滞后校正适用于原系统不稳定，或者剪切频率附近相频特性变化剧烈，以至于串联超前校正很难达成增大相位裕度目标的情况。而采用串联滞后校正也需要满足以下条件：

1）性能指标要求中，对响应速度的要求不高。

2）原系统相频特性在剪切频率要求范围内，能够找到所需要的相位余量。

6.5 串联滞后-超前校正

串联超前校正提供正的相位并提高剪切频率，而串联滞后校正拉低幅频特性并降低剪切频率，这两种串联校正方法适用范围不同、特点各异，在校正效果上具有一定的互补性。当单独采用超前校正或滞后校正都无法满足校正指标要求时，可以考虑采用串联滞后-超前校正。

串联滞后超前校正元件是超前校正元件和滞后校正元件的组合，其传递函数为

$$G_c(s)=\frac{(1+bT_2s)(1+aT_1s)}{(1+T_2s)\ (1+T_1s)}(a>1,b<1,bT_2>aT_1) \tag{6-55}$$

令 $\omega_1=1/T_2$，$\omega_2=1/bT_2$，$\omega_3=1/aT_1$，$\omega_4=1/T_1$，则滞后-超前校正元件的传递函数可以写为

$$G_c(s)=\frac{\left(1+\frac{1}{\omega_2}s\right)\left(1+\frac{1}{\omega_3}s\right)}{\left(1+\frac{1}{\omega_1}s\right)\left(1+\frac{1}{\omega_4}s\right)} \tag{6-56}$$

且 $\omega_1<\omega_2<\omega_3<\omega_4$，其 Bode 图如图 6-13 所示。

从串联滞后-超前校正元件的 Bode 图可以看出，利用该元件对原系统进行校正，是首先利用其滞后部分将原系统低频段和中频段的幅频特性下拉，而利用超前部分增大校正后系统在剪切频率处的相位，从而达到增大系统相位裕度的目的。该校正元件结合了超前校正元件

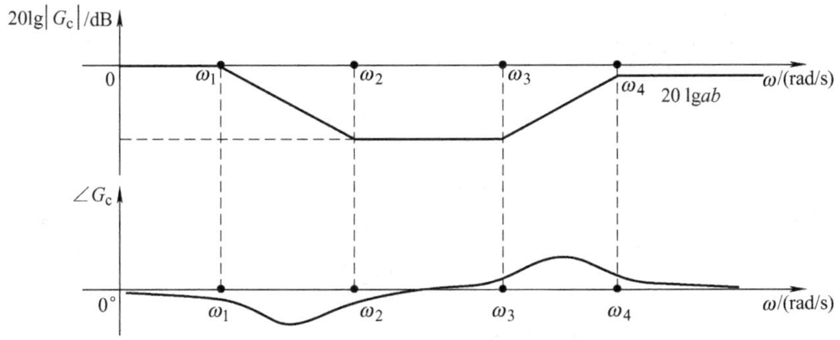

图 6-13　串联滞后-超前元件 Bode 图

和滞后校正元件各自的特点，也弥补了单独使用两种校正元件的不足。

例 6-4　有最小相位系统的开环传递函数为

$$G_0(s)=\frac{K}{s(0.1s+1)(0.05s+1)} \tag{6-57}$$

要求系统满足下列性能指标：

（1）速度误差系数 $K_v \geqslant 50$；

（2）剪切频率 $\omega_c=(10\pm 0.5)\mathrm{rad/s}$；

（3）相位裕度 $\gamma=40°\pm 3°$。

试采用串联滞后-超前校正方法，使系统满足上述指标要求。

解　由速度误差系统要求可知，系统开环传递函数应满足 $K\geqslant 50$，取 $K=50$，则系统开环传递函数为

$$G_0(s)=\frac{50}{s(0.1s+1)(0.05s+1)} \tag{6-58}$$

由式（6-58）可作系统 Bode 图如图 6-14 中实线所示。从系统 Bode 图可以看出原剪切频率大于 10，若需要满足剪切频率 $\omega_c=(10\pm 0.5)\mathrm{rad/s}$ 的要求，单独的超前校正无法实现。而将 $\omega_c=10$ 代入原系统的相频特性，得 $\angle G_0(\mathrm{j}\omega_c)=-162°$，可知若需要满足相位裕度 $\gamma=40°\pm 3°$的要求，单独滞后校正也无法实现。因此考虑采用超前校正在 $\omega_c=10$ 处提供正的相位，并采用滞后校正拉低中低频段幅频特性将剪切频率置于 $\omega_c=10$ 处。

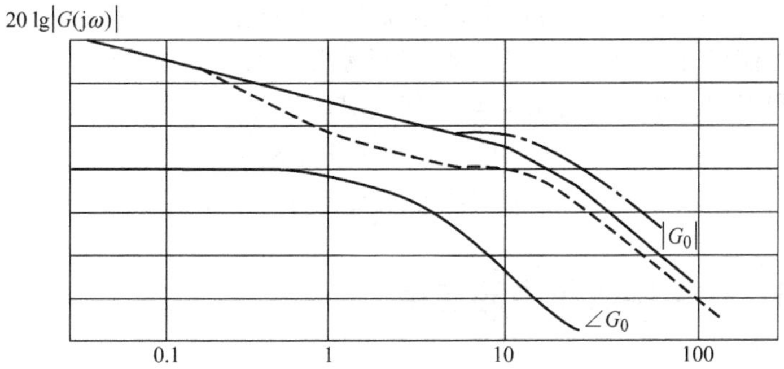

图 6-14　例 6-4Bode 图

根据 $\angle G_0(\mathrm{j}\omega_c)=-162°$，考虑校正后系统的相位裕度 $\gamma=40°$，超前校正所提供的正相

位至少应该为22°，考虑到滞后环节所带来的负的相位预留5°的余量，令超前元件所能提供的最大相位为27°，并且将超前环节的最大相位频率点置于$\omega_c=10$处，则有

$$\angle G_{cm}=\arctan\frac{a-1}{2\sqrt{a}}=27° \tag{6-59}$$

$$\sqrt{\omega_3\omega_4}=\sqrt{1/aT_1^2}=10 \tag{6-60}$$

由式（6-59）和式（6-60），可以计算出$a=2.66$，$T_1=0.06$，得到超前元件的传递函数为

$$G_{c1}(s)=\frac{0.16s+1}{0.06s+1} \tag{6-61}$$

采用超前元件校正后的系统开环传递函数为

$$G_{c1}(s)=\frac{50(0.16s+1)}{s(0.1s+1)(0.05s+1)(0.06s+1)} \tag{6-62}$$

其Bode图中频段如图6-14中点画线所示。

欲满足$\omega_c=10$的要求，可采用滞后校正将$G_{c1}(s)$幅频特性中频段拉低即可，而$20\lg|G_{c1}(j\omega_c)|=18\text{dB}$，可由下式计算滞后环节的参数$b$：

$$20\lg b=-20\lg|G_{c1}(j\omega_c)|=-18\text{dB} \tag{6-63}$$

得$b=0.13$。此外，将滞后环节中的ω_2置于远小于$\omega_c=10$的频段内，即取

$$\omega_2=\frac{1}{bT_2}=\frac{\omega_c}{10}=1 \tag{6-64}$$

得$T_2=8$，则滞后环节为

$$G_{c2}(s)=\frac{s+1}{8s+1} \tag{6-65}$$

至此，滞后-超前元件的传递函数确定为

$$G_c(s)=G_{c1}(s)G_{c2}(s)=\frac{(0.16s+1)(s+1)}{(0.06s+1)(8s+1)} \tag{6-66}$$

校正后的系统开环传递函数为

$$G_e(s)=\frac{50(0.16s+1)(s+1)}{s(0.1s+1)(0.05s+1)(0.06s+1)(8s+1)} \tag{6-67}$$

其Bode图幅频特性中频段如图6-14中虚线所示。

经验证，校正后系统剪切频率$\omega_c=10$，相位裕度$\gamma=40°$，满足系统性能指标要求。

串联滞后-超前校正结合了滞后校正和超前校正的优点，并弥补了各自的不足，适用于单独采用上述两种校正方法无法满足系统性能指标要求的情况。虽然具体的操作方法因系统形式、指标要求和工程分析人员经验各异，但其基本思路始终需要把握两点：

1）利用超前元件在校正后系统的剪切频率处提供最大正相位。

2）利用滞后元件拉低中低频段幅频特性以满足剪切频率的要求。

6.6 MATLAB在系统校正中的应用

在系统校正中，需要多次绘制Bode图，并计算穿越频率和相位裕度，灵活运用MATLAB工具可以大大减小绘制Bode图的工作量和计算工作量。本节我们以例6-2为例，介绍MATLAB工具在系统校正中的应用。为便于讨论，重写例6-2如下。

例 6-5　有最小相位系统开环传递函数为

$$G_0(s)=\frac{K}{s(0.001s+1)(0.1s+1)} \tag{6-68}$$

对该系统的指标要求分别如下：

（1）响应匀速信号 $r(t)=Rt$ 的稳态误差不大于 $0.001R$；

（2）剪切频率 $\omega_c \geqslant 165\text{rad/s}$；

（3）相位裕度 $\gamma>45°$。

试设计超前校正元件以满足上述指标要求。

解　系统类型为 1 型，响应匀速信号 $r(t)=Rt$ 的稳态误差为 $1/K$，因此可以得到 $K\geqslant 1000$，取 $K=1000$，因此可以得到系统开环传递函数的零极点标准形式为

$$G_0(s)=\frac{10^7}{s(s+1000)(s+10)}$$

在 MATLAB 中以零极点形式表示系统传递函数如下：

```
z = [ ];
p = [0, -1000, -10];
k = [1e7];
sys = zpk(z,p,k);
```

利用 Bode 图绘制命令 bode（sys），并结合打开网格命令 grid on，可以得到系统 Bode 图如图 6-15所示。在 Bode 图相频特性图中，单击相应的点就可以显示该点对应的相位和频率，因此可以方便地找到 $\omega_c=165\text{rad/s}$ 点，并得到其相位为 $-186°$。

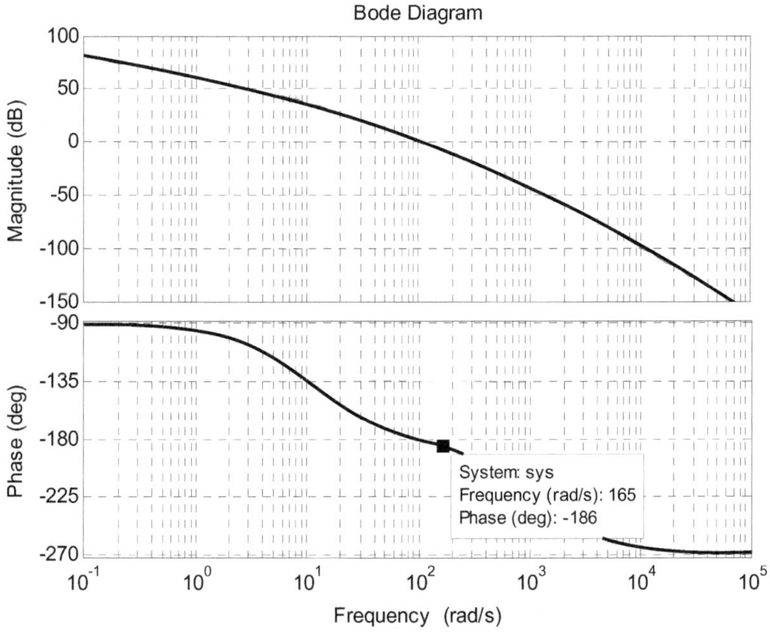

图 6-15　例 6-5Bode 图

若要满足相位裕度 $\gamma>45°$的要求，则超前元件在 $\omega_c=165$ 至少应提供 51°的相位。保留

5°的余量，取

$$\angle G_{\mathrm{cm}}=\arctan\frac{a-1}{2\sqrt{a}}=56° \tag{6-69}$$

可得到超前校正元件的参数 $a=10.7$，为便于计算取 $a=10$。

超前校正元件的最大相位点应置于校正后的剪切频率处，即

$$\omega_{\mathrm{m}}=\sqrt{\omega_1\omega_2}=\omega_{\mathrm{c}}=165 \tag{6-70}$$

由 $a=10$ 和式（6-70）可以计算出 $\omega_1=52.2$，$\omega_2=522$，超前校正元件设计完毕。

校正后系统的开环传递函数为

$$G_{\mathrm{e}}(s)=\frac{\dfrac{1}{52.2}s+1}{\dfrac{1}{522}s+1}\frac{1000}{s(0.001s+1)(0.1s+1)} \tag{6-71}$$

在 MATLAB 绘制校正前后的系统 Bode 图如图 6-16 所示，其中实线为校正前 Bode 图，虚线为校正后 Bode 图。在 Bode 图中单击“右键”，选择“Characteristic”后，再选择“Minimum Stability Margins”，可在 Bode 图中显示两个系统的相位裕度和幅值裕度的对应点。从而可以方便地验证校正后系统的剪切频率为 184rad/s，相位裕度为 47.4°，满足校正要求。此外，也可以利用 MATLAB 中的 margin 命令计算校正后系统的相位裕度进行验证，此处不再赘述。

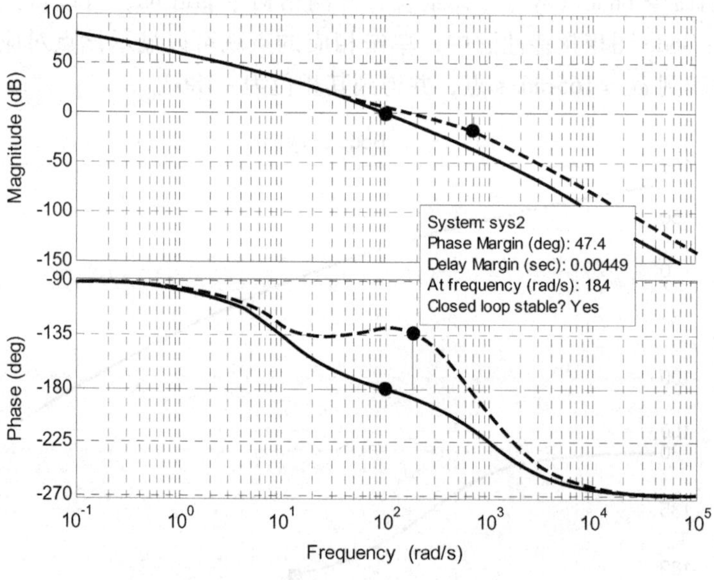

图 6-16 例 6-5 校正前后 Bode 图

习 题

6-1 设有单位反馈的火炮指挥仪伺服系统，其开环传递函数为

$$G(s)=\frac{K}{s(0.2s+1)(0.5s+1)}$$

若要求系统最大输出速度为 12°/s，输出位置的容许误差小于 2°，试求：

（1）确定满足上述指标的最小 K 值，计算该 K 值下系统的相角裕度和幅值裕度；

（2）在前向通路中串接超前校正网络

$$G_c(s)=\frac{0.4s+1}{0.08s+1}$$

计算校正后系统的相角裕度和幅值裕度，说明超前校正对系统动态性能的影响。

6-2　设单位反馈系统的开环传递函数为 $G(s)=\frac{K}{s(s+1)}$，试设计一串联超前校正装置，使系统满足如下指标：

（1）在单位斜坡输入下的稳态误差 $e_{ss}<1/15$；

（2）截止频率 $\omega_c \geq 7.5\text{rad/s}$；

（3）相角裕度 $\gamma \geq 45°$。

6-3　设单位反馈系统的开环传递函数为

$$G(s)=\frac{K}{s(s+1)(0.25s+1)}$$

要求校正后系统的静态速度误差系数 $K_v \geq 5\text{rad/s}$，相角裕度 $\gamma \geq 45°$，试设计串联滞后校正装置。

6-4　图 6-17 为三种推荐的串联校正网络的对数幅频特性，它们均由最小相角环节组成。若原控制系统为单位反馈系统，其开环传递函数为

$$G(s)=\frac{400}{s^2(0.01s+1)}$$

试问：这些校正网络中，哪一种可使校正后系统的稳定程度最好？

6-5　某系统的开环对数幅频特性如图 6-18 所示，其中虚线表示校正前的，实线表示校正后的。要求：

（1）确定所用的是何种串联校正方式，写出校正装置的传递函数 $G_c(s)$；

（2）确定使校正后系统稳定的开环增益范围。

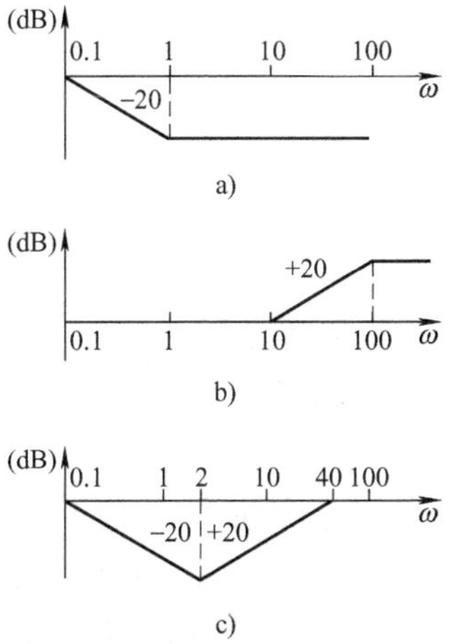

图 6-17　题 6-4 图

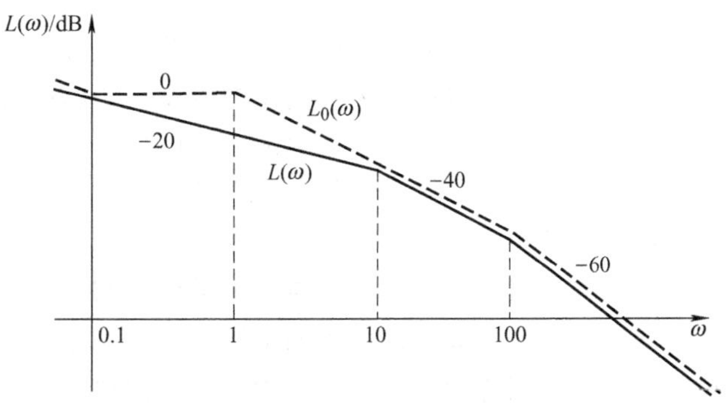

图 6-18　题 6-5 图

第 7 章
线性离散系统分析

前面几章所研究的控制系统都是针对连续系统，其中所涉及的变量，如输入信号 $r(t)$、输出信号 $c(t)$ 以及误差信号 $e(t)$，都是时间的连续函数，这类系统被称为连续时间系统，简称连续系统。

近年来，随着计算机和微处理器技术的发展，计算机控制系统很快得到了普及，并在多种场合下取代了模拟控制系统。计算机控制系统是以数字方式传递和处理信息的，因此，离散系统只在离散的时间点上测量和处理数据，控制作用也只有在离散的时间点才进行修改。这种存在一处或者多处的信号仅定义在离散时间点上的系统被称为离散时间系统，简称离散系统。

离散系统与连续系统相比，既有本质上的不同，又有分析研究方面的相似性。有关连续系统的理论虽然不能直接用以分析离散系统，但利用 z 变换法这一数学工具，可以把连续系统的许多概念和方法推广应用到线性离散系统中。

本章的内容主要包括信号的采样和保持理论、z 变换理论与脉冲传递函数以及线性离散系统的稳定性与稳态误差分析。

7.1 线性离散系统的基本概念

在讲述线性系统的各种理论前，首先对一些重要的概念进行介绍。

连续信号：时间上连续，幅值上也连续的信号。

采样信号：时间上离散，幅值上连续的信号。

数字信号：时间上离散，幅值上也离散的信号。

采样：将连续信号按一定时间采样成离散的模拟信号。

量化：采用一组数码来逼近离散模拟信号的幅值，将其转化为数字信号。

在计算机控制系统中，计算机工作在离散状态，控制对象和测量元件工作在模拟对象下，典型的计算机控制系统的结构如图 7-1 所示。

计算机在进行控制时，将每隔一个采样周期 T 进行一次控制修正。在每个采样周期中，控制器要完成对于连续误差信号的采样编码和按照控制律进行的数字计算，然后将计算结果经过模数转换变成连续信号。即其中的采样模块（A-D 转换器）与模数转换模块（D-A 转换器）是其中的重要环节。上述环节的具体执行过程将在下一节进行详细的介绍。

计算机数字控制的优点包括：

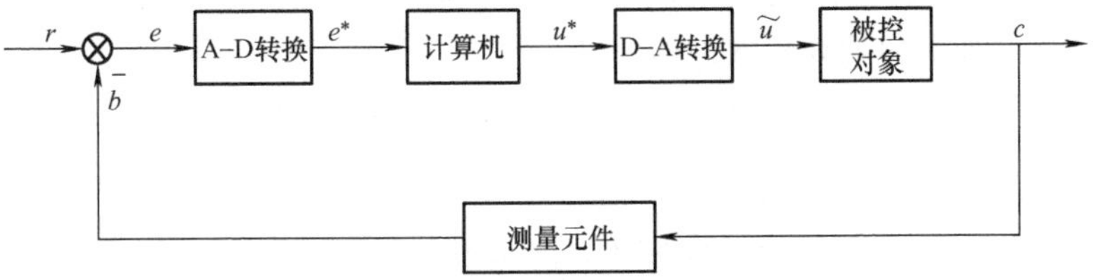

图 7-1　典型的计算机控制系统的结构

1）控制计算由程序实现，便于修改，容易实现复杂的控制律。

2）抗干扰性强。

3）一机多用，利用率高。

4）便于联网，实现生产过程的自动化和宏观管理。

缺点在于：

1）采样点间信息丢失，与相同条件下的连续系统相比，性能会有所下降。

2）需附加 A-D、D-A 转换装置。

7.2 信号的采样与保持

离散系统的特点是，系统中一处或多处的信号是脉冲序列或者数字序列。为了把连续信号变换为脉冲信号，需要使用采样器；另一方面，为了控制连续式元部件，又需要使用保持器将脉冲信号变换为连续信号。

7.2.1　采样过程

把连续信号转换为离散时间信号的过程称为采样过程，实现采样的装置称为采样器或者采样开关。物理上可实现的采样开关，其输入输出如图 7-2 所示。图中，T 为采样周期，τ 为采样开关每次闭合的时间。

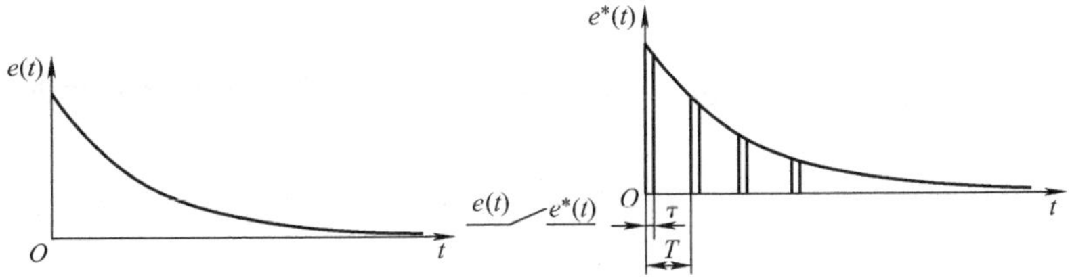

图 7-2　采样过程

从图 7-2 可知，假设采样器每隔周期 T 闭合一次，闭合的持续时间为 τ，采样器的输入 $e(t)$ 为连续信号，一般来讲，当 $\tau \ll T$，同时 τ 也远远小于系统的最大时间常数，即可认为采样过程瞬时完成，因此，经过采样开关以后，连续信号 $e(t)$ 变成了离散信号 $e^*(t)$，而 $e^*(t)$ 可以近似看成一串宽度为 τ，高度为 $e(kT)$ 的矩形脉冲，即

$$
\begin{aligned}
e^*(t) &= e(0)[1(t)-1(t-\tau)]+e(T)[1(t-T)-1(t-T-\tau)]+\cdots \\
&= \sum_{k=0}^{\infty} e(kT)[1(t-kT)-1(t-kT-\tau)]
\end{aligned} \tag{7-1}
$$

式中，$1(t-kT)-1(t-kT-\tau)$表示在kT时间出现的高度为1、宽度为τ的矩形脉冲，可进一步用kT时刻强度为τ的脉冲函数近似，即

$$1(t-kT)-1(t-kT-\tau)\approx\tau\delta(t-kT)$$

于是有

$$e^*(t)=\sum_{k=0}^{\infty}[e(kT)\tau\delta(t-kT)] \tag{7-2}$$

理想采样开关的输入、输出关系可以理解为一个信号的调制过程，调制波是被采样的信号$e(t)$，载波是单位脉冲串

$$\delta_{\mathrm{T}}(t)=\sum_{k=0}^{\infty}[\delta(t-kT)] \tag{7-3}$$

即可以得到

$$e^*(t)=\sum_{k=0}^{\infty}[e(kT)\delta(t-kT)]=\sum_{k=0}^{\infty}[e(t)\delta(t-kT)]=e(t)\sum_{k=0}^{\infty}[\delta(t-kT)] \tag{7-4}$$

通过比较式（7-2）和式（7-4）可知，物理上的采样开关比理想的采样开关增益上缩小为$1/\tau$。

采样后的第二个步骤是量化。量化就是采用有限字长的一组二进制数去逼近离散模拟信号的幅值。在计算机中，任何数值都可以表示成二进制数字量最低位的整数倍。最低位所代表的数值称为量化单位，通常用q来表示。如果A-D转换器的字长是N位，则量化单位为

$$q=\frac{1}{2^N}$$

因此，A-D转换器所允许的模拟信号幅值变化的全部范围，只需用2^N个离散的数值来表示，这2^N个数值都是q的整数倍。量化通常采用四舍五入的量化方法，即把小于$q/2$的值舍去，大于$q/2$的值进位。因此，量化会带来一定误差，A-D转换器的字长越长，量化单位q越小，量化所带来的误差也越小。

量化之后则是编码，编码就是将量化后的数值变成按照某种规则编码的二进制数码。常用的编码形式有原码、补码、偏移码以及BCD码。

1. 采样过程的数学描述

对于采样信号$e^*(t)$的数学描述，可以从采样信号的拉普拉斯变换和频谱分析两个角度进行讨论。

（1）采样信号的拉普拉斯变换　对采样信号$e^*(t)$进行拉普拉斯变换，可以得到

$$\begin{aligned}E^*(s)=L[e^*(t)]&=L\left[\sum_{n=0}^{\infty}e(nT)\cdot\delta(t-nT)\right]\\&=\sum_{n=0}^{\infty}e(nT)\cdot \mathrm{e}^{-nTs}\end{aligned}$$

将$E^*(s)$与采样函数$e(nT)$联系起来，可以直接看出$e^*(t)$的时间响应。但是，由于$e^*(t)$只描述了$e(t)$在采样瞬时的数值，所以$E^*(s)$不能给出连续函数$e(t)$在采样间隔之间的信息。

例7-1　设$e(t)=1(t)$，求$E^*(s)$。

解　从上述定义可知

$$E^*(s)=\sum_{n=0}^{\infty}e(t)\cdot \mathrm{e}^{-nTs} = \sum_{n=0}^{\infty}1\cdot \mathrm{e}^{-nTs}$$
$$=1+\mathrm{e}^{-Ts}+\mathrm{e}^{-2Ts}+\cdots=\frac{1}{1-\mathrm{e}^{-Ts}}=\frac{\mathrm{e}^{Ts}}{\mathrm{e}^{Ts}-1},\ |\mathrm{e}^{-Ts}|<1$$

例 7-2 设 $e(t)=\mathrm{e}^{-at}$，$t\geqslant 0$，a 为常数，试求 $e^*(t)$ 的拉普拉斯变换。

解 $E^*(s)=\sum_{n=0}^{\infty}\mathrm{e}^{-anT}\cdot \mathrm{e}^{-nTs} = \sum_{n=0}^{\infty}\mathrm{e}^{-(s+a)nT}=\frac{1}{1-\mathrm{e}^{-(s+a)T}}=\frac{\mathrm{e}^{Ts}}{\mathrm{e}^{Ts}-\mathrm{e}^{-aT}},\ |\mathrm{e}^{-(s+a)T}|<1$

从上述实例可看出，只要 $E(s)$ 可以表示为 s 的有限次多项式之比时，总可以用上述定理推导出 $E^*(s)$ 的闭合形式。但是，如果用拉普拉斯变换法研究离散系统时，尽管可以得到 e^{Ts}的有理函数，但却是一个复变量 s 的超越函数，不利于用来分析离散系统，因此通常采用 z 变换法研究离散系统。有关 z 变换的理论将在下一节介绍。

（2）采样信号的频谱分析　由于采样信号的信息并不等于连续信号的全部信息，因此，通过采样信号分析得到的频谱与连续信号的频谱并不完全一致。于是，本节将研究采样信号的频谱 $E^*(s)$ 与 $E(s)$ 之间的相互联系。

从式（7-3）可知，$\sum_{k=0}^{\infty}\delta(t-kT)$ 是周期信号，因此，可将其展开为傅里叶级数的形式：

$$\delta(t-kT)=\sum_{n=-\infty}^{\infty}c_n\mathrm{e}^{-\mathrm{j}n\omega_s t}\mathrm{d}t \tag{7-5}$$

式中，$\omega_s=2\pi/T$ 为系统的采样频率；

$$c_n=\frac{1}{T}\int_{-\frac{T}{2}}^{\frac{T}{2}}\delta_T(t)\cdot \mathrm{e}^{-\mathrm{j}n\omega_s t}\mathrm{d}t=\frac{1}{T}\int_{0^-}^{0^+}\delta(t)\cdot 1\cdot \mathrm{d}t=\frac{1}{T} \tag{7-6}$$

将式（7-6）代入后，有

$$e^*(t)=e(t)\cdot\delta(t)=\frac{1}{T}e(t)\sum_{n=-\infty}^{\infty}\mathrm{e}^{-\mathrm{j}n\omega_s t}=\frac{1}{T}\sum_{n=-\infty}^{\infty}e(t)\cdot \mathrm{e}^{-\mathrm{j}n\omega_s t} \tag{7-7}$$

对式（7-7）取拉普拉斯变换，运用拉普拉斯变换的复位移定理，得到

$$E^*(s)=L[e^*(t)]=L\left[\frac{1}{T}\sum_{n=-\infty}^{\infty}e(t)\cdot \mathrm{e}^{-\mathrm{j}n\omega_s t}\right]=\frac{1}{T}\sum_{n=-\infty}^{\infty}E(s+\mathrm{j}n\omega_s) \tag{7-8}$$

式（7-8）描述采样过程的复频域特征是极其重要的。假定连续信号 $e(t)$ 的频谱 $|E(\mathrm{j}\omega)|$ 是单一的连续频谱，如图 7-3a 所示，其中 ω_{max} 为连续频谱 $|E(\mathrm{j}\omega)|$ 中的最大角频率。那么离散信号的频谱 $|E^*(\mathrm{j}\omega)|$ 则是以采样角频率 ω_s 为周期的无穷多个频谱的和，如图 7-3b所示。其中，当 $n=0$ 的频谱分量与连续信号频谱 $|E(\mathrm{j}\omega)|$ 形状一致，但幅值为连续信号频谱 $|E(\mathrm{j}\omega)|$ 的$\frac{1}{T}$，称这个频谱分量为主频谱，其余的频谱分量是由采样引起的高频频谱分量。

由图 7-3 的离散信号的频谱特性可知，由于 $\omega_s>2\omega_{max}$，基波分量频谱波形与高频部分的频谱波形没有重叠部分，因此可设计具有理想滤波特性的滤波器即可不失真地恢复原连接信号。该滤波器需满足的滤波特性如式（7-9）所示。

$$|G(\mathrm{j}\omega)|=\begin{cases}1, & |\omega|\leqslant\omega_s/2\\ 0, & |\omega|>\omega_s/2\end{cases} \tag{7-9}$$

其频谱特性如图 7-4 所示。

如果对图 7-3b 的采样信号采用如图 7-4 所示的理想滤波器，滤掉高频频谱分量，可以

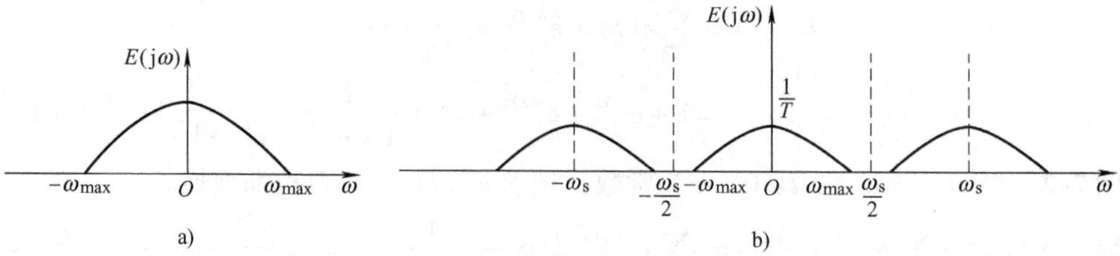

图 7-3　信号频谱

很容易完全复现采样前的连续信号 $e(t)$ 的频谱。但如果 $\omega_s \leqslant 2\omega_{max}$，那么理想频谱的各分量出现相互交叠，这种情况下，即使使用图 7-4所示的理想滤波器，也无法恢复原来的连续信号。

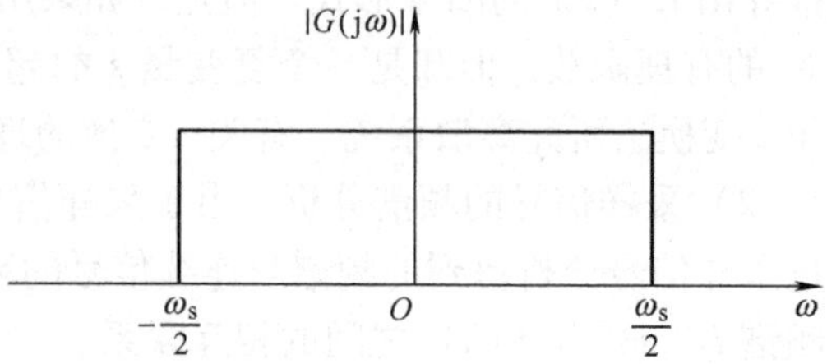

图 7-4　理想滤波器的频率特性

2. 采样定理

为了能不失真地从信号中恢复原有的连续信号，采样频率必须大于等于原连续信号所含最高频率的两倍，这样才能通过理想滤波器把原信号毫无畸变地恢复出来。这就是所谓的香农定理，即

$$\omega_s > 2\omega_{max} \text{或者 } T \leqslant \frac{2\pi}{2\omega_{max}} \tag{7-10}$$

因此，在满足香农采样定理的条件下，想要不失真地复现采样器的输入信号需要采用图 7-4 所示的理想滤波器，其频率特性的幅值 $|G(j\omega)|$ 必须在 $\omega = \frac{\omega_s}{2}$ 处突然截止，那么在理想滤波器的输出端便可以准确得到 $|E(j\omega)|/T$ 的连续频谱，除了幅值变化为 $1/T$ 外，频谱形状没有畸变。

需要指出的是，香农定理只是给出了一个选择采样周期 T 或者采样频率 f 的指导原则，它给出的是由采样脉冲序列无失真地再现原连续信号所允许的最大采样周期，或最低采样频率。由于一般信号的 ω_{max} 很难求出，且带宽有限，也很难满足，所以选择 ω_s 时，采用的是另外一些间接的方法。

3. 采样周期的选择

采样周期 T 的选择是离散控制系统设计的一个关键问题。从香农采样定理可知，采样周期 T 选得越小，即采样频率 ω_s 选得越高，控制效果也会更好。但是，采样周期 T 选得过小，必将增加计算负担。反之，又会给控制过程带来较大的误差，降低系统的动态性能，甚至有可能导致整个控制系统失去稳定性。因此，采样周期 T 的选择要根据系统的实际情况综合考虑。

在一般工业过程控制中，微型计算机所能提供的运算速度对于采样的周期选择而言，具有较大的选择范围。表 7-1 给出了选择采样周期 T 的参考数据。一般而言，选取该采样周期可以取得较好的控制效果。对于伺服系统，采样周期的选择在很大程度上取决于系统的性能指标。

表 7-1　典型控制过程的采样周期选择

控制过程	采样周期 T/s	控制过程	采样周期 T/s
流量	1	温度	20
压力	5	液位	5

从频域性能指标来看，控制系统的闭环频率特性通常具有低通滤波特性，当伺服系统输入信号的角频率高于其闭环幅频特性的谐振频率 ω_r 时，信号通过系统将会很快地衰减，因此可以近似认为通过系统的控制信号最高频率分量为 ω_r。在伺服系统中，一般认为开环系统的幅值穿越频率 ω_c 与闭环系统的截止频率 ω_b 比较接近，近似的有 $\omega_c=\omega_b$。这就是说，通过伺服系统的控制信号的最高频率分量为 ω_c，超过 ω_c 的频率分量通过系统时将产生大幅度的衰减。根据工程实践经验，伺服系统的采样频率 ω_s 可选为

$$\omega_s \approx 10\omega_c$$

由于 $T=\dfrac{2\pi}{\omega_s}$，所以采样周期与幅值穿越频率 ω_c 的关系为

$$T=\frac{\pi}{5}\cdot\frac{1}{\omega_c}$$

从时域性能指标来看，采样周期 T 可根据阶跃响应的上升时间 t_r 和过渡时间 t_s，按照下列经验公式选取

$$T=\frac{1}{10}t_r,\ T=\frac{1}{40}t_s$$

即在上升时间 t_r 内，采样 10 次左右，在整个过渡时间 $T=\dfrac{1}{10}t_s$ 内，采样 40 次左右。

7.2.2　信号保持

将离散时间信号转换为连续时间信号的过程称为信号保持，信号保持的常用器件是保持器。从数学上来讲，保持器的任务是解决各采样点之间的插值问题。

保持器有多种类型，最常用的是零阶保持器，其传递函数通常记为 $G_h(s)$，它将输入脉冲信号变换成连续的阶梯波信号，如图 7-5 所示。

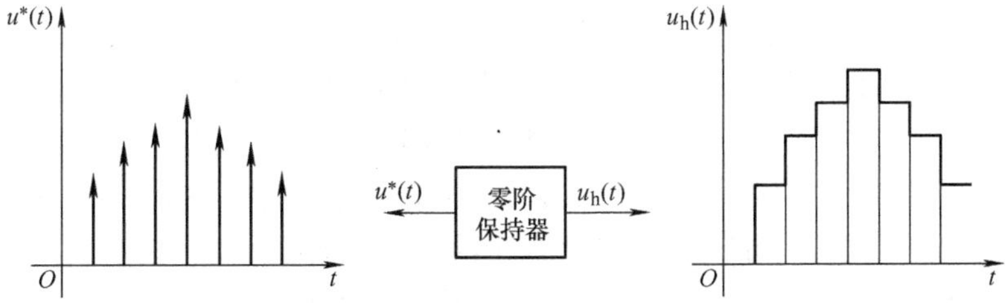

图 7-5　零阶保持器及其输入与输出

零阶保持器是一种线性定常器件，其传递函数 $G_h(s)$ 可以表示为

$$G_h(s)=\frac{U_h(s)}{U^*(s)} \tag{7-11}$$

式中，$U_h(s)$、$U^*(s)$ 分别为零阶保持器输入时间函数和输出时间函数的拉普拉斯变换。这里不妨假设输入 $u^*(t)=\delta(t)$，即 $U^*(s)=1$，零阶保持器的输出函数为

$$u_h(t)=1(t)-1(t-1)$$

因此零阶保持器传递函数为

$$G_h(s)=L[u_h(t)]=\frac{1}{s}-\frac{1}{s}e^{-Ts}=\frac{1-e^{-Ts}}{s}$$

令 $s=j\omega$，可得零阶保持器的频率特性为

$$G_h(j\omega)=T\frac{\sin(\omega t/2)}{\omega t/2}e^{-j\omega t/2}$$

幅频特性为

$$|G_h(j\omega)|=\left|T\frac{\sin\frac{\omega T}{2}}{\frac{\omega T}{2}}\right|$$

相频特性为

$$\angle G_h(j\omega)=\angle\sin\left(\frac{\omega T}{2}+\frac{-\omega T}{2}\right)$$

当 $\omega T\ll 1$ 时，$e^{Ts}=1+Ts+\frac{1}{2!}T^2s^2+\cdots\approx 1+Ts$，因此可以得到下面近似关系：

$$G_h(s)=\frac{1-e^{-Ts}}{s}=\frac{1}{s}(1-e^{-Ts})\approx\frac{1}{s}\left(1-\frac{1}{1+Ts}\right)=\frac{T}{1+Ts}$$

因此与上述理想的零阶保持器不同，实际的零阶保持器是将一串宽度为 τ，高度为 $u(kT)$ 的矩形脉冲，变换为连续的阶梯波信号，实际的零阶保持器比理论的零阶保持器增益大了 $1/\tau$ 倍。

零阶保持器具有以下特性：

(1) 低通特性　由于幅频特性的幅值随频率值的增大而迅速衰减，说明零阶保持器基本上是一个低通滤波器。但是与理想低通滤波器相比，当 $\omega=\frac{\omega_s}{2}$时，其幅值只有初值的63.7%，且截止频率不止一个，所以零阶保持器除允许主要频谱分量通过外，还允许部分高频频谱分量通过，从而造成数字控制系统的输出中存在纹波。

(2) 相角滞后特性　由相频特性可见，零阶保持器要产生相角滞后，且随 ω 的增大而增加，在 $\omega=\omega_s$处，相角滞后可达 $-180°$，从而使闭环系统的稳定性变差。

(3) 时间滞后特性　零阶保持器的输出为阶梯信号 $e_h(t)$，其平均响应为 $e[t-(T/2)]$，表明其输出比输入在时间上要滞后 $T/2$，相当于给系统增加了一个延迟时间为 $T/2$ 的延迟环节，使系统总的相角滞后增大，对系统的稳定性不利；此外，零阶保持器的阶梯输出也同样增加了系统输出中的纹波。

除了零阶保持器以外，一阶保持器也是信号保持器之一。相比较而言，一阶保持器复现原信号的准确度较高。然而，一阶保持器的幅频特性普遍较大，允许通过的信号高频分量较多，更容易造成纹波。因此，在数字控制系统中，一般很少采用一阶保持器，更不采用高阶保持器，而普遍采用零阶保持器。

7.3 z 变换

在连续系统中，拉普拉斯变换将系统的数学模型从微分方程所表示的时域模型变换成代数方程表示的 s 域模型，得到了系统的传递函数。与此类似，离散系统的性能可以采用 z 变换的方法进行分析。z 变换实际上是离散时间信号的拉普拉斯变换的一种变形，它可以由拉普拉斯变换导出。

7.3.1　z 变换定义

设连续时间信号为 $e(t)$，其拉普拉斯变换定义为

$$E(s) = \int_0^{\infty} e(t)\mathrm{e}^{-st}\mathrm{d}t \tag{7-12}$$

考虑到 $t<0$ 时，$e(t)=0$，则经过周期为 T 的等周期采样后，得到离散时间信号为

$$e^*(t) = \sum_{n=0}^{\infty} e(nT)\delta(t-nT) \tag{7-13}$$

故采样信号 $e^*(t)$ 的拉普拉斯变换为

$$\begin{aligned} E^*(s) &= \int_{-\infty}^{\infty} e^*(t)\mathrm{e}^{-st}\mathrm{d}t = \int_{-\infty}^{\infty}\left[\sum_{n=0}^{\infty} e(nT)\delta(t-nT)\right]\mathrm{e}^{-st}\mathrm{d}t \\ &= \sum_{n=0}^{\infty} e(nT)\left[\int_{-\infty}^{\infty}\delta(t-nT)\mathrm{e}^{-st}\mathrm{d}t\right] \end{aligned} \tag{7-14}$$

由广义脉冲函数的筛选性质

$$\int_{-\infty}^{\infty}\delta(t-nT)f(t)\mathrm{d}t = f(nT) \tag{7-15}$$

故有

$$\int_{-\infty}^{\infty}\delta(t-nT)\mathrm{e}^{-st}\mathrm{d}t = \mathrm{e}^{-snT} \tag{7-16}$$

于是，采用拉普拉斯变换可以写为

$$E^*(s) = \sum_{n=0}^{\infty} e(nT)\mathrm{e}^{-snT} \tag{7-17}$$

式（7-17）中含有指数函数因子 e^{sT}，因此是 s 的超越函数。为了便于应用，令变量

$$z = \mathrm{e}^{sT} \tag{7-18}$$

式中，T 为采样周期；z 是复数平面上定义的一个复变量，通常称为 z 变换算子。

因此，采样信号 $e^*(t)$ 的 z 变换定义为

$$E(z) = E^*(s)\Big|_{s=\frac{1}{T}\ln z} = \sum_{n=0}^{\infty} e(nT)z^{-n} \tag{7-19}$$

记为

$$E(z) = Z[e^*(t)] = Z[e(t)] \tag{7-20}$$

需要指出，z 变换仅是一种在采样拉普拉斯变换中，取 $z=\mathrm{e}^{sT}$ 的变量置换。通过这种置换，可将 s 的超越函数转换为 z 的幂级数或 z 的有理分式。

z 变换有一些基本定理，可以使 z 变换的应用变得简单和方便，其内容在很多方面与拉

普拉斯变换具有相似之处，包括线性定理、实数位移定理、卷积定理、初值定理以及终值定理。由于篇幅所限，本书省略了上述定理的具体描述与证明，仅就终值定理进行说明。

终值定理

如果函数 $e(t)$ 的 z 变换为 $E(z)$，函数序列 $e(nT)$ 为有限值（$n=0, 1, 2, \cdots$）且极限 $\lim\limits_{n\to\infty}e(nT)$ 存在，则函数序列的终值

$$\lim_{n\to\infty}e(nT)=\lim_{z\to1}(z-1)E(z) \tag{7-21}$$

在离散系统分析中，常采用终值定理求取系统输出序列的终值误差，或称稳态误差。

例 7-3 设 z 变换函数为

$$E(z)=\frac{0.792z^2}{(z-1)(z^2-0.416z+0.208)}$$

试利用终值定理确定 $e(nT)$ 的终值。

解 由终值定理式（7-21）得

$$e_{ss}(\infty)=\lim_{z\to1}(z-1)\cdot\frac{0.792z^2}{(z-1)(z^2-0.416z+0.208)}$$
$$=\lim_{z\to1}\frac{0.792z^2}{z^2-0.416+0.208}=1$$

7.3.2 z 变换方法

求 z 变换的方法有很多种，下面主要对级数求和、部分分式法以及留数法进行介绍。

1. 级数求和法

级数求和法是直接根据 z 变换的定义，将式子写成如下的展开形式

$$E(z)=e(0)+e(T)z^{-1}+e(2T)z^{-2}+\cdots+e(nT)z^{-n}+\cdots \tag{7-22}$$

式（7-22）是离散时间函数 $e^*(t)$ 的一种无穷级数表示形式。显然，根据给定的理想采样开关的输入连续信号 $e(t)$ 或者其输出采样信号 $e^*(t)$，以及采样周期 T，可根据上式直接得到 z 变换的级数展开式。

例 7-4 求 $1^*(t)$ 的 z 变换。

解 由于 $e(t)=1(t)$ 在所有采样时刻上的采样值均为 1，因此，可以得到

$$F(z)=Z[1^*(t)]=\sum_{k=0}^{\infty}1(kT)z^{-k}$$
$$=z^0+z^{-1}+z^{-2}+\cdots=\frac{1}{1-z^{-1}}=\frac{z}{z-1}(|z|>1) \tag{7-23}$$

例 7-5 求 e^{-at}的 z 变换 $F(z)$。

解 根据 z 变换的定义可以得到

$$F(z)=\sum_{k=0}^{\infty}e^{-akT}z^{-k}=e^0z^0+e^{-aT}z^{-1}+e^{-2aT}z^{-2}+\cdots$$

将上式写成封闭形式得到

$$F(z)=\frac{1}{1-e^{-aT}z^{-1}}=\frac{z}{z-e^{-aT}}(|e^{aT}z|>1) \tag{7-24}$$

2. 部分分式法

利用部分分式法求 z 变换时，先求出已知连续时间函数 $e(t)$ 的拉普拉斯变换 $E(s)$，然后将有理分式函数 $E(s)$ 展开成部分分式之和的形式，使每一部分分式对应简单的时间函数，其相应的 z 变换是已知的，于是可方便求出 $E(s)$ 对应的 z 变换 $E(z)$。

例 7-6　设 $e(t)=\sin\omega t$，试求其 z 变换 $E(z)$。

解　对 $e(t)=\sin\omega t$ 取拉普拉斯变换，得到

$$E(s)=L(\sin\omega t)=\frac{\omega}{s^2+\omega^2}=\frac{-\frac{1}{2j}}{s+j\omega}+\frac{\frac{1}{2j}}{s-j\omega}$$

根据指数函数的 z 变换表达式，可以得到

$$E(z)=Z\left(\frac{\omega}{s^2+\omega^2}\right)=\frac{1}{2j}\frac{1}{1-e^{-j\omega T}z^{-1}}+\frac{1}{2j}\frac{1}{1-e^{j\omega T}z^{-1}}$$

$$=\frac{z^{-1}\sin\omega T}{1-e^{-j\omega T}z^{-1}-e^{-j\omega T}z^{-1}+z^{-2}}=\frac{z^{-1}\sin\omega T}{1-2z^{-1}\cos\omega T+z^{-2}}=\frac{z\sin\omega T}{z^2-2z\cos\omega T+1}$$

例 7-7　求解 $F(s)=\dfrac{a}{s(s+a)}$ 的 z 变换。

解　因为　$F(s)=\dfrac{A}{s}+\dfrac{B}{s+a}=\dfrac{1}{s}-\dfrac{1}{s+a}$

而

$$L^{-1}[F(s)]=1(t)-e^{-at}$$

所以

$$F(z)=\frac{z}{z-1}-\frac{z}{z-e^{-aT}}=\frac{z(1-e^{-aT})}{(z-1)(z-e^{-aT})}$$

表 7-2 给出了常用函数的 z 变换。

表 7-2　常用函数的 z 变换

$f(t)$ 或 $f(k)$	$F(z)$
$\delta(t)$	1
$\delta(t-nT)$	z^{-n}
$\delta_T(t)=\sum_{n=0}^{\infty}\delta(t-nT)$	$\frac{1}{1-z^{-1}}$
$1(t)$	$\frac{1}{1-z^{-1}}$
t	$\frac{Tz^{-1}}{(1-z^{-1})^2}$
$\frac{1}{2}t^2$	$\frac{T^2z^{-1}(1+z^{-1})}{2(1-z^{-1})^3}$
e^{-aT}	$\frac{1}{1-e^{-aT}z^{-1}}$
a^k	$\frac{1}{1-az^{-1}}$

（续）

$f(t)$或$f(k)$	$F(z)$
te^{-aT}	$\dfrac{Te^{-aT}z^{-1}}{(1-e^{-aT}z^{-1})^2}$
$1-e^{-aT}$	$\dfrac{(1-e^{-aT})z^{-1}}{(1-z^{-1})(1-e^{-aT}z^{-1})}$
$e^{-bt}-e^{-aT}$	$\dfrac{(e^{-bT}-e^{-aT})z^{-1}}{(1-e^{-aT}z^{-1})(1-e^{-bT}z^{-1})}$
$\sin at$	$\dfrac{(\sin aT)z^{-1}}{1-2\cos aTz^{-1}+z^{-2}}$
$\cos at$	$\dfrac{1-(\cos aT)z^{-1}}{1-2\cos aTz^{-1}+z^{-2}}$

3. 留数计算法

如果已知连续信号 $x(t)$ 的拉普拉斯变换 $E(s)$ 和它的全部极点 $s_i(i=1,2,\cdots,n)$，可用下列的留数计算公式求 $E(z)$。

设 $X(s)$ 的极点是 s_i。

$$X(z)=\sum_{i=1}^{n}\text{Res}\left[X(s)\frac{z}{z-e^{sT}}\right]_{s=s_i}$$

非重极点 s_i

$$\text{Res}\left[X(s)\frac{z}{z-e^{sT}}\right]_{s=s_i}=\lim_{s\to s_i}\left[X(s)\frac{z}{z-e^{sT}}(s-s_i)\right]$$

r 重极点 s_i

$$\text{Res}\left[X(s)\frac{z}{z-e^{sT}}\right]_{s=s_i}=\frac{1}{(r-1)!}\lim_{s\to s_i}\frac{d^{r-1}}{ds^{r-1}}\left[X(s)\frac{z}{z-e^{sT}}(s-s_i)^r\right]$$

例 7-8 求 $X(s)=\dfrac{s(2s+3)}{(s+1)^2(s+2)}$的 z 变换 $X(z)$。

解 $X(s)$ 的极点 $s_{1,2}=-1$（二重极点），$s_3=-2$

$$\begin{aligned}X(z)&=\frac{1}{(2-1)!}\lim_{s\to-1}\frac{d}{ds}\left[\frac{s(2s+3)}{(s+1)^2(s+2)}\frac{z}{z-e^{sT}}(s+1)^2\right]\\&\quad+\lim_{s\to-2}\left[\frac{s(2s+3)}{(s+1)^2(s+2)}\frac{z}{z-e^{sT}}(s+2)\right]\\&=\frac{-Tze^{-T}}{(z-e^{-T})^2}+\frac{2z}{z-e^{-2T}}\end{aligned}$$

7.3.3 z 逆变换方法

从 z 变换函数 $E(z)$ 求对应的时间函数 $e^*(t)$ 的过程，称为 z 逆变换，记作

$$Z^{-1}[E(z)]=e^*(t)$$

因为对不同的时间信号进行采样可以得到相同的采样信号 $e^*(t)$，所以 z 逆变换只能给出采样信号 $e^*(t)$，而无法得到唯一的连续时间信号 $e(t)$。

对应于脉冲传递函数的 z 变换，z 逆变换也有三种常用的方法。

1. 长除法

用长除法把 $E(z)$ 按降幂展成幂级数，然后求得 $f(kT)$，即

$$F(z)=\frac{b_0z^m+b_1z^{m-1}+\cdots+b_m}{a_0z^n+a_1z^{n-1}+\cdots+a_n},\quad n>m$$

将 $F(z)$ 展成 $F(z)=c_0z^0+c_1z^{-1}+c_2z^{-2}+\cdots$，对应原函数为

$$f(kT)=c_0\delta(t)+c_1\delta(t-T)+c_2\delta(t-2T)+\cdots+c_k\delta(t-kT)=\sum_{k=0}^{\infty}c_k\delta(t-kT)$$

式中，c_k（$k=0, 1, 2, \cdots$）就是 $e(t)$ 在 kT 时刻的值 $e(kT)$。

例 7-9　已知 z 变换函数为

$$E(z)=\frac{10z}{(z-1)(z-2)}$$

试用长除法求 $e(kT)$（$k=0, 1, 2, 3$）。

解
$$E(z)=\frac{10z}{(z-1)(z-2)}=\frac{10z^{-1}}{1-3z^{-1}+2z^{-2}}$$

应用综合除法有

$$\begin{array}{r}
10z^{-1}+30z^{-2}+70z^{-3}\\
1-3z^{-1}+2z^{-2}\;\big)\;10z^{-1}\qquad\qquad\qquad\\
-\big)\;10z^{-1}-30z^{-2}+20z^{-3}\\
\hline
30z^{-2}-20z^{-3}\qquad\\
-\big)\;30z^{-2}-90z^{-3}+60z^{-4}\\
\hline
70z^{-3}-60z^{-4}\qquad\\
-\big)\;70z^{-3}-210z^{-4}+140z^{-5}\\
\hline
\cdots\cdots
\end{array}$$

$$E(z)=10z^{-1}+30z^{-2}+70z^{-3}+\cdots$$

$$e^*(t)=0+10\delta(t-T)+30\delta(t-2T)+70\delta(t-3T)+\cdots$$

2. 部分分式法

部分分式法又称为查表法，其基本思想是根据已知的 $E(z)$，通过查 z 变换表找出相应的 $e^*(t)$，或者 $e(nT)$。然而，z 变换表的内容毕竟有限，不可能包含所有的复杂情况，因此需要把 $E(z)$ 展开成部分分式以便查表。考虑到 z 变换表中，所有 z 变换函数 $E(z)$ 在其分子上普遍都有因子 z，所以应将 $E(z)/z$ 展开为部分分式，然后将所得结果的每一项都乘以 z，即得 $E(z)$ 的部分分式展开式。

设已知的 z 变换函数 $E(z)$ 无重极点，先求出 $E(z)$ 的极点 z_1，z_2，…，z_n，再将 $E(z)/z$ 展开成如下部分分式之和：

$$\frac{E(z)}{z}=\sum_{i=1}^{n}\frac{A_iz}{z-z_i}$$

然后逐项查 z 变换表，得到

$$e_i(nT)=Z^{-1}\left(\frac{A_i z}{z-z_i}\right)\quad i=1,2,\cdots,n$$

最后写出 $E(z)$ 对应的采样函数为

$$e^*(t)=\sum_{n=0}^{\infty}\sum_{i=1}^{n}e_i(nT)\delta(t-nT)\tag{7-25}$$

例 7-10 已知 z 变换函数为

$$E(z)=\frac{10z}{(z-1)(z-2)}$$

求其 z 逆变换。

解 先将 $E(z)/z$ 展开成部分分式

$$\frac{E(z)}{z}=\frac{10}{(z-1)(z-2)}=\frac{-10}{z-1}+\frac{10}{z-2}$$

所以

$$E(z)=\frac{-10}{z-1}+\frac{10}{z-2}$$

查表 7-1 有

$$Z^{-1}\left(\frac{z}{z-1}\right)=1$$

$$Z^{-1}\left(\frac{z}{z-2}\right)=2^k$$

于是

$$e(kT)=10(-1+2^K)$$

$$\begin{aligned}e^*(t)&=e(0)\delta(t)+e(T)\delta(t-T)+e(2T)\delta(t-2T)+e(3T)\delta(t-3T)+\cdots\\&=0+10\delta(t-T)+30\delta(t-2T)+70\delta(t-3T)+\cdots\end{aligned}$$

3. 留数计算法

用留数计算法求取 $X(z)$ 的 z 逆变换，首先求取 $x(kT)$，$k=0$，1，2，…，即

$$x(kT)=\sum \mathrm{Res}[X(z)\cdot z^{K-1}]\tag{7-26}$$

式中，留数和 $\sum\mathrm{Res}\,[X(z)\cdot z^{K-1}]$ 可写为

$$\sum\mathrm{Res}[X(z)\cdot z^{K-1}]=\sum_{i=1}^{l}\frac{1}{(r_i-1)!}\frac{\mathrm{d}^{r_i-1}}{\mathrm{d}z^{r_i-1}}[(z-z_i)^{r_i}\cdot X(z)\cdot z^{k-1}]\mid_{z=z_i}$$

式中，z_i（$i=1$，2，…，l）为 $X(z)$ 彼此不相等的极点，彼此不相等的极点数为 l；r_i为重极点 z_i的重复个数。

由求得的 $x(kT)$ 可写出与已知像函数 $X(z)$ 对应的原函数——脉冲序列为

$$x^*(t)=\sum_{k=0}^{\infty}x(kT)\cdot\delta(t-kT)$$

例 7-11 设 z 变换函数

$$E(z)=\frac{z^2}{(z-1)(z-0.5)}$$

试用留数法求 z 逆变换。

解 因为函数

$$E(z)z^{n-1}=\frac{z^{n+1}}{(z-1)(z-0.5)}$$

有 $z_1=1$ 和 $z_2=0.5$ 两个极点，极点处留数

$$\mathrm{Res}\left[\frac{z^{n+1}}{(z-1)(z-0.5)}\right]_{z\to1}=\lim_{z\to1}\left[\frac{(z-1)z^{n+1}}{(z-1)(z-0.5)}\right]=2$$

$$\mathrm{Res}\left[\frac{z^{n+1}}{(z-1)(z-0.5)}\right]_{z\to0.5}=\lim_{z\to1}\left[\frac{(z-0.5)z^{n+1}}{(z-1)(z-0.5)}\right]=-(0.5)^n$$

所以由式（7-26）得

$$e(nT)=2-(0.5)^n$$

相应的采样函数

$$e^*(t)=\sum_{n=0}^{\infty}e(nT)\delta(t-nT)=\sum_{n=0}^{\infty}[2-(0.5)^n]\delta(t-nT)$$
$$=\delta(t)+1.5\delta(t-T)+1.75\delta(t-2T)+1.875(t-3T)+\cdots$$

7.3.4　脉冲传递函数

差分方程的解可以提供线性定常离散系统在给定输入序列作用下的输出序列相应特性，但不便于研究系统参数变化对离散系统性能的影响。因此，需要研究线性定常离散系统的另一种数学模型——脉冲传递函数。

与连续系统中的传递函数概念相对应，脉冲传递函数是描述离散系统的数学模型。它反映了离散系统输入、输出序列之间的转换关系。根据脉冲传递函数，可以获得离散系统与系统性能指标之间的关系信息，它是采样系统分析与设计的基础。

设开环离散系统如图 7-6 所示。

假设系统的初始条件为零，输入信号为 $r(t)$，采样后 $r^*(t)$ 的 z 变换函数为 $R(z)$，系统连续部分的输出为 $c(t)$，采样后 $c^*(t)$ 的 z 变换函数为 $C(z)$，则线性定常离散系统的脉冲传递函数（也称为 z 传递函数）可以定义为：输出量的离散信号的 z 变换与输入量的离散信号的 z 变换之比，记为

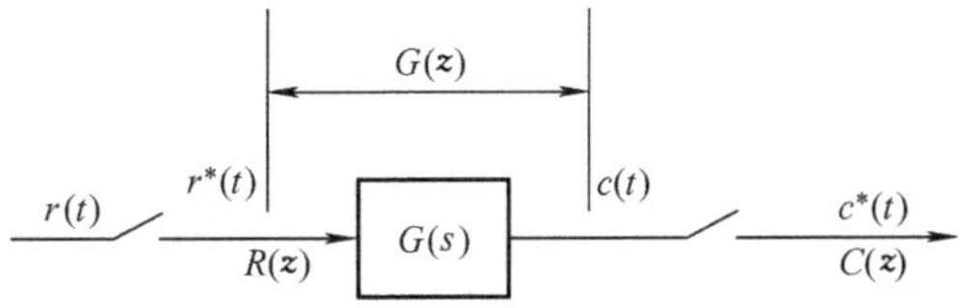

图 7-6　开环离散系统

$$G(z)=\frac{Z[c^*(t)]}{Z[r^*(t)]}=\frac{C(z)}{R(z)}=Z[g^*(t)]=Z[g(t)]$$
$$G(z)=Z[G^*(s)]=Z[G(s)]$$

定义中所谓的零初始条件，即 $t<0$ 时，输入脉冲序列各采样值 $r(-T)$，$r(-2T)$，…以及输出脉冲序列各采样值 $c(-T)$，$c(-2T)$，…均为零。

然而大多数实际系统中，输出往往是连续信号 $c(t)$，如图 7-7 所示。此时，可以在系统输出端虚设一个理想采样开关，如图 7-7 中虚线所示，它与输入采样开关同步工作，并具有相同的采样周期。如果系统的实际输出 $c(t)$ 比较平滑，且采样频率较高，则可用 $c^*(t)$ 近似描述 $c(t)$。必须指出，虚设的采样开关是不存在的，它只是输出连续函数 $c(t)$ 在采样时刻上的离散值 $c^*(t)$。

求脉冲传递函数 $G(z)$ 也就是对传递函数 $G(s)$ 求 z 变换。尽管求 $G(z)$ 只需要知道连

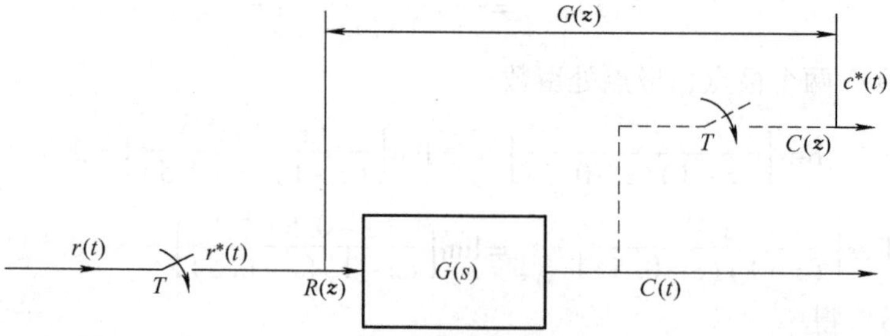

图 7-7 离散系统

续部分的传递函数 $G(s)$，但是脉冲传递函数 $G(z)$ 是属于线性部分 $G(s)$ 与采样器二者的组合体。脉冲传递函数是线性离散系统常用的数学模型。

例 7-12 设系统的结构图如图 7-7 所示，其中连续部分的传递函数为 $G(s)=\dfrac{1}{s(s+1)}$，试求系统的脉冲传递函数 $G(z)$。

解 (1) 对连续传递函数 $G(z)$ 进行拉普拉斯逆变换，求出脉冲响应 $g(t)$ 为

$$g(t)=Z^{-1}\left[\frac{1}{s(s+1)}\right]=Z^{-1}\left(\frac{1}{s}-\frac{1}{s+1}\right)=1-e^{-t}$$

(2) 对 $g(t)$ 进行采样，求得离散脉冲响应 $g^*(t)$ 为

$$g^*(t)=\sum_{k=0}^{\infty}[1(kT)-e^{-kT}]\delta(t-kT)$$

(3) 再对 $g^*(t)$ 进行 z 变换即可得到该系统的脉冲传递函数 $G(z)$ 为

$$\begin{aligned}G(z)&=Z[g^*(t)]=\sum_{k=0}^{\infty}[1(kT)-e^{-kT}]z^{-k}\\&=\sum_{k=0}^{\infty}1(kT)z^{-k}-\sum_{k=0}^{\infty}e^{-kT}z^{-k}\\&=\frac{z}{z-1}-\frac{z}{z-e^{-T}}=\frac{(1-e^{-T})z}{z^2-(1+-e^{-T})z+e^{-T}}\end{aligned}$$

7.3.5 线性离散系统的开环脉冲传递函数

当开环离散系统由多个环节串联组成时，其脉冲传递函数将根据采样开关的数目和位置的不同而得到不同的结果。

1. 串联环节之间有采样开关

如果开环离散系统由两个环节串联而成，如图 7-8 所示。从图中可以看出，两个串联连续环节 $G_1(s)$ 和 $G_2(s)$ 之间有理想采样开关隔开。

根据传递函数的定义，有

$$\begin{cases}C(s)=G_2(s)M^*(s)\\M(s)=G_1(s)r^*(s)\end{cases}$$

对上面方程两边离散化处理，得到

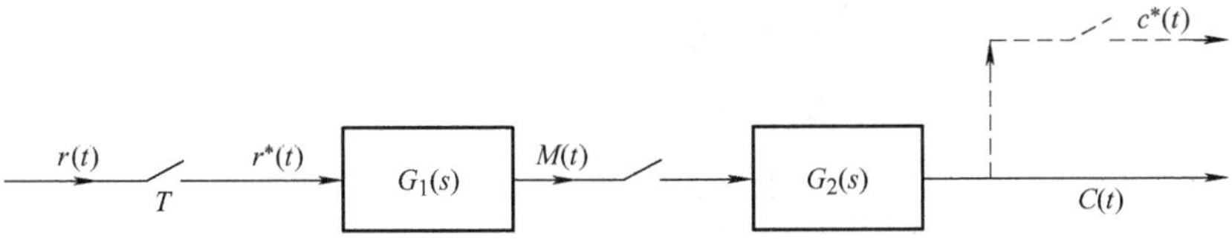

图 7-8　开环离散串联系统

$$\left.\begin{aligned} C^*(s) &= G_2^*(s)M^*(s) \\ M^*(s) &= G_1^*(s)r^*(s) \end{aligned}\right\} \Rightarrow C^*(s) = G_2^*(s)G_1^*(s)r^*(s)$$

进一步化简得到

$$\frac{C^*(s)}{r^*(s)} = G_1^*(s)G_2^*(s)$$

$$\frac{C(z)}{R(z)} = G_1(z)G_2(z) \tag{7-27}$$

式（7-27）表明，有理想采样开关隔开的两个线性连续环节串联时的脉冲传递函数，等于这两个环节各自分别求 z 变换后的乘积。这一结论，可以推广到类似的 n 个环节串联时的情况。

例 7-13　求图 7-9 所示两个串联环节的脉冲传递函数，其中 $G_1(s)=\dfrac{1}{0.1s+1}$，$G_2(s)=\dfrac{1}{s}$。

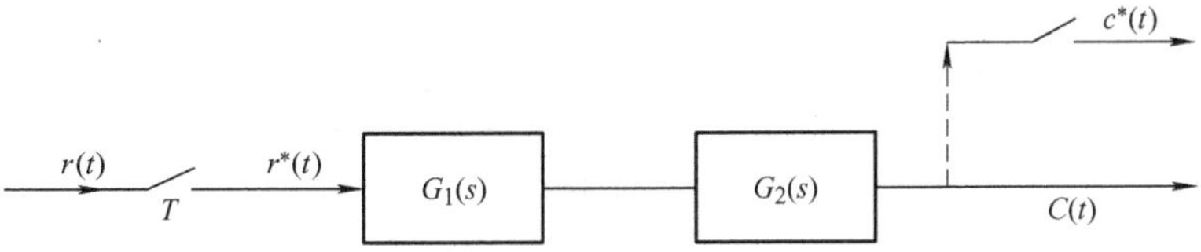

图 7-9　两个串联环节（中间有采样开关）

解

$$G(z) = G_1(z)G_2(z) = Z\left(\frac{1}{0.1s+1}\right)Z\left(\frac{1}{s}\right) = \frac{10z}{z-e^{-10T}} \cdot \frac{z}{z-1} = \frac{10z^2}{(z-1)(z-e^{-10T})}$$

2. 串联环节之间没有采样开关

设开环离散系统如图 7-10 所示，在两个串联环节 $G_1(s)$ 和 $G_2(s)$ 之间没有理想采样开关。

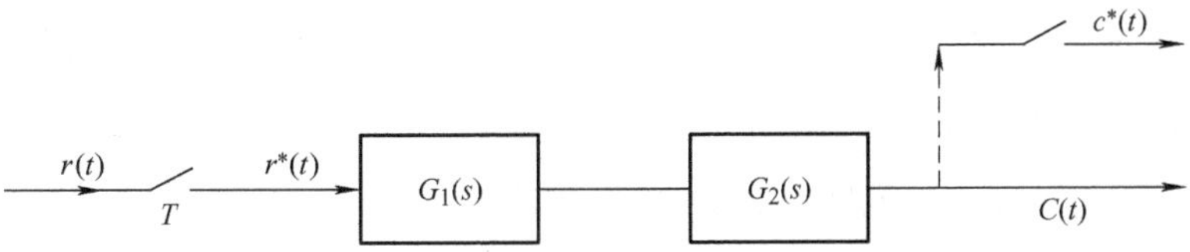

图 7-10　开环离散系统

显然，系统连续信号的拉普拉斯变换为

$$C(s)=G_1(s)G_2(s)r^*(s)$$

$$C^*(s)=G_1G_2^*(s)r^*(s)$$

$$\frac{C^*(s)}{r^*(s)}=G_1G_2^*(s)$$

$$G(z)=\frac{Z[c^*(t)]}{Z[r^*(t)]}=\frac{C(z)}{R(z)}=Z[G_1G_2^*(s)]=G_1G_2(z) \tag{7-28}$$

式（7-28）表明，没有理想采样开关隔开的两个线性连续环节串联时的脉冲传递函数，等于这两个环节传递函数乘积后的 z 变换。这一结论，可以推广到类似的 n 个环节串联时的情况。

显然，从式（7-27）看出

$$G_1(z)G_2(z)\neq G_1G_2(z)$$

因此，从这种意义上说，z 变换无串联性。

例 7-14 求如图 7-11 所示的两个串联环节的脉冲传递函数，其中 $G_1(s)=\frac{1}{0.1s+1}$，$G_2(s)=\frac{1}{s}$。

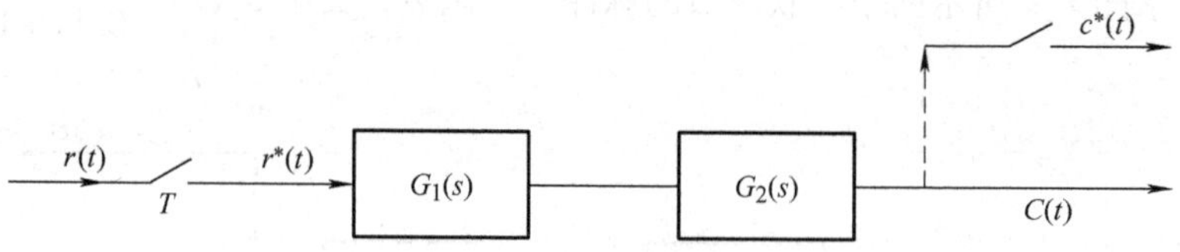

图 7-11 两个串联环节

解

$$G(z)=Z[G_1G_2{}^*(s)]=G_1G_2(z)=Z\left(\frac{1}{0.1s+1}\cdot\frac{1}{s}\right) \tag{7-29}$$

$$=\frac{z(1-\mathrm{e}^{-10T})}{(z-1)(z-\mathrm{e}^{-10T})}$$

例 7-14 与例 7-13 的结果对比也可以看出，在串联环节之间有无同步采样开关隔离时，其总的脉冲传递函数和输出 z 变换是不相同的。但是，不同之处仅表现在其零点不同，极点仍然一样。这也是离散系统特有的现象。

3. 与零阶保持器串联时的脉冲传递函数

数字控制系统中通常有零阶保持器与环节串联的情况，如图 7-12 所示。图中，零阶保持器 $G_h(s)$ 的传递函数为 $G_h(s)=\frac{1-\mathrm{e}^{-Ts}}{s}$，与之串联的另一个环节的传递函数为 $G_0(s)$。两串联环节之间无同步采样开关隔离。

为了求取等效的脉冲传递函数，首先需要计算

$$G_h(s)G_0(s)=\frac{1-\mathrm{e}^{-Ts}}{s}G_0(s)=(1-\mathrm{e}^{-Ts})\frac{G_0(s)}{s}=\frac{G_0(s)}{s}-\frac{G_0(s)}{s}\mathrm{e}^{-Ts}$$

系统的脉冲传递函数为

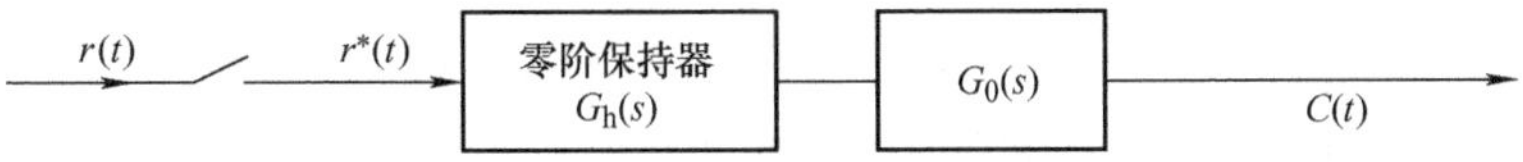

图7-12　零阶保持器与环节串联

$$G(z)=Z[G_1(s)G_2(s)]=Z\left[\frac{G_2(s)}{s}-\frac{G_2(s)}{s}e^{-Ts}\right]$$

根据 z 变换的线性定理有

$$G(z)=Z\left[\frac{G_2(s)}{s}\right]-Z\left[\frac{G_2(s)}{s}\right]z^{-1}=[1-z^{-1}]Z\left[\frac{G_2(s)}{s}\right] \tag{7-30}$$

例7-15　设与零阶保持器串联的环节的传递函数为 $G(s)=1/(s+1)$，试求总的脉冲传递函数。

解

$$\begin{aligned}G(z)&=Z\left[\frac{1-e^{-Ts}}{s}\cdot\frac{1}{s+a}\right]=(1-z^{-1})Z\left[\frac{1}{s(s+a)}\right]\\&=(1-z^{-1})Z\left(\frac{\frac{1}{a}}{s}-\frac{\frac{1}{a}}{s+a}\right)\\&=\frac{1-e^{-aT}}{a(z-e^{-aT})}\end{aligned} \tag{7-31}$$

4. 闭环系统的脉冲传递函数

在连续系统中，闭环传递函数与相应的开环传递函数之间存在确定的关系，因而可以用统一的框图来描述其闭环系统。但在采样系统中，由于采样器在闭环系统中可以有多种配置的可能性，因而对采样系统而言，会有多种闭环结构形式。这就使得闭环采样系统的脉冲传递函数没有一般的计算公式，只能根据系统的实际结构具体分析。

从图7-13可见，连续输出信号和误差信号的拉普拉斯变换为

$$C(s)=G(s)\varepsilon^*(s)$$
$$\varepsilon(s)=R(s)-Y(s)$$

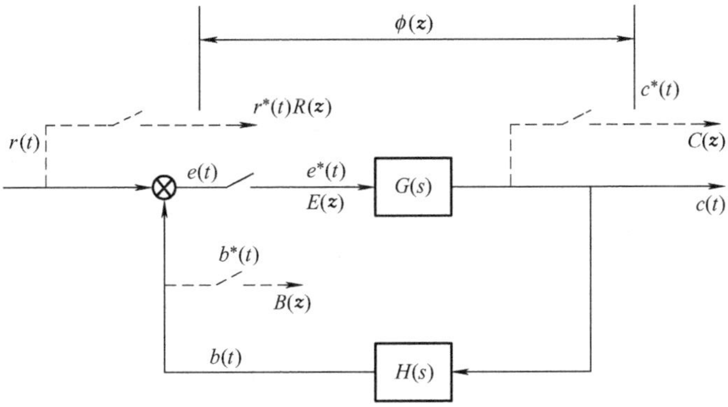

图7-13　闭环系统的脉冲传递函数

因此有

$$\varepsilon(s)=R(s)-H(s)G(s)\varepsilon^*(s) \tag{7-32}$$

对式（7-32）采样得 $\varepsilon^*(s)=R^*(s)-GH^*(s)\varepsilon^*(s)$，整理得到

$$E^*(s)=\frac{R^*(s)}{1+HG^*(s)}$$

由于

$$C^*(s)=[G(s)E^*(s)]^*=G^*(s)E^*(s)=\frac{G^*(s)}{1+HG^*(s)}R^*(s) \tag{7-33}$$

对式（7-33）求 z 变换得到

$$E(z)=\frac{R(z)}{1+HG(z)}$$

$$C(z)=\frac{G(z)}{1+HG(z)}R(z)$$

进一步化简，定义

$$\Phi_e(z)=\frac{1}{1+HG(z)}$$

为闭环离散系统对于输入量的误差脉冲传递函数。定义

$$\Phi(z)=\frac{G(z)}{1+HG(z)} \tag{7-34}$$

为闭环离散系统对于输入量的脉冲传递函数。

通过与上面类似的方法，还可以推导出采样器为不同配置形式的其他闭环系统的脉冲传递函数。但是，只要误差信号 $e(t)$ 处没有采样开关，输入采样信号 $r^*(t)$（包括虚拟的 $r^*(t)$）便不存在，此时不可能求出闭环离散系统对于输入量的脉冲传递函数，而只能求出输出采样信号的 z 变换函数 $C(z)$。

例 7-16 求如图 7-14 所示系统的闭环传递函数。

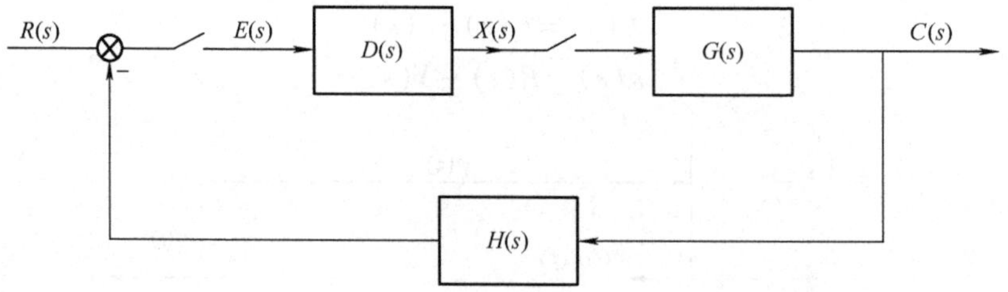

图 7-14 闭环传递函数

解 从系统框图可以得到

$$C(s)=G(s)X^*(s)$$

$$X(s)=D(s)E^*(s)$$

$$X^*(s)=D^*(s)E^*(s)$$

由于 $E(s)=R(s)-H(s)C(s)=R(s)-H(s)G(s)D^*(s)E^*(s)$

对误差信号进行离散化可得 $E^*(s)=R^*(s)-GH^*(s)D^*(s)E^*(s)$，化简得到

$$E^*(s)=\frac{R^*(s)}{1+GH^*(s)D^*(s)}$$

系统输出 $C^*(s)=G^*(s)D^*(s)E^*(s)$，得到

$$C^*(s)=\frac{G^*(s)D^*(s)R^*(s)}{1+GH^*(s)D^*(s)}$$

因此，系统的脉冲传递函数为

$$\frac{C(z)}{R(z)}=\frac{D(z)G(z)}{1+GH(z)D(z)} \tag{7-35}$$

常见的线性离散系统的框图及被控制信号的 z 变换 $C(z)$ 见表7-3。

表 7-3　常见的线性离散系统的框图

序　号	系统框图	$C(z)$ 计算式
1	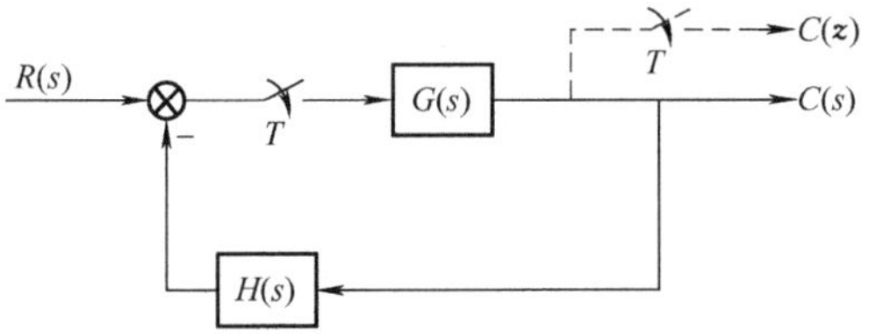	$\frac{G(z)R(z)}{1+GH(z)}$
2	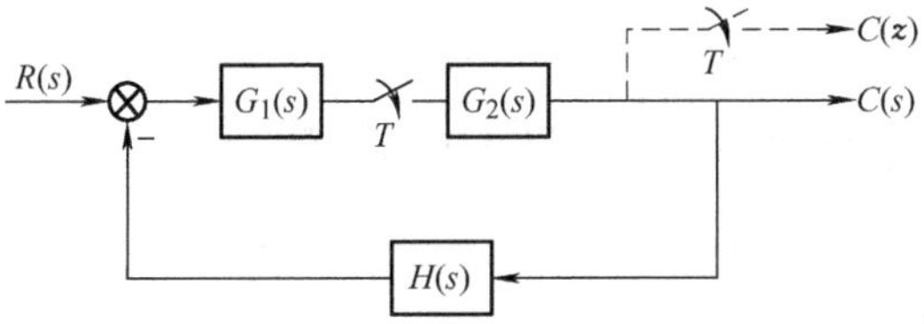	$\frac{RG_1(z)G_2(z)}{1+G_2HG_1(z)}$
3	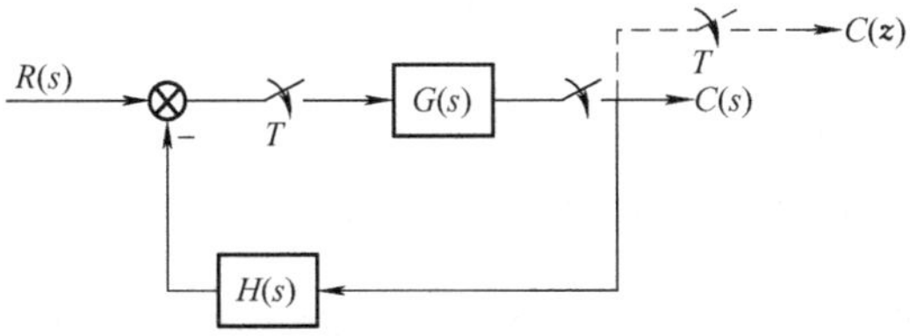	$\frac{G(z)R(z)}{1+G(z)\cdot H(z)}$
4	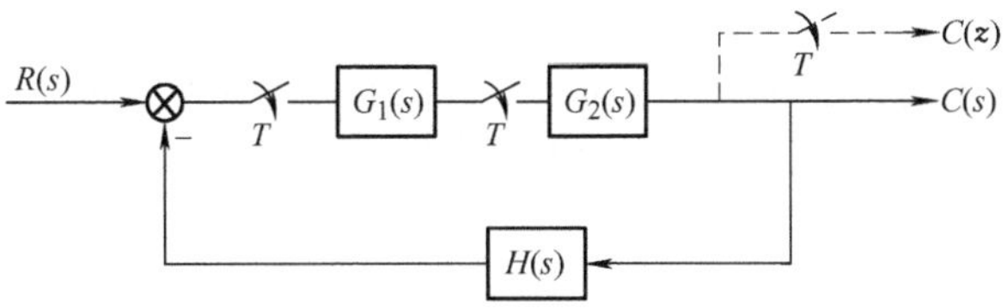	$\frac{G_1(z)G_2(z)R(z)}{1+G_1(z)G_2H(z)}$
5	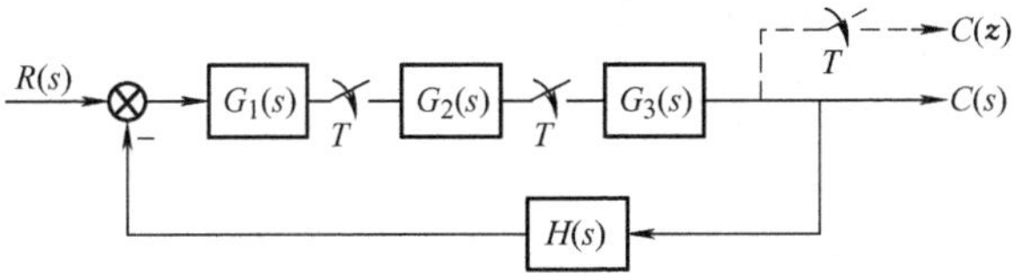	$\frac{RG_1(z)G_2(z)G_3(z)}{1+G_2(z)G_1G_3H(z)}$

（续）

序　号	系统框图	$C(z)$计算式
6	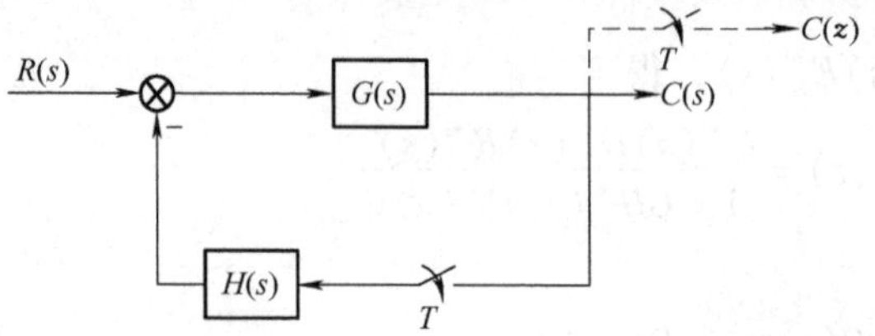	$\frac{RG(z)}{1+HG(z)}$
7	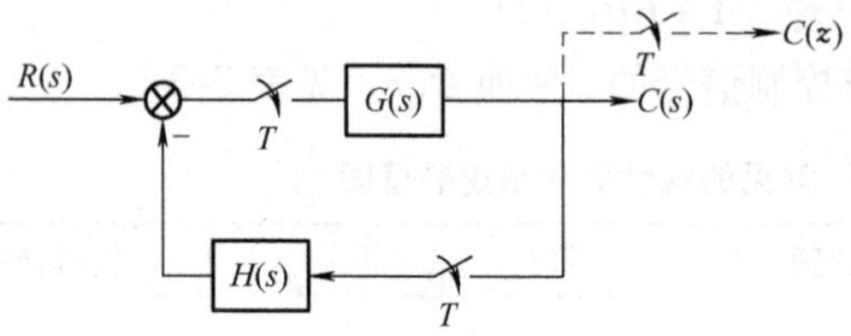	$\frac{G(z)R(z)}{1+G(z)H(z)}$
8	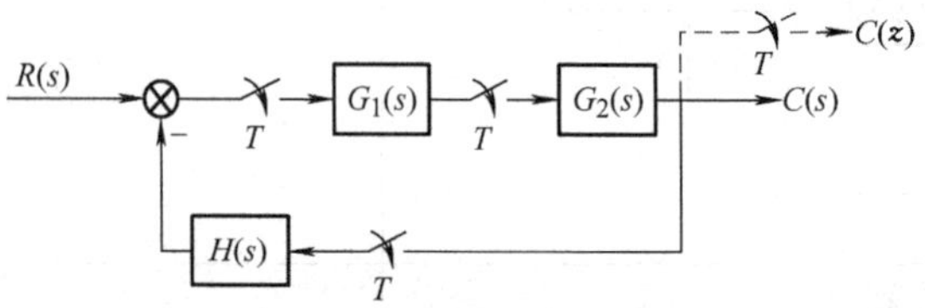	$\frac{G_1(z)G_2(z)R(z)}{1+G_1(z)G_2(z)H(z)}$

例 7-17　试求取如图 7-15 所示线性数字系统的闭环传递函数。

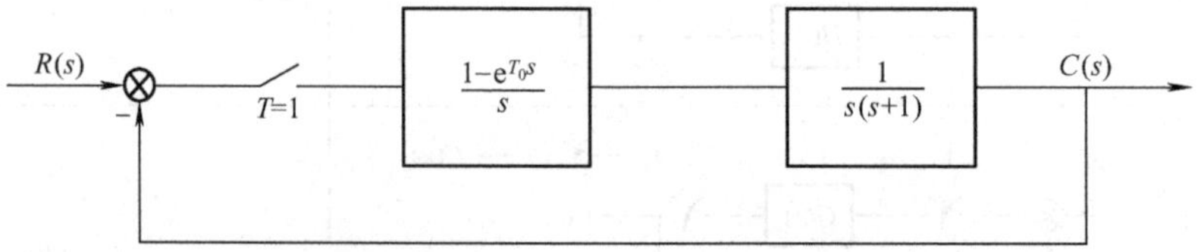

图 7-15　线性数字系统的闭环传递函数

解　从框图可以看出，系统由零阶保持器和另一个环节串联而成，串联环节的脉冲传递函数为

$$G(z)=Z\left[\frac{(1-\mathrm{e}^{-T_0s})}{s}\,\frac{1}{s(s+1)}\right]=(1-z^{-1})Z\left[\frac{1}{s^2(s+1)}\right]=\frac{\mathrm{e}^{-1}z+1-2\mathrm{e}^{-1}}{(z-1)(z-\mathrm{e}^{-1})}$$

因此，系统的闭环脉冲传递函数为

$$\frac{C(z)}{R(z)}=\frac{G(z)}{1+G(z)}=\frac{\dfrac{\mathrm{e}^{-1}z+1-2\mathrm{e}^{-1}}{(z-1)(z-\mathrm{e}^{-1})}}{1+\dfrac{\mathrm{e}^{-1}z+1-2\mathrm{e}^{-1}}{(z-1)(z-\mathrm{e}^{-1})}}=\frac{\mathrm{e}^{-1}z+1-2\mathrm{e}^{-1}}{z^2-z+\mathrm{e}^{-1}}\tag{7-36}$$

7.3.6　z 变换法的局限性

z 变换法是研究线性定常离散系统的一种有效工具，但是 z 变换法也有其本身的局限性，

应用 z 变换法分析线性定常离散系统时，必须注意以下几方面问题。

1）z 变换的推导是建立在假定采样信号可以用理想脉冲序列来近似的基础上，每个理想脉冲的面积等于采样瞬时上的时间函数。这种假定，只有当采样持续时间与系统的最大时间常数相比是很小的时候才能成立。

2）输出 z 变换函数 $C(z)$，只确定了时间函数 $c(t)$ 在采样瞬时上的数值，不能反映 $c(t)$ 在采样间隔中的信息。因此对于任何 $C(z)$，z 逆变换 $c(nT)$ 只能代表 $c(t)$ 在采样瞬时 $t=nT(n=0,1,2,\cdots)$ 时的数值。

3）用 z 变换法分析离散系统时，系统连续部分传递函数 $G(s)$ 的极点数至少要比其零点数多两个，即 $G(s)$ 的脉冲过渡函数 $K(t)$ 在 $t=0$ 时必须没有跳跃，或者满足

$$\lim_{s\to\infty} sG(s)=0$$

否则，用 z 变换法得到的系统采样输出 $c^*(t)$ 与实际连续输出 $c(t)$ 差别较大，甚至完全不符。

7.4 离散系统的稳定性分析

在经典控制系统中，线性连续系统的稳定性是由闭环系统特征方程的根在 s 平面的分布位置决定的。如果系统特征方程的根都在 s 左半平面，即特征根都具有负实部，则系统稳定。比较直观的想法是，线性连续控制系统中的这些结论是否能够用以分析采样控制系统呢？根据前面的分析可以知道，采样控制系统的数学模型是建立在 z 变换基础上的，因此需要先明确 s 平面和 z 平面之间的关系。

在 z 变换定义中，$z=e^{sT}$ 给出了 s 域到 z 域的关系。s 域中的任意点可表示为 $s=\sigma+j\omega$，映射到 z 域则为

$$z=e^{(\sigma+j\omega)T}=e^{T\sigma}e^{jT\omega}$$

于是，s 域到 z 域的基本映射关系式为

$$|z|=e^{T\sigma} \quad \angle z=T\omega$$

对于 s 平面的虚轴，复变量 s 的实部 $\sigma=0$，其虚部 ω 从 $-\infty$ 到 $+\infty$。由上式可见，$\sigma=0$ 对应 $|z|=1$；ω 从 $-\infty$ 变到 $+\infty$ 时对应复变量 z 的辐角 $\angle z$ 也从 $-\infty$ 变到 $+\infty$。当 ω 从 $-\frac{1}{2}\omega_s$ 变到 $+\frac{1}{2}\omega_s$ 时，$\angle z$ 由 $-\pi$ 变化到 $+\pi$，变化了一周。因此 s 平面虚轴由 $s=-j\frac{1}{2}\omega_s$ 到 $s=+j\frac{1}{2}\omega_s$ 区段以及 $s=+j\frac{1}{2}\omega_s$ 到 $s=+j\frac{3}{2}\omega_s$ 等区段在 z 平面上的映像同样为 z 平面上的单位圆。实际上，s 平面虚轴频率差为 ω_s 的每一段都映射为 z 平面上的单位圆，当复变量 s 从 s 平面虚轴的 $-j\infty$ 变到 $+j\infty$ 时，复变量 z 在 z 平面上将按逆时针方向沿单位圆重复转过无穷多圈。也就是说，s 平面的虚轴在 z 平面的映像为单位圆。

在 s 左半平面，复变量 s 的实部 $\sigma<0$，因此 $|z|<1$。这样，s 左半平面映射到 z 平面单位圆内部。同时，s 右半平面 $\sigma>0$，在 z 平面的映像为单位圆外部区域。

从对 s 平面与 z 平面映射关系的分析可见，s 平面上的稳定区域 s 左半平面在 z 平面上的映像是单位圆内部区域，这说明，在 z 平面上，单位圆之内是 z 平面的稳定区域，单位圆之外是 z 平面的不稳定区域。z 平面上单位圆是稳定区域和不稳定区域的分界线。

s 左半平面可以分为宽度为 ω_s，频率范围为 $\frac{2n-1}{2}\omega_s \sim \frac{2n+1}{2}\omega_s$（$n=0$，$\pm 1$，$\pm 2$，…）平行于横轴的无数条带域，每一个带域都映射为 z 平面的单位圆内的圆域。其中 $-\frac{1}{2}\omega_s < \omega < \frac{1}{2}\omega_s$ 的带域称为主频带，其余称为次频带。

7.4.1 离散系统稳定的充分必要条件

设典型离散系统的特征方程式为

$$D(z) = 1 + GH(z) = 0$$

不失一般性，设特征方程的根或闭环脉冲传递函数的极点为各不相同的 z_1，z_2，…，z_n。由 s 域到 z 域的映射关系知：s 左半平面映射为 z 平面上的单位圆内的区域，对应稳定区域；s 右半平面映射为 z 平面上的单位圆外的区域，对应不稳定区域；s 平面上的虚轴，映射为 z 平面上的单位圆周，对应临界稳定情况。因此，在 z 域中，线性定常离散系统稳定的充分必要条件是：

当且仅当离散系统特征方程的全部特征根均分布在 z 平面上的单位圆内，或者所有特征根的模均小于 1，即 $|z_i|<1$（$i=1$，2，…，n），相应的线性定常离散系统是稳定的。

应当指出：上述稳定条件虽然是从特征方程无重特征根情况下推导出来的，但是对于有重根的情况也是正确的。此外，在现实系统中，不存在临界稳定情况，如果 $|z_i|=1$ 或 $|\alpha_i|=1$，在经典控制理论中，该系统也属于不稳定范畴。

例 7-18 试分析特征方程为 $z^2-z+0.632=0$ 的系统的稳定性。

解 依题意有

$$z_{1,2}=0.5\pm 0.5\sqrt{-1.52}=0.5\pm \mathrm{j}0.61$$

$$|z_1|=|z_2|=\sqrt{0.5^2+0.61^2}=0.79<1$$

即系统的两个特征根的模小于 1，系统稳定。

当离散系统的阶次较高时，直接求解差分方程或 z 特征方程的根总是不方便的。所以人们还是希望有间接的稳定判据可供利用，这对于研究离散系统结构、参数、采样周期等对于稳定性的影响，也是必要的。

7.4.2 劳斯稳定判据

连续系统的劳斯判据，是通过系统特征方程的系数及其符号来判别系统稳定性的。这种对特征方程系数和符号以及系数之间满足某些关系的判据，实质是判断系统特征方程的根是否都在 s 左半平面。在离散系统中，则需要判断系统特征方程的根是否都在 z 平面上的单位圆内。因此，连续系统中的劳斯判据不能直接套用，必须引入另一种 z 域到 ω 域的线性变换，使 z 平面上的单位圆内区域，映射成 ω 平面上的左半平面，这种新的坐标变换称为双线性变换，或称为 ω 变换。

为此，令

$$z=\frac{\omega+1}{\omega-1}$$

则有

$$\omega=\frac{z+1}{z-1}$$

ω 变换是一种可逆的双向变换，变换式是比较简单的代数关系，便于应用。由 ω 变换所确定的 z 平面与 ω 平面的映射关系如图 7-16 所示。

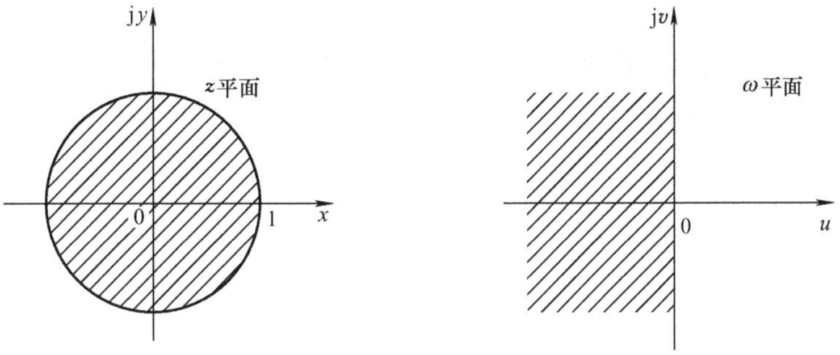

图 7-16　z 平面与 ω 平面的对应关系

上述映射关系不能从数学上进行证明。为此分别设复变量 z 和 ω 为

$$\begin{cases}z=x+\mathrm{j}y\\ \omega=u+\mathrm{j}v\end{cases}$$

有

$$\omega=u+\mathrm{j}v=\frac{(x^2+y^2)-1}{(x-1)^2+y^2}-\mathrm{j}\frac{2y}{(x-1)^2+y^2}$$

注意到 $x^2+y^2=|z|^2$，可知：

当 $|z|=\sqrt{x^2+y^2}=1$ 时，$u=0$，$\omega=\mathrm{j}v$，即 z 平面的单位圆映射为 ω 平面上的虚轴。

当 $|z|=\sqrt{x^2+y^2}>1$ 时，$u>0$，即 z 平面单位圆外映射为 ω 右半平面。

当 $|z|=\sqrt{x^2+y^2}<1$ 是，$u<0$，即 z 平面单位圆内映射为 ω 左半平面。

应指出，ω 变换是线性变换，映射关系是一一对应的。z 的有理多项式经过 ω 变换之后，可得到 ω 的有理多项式。以 z 为变量的特征方程经过 ω 变换之后，变成以 ω 为变量的特征方程，仍然是代数方程。系统特征方程经过 ω 变换之后，就可以应用劳斯判据来判断线性离散系统的稳定性。

因此，采用劳斯判据判断离散系统是否稳定的步骤如下：

1）求出采样系统的特征方程 $D(z)=0$。

2）进行 ω 变换，整理后得到 $D(\omega)=0$。

3）应用劳斯判据判别采样系统的稳定性。

例 7-19　设闭环采样系统的特征方程为 $D(z)=45z^3-117z^2+119z-39=0$，试判断其稳定性。

解　令 $z=\dfrac{\omega+1}{\omega-1}$，得

$$45\left(\frac{\omega+1}{\omega-1}\right)^3-117\left(\frac{\omega+1}{\omega-1}\right)^2+119\left(\frac{\omega+1}{\omega-1}\right)-39=0$$

整理得：$\omega^3+2\omega^2+2\omega+40=0$

ω^3	1	2
ω^2	2	40
ω^1	−18	0
ω^0	40	

系统不稳定，有两个根在单位圆外。

例 7-20 设采样系统的框图如图 7-17 所示，其中 $G(s)=\dfrac{K_1}{s(s+4)}$，采样周期 $T=0.25\mathrm{s}$，求能使系统稳定的 K_1 值的取值范围。

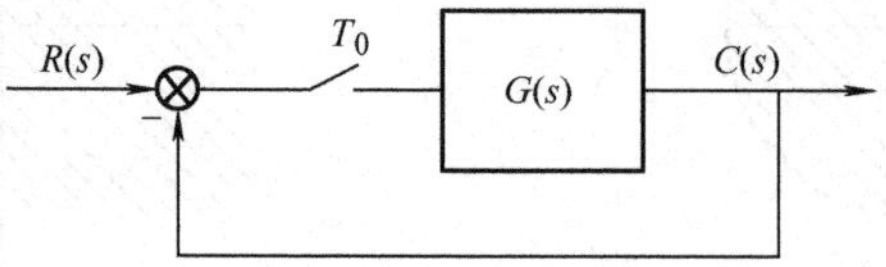

图 7-17 采样系统的框图

解

$$G(z)=Z\left[\frac{K_1}{s(s+4)}\right]=\frac{K_1}{4}\frac{(1-\mathrm{e}^{-4T_0})z}{(z-1)(z-\mathrm{e}^{-4T_0})}$$

$$\frac{C(z)}{R(z)}=\frac{G(z)}{1+G(z)}=\frac{\frac{K_1}{4}(1-\mathrm{e}^{-4T_0})z}{(z-1)(z-\mathrm{e}^{-4T_0})+\frac{K_1}{4}(1-\mathrm{e}^{-4T_0})z}$$

则 $1+G(z)=0$。

$$(z-1)(z-\mathrm{e}^{-4T_0})+\frac{K_1}{4}(1-\mathrm{e}^{-4T_0})z=(z-1)(z-0.368)+\frac{K_1}{4}(1-0.368)z=0$$

令 $z=\dfrac{\omega+1}{\omega-1}$，代入上式得

$$\left(\frac{\omega+1}{\omega-1}-1\right)\left(\frac{\omega+1}{\omega-1}-0.368\right)+0.158K_1\frac{\omega+1}{\omega-1}=0$$

$$0.158K_1\omega^2+1.264\omega+(2.736-0.158K_1)=0$$

ω^2	$0.158K_1$	$2.736-0.158K_1$
ω^1	1.264	0
ω^0	$2.736-0.158K_1$	

$$0.158K_1>0,\quad 2.736-0.158K_1>0$$

解得　$0<K_1<17.3$。

连续系统的稳定性取决于系统的开环增益 K，系统的零极点分布和传输延迟等因素。但是，影响离散系统稳定性的因素，除了与连续系统相同的上述因素之外，采样周期 T 作为离散系统的一个重要参数，也有重要影响。

例 7-21 设有零阶保持器的离散系统，试求：

（1）当采样周期 T 分别为 1s 和 0.5s 时，系统的临界开环增益 K_c；

(2) 当 $r(t)=1(t)$，$K=1$，T 分别为0.1s、1s、2s、4s 时，系统的输出响应 $c(kT)$。

解　系统的开环脉冲传递函数为

$$G(z)=(1-z^{-1})Z\left[\frac{K}{s^2(s+1)}\right]$$
$$=K\frac{(e^{-T}+T-1)z+(1-e^{-T}-Te^{-T})}{(z-1)(z-e^{-T})}$$

相应的闭环特征方程为

$$D(z)=1+G(z)=0$$

当 $T=1$s 时，有

$$D(z)=z^2+(0.368K-1.368)z+(0.264K+0.368)=0$$

令 $z=(\omega+1)/(\omega-1)$，得 ω 域特征方程为

$$D(\omega)=0.632K\omega^2+(1.264-0.528K)\omega+(2.736-0.104K)=0$$

根据劳斯判据，得 $K_c=2.4$。

由于闭环系统脉冲传递函数

$$\Phi(z)=\frac{C(z)}{R(z)}=\frac{G(z)}{1+G(z)}$$
$$=\frac{K[(e^{-T}+T-1)z+(1-e^{-T}-Te^{-T})]}{z^2+[K(e^{-T}+T-1)z-(1+e^{-T})]z+[K(1-e^{-T}-Te^{-T})+e^{-T}]}$$

且有 $R(z)=z/(z-1)$，因此不难求得 $C(z)$ 表达式。

令 $K=1$，T 分别为0.1s、1s、2s、4s，可由 $C(z)$ 的逆变换求出 $c(kT)$，此处略解。

由例7-21可见，K 与 T 对离散系统稳定性有如下影响：

1) 当采样周期一定时，加大开环增益会使离散系统的稳定性变差，甚至使系统变得不稳定。

2) 当开环增益一定时，采样周期越长，丢失的信息越多，对离散系统的稳定性及动态性能均不利，甚至可使系统失去稳定性。

7.4.3　线性离散系统的时域分析

在线性连续系统中，闭环极点在 s 平面上的位置与系统的瞬态响应有着密切的联系。闭环极点决定了瞬态响应各个分量的模态。例如，一个负实数极点对应一个指数衰减分量；一对具有负实部的共轭复数极点对应一个衰减的正弦分量。在线性离散系统中，闭环脉冲传递函数的极点（闭环离散系统的特征根）在 z 平面上的位置决定了系统时域响应中瞬态响应各分量的类型。系统输入信号不同时，仅会对瞬态响应中各分量的初值有影响，而不会改变其类型。

设系统的闭环脉冲传递函数为

$$\Phi(z)=\frac{M(z)}{N(z)}=\frac{b_0z^m+b_1z^{m-1}+\cdots+b_m}{a_0z^n+a_1z^{n-1}+\cdots+a_n}=\frac{k^*\prod_{i=1}^{m}(z-z_i)}{\prod_{j=1}^{n}(z-p_i)}(m\leqslant n) \tag{7-37}$$

式中，$M(z)$ 为 $\Phi(z)$ 的分子多项式；$N(z)$ 为 $\Phi(z)$ 的分母多项式，即特征多项式；z_i 为

系统的闭环零点；p_i为系统的闭环极点。

当$r(t)=1(t)$，离散系统输出的z变换为

$$C(z)=\Phi(z)R(z)=\frac{M(z)}{N(z)}\cdot\frac{z}{z-1}$$

当系统特征方程无重根时，$C(z)$ 可展开为

$$C(z)=\frac{Az}{z-1}+\sum_{j=1}^{n}\frac{\beta_j z}{z-p_j} \tag{7-38}$$

式中，$A=\left.\frac{M(z)}{N(z)}\right|_{z=1}=\frac{M(1)}{N(1)},\beta_j=\left.\frac{M(z)}{N(z)}\cdot\frac{(z-p_j)}{z-1}\right|_{z=p_j}$。

对式（7-38）求z逆变换可得

$$C(kT)=c^*(kT)=A+\sum_{j=1}^{n}\beta_j p_j^k$$

即系统的瞬态响应分量为 $\sum_{j=1}^{n}\beta_j p_j^k$，显然极点$p_i$在$z$平面上的位置决定了瞬态响应中各分量的类型。

7.4.4 线性离散系统的稳态误差

在连续系统中，稳态误差的计算可以利用两种方法进行：一种是建立在拉普拉斯变换终值定理基础上的计算方法，可以求出系统的稳态误差；另一种是从系统误差传递函数出发的动态误差系数法，可以求出系统动态误差的稳态分量。这两种计算稳态误差的方法，在一定条件下都可以推广到离散系统。

由于离散系统没有唯一的典型结构图形式，所以误差脉冲传递函数 $\Phi_e(z)$ 也给不出一般的计算公式。因此，离散系统的稳态误差需要针对不同形式的离散系统来求取。研究系统的稳态精度，必须首先检验系统的稳定性。只有系统稳定，稳态性能才有意义。

离散系统误差信号的脉冲序列$e^*(t)$ 反映在采样时刻，即系统希望输出与实际输出之差。误差信号的稳态分量称为稳态误差。当$t\geqslant t_s$，即过滤过程结束之后，系统误差信号的脉冲序列就是离散系统的稳态误差，一般记为$e_{ss}^*(t)$。

$e_{ss}^*(t)$ 是一个随时间变化的信号，当$t\to\infty$时候，可以求得线性离散系统在采样点上的稳态误差终值$e_{ss}^*(\infty)$。

$$e_{ss}^*(\infty)=\lim_{t\to\infty}e^*(t)=\lim_{t\to\infty}e_{ss}^*(t)$$

如果误差信号的z变换为$E(z)$，在满足z变换终值定理使用条件的情况下，可以利用z变换的终值定理求离散系统的稳态误差终值$e_{ss}^*(\infty)$。

$$e_{ss}^*(\infty)=\lim_{t\to\infty}e^*(t)=\lim_{z\to1}(z-1)E(z) \tag{7-39}$$

设单位负反馈线性离散系统如图7-18 所示。$G(s)$ 为连续部分的传递函数，采样开关对误差信号$e(t)$ 采样，得到误差信号的脉冲序列$e^*(t)$。

该系统的开环脉冲传递函数为 $G(z)=Z[G(s)]$，系统闭环脉冲传递函数为 $\Phi(z)=\frac{C(z)}{R(z)}=\frac{G(z)}{1+G(z)}$

系统闭环误差脉冲传递函数为

$$\Phi_e(z)=\frac{E(z)}{R(z)}=\frac{1}{1+G(z)}$$

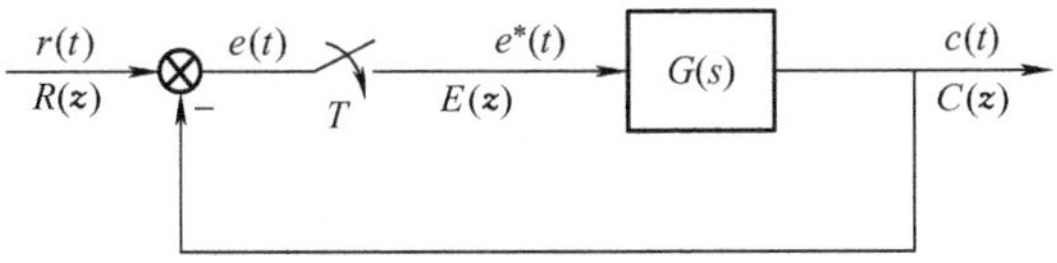

图 7-18　单位负反馈线性离散系统

系统误差信号的 z 变换为

$$E(z)=R(z)-C(z)=\Phi_e(z)R(z)$$

如果 $\Phi_e(z)$ 的极点都在 z 平面单位圆内，则离散系统是稳定的，可以对其稳态误差进行分析。根据 z 变换的终值定理，可以求出系统的稳态误差终值。

$$e_{ss}^*(\infty)=\lim_{t\to\infty}e^*(t)=\lim_{z\to1}(z-1)E(z)=\lim_{z\to1}\frac{z-1}{1+G(z)}R(z) \tag{7-40}$$

连续系统以开环传递函数 $G(s)$ 中含有 $s=0$ 的开环极点个数 v 作为划分系统型别的标准，分别把 $v=0$、1、2 的系统称为 0 型、1 型和 2 型系统。由 z 变换的定义 $z=e^{sT}$可知，若 $G(s)$ 有一个 $s=0$ 的开环极点，$G(z)$ 则有一个 $z=1$ 的开环极点。因此，在线性离散系统中，也可以把开环脉冲传递函数 $G(z)$ 具有 $z=1$ 的开环极点的个数 v 作为划分离散系统型别的标准，即把 $G(z)$ 中 $v=0$、1、2 的系统分别称为 0 型、1 型和 2 型系统。

下面讨论如图 7-18 所示结构中，不同型别的单位负反馈离散系统在典型输入信号作用下的稳态误差终值，并建立离散系统稳态误差系统的概念。

1. 单位阶跃响应的稳态误差终值

当系统的输入信号为单位阶跃 $r(t)=1(t)$ 时，其 z 变换为

$$R(z)=\frac{z}{z-1}$$

根据式（7-40），稳态误差终值为

$$\begin{aligned}e_{ss}^*(\infty)&=\lim_{z\to1}(z-1)\frac{1}{1+G(z)}\frac{z}{z-1}=\lim_{t\to1}\frac{z}{1+G(z)}\\&=\frac{1}{1+\lim\limits_{z\to1}G(z)}=\frac{1}{1+K_p}\end{aligned} \tag{7-41}$$

式中，K_p为稳态位置误差系数，$K_p=\lim\limits_{z\to1}G(z)$。若 $G(z)$ 没有 $z=1$ 的极点，则 $K_p\neq\infty$，从而 $e_{ss}^*(\infty)\neq0$，这样的系统为 0 型离散系统；若 $G(z)$ 有一个或者一个以上 $z=1$ 的极点，则 $K_p=\infty$，从而 $e_{ss}^*(\infty)=0$，这样的系统相应地称为 1 型或 1 型以上离散系统。因此，在阶跃信号作用下，0 型离散系统在 $t\to\infty$ 时，在采样点上存在着稳态误差；1 型或 1 型以上离散系统当 $t\to\infty$ 时，在采样点上不存在稳态误差。这种情况与连续系统很相似。

2. 单位斜坡响应的稳态误差终值

当系统的输入为单位斜坡函数 $r(t)=t$ 时，其 z 变换为

$$R(z)=\frac{Tz}{(z-1)^2}$$

系统的稳态误差终值为

$$e_{ss}^{*}(\infty)=\lim_{z\to1}(z-1)\frac{1}{1+G(z)}\cdot\frac{Tz}{(z-1)^2}=\lim_{x\to1}\frac{Tz}{(z-1)[1+G(z)]}$$
$$=\lim_{x\to1}\frac{T}{(z-1)G(z)}=\frac{T}{K_v}$$

式中，K_v 为稳态速度误差系数，$K_v=\lim\limits_{z\to1}(z-1)G(z)$。0 型系统的 $K_v=0$，系统的 K_v 是一个有限值，2 型及 2 型以上系统的 $K_v=\infty$。所以在斜坡信号作用下，当 $t\to\infty$ 时，0 型离散系统的稳态误差终值为无穷大；1 型离散系统的稳态误差是有限值，2 型及 2 型以上离散系统在采样点上的稳态误差为 0。

3. 单位加速度响应的稳态误差终值

当系统的输入信号为单位加速度函数 $r(t)=\frac{1}{2}t^2$时，其 z 变换为

$$R(z)=\frac{T^2z(z+1)}{2(z-1)^3}$$

系统的稳态误差终值为

$$e_{ss}^{*}(\infty)=\lim_{z\to1}(z-1)\frac{1}{1+G(z)}\cdot\frac{T^2z(z+1)}{2(z-1)^3}=\lim_{x\to1}\frac{Tz}{(z-1)[1+G(z)]}=\lim_{x\to1}\frac{T^2}{(z-1)^2G(z)}$$
$$=\frac{T^2}{K_a}$$

式中，K_a为稳态加速度误差系数，$K_a=\lim\limits_{z\to1}(z-1)^2G(z)$。0 型及 1 型系统的 $K_a=0$，2 型系统的 K_a为常值。所以在加速度输入信号作用下，当 $t\to\infty$ 时，0 型和 1 型离散系统的稳态误差为无穷大，2 型离散系统在采样点上的稳态误差为有限值。

在三种典型信号作用下，0 型、1 型和 2 型单位负反馈离散系统当 $t\to\infty$ 的稳态误差见表 7-4。

表 7-4　典型输入在不同型别系统下的稳态误差

系统型别 \ 输入信号	$r(t)=R_0\cdot1(t)$	$r(t)=R_1\cdot t$	$r(t)=\frac{R_2}{2}\cdot t^2$
0 型	$\frac{R_0}{1+K_p}$	∞	∞
1 型	0	$\frac{R_1T}{K_v}$	∞
2 型	0	0	$\frac{R_2T^2}{K_a}$

应当指出的是，用稳态误差系数或终值定理求出的只是当 $t\to\infty$ 时，系统的稳态误差终值 $e_{ss}^{*}(\infty)$，而不能反映过渡过程结束之后稳态误差 $e_{ss}^{*}(t)$ 变化的规律。在有些情况下，系统的稳态误差终值是无穷大，但在有限的时间内，系统的稳态误差是有限值。

7.5 基于 MATLAB 的线性离散系统分析

采用 MATLAB 进行线性离散系统分析时，常用的命令包括将连续系统模型转换成离散

系统模型的 c2d，以及将离散系统模型转换为连续系统模型的 d2c。

其命令格式为sysd = c2d(sys,Ts,'zoh')

　　　　　　sys = d2c(sysd,'zoh')

其中 sys 表示连续系统模型，sysd 表示离散系统模型，Ts 表示离散化采样时间，'zoh' 表示采用零阶保持器(默认省略)。

此外，常用的计算离散系统的响应的函数包括 impluse、step、lsim 以及 initial。这些命令的详细介绍可参考相关书籍或者 MATLAB 帮助文档进行查询。

总之，这些命令的使用与基于连续系统的仿真没有本质差别，只是它们用于离散系统时输出为 $y(kT)$，而且具有阶梯函数的形式。

采用 MATLAB 进行离散系统分析的流程主要包括以下四个步骤：

1）求解系统的单位冲激响应 $h[k]$。

2）求系统的幅频响应。

3）判断系统的稳定性。

4）绘制该系统的零极点分布图。

下面以两个常用实例具体介绍如何在 MATLAB 中实现离散系统的相关分析。

例 7-22　已知离散系统如图 7-19 所示，其中 ZOH 为零阶保持器，$T=0.25$s。当 $r(t)=4+6t$ 时，欲使系统稳态误差小于 0.1，试求 K 的值。

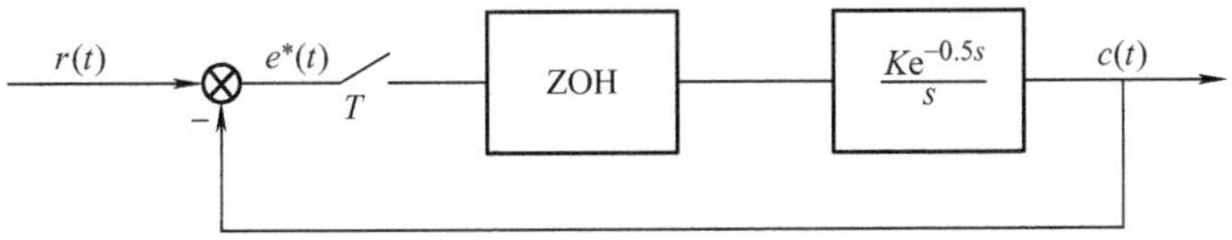

图 7-19　离散系统框图

解　本题可以通过稳定判据对闭环系统稳定性进行理论分析，得到同时满足稳定性及稳态误差要求的 K 值。

当采用 MATLAB 进行相关分析时，可设定不同的 K 值判断稳态误差是否满足题设要求。本次考察了当取 $K=2.5$（系统的误差输出响应如图 7-20 所示，系统不稳定）以及 $K=2.3$（系统的误差输出响应如图 7-21 所示，系统稳定）时，系统的误差输出。

基于 MATLAB 的代码实现如下：

```
K = [2.5 2.3];Ts = 0.25;T = 160;                    % 设置离散系统相关参数
% 在选取的两种增益条件下,绘制系统的误差输出
  for i = 1:2
      G = tf(K(i),[1 0],'inputdelay',0.5);
      Gz = c2d(G,Ts,'zoh');
      syse = feedback(1,Gz);
      t = 0:Ts:T;u = 4 + 6 * t;
      area = [0 T -20 20;0 T -2 2.5];
      figure(i);lsim(syse,u,t,0);axis(area(i,:));grid;
  end
```

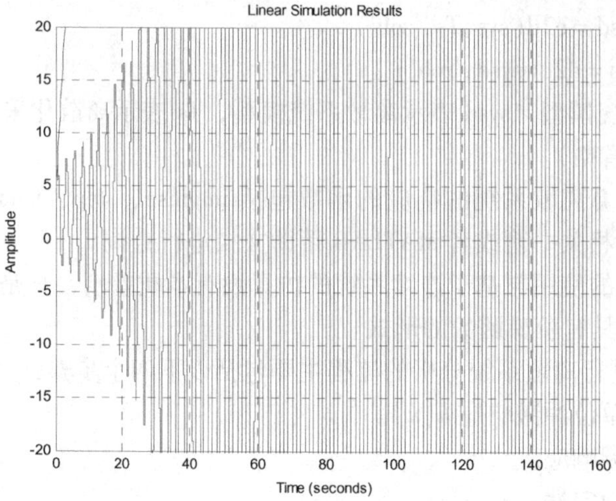

图 7-20　$K=2.5$ 的系统误差输出响应

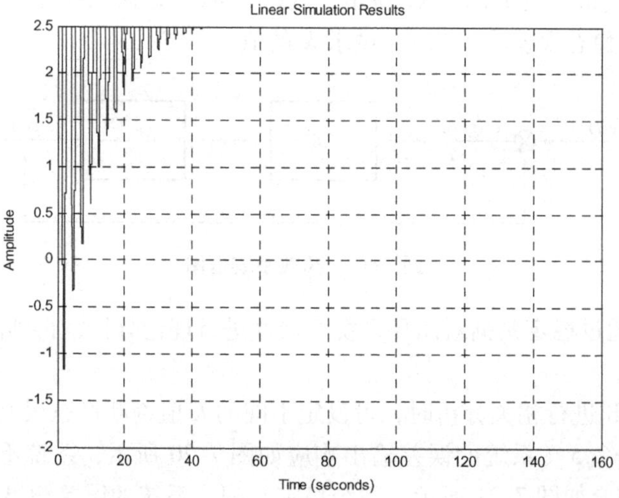

图 7-21　$K=2.3$ 的系统误差输出响应

例 7-23　设离散系统如图 7-22 所示，其中 $T=0.1$，$K=1$，$r(t)=t$，试求静态误差系数 K_p、K_v、K_a，并求系统稳态误差 $e_{ss}(\infty)$。

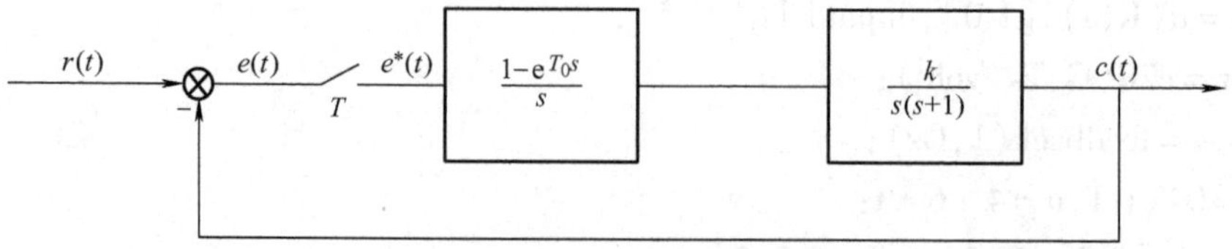

图 7-22　离散系统框图

解　根据上述系统的框图可求得相应的开环脉冲传递函数为

$$G_hG(z)=\frac{0.005(z+0.9)}{(z-1)(z-0.905)}$$

对应的闭环脉冲误差传递函数为

$$\Phi_e(z)=\frac{1}{1+G_hG(z)}=\frac{(z-1)(z-0.905)}{z^2-1.9z+0.91}$$

直接通过特征方程判断系统的稳定性，得到特征值为

$$z_{1,2}=0.95\pm \mathrm{j}0.087,\ |z_1|=|z_2|<1$$

特征值在单位圆内部，闭环系统稳定。

系统稳定的情况下，求取系统的静态误差系数如下：

$$K_p=\lim_{z\to 1}[1+G_hG(z)]=\infty$$

$$K_v=\lim_{z\to 1}(z-1)G_hG(z)=0.1$$

$$K_a=\lim_{z\to 1}(z-1)^2G_hG(z)=0$$

根据上述得到的开环传递函数可知该离散系统是1型系统，在单位斜坡输入 $r(t)=t$ 下，稳态误差为 $e_{ss}(\infty)=\dfrac{T}{K_v}=1$。

离散系统单位斜坡响应如图7-23所示，对应的终值误差 $e_{ss}(\infty)=1$。

MATLAB 程序如下：

```
T=0.1;K=1;t=0:0.1:6;                                  %设置离散系统相关参数
sysc=tf([K],[1,1,0]);sysd=c2d(sysc,T,'zoh');          %获取开环脉冲传递函数
sysd1=feedback(sysd,1);                               %求取闭环脉冲传递函数
u=t;lsim(sysd1,u,t,0);                                %求取系统单位斜坡响应
grid;xlabel('t');ylabel('c*(t)')                      %绘图
```

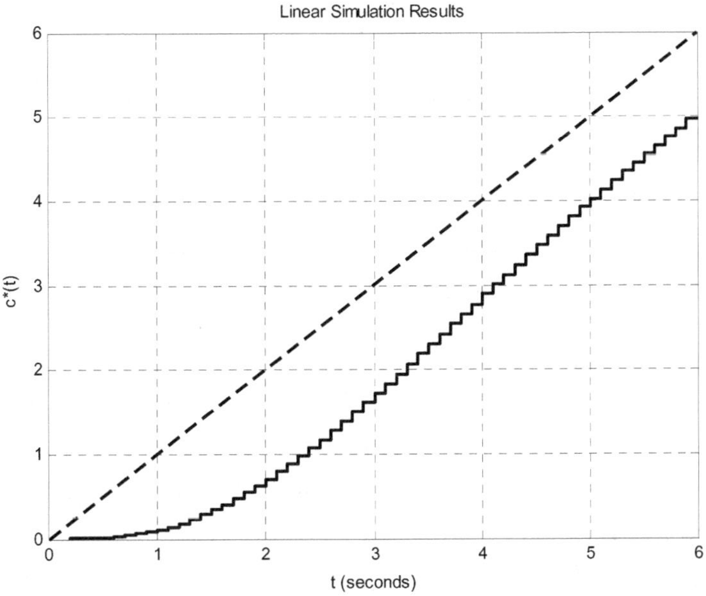

图7-23　离散系统单位斜坡响应

习题

7-1 设时间函数的拉普拉斯变换为 $X(s)$，采样周期 $T_s=1\text{s}$，利用部分分式展开求对应时间函数的 z 变换 $X(z)$。

(1) $X(s)=\dfrac{(s+3)}{s(s+1)(s+2)}$ (2) $X(s)=\dfrac{(s+1)(s+2)}{(s+3)(s+4)}$

(3) $X(s)=\dfrac{27}{(s+2)(s^2+4s+13)}$ (4) $X(s)=\dfrac{10}{s(s+2)(s^2+12s+61)}$

7-2 求下列函数的 z 变换。

(1) $\dfrac{a}{s^2+a^2}$ (2) $\dfrac{1}{s(s+3)^2}$

(3) $\mathrm{e}^{-at}\cos(\omega t)$ (4) te^{at}

7－3 试分别用幂级数法、部分分式法和留数计算法求下列函数的 z 逆变换。

(1) $X(z)=\dfrac{10z}{(z-1)(z-2)}$ (2) $X(z)=\dfrac{z(1-\mathrm{e}^{-T_s})}{(z-1)(z-\mathrm{e}^{-T_s})}$

7-4 已知某采样系统的输入-输出差分方程为

$$c(n+2)+3c(n+1)+4c(n)=r(n+1)-r(n)$$

试求该系统的脉冲传递函数 $C(z)/R(z)$ 和脉冲响应。

7-5 试确定下列函数的终值。

(1) $E(z)=\dfrac{Tz^{-1}}{(1-z^{-1})^2}$

(2) $E(z)=\dfrac{0.792z^2}{(z-1)(z^2-0.416z+0.208)}$

7-6 试计算图 7-24 所示线性离散系统在 $r(t)=1(t)$、t、t^2 作用下的稳态误差。设采样周期 $T_0=1\text{s}$。

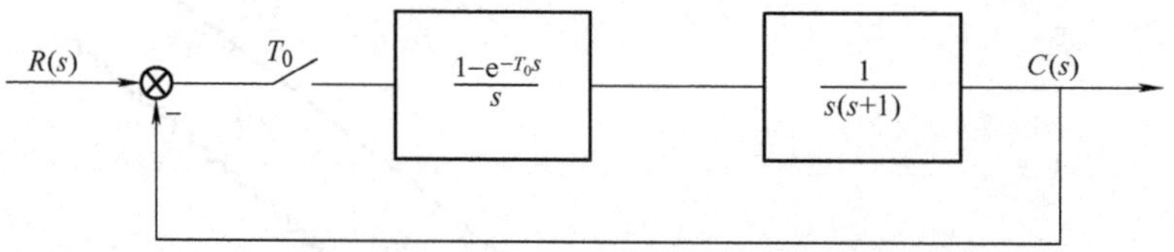

图 7-24 线性离散系统响应

7-7 设开环离散系统分别如图 7-25a、b、c 所示，试求开环脉冲传递函数 $G(z)$。

7-8 试求图 7-26 所示各闭环离散系统的脉冲传递函数 $\Phi(z)$ 或输出 z 变换 $C(z)$。

7-9 求图 7-27 所示各系统的 $C(s)/R(s)$。

7-10 设某线性离散系统的框图如图 7-28 所示。试分析该系统的稳定性，并确定使系统稳定的参数 K 的取值范围。

7-11 试分析图 7-29 所示线性离散系统的稳定性。设采样周期 $T_0=0.2\text{s}$。

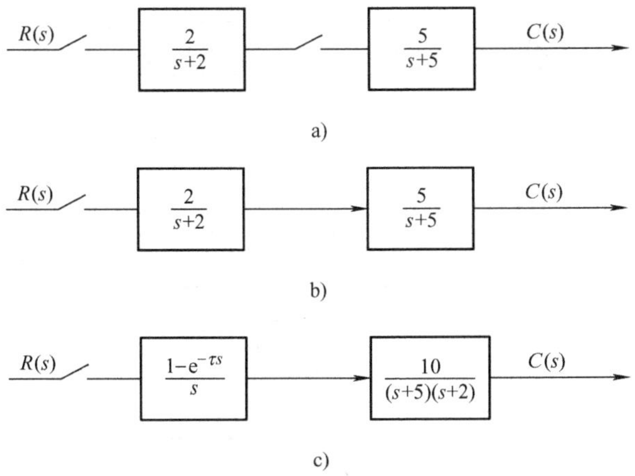

图 7-25　开环离散系统

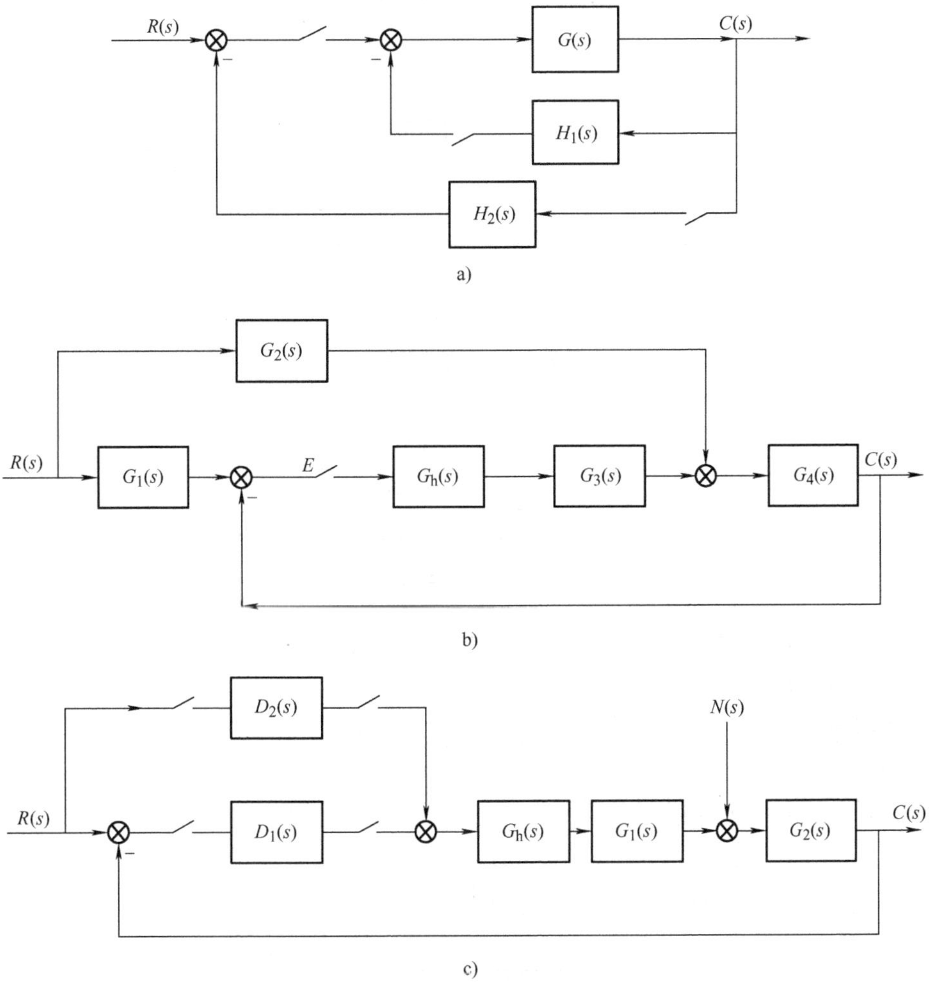

图 7-26　闭环离散系统

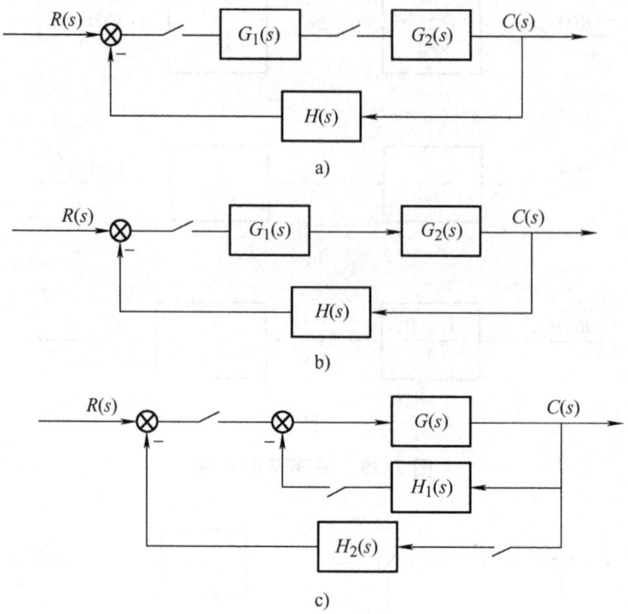

图 7-27 闭环系统

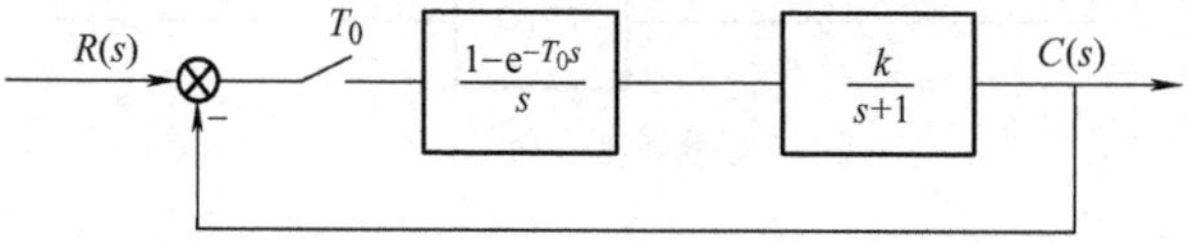

图 7-28 线性离散系统

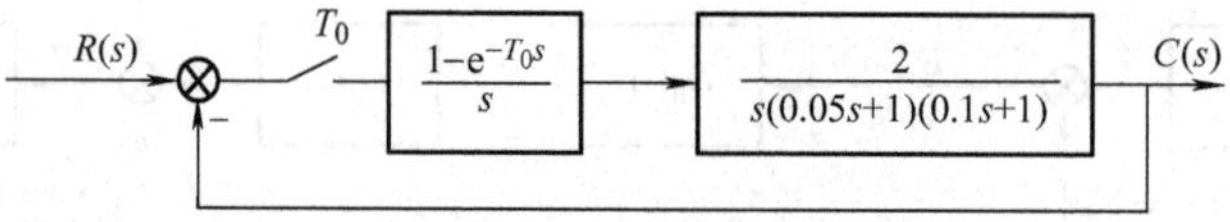

图 7-29 线性离散系统

7-12 试计算图 7-30 所示线性离散系统在下列输入信号

(1) $r(t)=1(t)$;

(2) $r(t)=t$;

(3) $r(t)=t^2$。

作用下的稳态误差，已知采样周期 $T_0=0.1\text{s}$。

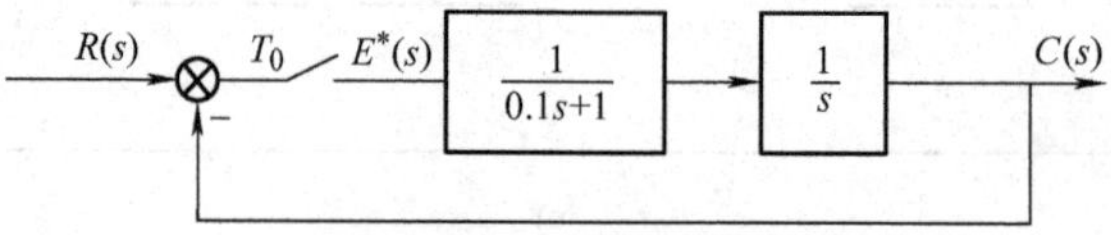

图 7-30 线性离散系统

7-13　数字控制系统的特征方程为

$$z^3 + Kz^2 + 1.5Kz - (K+1) = 0$$

确定使系统稳定的 K 的范围。

7-14　图 7-31 为一采样控制系统，采样周期 $T_0 = 0.25\text{s}$，放大倍数 $K = 1$。求系统的单位阶跃响应 $c^*(t)$。

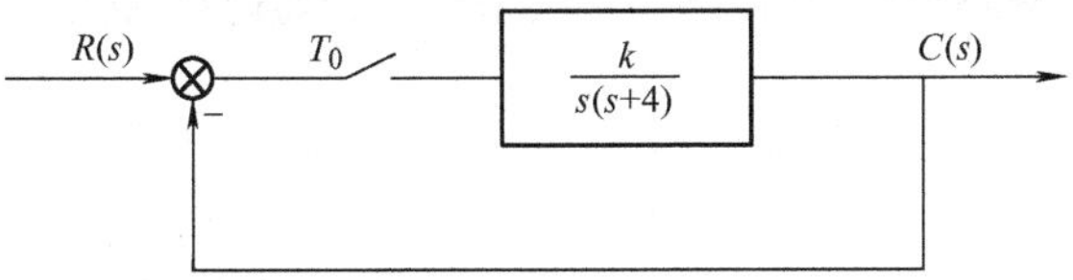

图 7-31　采样控制系统

7-15　某闭环采样系统的结构图如图 7-32 所示，求系统在 $r(t) = 1(t) + t + t^2$ 作用下的稳态误差。

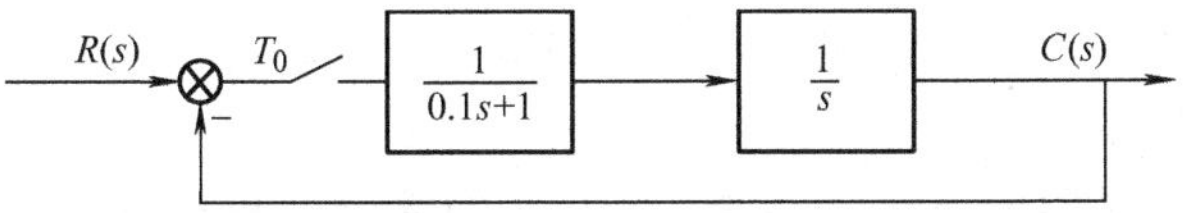

图 7-32　闭环采样系统

第 8 章 非线性控制系统分析

本书前几章详细讨论了线性定常控制系统的分析和设计问题。但是严格地说，实际的控制系统中，其组成元件存在着不同程度的非线性特性。例如传动机构由于机械加工和装配精度的缺陷，在传动过程中总存在着间隙特性；随动系统受电源输出电压限制，在输入电压超过放大器的线性工作范围时，放大元件就会出现饱和现象；执行元件电动机只有电枢电压达到一定数值，电动机才会转动，存在着死区，当电枢电压超过一定数值时，电动机的转速将不再增加，出现饱和现象。

控制系统中，只要系统中包含一个或一个以上具有非线性特性的元件，就称其为非线性系统。在分析非线性控制系统时，如果非线性程度不严重，则可以在某一范围内或某些条件下近似地视它为线性系统，此时采用线性方法进行分析和设计，所得到的结论符合实际系统的情况。但是，如果非线性程度比较严重时，则不能采用线性方法进行研究，否则得到的结论与实际系统的真实情况会产生较大的误差，有时甚至导致错误的结论，因此有必要对非线性系统做专门的研究。

本章先介绍自动控制系统中典型的非线性特性，在此基础上介绍分析非线性控制系统的常用两种方法——描述函数法和相平面法。

8.1 非线性控制系统概述

8.1.1 典型非线性环节

控制系统中元件的非线性特性有很多种，最常见的有死区特性、饱和特性、间隙特性和继电特性等。

1. 死区非线性环节

死区也称不灵敏区，其特性如图 8-1 所示，数学表达式如下：

$$y=\begin{cases}0 & |x|<\Delta\\ K(x-\Delta\operatorname{sgn}x) & |x|>\Delta\end{cases} \tag{8-1}$$

当输入信号较小时，无输出信号；当输入信号增加到某个值以上时，输出信号才随着输入信号变化。死区非线性特性出现在一些对小信号不灵敏的装置中，如测量元件、执行机构等。若系统中包含有死区特性，则进入稳态时，稳态误差可能为死区范围内某一值，因此死区对系统最直接影响是使系统存在稳态误差。

2. 饱和非线性环节

饱和特性如图8-2所示，其数学表达式如下：

$$y=\begin{cases}Kx & |x|<a\\ M\mathrm{sgn}x & |x|>a\end{cases} \tag{8-2}$$

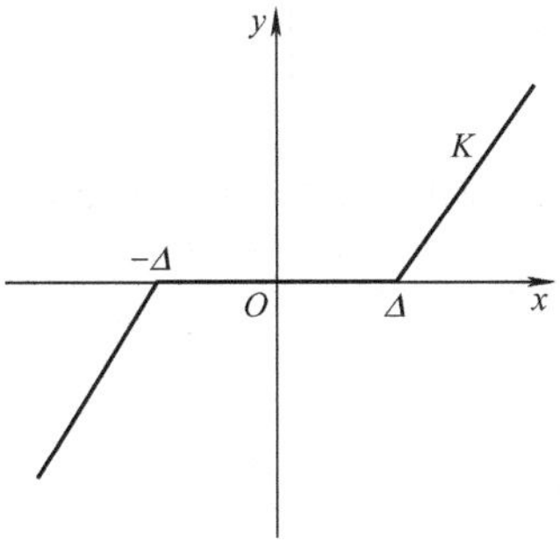

图8-1　死区特性

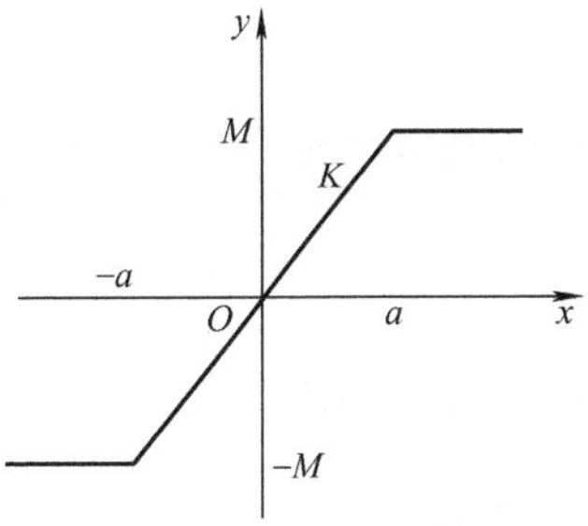

图8-2　饱和特性

当输入信号在一定范围内变化时，输入输出呈线性关系；当输入信号的绝对值超出一定范围，则输出信号不再发生变化，输出呈饱和状态。在一些系统中经常利用饱和特性作信号限幅，限制某些物理参量，保证系统安全合理地工作。然而，饱和特性会使系统开环增益在饱和区时减小，从而导致系统稳态误差变大，降低了控制精度。

3. 间隙非线性环节

间隙特性如图8-3所示，其数学表达式如下：

$$y=\begin{cases}K(x-b) & \dot{x}>0,\quad x>-(a-2b)\\ K(a-b) & \dot{x}<0,\quad x>(a-2b)\\ K(x+b) & \dot{x}<0,\quad x<(a-2b)\\ K(-a+b) & \dot{x}>0,\quad x<-(a-2b)\end{cases} \tag{8-3}$$

为保证齿轮在传动中转动灵活不发生卡死现象，齿轮之间有少量的间隙。这样当机构做反向运动时，主动齿轮总是要转过间隙内的空行程后才能推动从动齿轮转动。然而，间隙的存在，相当于死区的影响，增大了系统的稳态误差。此外，间隙特性使系统的输出在相位上产生滞后，从而导致系统稳定裕度减小，动态特性变差。

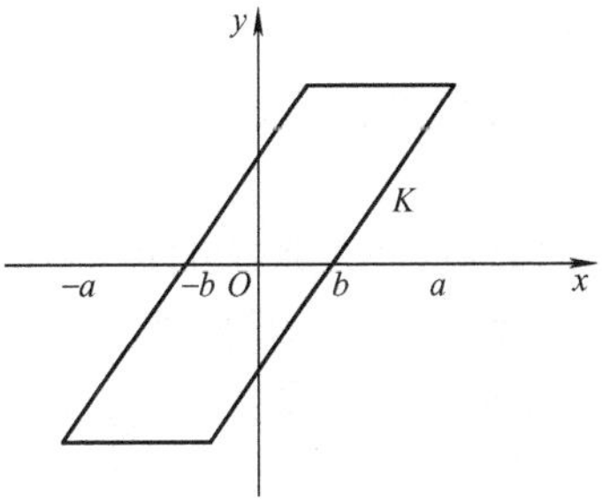

图8-3　间隙特性

4. 继电器非线性特性

继电器典型特性如图8-4所示。其中，不考虑死区和滞环的继电特性如图8-4a所示，称为理想继电特性。图8-4b是只考虑死区的继电特性，图8-4c是只考虑滞环的继电特性，具有死区及滞环的继电特性如图8-4d所示。实际继电器工作中，当流经其线圈中的电流大到某一定值时，即线圈两端所加的电压大到某一数值后，方能使继电器的衔铁吸合，因而继电器特性一般都有死区存在。此外，鉴于继电器的吸合电压一般都大于其释放电压，造成继电特性的滞环。

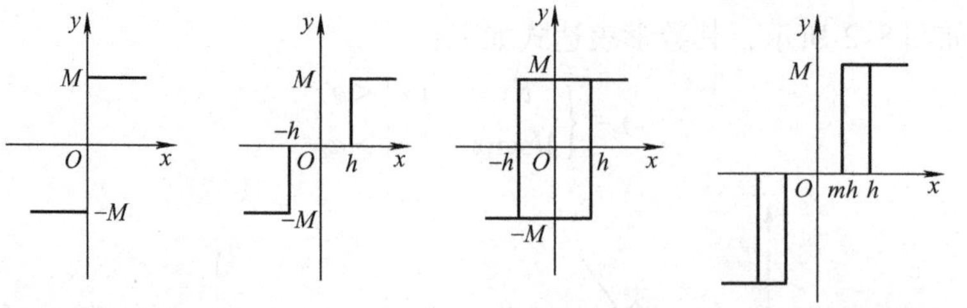

a) 理想继电器特性　b) 死区继电器特性　c) 滞环继电器特性　d) 死区与滞环继电器特性

图 8-4　继电器特性

8.1.2　非线性系统特征

1. 稳定性分析复杂

线性系统的稳定性只取决于系统的结构和参数，与外作用和初始条件无关。因此，只要线性系统是稳定的，就可以断言，这个系统所有可能的运动都是稳定的。然而，对于非线性系统，必须针对系统某一具体的运动状态，才能讨论其是否稳定。

例如下述非线性系统：

$$\dot{x} = x^2 - x = x(x-1) \tag{8-4}$$

令 $\dot{x}=0$，可求出系统两个平衡状态：$x=0$ 和 $x=1$。设 $t=0$ 时，系统的初始状态为 x_0，由式（8-4）得

$$x(t) = \frac{x_0 e^{-t}}{1 - x_0 + x_0 e^{-t}} \tag{8-5}$$

在不同初始条件下，系统的时间响应曲线如图 8-5 所示。当 $x_0>1$ 时，$x(t)$ 随时间的增长而增大；当 $0<x_0<1$ 时，$x(t)$ 随时间的增长而收敛并趋于零。可见，稍加扰动，系统不是收敛到零，就是发散到无穷，不能恢复至原平衡状态，因此平衡状态 $x=1$ 是不稳定的。同理，平衡状态 $x=0$ 在一定范围扰动下是稳定的。

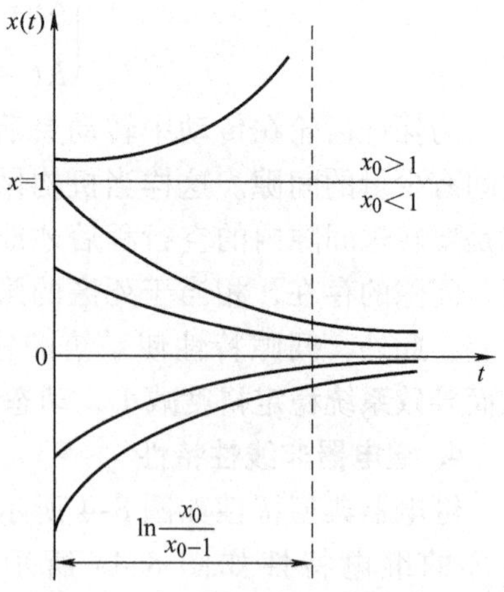

图 8-5　非线性系统时间响应曲线

由上例可见，非线性系统可能存在多个平衡状态，初始条件不同，系统的运动可能趋于不同的平衡状态，系统的稳定性就不同。因此，非线性系统的稳定性不仅与系统的结构和参数有关，而且与系统的初始条件有直接关系。

2. 存在自持振荡

在无外部周期变化信号的作用时，系统内产生的具有固定振幅和频率的稳定周期运动，称为自持振荡，简称自振。线性定常系统只有在临界稳定的情况下才能产生周期运动。

必须指出，长时间大幅度的振荡会增加控制误差，因此多数情况下不希望系统有自持振荡。但在控制系统中通过引入高频小幅度的颤振，可克服间隙、死区等非线性因素给系统带

来的不良影响。因此研究自持振荡产生条件，确定自持振荡振幅和频率，以及研究自持振荡抑制问题，是非线性系统分析的一个重要内容。

3. 频率响应畸变

在正弦信号作用下，线性系统的稳态输出是与输入同频率的正弦信号；而非线性系统在正弦信号作用下，其稳态输出除了含有与输入同频率的正弦信号外，还含有各种谐波分量，从而使系统输出产生非线性畸变。

8.1.3　非线性系统分析方法

1. 描述函数法

描述函数法是频率分析方法在非线性系统中的推广应用。该方法通过谐波线性化，将非线性元件的特性线性化，然后应用频率分析方法，分析非线性系统的稳定性或自持振荡。描述函数法不受系统阶次的限制，且所得结果也比较符合实际，故得到了广泛应用。

2. 相平面法

相平面法是时域分析法在非线性系统中的推广应用。该方法通过在相平面上绘制相轨迹，求出微分方程在不同初始条件下的解。相平面法仅适用于一阶和二阶非线性系统的分析，对于高于二阶的系统，需要讨论变量空间中的曲面结构，大大增加了工程使用的难度。

3. 计算机求解法

用模拟计算机或数字计算机直接求解非线性微分方程，对于分析和设计复杂的非线性系统，几乎是唯一有效的方法。随着计算机的广泛应用，这种方法定会有更大的发展。

4. 李雅普诺夫第二法

李雅普诺夫第二法是一种对线性系统和非线性系统都适用的方法。根据非线性系统动态方程的特征，求出李雅普诺夫函数，然后判断非线性系统稳定性。

以上方法都有一定的局限性，如相平面法是一种图解法，能给出稳态和暂态性能的全部信息，但只适用于一阶和二阶非线性控制系统。描述函数法是一种近似的线性方法，虽不受阶次的限制，但只能给出系统的稳定性和自持振荡的信息。尽管如此，它们仍不失为目前分析非线性控制系统的有效方法，故得到广泛应用。限于篇幅，本书只介绍描述函数法和相平面法。

8.2　描述函数法

描述函数法是一种基于频率域的分析方法。在一定的条件下，用非线性元件输出的基波信号代替在正弦作用下的非正弦输出，使非线性元件近似于一个线性元件，从而可以应用 Nyqusit 稳定判据对系统的稳定性进行判别。这种方法主要用于研究非线性系统的稳定性和自持振荡问题。

8.2.1　描述函数定义

令非线性环节输入信号 $x(t)$ 为正弦函数，即

$$x(t)=A\sin\omega t \tag{8-6}$$

一般情况下，非线性环节的稳态输出 $y(t)$ 为非正弦周期函数，因此可以展成傅里叶级

数为

$$y(t) = A_0 + \sum_{n=1}^{\infty}(A_n\cos n\omega t + B_n\sin n\omega t)$$
$$= A_0 + \sum_{n=1}^{\infty} Y_n\sin(n\omega t + \varphi_n) \quad (n = 1,2,\cdots) \tag{8-7}$$

式中，A_0为输出信号中的直流分量；$Y_n\sin(n\omega t+\varphi_n)$ 为输出信号中第 n 次谐波分量，且有

$$Y_n = \sqrt{A_n^2 + B_n^2}, \varphi_n = \arctan\frac{A_n}{B_n} \tag{8-8}$$

傅里叶系数 A_n，B_n为

$$A_n = \frac{1}{\pi}\int_0^{2\pi} y(t)\cos n\omega t\mathrm{d}(\omega t), B_n = \frac{1}{\pi}\int_0^{2\pi} y(t)\sin n\omega t\mathrm{d}(\omega t) \tag{8-9}$$

如果非线性特性是奇对称的，即非线性特性关于原点对称，如死区特性、饱和特性等，则 $A_0=0$，且只考虑输出信号中的一次谐波分量，则非线性环节的正弦响应可表示为

$$y(t) \approx A_1\cos\omega t + B_1\sin\omega t = Y_1\sin(\omega t + \varphi_1) \tag{8-10}$$

正弦信号作用下，非线性环节的稳态输出中一次谐波分量与输入信号的复数比为

$$N(A) = \frac{Y_1}{A}\angle\varphi_1 = \frac{B_1}{A} + \mathrm{j}\frac{A_1}{A} \tag{8-11}$$

$N(A)$ 称为非线性环节描述函数。在一般情况下，描述函数是一个与输入信号幅值 A 和频率 ω 有关的复数，故应表示为 $N(A, \omega)$。但是，实际大多数非线性环节中不包含储能元件，它们的输出与输入信号的频率无关，所以常见非线性环节的描述函数仅是输入信号幅值 A 的函数。

8.2.2 典型非线性特性的描述函数

非线性特性的描述函数求解步骤如下：

1）由非线性特性曲线，画出正弦信号输入下的输出波形，并写出输出波形 $y(t)$ 的数学表达式。

2）利用傅里叶级数求出 $y(t)$ 的基波分量。

3）将基波分量代入描述函数定义，即可求得非线性环节描述函数 $N(A)$。

下面以饱和、间隙和继电器非线性特性为例，说明描述函数的求解方法。

1. 饱和非线性环节

在正弦信号 $x(t)=A\sin\omega t$ 作用下，饱和非线性环节的输出波形如图 8-6 所示。输出 $y(t)$ 的数学表达式为：

$$y(t) = \begin{cases} kA\sin\omega t & 0<\omega t<\alpha_1 \\ M = ka & \alpha_1<\omega t<(\pi-\alpha_1) \\ kA\sin\omega t & (\pi-\alpha_1)<\omega t<\pi \end{cases} \tag{8-12}$$

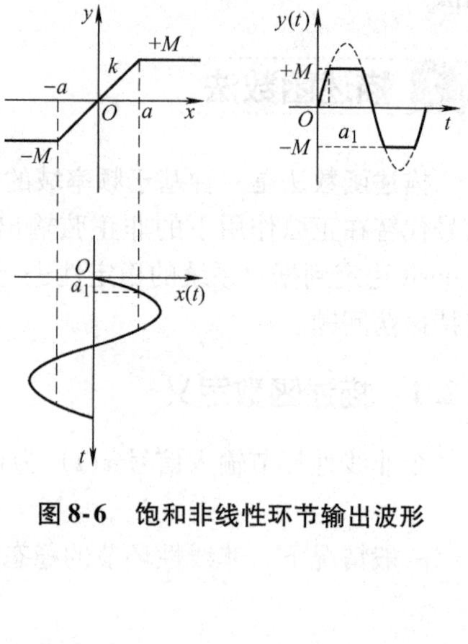

图 8-6 饱和非线性环节输出波形

由于 $y(t)$ 是单值奇对称函数，所以 $A_0=0$，$A_1=0$。而 $y(t)$ 又为半周期对称函数，故

$$
\begin{aligned}
B_1 &= \frac{1}{\pi}\int_0^{2\pi} y(t)\sin\omega t\mathrm{d}(\omega t) = \frac{4}{\pi}\int_0^{\frac{\pi}{2}} y(t)\sin\omega t\mathrm{d}(\omega t) \\
&= \frac{4}{\pi}\left[\int_0^{\alpha_1} kA\sin\omega t\sin\omega t\mathrm{d}(\omega t) + \int_{\alpha_1}^{\frac{\pi}{2}} ka\sin\omega t\mathrm{d}(\omega t)\right] \\
&= \frac{4kA}{\pi}\left[\left(\frac{1}{2}\omega t - \frac{1}{4}\sin 2\omega t\right)\Bigg|_0^{\alpha_1} + \frac{a}{A}(-\cos\omega t)\Bigg|_{\alpha_1}^{\frac{\pi}{2}}\right] \\
&= \frac{4kA}{\pi}\left[\frac{1}{2}\alpha_1 - \frac{1}{4}\sin 2\alpha_1 + \frac{a}{A}\cos\alpha\right] \\
&= \frac{2kA}{\pi}\left[\arcsin\frac{a}{A} + \frac{a}{A}\sqrt{1-\left(\frac{a}{A}\right)^2}\right]
\end{aligned}
\tag{8-13}
$$

饱和特性的描述函数为

$$
N(A) = \frac{2k}{\pi}\left[\arcsin\frac{a}{A} + \frac{a}{A}\sqrt{1-\left(\frac{a}{A}\right)^2}\right] \quad A \geqslant a \tag{8-14}
$$

2. 间隙非线性环节

在正弦信号 $x(t) = A\sin\omega t$ 作用下，间隙非线性环节输出波形如图 8-7 所示。输出 $y(t)$ 的数学表达式为

$$
y(t) = \begin{cases} K(A\sin\omega t - b) & 0 \leqslant \omega t < \dfrac{\pi}{2} \\ K(A-b) & \dfrac{\pi}{2} \leqslant \omega t < \varphi_1 \\ K(A\sin\omega t + b), & \varphi_1 \leqslant \omega t < \pi \end{cases} \tag{8-15}
$$

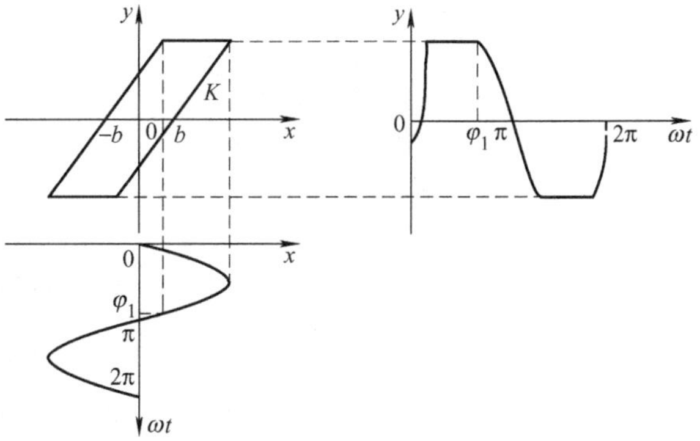

图 8-7 间隙非线性环节输出波形

$$
\varphi_1 = \pi - \arcsin\left(1 - \frac{2b}{A}\right)
$$

由于间隙特性为多值函数，故

$$
\begin{aligned}
A_1 &= \frac{1}{\pi}\int_0^{2\pi} y(t)\cos\omega t\mathrm{d}(\omega t) \\
&= \frac{2}{\pi}\left[\int_0^{\pi/2} K(A\sin\omega t - b)\cos\omega t\mathrm{d}(\omega t) + \int_{\pi/2}^{\varphi_1} K(A-b)\cos\omega t\mathrm{d}(\omega t) + \int_{\varphi_1}^{\pi} K(A\sin\omega t + b)\cos\omega t\mathrm{d}(\omega t)\right] \\
&= \frac{4Kb}{\pi}\left(\frac{b}{A} - 1\right)
\end{aligned}
\tag{8-16}
$$

$$
\begin{aligned}
B_1 &= \frac{1}{\pi}\int_0^{2\pi} y(t)\sin\omega t\mathrm{d}(\omega t) \\
&= \frac{2}{\pi}\left[\int_0^{\pi/2} K(A\sin\omega t - b)\sin\omega t\mathrm{d}(\omega t) + \int_{\pi/2}^{\varphi_1} K(A-b)\sin\omega t\mathrm{d}(\omega t) + \int_{\varphi_1}^{\pi} K(A\sin\omega t + b)\sin\omega t\mathrm{d}(\omega t)\right] \\
&= \frac{KA}{\pi}\left[\frac{\pi}{2} + \arcsin\left(1 - \frac{2b}{A}\right) + 2\left(1 - \frac{2b}{A}\right)\sqrt{\frac{b}{A}\left(1 - \frac{b}{A}\right)}\right]
\end{aligned}
\tag{8-17}
$$

间隙特性的描述函数为

$$
\begin{aligned}
N(A) &= \frac{B_1}{A} + \mathrm{j}\frac{A_1}{A} \\
&= \frac{K}{\pi}\left[\frac{\pi}{2} + \arcsin\left(1 - \frac{2b}{A}\right) + 2\left(1 - \frac{2b}{A}\right)\sqrt{\frac{b}{A}\left(1 - \frac{b}{A}\right)}\right] + \mathrm{j}\frac{4Kb}{\pi A}\left(\frac{b}{A} - 1\right) \quad A \geqslant b
\end{aligned} \tag{8-18}
$$

3. 继电非线性环节

在正弦信号 $x(t) = A\sin\omega t$ 作用下，继电特性输出波形如图 8-8 所示。输出 $y(t)$ 的数学表达式为

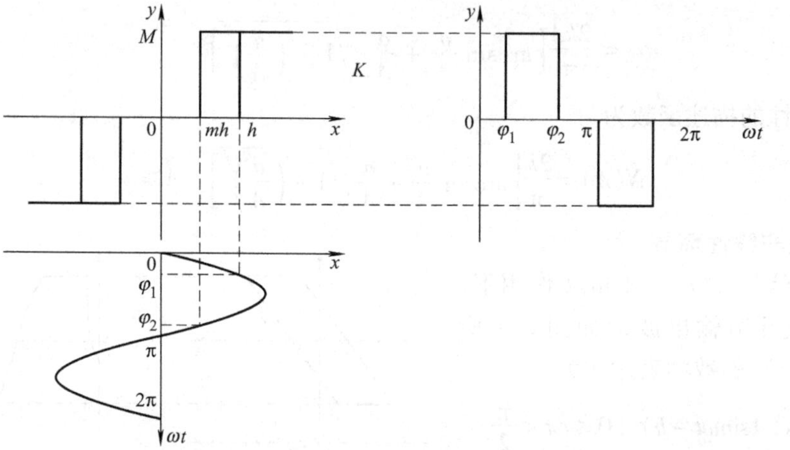

图 8-8 继电非线性环节输出波形

$$
y(t) = \begin{cases} 0 & 0 \leqslant \omega t < \varphi_1 \\ M & \varphi_1 \leqslant \omega t < \varphi_2 \\ 0 & \varphi_2 \leqslant \omega t < \pi \end{cases}
$$

$$
\varphi_1 = \arcsin\frac{h}{A}
$$

$$
\varphi_2 = \pi - \arcsin\frac{mh}{A} \tag{8-19}
$$

由于继电特性为多值函数，故

$$
\begin{aligned}
A_1 &= \frac{1}{\pi}\int_0^{2\pi} y(t)\cos\omega t\mathrm{d}(\omega t) \\
&= \frac{2}{\pi}\int_{\varphi_1}^{\varphi_2} M\cos\omega t\mathrm{d}(\omega t) \\
&= \frac{2Mh}{\pi A}(m - 1)
\end{aligned} \tag{8-20}
$$

$$
\begin{aligned}
B_1 &= \frac{1}{\pi}\int_0^{2\pi} y(t)\sin\omega t\mathrm{d}(\omega t) \\
&= \frac{2}{\pi}\int_{\varphi_1}^{\varphi_2} M\sin\omega t\mathrm{d}(\omega t) \\
&= \frac{2M}{\pi}\left[\sqrt{1 - \left(\frac{mh}{A}\right)^2} + \sqrt{1 - \left(\frac{h}{A}\right)^2}\right]
\end{aligned} \tag{8-21}
$$

8

继电特性的描述函数为

$$
\begin{aligned}
N(A) &= \frac{B_1}{A} + \mathrm{j}\,\frac{A_1}{A} \\
&= \frac{2M}{\pi A}\left[\sqrt{1-\left(\frac{mh}{A}\right)^2} + \sqrt{1-\left(\frac{h}{A}\right)^2}\right] + \mathrm{j}\,\frac{2Mh}{\pi A^2}(m-1) \quad A \geqslant h
\end{aligned} \tag{8-22}
$$

当 $h=0$ 时，理想继电特性的描述函数为

$$
N(A) = \frac{4M}{\pi A} \tag{8-23}
$$

当 $m=1$ 时，死区继电特性的描述函数为

$$
N(A) = \frac{4M}{\pi A}\sqrt{1-\left(\frac{h}{A}\right)^2} \quad A \geqslant h \tag{8-24}
$$

当 $m=-1$ 时，滞环继电特性的描述函数为：

$$
N(A) = \frac{4M}{\pi A}\sqrt{1-\left(\frac{h}{A}\right)^2} - \mathrm{j}\,\frac{4Mh}{\pi A^2} \quad A \geqslant h \tag{8-25}
$$

表 8-1 列出了一些常见非线性特性的描述函数。

表 8-1　非线性特性及其描述函数

非线性特性	描 述 函 数
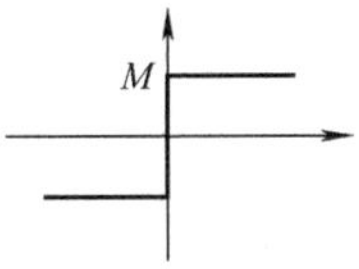	$\frac{4M}{\pi X}$
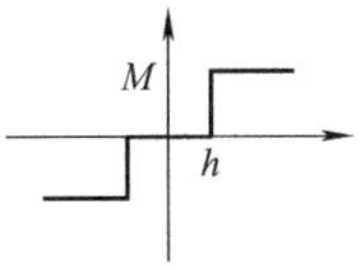	$\frac{4M}{\pi A}\sqrt{1-\left(\frac{h}{A}\right)^2} \quad A \geqslant h$
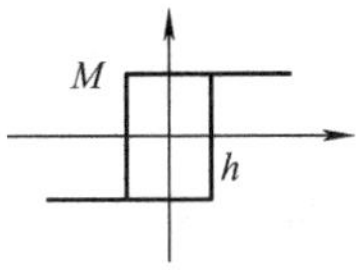	$\frac{4M}{\pi A}\sqrt{1-\left(\frac{h}{A}\right)^2} - \mathrm{j}\,\frac{4Mh}{\pi A^2} \quad A \geqslant h$
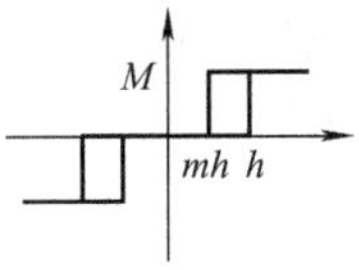	$\frac{2M}{\pi A}\left[\sqrt{1-\left(\frac{mh}{A}\right)^2} + \sqrt{1-\left(\frac{h}{A}\right)^2}\right] + \mathrm{j}\,\frac{2Mh}{\pi A^2}(m-1) \quad A \geqslant h$
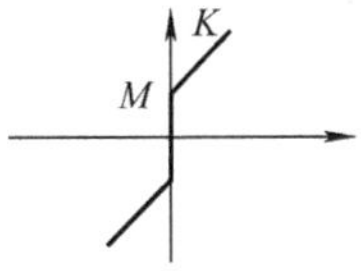	$K + \frac{4M}{\pi A}$

（续）

非线性特性	描 述 函 数
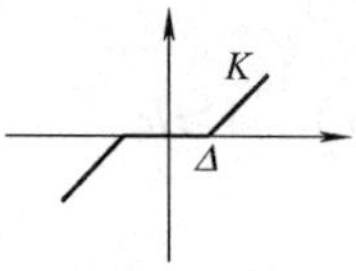	$\frac{2K}{\pi}\left[\frac{\pi}{2}-\arcsin\frac{\Delta}{A}-\frac{\Delta}{A}\sqrt{1-\left(\frac{\Delta}{A}\right)^2}\right]\quad A\geqslant\Delta$
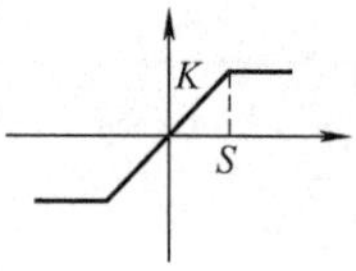	$\frac{2K}{\pi}\left[\arcsin\frac{S}{A}+\frac{S}{A}\sqrt{1-\left(\frac{S}{A}\right)^2}\right]\quad A\geqslant S$
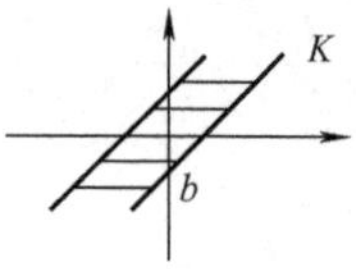	$\frac{K}{\pi}\left[\frac{\pi}{2}+\arcsin\left(1-\frac{2b}{A}\right)+2\left(1-\frac{2b}{A}\right)\sqrt{\frac{b}{A}\left(1-\frac{b}{A}\right)}\right]+\mathrm{j}\frac{4Kb}{\pi A}\left(\frac{b}{A}-1\right)\quad A\geqslant b$

8.2.3 非线性特性描述函数简化

当非线性系统中含有两个以上非线性环节时，一般不能简单地按照线性环节的串并联方法求总的描述函数，而应按照以下方法进行计算。

1. 非线性环节并联

设系统中有两个非线性环节并联，其描述函数分别为 $N_1(A)$ 和 $N_2(A)$。非线性环节并联后总输出为两个非线性环节的输出之和，即

$$y(t)=y_1(t)+y_2(t) \tag{8-26}$$

若将 $y(t)$ 展开成傅里叶级数，则 $y(t)$ 的一次谐波分量应为 $y_1(t)$ 和 $y_2(t)$ 的一次谐波分量之和。按照描述函数定义，总的描述函数为

$$N(A)=N_1(A)+N_2(A) \tag{8-27}$$

由此可见，若干个非线性环节并联后总的描述函数等于各个并联环节描述函数之和。

2. 非线性环节串联

当两个非线性环节串联时，其总的描述函数不等于两个非线性环节描述函数的乘积，而是先求出这两个非线性环节的等效非线性特性，然后再求其等效描述函数。以图 8-9 两个非线性特性串联为例。首先将两个非线性特性按图 8-10a、b 形式放置，然后由图 8-10 可知，

$$\Delta_2=K_1(\Delta-\Delta_1),a_2=K_1(a-\Delta_1),\quad K(a-\Delta)=K_2(a_2-\Delta_2)$$

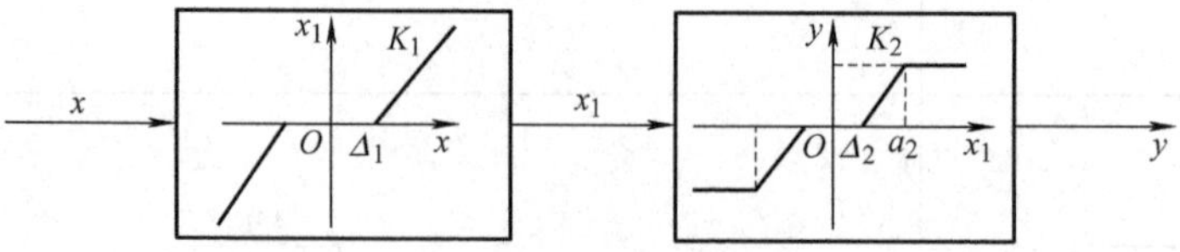

图 8-9 非线性特性串联

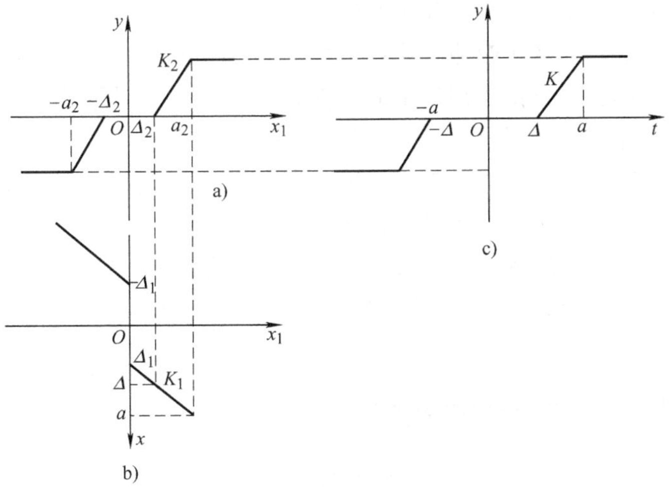

图 8-10　非线性串联简化过程

因此，串联后的等效非线性特性（见图 8-10c）中，$\Delta=\dfrac{\Delta_2}{K_1}+\Delta_1$，$a=\dfrac{a_2}{K_1}+\Delta_1$，$K=K_1K_2$。最后对照表 8-1 死区加饱和非线性特性，等效非线性特性描述函数为

$$N(A)=\frac{2K}{\pi}\left[\arcsin\frac{a}{A}+\frac{a}{A}\sqrt{1-\left(\frac{a}{A}\right)^2}-\arcsin\frac{\Delta}{A}-\frac{\Delta}{A}\sqrt{1-\left(\frac{\Delta}{A}\right)^2}\right]\quad A\geqslant a$$

3. 等效变换

若非线性系统含有一个非线性环节和多个线性环节，此时可以按结构图等效变换法则对线性环节进行合并，将系统化为典型结构形式。以图 8-11a 所示非线性系统为例，移动比较点，可将系统化为图 8-11b 所示典型结构图，即化为一个线性部分和一个非线性部分串联。

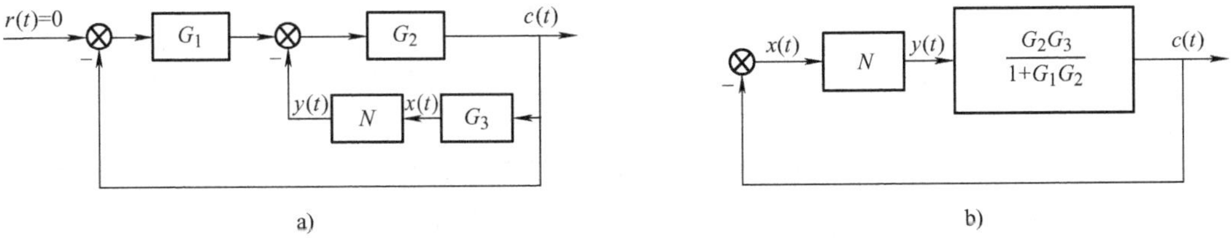

图 8-11　非线性系统等效结构图

8.2.4　描述函数法应用条件

1）非线性系统结构图可以简化为一个非线性环节 N 和一个线性环节 $G(s)$ 串联的闭环结构，如图 8-12 所示。系统处于自持振荡状态时，线性部分输出与非线性部分输入均为同频率的正弦量。在这种条件下，非线性部分特性可用描述函数表示，线性部分特性可用频率特性表示。

2）在正弦信号作用下，非线性环节输出的高次谐波幅值小于一次谐波幅值，且非线性环节的输入输出关系是奇对称，即 $y(x)=-y(-x)$，以保证非线性环节在正弦信号作用下的输出不包含直流分量，即 $A_0=0$。

3）系统的线性部分 $G(s)$ 具有良好的低通滤波性能，以保证非线性环节在正弦输入作用下的输出中高频分量被大大削弱。自持振荡是由非线性系统的内部自发地持续振荡，和系统的输入及干扰等外作用无关。假设自持振荡时非线性部分的输入端为正弦信号，则其输出除一次谐波分量外，还有高次谐波分量。一般高次谐波的幅值比一次谐波分量的幅值要小，且在经过线性部分之后，由于线性部分的低通滤波效应，将使高次谐波分量进一步被衰减，致使线性部分的输出完全可认为只是一次谐波分量的响应。

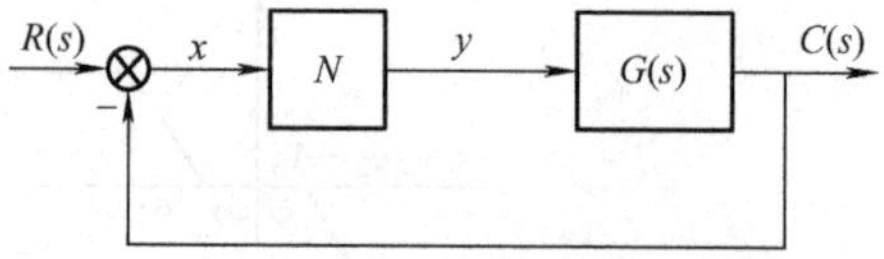

图 8-12 系统结构图

8.2.5 应用描述函数分析非线性系统

对非线性系统进行分析，首先考虑的是稳定性和自持振荡。而描述函数法对系统的稳定性、产生自持振荡的条件、自持振荡振幅和频率的确定以及抑制自持振荡等问题，都能够给出比较符合实际的解答。

对于图 8-12 所示的非线性系统，假设非线性部分和线性部分满足描述函数法对系统的要求，则非线性部分的特性可用描述函数表示，线性部分的特性可用频率特性表示，于是非线性系统可看作一个等效的线性系统，闭环系统的频率特性为

$$\Phi(j\omega)=\frac{C(j\omega)}{R(j\omega)}=\frac{N(A)G(j\omega)}{1+N(A)G(j\omega)} \tag{8-28}$$

闭环系统的特征方程为

$$1+N(A)G(j\omega)=0 \tag{8-29}$$

即

$$G(j\omega)=-\frac{1}{N(A)} \tag{8-30}$$

$-\frac{1}{N(A)}$称为非线性环节的负倒描述函数。在复平面上绘制 $-\frac{1}{N(A)}$和 $G(j\omega)$ 曲线，如图 8-13 所示。其中，$-\frac{1}{N(A)}$曲线上箭头表示随 A 增大 $-\frac{1}{N(A)}$变化方向，$G(j\omega)$ 曲线上箭头表示随 ω 增大 $G(j\omega)$ 变化方向。

1）若 $G(j\omega)$ 曲线不包围 $-\frac{1}{N(A)}$曲线，如图 8-13a 所示，则非线性系统是稳定的，二者距离越远，稳定程度越高。

2）若 $G(j\omega)$ 曲线包围 $-\frac{1}{N(A)}$曲线，如图 8-13b 所示，则非线性系统是不稳定的；

3）若 $G(j\omega)$ 曲线与 $-\frac{1}{N(A)}$曲线有 M_1 和 M_2 两个交点，如图 8-13c 所示，则系统存在两个周期运动。

① 假定系统最初工作在 M_2 点，即发生了 $A_2\sin\omega_2 t$ 的周期运动，如果给这个运动一个轻微的扰动，使非线性环节的输入幅值 A 稍有增大，则工作点将由 M_2 点移至 c 点。由于 $G(j\omega)$ 曲线包围 c 点，系统的运动是发散的，非线性环节的振幅 A 进一步增加，工作点将沿

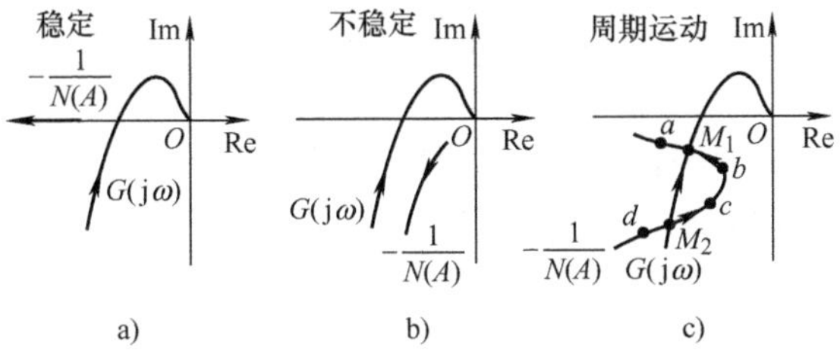

图 8-13　$-\frac{1}{N(A)}$和 $G(j\omega)$ 的曲线

$-\frac{1}{N(A)}$曲线向幅值增加的方向移动，离 M_2越来越远。

相反，如果加的扰动使非线性环节的输入幅值 A 减小，这时工作点将由 M_2点移到 d 点。由于 $G(j\omega)$ 曲线不包围 d 点，系统稳定，故振荡衰减，非线性环节的输入振幅 A 进一步减小，工作点将沿 $-\frac{1}{N(A)}$曲线向幅值不断减小的方向移动，从而离 M_2越来越远。

由以上分析可知，M_2点对应的周期运动是不稳定的。

② 假定系统最初工作在 M_1点，即发生了 $A_1\sin\omega_1 t$ 周期运动，如果给这个运动一个轻微的扰动，使非线性环节的输入幅值 A 稍有增大，则工作点将由 M_1点移至 a 点。由于 a 点不被 $G(j\omega)$ 包围，系统稳定，故系统运动振荡衰减，非线性环节的振幅 A 将会减小，工作点将沿 $-\frac{1}{N(A)}$曲线又回到 M_1点。

相反，如果加的扰动使非线性环节的输入幅值 A 减小，这时工作点将由 M_1点移至 b 点。由于 $G(j\omega)$ 曲线包围 b 点，系统不稳定，故系统运动振荡发散，非线性环节的输入振幅 A 将增加，工作点将沿 $-\frac{1}{N(A)}$曲线又回到 M_1点。

由以上分析可知，M_1点对应的周期运动是稳定的，即出现自持振荡。自持振荡振幅由 $-\frac{1}{N(A)}$曲线的自变量 A 确定，振荡频率由 $G(j\omega)$ 曲线的自变量 ω 确定。需要注意，计算得到的振幅和频率，是非线性环节输入信号 $x(t)=A\sin\omega t$ 的振幅和频率，而不是系统的输出信号 $c(t)$。

综上所述，判别自持振荡方法是：在 $G(j\omega)$ 曲线与 $-\frac{1}{N(A)}$曲线交点处，如果 $-\frac{1}{N(A)}$曲线沿着幅值 A 增大的方向由不稳定区域进入稳定区域，则该交点代表的周期运动是稳定的，即产生自持振荡。反之，如果 $-\frac{1}{N(A)}$曲线沿着幅值 A 增大的方向由稳定区域进入不稳定区域，则该交点代表的周期运动是不稳定的。

例 8-1　具有理想继电器特性的非线性系统如图 8-14 所示，其中线性部分的传递函数为 $G(s)=\frac{10}{s(s+1)(s+2)}$，试确定其自持振荡的幅值和频率。

解　继电器非线性特性的描述函数为

$$N(A)=\frac{4M}{\pi A}=\frac{4}{\pi A}$$

8

负倒描述函数为

$$-\frac{1}{N(A)}=-\frac{\pi A}{4}$$

当 $A=0$ 时，$-1/N(A)=0$；当 $A=\infty$ 时，$-1/N(A)=-\infty$；因此当 $A=0\to\infty$ 时，$-1/N(A)$ 曲线为整个负实轴。

线性部分的频率特性为

$$G(\mathrm{j}\omega)=\frac{10}{\mathrm{j}\omega(\mathrm{j}\omega+1)(\mathrm{j}\omega+2)}=-\frac{30}{\omega^4+5\omega^2+4}-\mathrm{j}\frac{10(2-\omega^2)}{\omega(\omega^4+5\omega^2+4)}$$

画出 $G(\mathrm{j}\omega)$ 和 $-1/N(A)$ 曲线如图 8-15 所示。可知，两条曲线在负实轴上有一个交点，且该自持振荡点是稳定的。

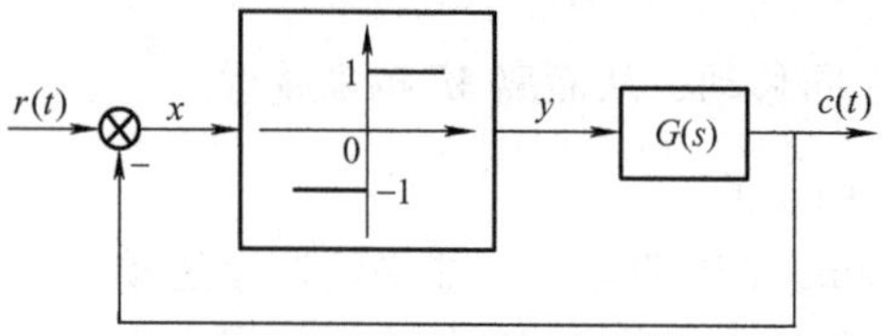

图 8-14 例 8-1 系统结构图

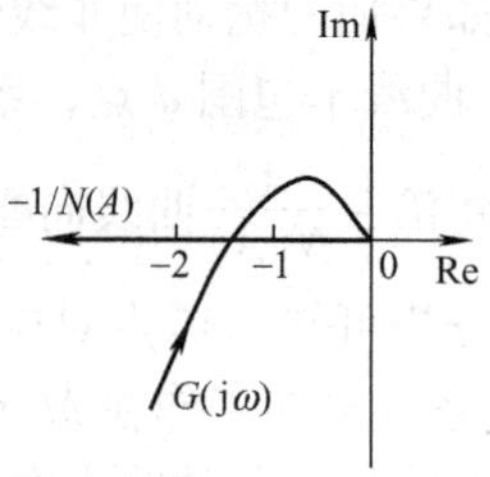

图 8-15 $G(\mathrm{j}\omega)$ 和 $-1/N(A)$ 曲线

令 $\mathrm{Im}[G(\mathrm{j}\omega)]=0$，求得自持振荡频率 $\omega=\sqrt{2}\mathrm{rad/s}$。

将 $\omega=\sqrt{2}$代入 $G(\mathrm{j}\omega)$ 的实部，得到

$$\mathrm{Re}[G(\mathrm{j}\omega)]\Big|_{\omega=\sqrt{2}}=-\frac{30}{\omega^4+5\omega^2+4}\Big|_{\omega=\sqrt{2}}=-1.66$$

由

$$-\frac{1}{N(A)}=G(\mathrm{j}\omega)$$

即有

$$-\frac{1}{N(A)}=-\frac{\pi A}{4}=-1.66$$

求得自持振荡的幅值 $A=2.1$。

8.3 相平面法

相平面法是一种基于时域的分析方法。根据绘制出的 $\dot{x}-x$ 相轨迹图，研究非线性系统的稳定性和动态性能。由于在相平面上只能表示两个独立的变量，故相平面法只适用于一二阶线性和非线性系统。

8.3.1 相平面法概念

设二阶系统运动方程为

$$\ddot{x}=f(x,\dot{x}) \tag{8-31}$$

式中，x 和 $\dot{x}$ 称为相变量（状态变量）；$f(x,\ \dot{x})$ 是 x 和 $\dot{x}$ 的非线性函数或线性函数。以 x 为横坐标，$\dot{x}$ 为纵坐标所组成的直角坐标平面称为相平面（状态平面）。相变量 x 和 $\dot{x}$ 从初始状态起，随着时间的推移，在相平面上运动形成的轨迹称为相轨迹。例如，已知 x 和 $\dot{x}$ 的时间响应曲线如图 8-16b、c 所示，则可根据任一时间点的 x 和 $\dot{x}$，得到相轨迹上对应的点，并获得一条相轨迹，如图 8-16a 所示。对某一个微分方程，在相平面上布满了与不同初始条件相对应的一簇相轨迹，由这样一簇相轨迹所组成的图形称为相平面图。用相平面图分析系统性能的方法就称为相平面法。

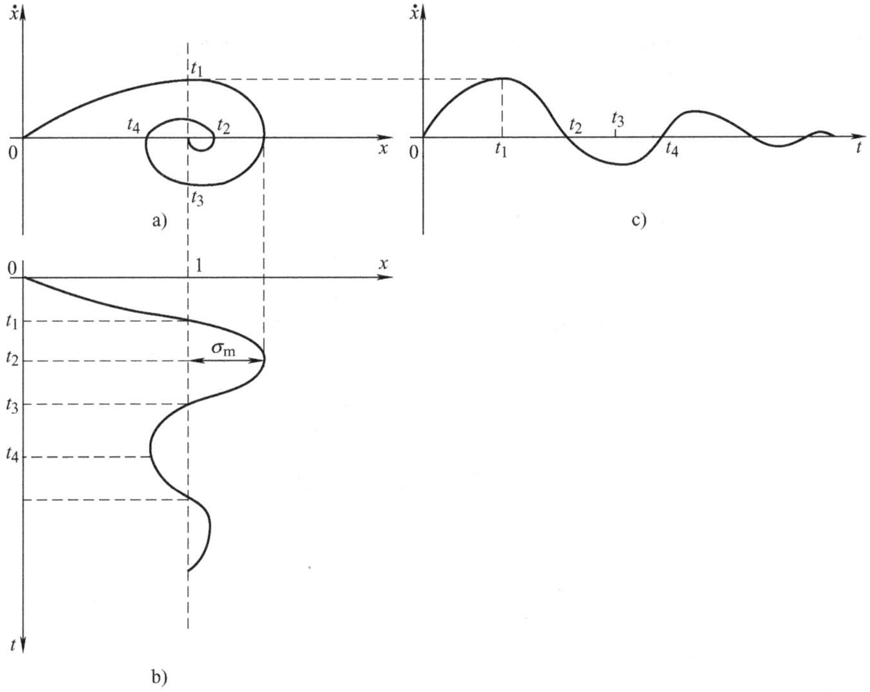

图 8-16　$x(t)$，$\dot{x}(t)$ 及其相轨迹曲线

8.3.2　相轨迹绘制方法

解析法和图解法是绘制系统相轨迹最常用两种方法。当系统的微分方程较为简单便于求解时，通常采样解析法。

1. 解析法

考虑到

$$\ddot{x}=\frac{d\dot{x}}{dt}=\frac{d\dot{x}}{dx}\frac{dx}{dt}=\dot{x}\frac{d\dot{x}}{dx} \tag{8-32}$$

可得相轨迹微分方程为

$$\frac{d\dot{x}}{dx}=\frac{f(x,\dot{x})}{\dot{x}} \tag{8-33}$$

令 $g(\dot{x}) = \dot{x}$，$h(x) = f(x, \dot{x})$，可得

$$g(\dot{x})\mathrm{d}\dot{x} = h(x)\mathrm{d}x \tag{8-34}$$

两边积分，可得

$$\int_{\dot{x}_0}^{\dot{x}} g(\dot{x})\mathrm{d}\dot{x} = \int_{x_0}^{x} h(x)\mathrm{d}x \tag{8-35}$$

由此可得相变量 x 和 $\dot{x}$ 的解析关系式，其中 x_0 与 $\dot{x}_0$ 为初始条件。

例 8-2 系统运动的微分方程为

$$\ddot{x} + x = 0$$

初始条件为 $x(0) = x_0$，$\dot{x}(0) = 0$，试用解释法绘制系统运动的相轨迹。

解 系统的微分方程改写为

$$\frac{\mathrm{d}\dot{x}}{\mathrm{d}x} = -\frac{x}{\dot{x}}$$

令 $g(\dot{x}) = \dot{x}$，$h(x) = -x$，则

$$g(\dot{x})\mathrm{d}\dot{x} = h(x)\mathrm{d}x$$

两边积分，并考虑初始条件，得

$$\int_0^{\dot{x}} g(\dot{x})\mathrm{d}\dot{x} = \int_0^{\dot{x}} \dot{x}\mathrm{d}\dot{x} = \frac{1}{2}\dot{x}^2$$

$$\int_{x_0}^{x} h(x)\mathrm{d}x = \int_{x_0}^{x} -x\mathrm{d}x = -\frac{1}{2}(x^2 - x_0^2)$$

因此，x 和 $\dot{x}$ 的关系为

$$\dot{x}^2 + x^2 = x_0^2$$

系统运动的相轨迹如图 8-17 所示。

2. 图解法

当系统的微分方程难以求解时，可采用图解法，直接通过各种逐步作图的办法，在相平面上画出相轨迹。图解法有多种，这里只介绍等倾线法。

令相轨迹在相平面上任意一点处的切线斜率为 α，即

$$\frac{\mathrm{d}\dot{x}}{\mathrm{d}x} = \alpha \tag{8-36}$$

则由相轨迹微分方程式（8-33），可得

$$\dot{x} = \frac{f(x, \dot{x})}{\alpha} \tag{8-37}$$

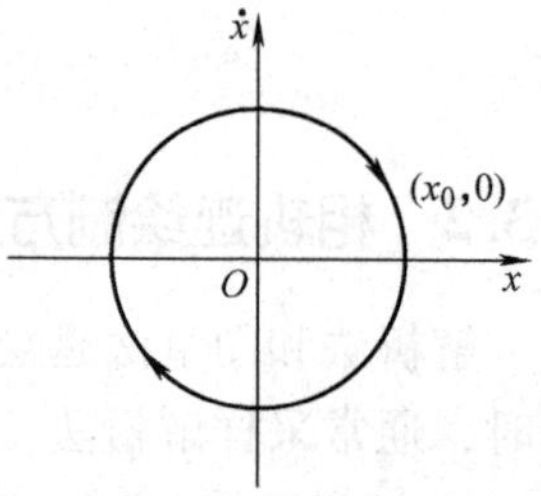

图 8-17　例 8-2 的相轨迹

由式（8-37）可在相平面上作一条曲线，称为等倾线。当 α 取不同值时，可绘制出若干条等倾线。当相轨迹经过等倾线上任一点时，其切线斜率均为 α。在每条等倾线上画出斜率为 α 的小线段，并以箭头表示切线方向，构成了相轨迹通过该等倾线时的方向场。已知某

系统的等倾线和切线方向场如图 8-18 所示，给定系统初始点（x_0，$\dot{x}_0$），则相轨迹的绘制过程如下：

1）从初始点出发，按照该点所在的等倾线上的方向作一小线段，这个小线段与第二条等倾线相交于一点。

2）由该交点出发，按照第二条等倾线上的方向再作一小线段，这个小线段交于第三条等倾线。

3）循此步骤依次进行，就可以得到一条从给定初始条件出发，由各个方向小线段组成的折线。

4）对该折线做光滑处理，即得到所求系统的相轨迹，如图 8-18 所示。

使用等倾线法绘制相轨迹时应注意以下几点：

1）x 轴与 $\dot{x}$ 轴所选用的比例尺应当一致。

2）在相平面的上半平面，由于 $\dot{x}>0$，相轨迹走向应沿着 x 增加的方向运动（由左向右运动）；在相平面的下半平面，由于 $\dot{x}<0$，相轨迹走向应沿着 x 减小的方向运动（由右向左运动）。

3）除系统平衡点外，相轨迹与 x 轴的交点处切线斜率 $\alpha=f(x,\dot{x})/\dot{x}$ 应为 $+\infty$ 或 $-\infty$，即相轨迹是与 x 轴垂直相交。

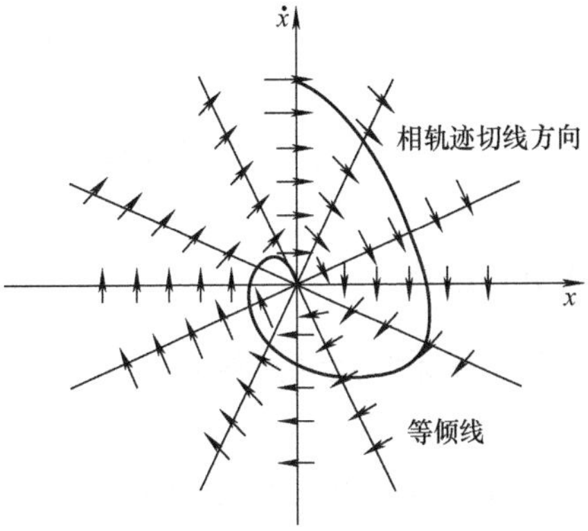

图 8-18　用等倾线绘制相轨迹

需要说明，等倾线的条数越多，作图的精确度越高。但所取等倾线过多，人工作图产生的积累误差也会增加，因此等倾线法主要用来分析相轨迹性状和走向。通常采用 MATLAB 方法，调用命令 ode45 及 plot，即可方便地绘制相应的相轨迹。

例 8-3　系统运动的微分方程为

$$\ddot{x}+x=0$$

初始条件为 $x(0)=x_0$，$\dot{x}(0)=0$，试用等倾线法绘制系统运动的相轨迹。

解　系统的微分方程改写为

$$\dot{x}\frac{\mathrm{d}\dot{x}}{\mathrm{d}x}+x=0$$

令

$$\alpha=\frac{\mathrm{d}\dot{x}}{\mathrm{d}x}$$

则得等倾线方程为

$$\dot{x}=-\frac{1}{\alpha}x$$

等倾线为通过相平面坐标原点的直线，其斜率为 $-\frac{1}{\alpha}$。令 α 取不同值，绘制不同斜率的一族等倾线，在每条等倾线上画出斜率为 α 的短线，所有短线的总体就形成了相轨迹的切线方向场，如图 8-19 所示。图中画出了从初始点（x_0，0）出发，沿方向场绘出的系统相轨迹。该相轨迹为一个圆，与例 8-2 中用解析法所得结论一致。

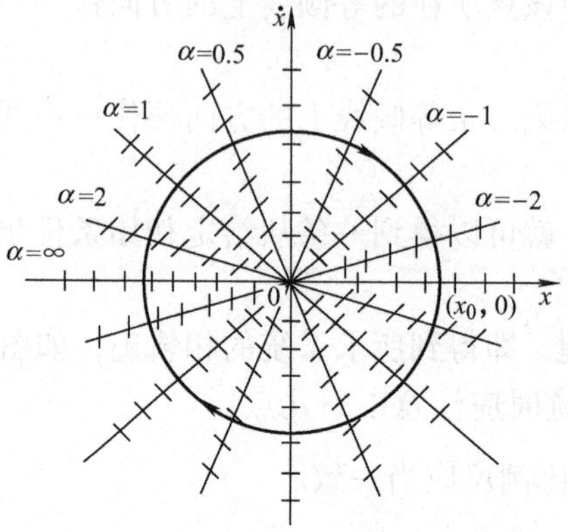

图 8-19　例 8-3 系统相轨迹及其方向场

8.3.3　奇点

设二阶系统运动方程为

$$\ddot{x}=f(x,\dot{x}) \tag{8-38}$$

其相轨迹上每一点切线的斜率为

$$\frac{\mathrm{d}\dot{x}}{\mathrm{d}x}=\frac{f(x,\dot{x})}{\dot{x}} \tag{8-39}$$

若在某点处 $f(x,\dot{x})$ 和 $\dot{x}$ 同时为零，即

$$\frac{\mathrm{d}\dot{x}}{\mathrm{d}x}=\frac{0}{0} \tag{8-40}$$

则称该点为相平面的奇点。二阶线性系统相轨迹的形状与特征根的分布密切相关，因此可根据特征根划分奇点类型，如图 8-20 所示。

1）焦点。当特征根为一对具有负实部的共轭复根时，奇点为稳定焦点；当特征根为一对具有正实部的共轭复根时，奇点为不稳定焦点。

2）节点。当特征根为两个负实根时，奇点为稳定节点；当特征根为两个正实根时，奇点为不稳定节点。

3）中心点。当特征根为一对共轭纯虚根时，奇点为中心点。

4）鞍点。当特征根为一个正实根和一个负实根时，奇点为鞍点。

对于二阶非线性系统，为了判断奇点［x_{10}，x_{20}］类型，将原系统在奇点附近线性化，并忽略高次项，为

$$\begin{cases}\dot{x}_1=\left.\dfrac{\partial f_1}{\partial x_1}\right|_{(x_{10},x_{20})}(x_1-x_{10})+\left.\dfrac{\partial f_1}{\partial x_2}\right|_{(x_{10},x_{20})}(x_2-x_{20})\\[2ex]\dot{x}_2=\left.\dfrac{\partial f_2}{\partial x_1}\right|_{(x_{10},x_{20})}(x_1-x_{10})+\left.\dfrac{\partial f_2}{\partial x_2}\right|_{(x_{10},x_{20})}(x_2-x_{20})\end{cases} \tag{8-41}$$

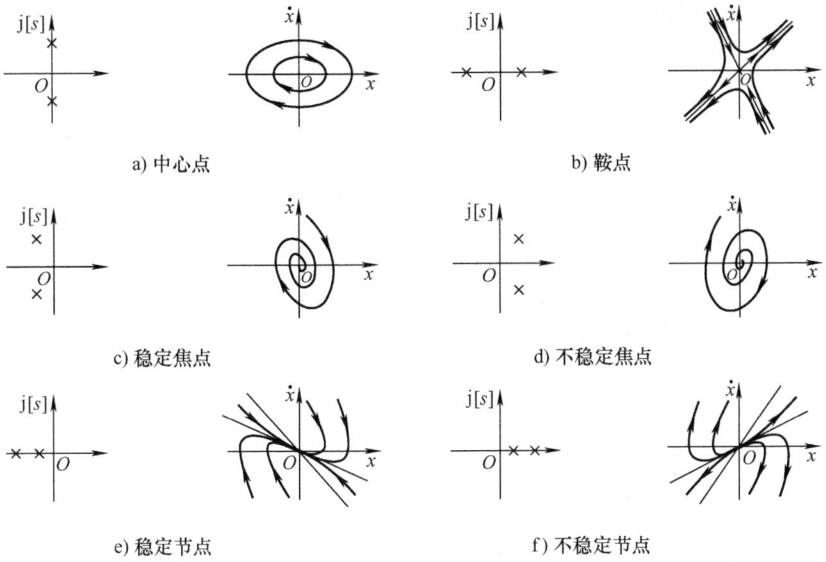

图8-20　特征根与奇点对应关系

简记为

$$\begin{cases} \dot{x}_1 = a(x_1 - x_{10}) + b(x_2 - x_{20}) \\ \dot{x}_2 = c(x_1 - x_{10}) + d(x_2 - x_{20}) \end{cases} \tag{8-42}$$

若记 $x_1 - x_{10} = x_1$，$x_2 - x_{20} = x_2$，则

$$\begin{cases} \dot{x}_1 = ax_1 + bx_2 \\ \dot{x}_2 = cx_1 + dx_2 \end{cases} \tag{8-43}$$

将式（8-43）合并为一个二阶微分方程为

$$\ddot{x}_1 - (a+d)\dot{x}_1 + (ad-bc)x_1 = 0 \tag{8-44}$$

根据二阶微分方程特征根的位置，即可判断奇点的类型。

例8-4　若非线性系统的微分方程为

$$\ddot{x} + (3\dot{x} - 0.5)\dot{x} + x + x^2 = 0$$

试分析系统奇点类型。

解　系统相轨迹微分方程为

$$\ddot{x} = f(x,\dot{x}) = -(3\dot{x} - 0.5)\dot{x} - x - x^2 = -3\dot{x}^2 + 0.5\dot{x} - x - x^2$$

令 $\ddot{x} = \dot{x} = 0$，得

$$x + x^2 = x(x+1) = 0$$

求得系统的两个奇点为

$$x_e = 0, 1$$

为确定奇点类型，需计算各奇点处的一阶偏导数及增量线性化方程。在奇点 $x_e = 0$ 处，有

$$\ddot{x} = \frac{\partial f(x,\dot{x})}{\partial x}\bigg|_{\substack{x=0\\ \dot{x}=0}} \cdot x + \frac{\partial f(x,\dot{x})}{\partial \dot{x}}\bigg|_{\substack{x=0\\ \dot{x}=0}} \cdot \dot{x}$$

$$= (-1-2x)\big|_{x=\dot{x}=0} \cdot x + (-6\dot{x}+0.5)\big|_{x=\dot{x}=0} \cdot \dot{x} = -x + 0.5\dot{x}$$

即

$$\ddot{x} - 0.5\dot{x} + x = 0$$

特征根为 $s_{1,2} = 0.25 \pm \mathrm{j}0.984$，故奇点（0，0）为不稳定的焦点。

在奇点 $x_e = -1$ 处，有

$$\ddot{x} = (-1-2x)\bigg|_{\substack{x=-1\\ \dot{x}=0}} \cdot x + (-6\dot{x}+0.5)\bigg|_{\substack{x=-1\\ \dot{x}=0}} \cdot \dot{x} = x + 0.5\dot{x}$$

即

$$\ddot{x} - 0.5\dot{x} - x = 0$$

特征根为 $s_1 = 1.218$，$s_2 = -0.718$，故奇点（0，-1）为鞍点。

8.3.4 非线性系统相平面分析

1. 具有饱和特性的非线性控制系统

设具有饱和特性的非线性控制系统如图 8-21 所示，图中 $T=1$，$K=1$，$e_0=0.2$，$M_0=0.2$，系统初始状态为零，试作出 $r(t)=R\cdot 1(t)$ 时系统的相平面图。

该系统线性部分的传递函数为

$$\frac{C(s)}{M(s)} = \frac{K}{s(Ts+1)} \tag{8-45}$$

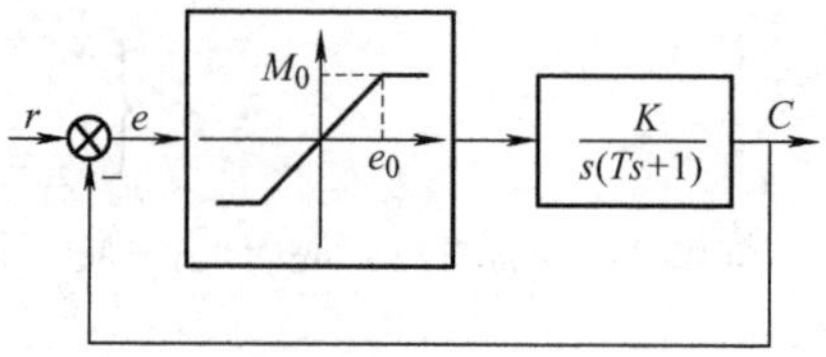

图 8-21 具有饱和特性的非线性控制系统

因此，线性部分微分方程为

$$T\ddot{c}(t) + \dot{c}(t) = Km(t) \tag{8-46}$$

非线性部分方程为

$$m(t) = \begin{cases} e(t) & |e| \leqslant e_0 \\ M_0 & e > e_0 \\ -M_0 & e < -e_0 \end{cases} \tag{8-47}$$

取偏差 e 及其导数 $\dot{e}$ 作为相坐标，因此系统的微分方程为

$$\begin{cases} T\ddot{e} + \dot{e} + K\dfrac{M_0}{e_0}e = T\ddot{r} + \dot{r} & |e| \leqslant e_0 \\ T\ddot{e} + \dot{e} + KM_0 = T\ddot{r} + \dot{r} & e > e_0 \\ T\ddot{e} + \dot{e} - KM_0 = T\ddot{r} + \dot{r} & e < -e_0 \end{cases} \tag{8-48}$$

由于 $\ddot{r}(t) = \dot{r}(t) = 0$，相平面的开关线 $e = \pm e_0$ 将系统分为下述三个微分方程：

$$\begin{cases} T\ddot{e} + \dot{e} + Ke = 0 & |e| \leqslant e_0 \\ T\ddot{e} + \dot{e} + KM_0 = 0 & e > e_0 \\ T\ddot{e} + \dot{e} - KM_0 = 0 & e < -e_0 \end{cases} \tag{8-49}$$

首先讨论相轨迹在线性区 $|e| \leqslant e_0$ 的情况。显然，相平面的坐标原点（0，0）为一个奇

点。系统微分方程特征根为一对负实数的共轭复数 $s_{1,2}=(-1\pm\sqrt{1-4KT})/2=-0.5\pm$ j1.94，所以坐标原点为稳定焦点，线性区域的相轨迹为对数螺旋线。若令

$$\frac{\mathrm{d}\dot{e}}{\mathrm{d}e}=\alpha \tag{8-50}$$

可得等倾线方程为

$$\dot{e}=\frac{-Ke}{1+\alpha T} \tag{8-51}$$

可见等倾线是一簇通过原点的直线。

在 $e>e_0$ 的饱和区，相轨迹微分方程和等倾线微分方程分别为

$$T\ddot{e}+\dot{e}+KM_0=0$$
$$\dot{e}=\frac{-KM_0}{1+\alpha T} \tag{8-52}$$

在 $e<-e_0$ 的饱和区，相轨迹微分方程和等倾线微分方程分别为

$$T\ddot{e}+\dot{e}-KM_0=0$$
$$\dot{e}=\frac{KM_0}{1+\alpha T} \tag{8-53}$$

在上述两个区域的相轨迹微分方程中，两个微分方程在 $\dot{e}=0$，$\ddot{e}=0$ 均无解，故两个区域均无奇点，而等倾线都是平行于横轴的直线。在 $e<-e_0$ 的区域，相轨迹均渐近于 $\dot{e}=KM_0$；在 $e>e_0$ 的区域，相轨迹均渐近于 $\dot{e}=-KM_0$。图 8-22a 显示了利用等倾线法绘制的 $R=2$ 相轨迹；图 8-22b 给出了利用 MATLAB 法绘制的 $R=2$ 相轨迹；相应的 $c(t)$ 和 $e(t)$ 时间响应曲线如图 8-22c 所示。由图可见，相轨迹最终趋于坐标原点，系统的稳态误差为零。

2. 具有死区特性的非线性控制系统

设具有死区特性的非线性控制系统如图 8-23 所示，图中 $T=1$，$Kk=1$，系统初始状态为零，试作出 $r(t)=R\cdot 1(t)$ 时系统的相平面图。

线性部分微分方程为

$$T\ddot{c}(t)+\dot{c}(t)=Km(t) \tag{8-54}$$

非线性部分方程为

$$m(t)=\begin{cases}k[e(t)+\Delta] & e(t)\leqslant-\Delta\\ 0 & |e(t)|<\Delta\\ k[e(t)-\Delta] & e(t)\geqslant\Delta\end{cases} \tag{8-55}$$

取偏差 e 及其导数 $\dot{e}$ 作为相坐标，因此系统的微分方程为

$$\begin{cases}T\ddot{e}+\dot{e}+Kke=T\ddot{r}+\dot{r}-Kk\Delta & e(t)\leqslant-\Delta\\ T\ddot{e}+\dot{e}=T\ddot{r}+\dot{r} & |e(t)|<\Delta\\ T\ddot{e}+\dot{e}+Kke=T\ddot{r}+\dot{r}+Kk\Delta & e(t)\geqslant-\Delta\end{cases} \tag{8-56}$$

由于 $\ddot{r}(t)=\dot{r}(t)=0$，相平面的开关线 $e=\pm\Delta$ 将系统分为下述三个微分方程：

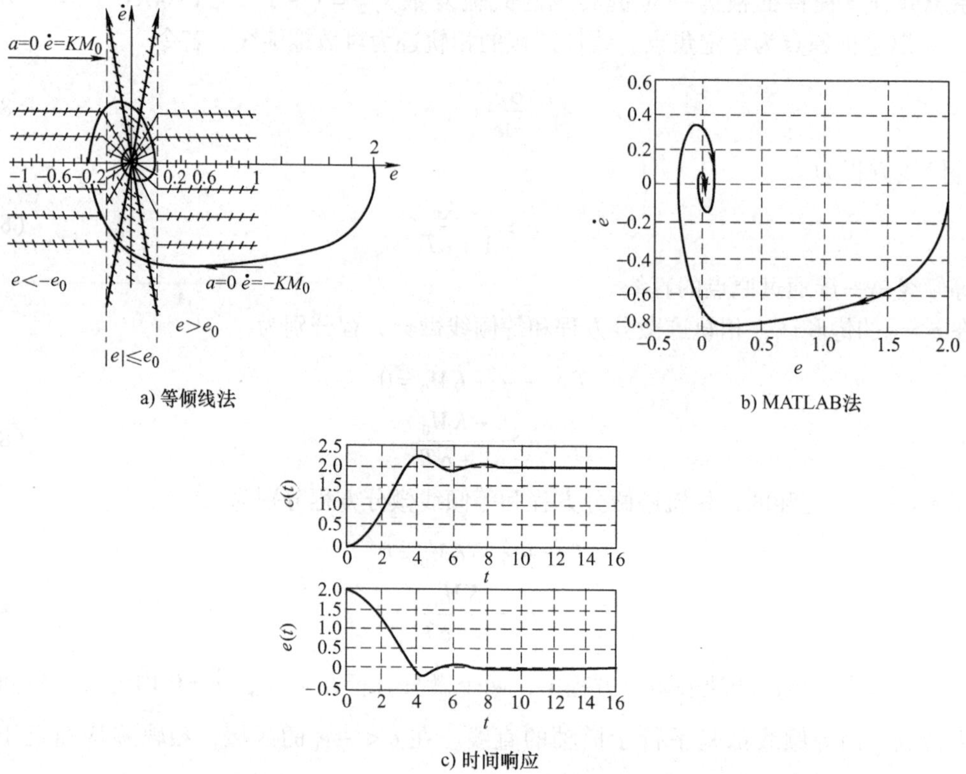

a) 等倾线法　　b) MATLAB法

c) 时间响应

图 8-22　系统在 $r(t)=2\cdot 1(t)$ 时的相轨迹及其时间响应曲线

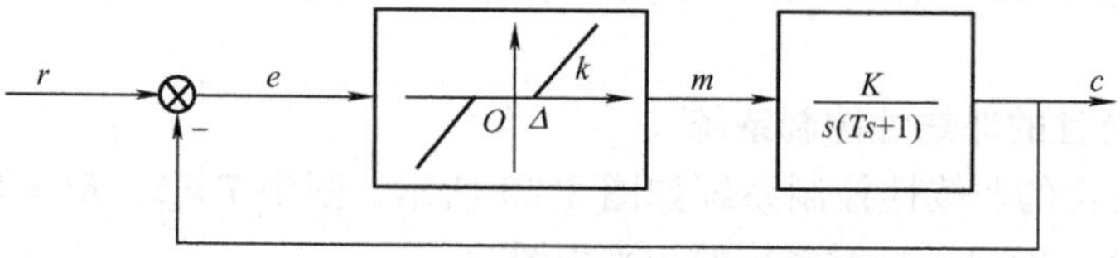

图 8-23　具有死区特性的非线性系统

$$\begin{cases} T(e+\Delta)''+(e+\Delta)'+Kk(e+\Delta)=0 & e(t)\leqslant -\Delta \\ T\ddot{e}+\dot{e}=0 & |e(t)|<\Delta \\ T(e-\Delta)''+(e-\Delta)'+Kk(e-\Delta)=0 & e(t)\geqslant \Delta \end{cases} \tag{8-57}$$

区域Ⅰ：奇点（$-\Delta$，0）为稳定焦点，相轨迹为向心螺旋线。

区域Ⅱ：奇点（x，0），$x\in(-\Delta,\ \Delta)$，相轨迹沿直线收敛。

区域Ⅲ：奇点（Δ，0）为稳定焦点，相轨迹为向心螺旋线。

根据区域奇点类型及对应的运动形式，作相轨迹如图 8-24 实线所示。

由图 8-24 可知，各区域的相轨迹运动形式由该区域的线性微分方程的奇点类型决定，相轨迹在开关线上改变运动形式，系统存在稳态误差，而稳态误差的大小取决于系统参数，亦与输入和初始条件有关。若用比例环节 $k=1$ 代替死区特性，即无死区影响时，线性二阶系统的相轨迹如图中虚线所示，由此可以比较死区特性对系统运动的影响。

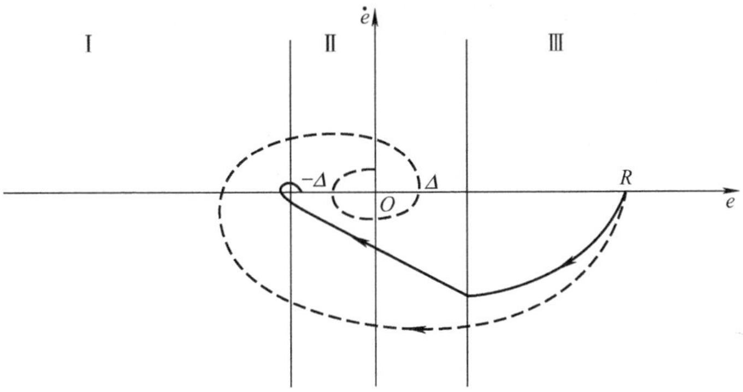

图 8-24　系统相轨迹图

8.4 非线性控制系统 MATLAB 设计

例 8-5　绘制如下系统的单位阶跃输入时的相轨迹，其中，饱和非线性特性为

$$y=\begin{cases}-0.3 & x<-0.3\\ x & |x|\leqslant 0.3\\ 0.3 & x>0.3\end{cases}$$，线性部分为 $G(s)=\dfrac{10}{s(s+4)}$。

解　1）新建一个空白模型，将所需的不同模块添加到空白模型中。

2）连接各模块并设置各模块参数。这里将饱和非线性模块 upper limit 设为 0.3，lower limit 设为 −0.3，模型如图 8-25 所示。

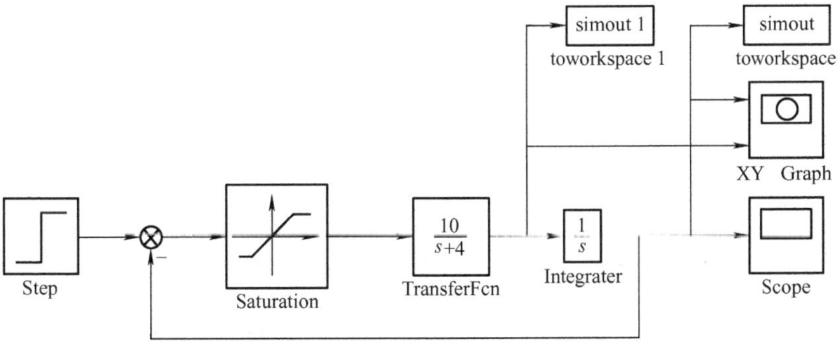

图 8-25　例 8-5 的 Simulink 仿真图

3）设置仿真参数。如图 8-26 所示，将 “Solver options” 下的 “Type” 项选为 “Fixed-step”，“Solver” 项选为 “ode5 （Dormand-Prince）”，“Fixed-step size” 设为 “0.01”。

4）开始仿真。相轨迹可以直接观察 XYGraph 输出，也可使用输出到工作空间的参数绘制，如图 8-27 所示。程序如下：

```
plot(simout(:,1),simout1(:,1))
grid
```

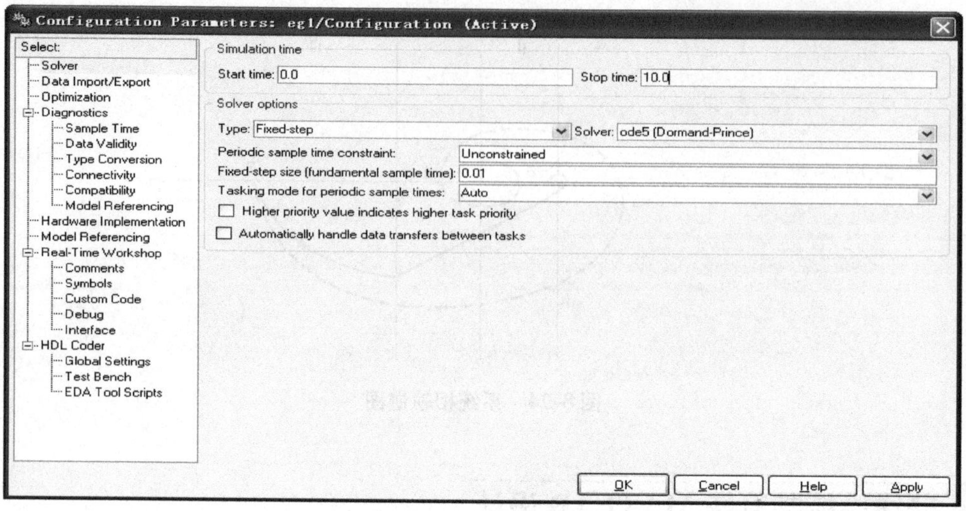

图 8-26 仿真参数设置窗口

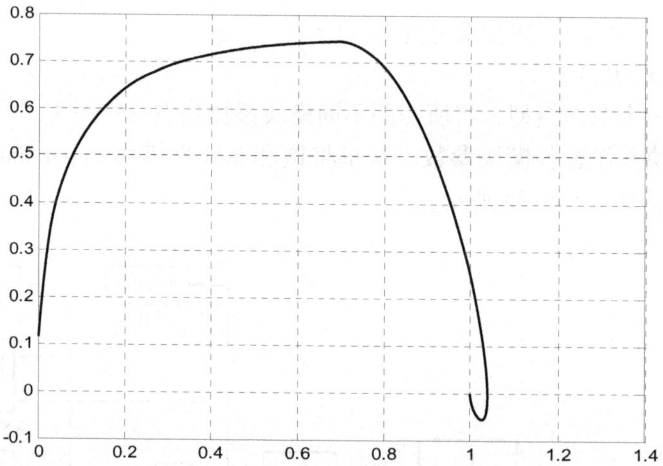

图 8-27 例 8-5 非线性系统输出相轨迹

由图 8-27 分析可知，系统的稳定点在（1，0）点，即稳态值为 1。系统阶跃响应输出如图 8-28 所示。

例 8-6 非线性系统如图 8-29 所示，试判断系统是否存在自振，若有自振，求出自振的振幅和频率。

解 1）绘制非线性部分和线性部分的幅相图，如图 8-30 所示，判断系统的稳定情况。

程序如下：

```
x = 1:0.1:20;
disN = 40/pi./x.*sqrt(1 - x.^(-2)) - j*40/pi./x.^2;    % 描述函数
disN2 = -1./disN;                                        % 负倒描述函数
```

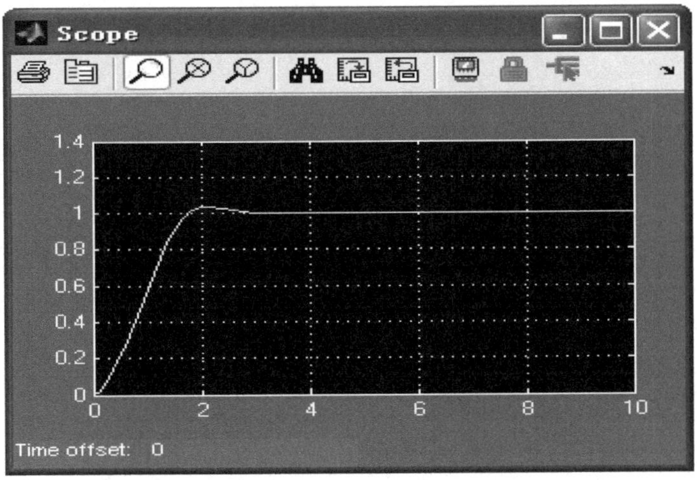

图 8-28　例 8-5 非线性系统阶跃响应

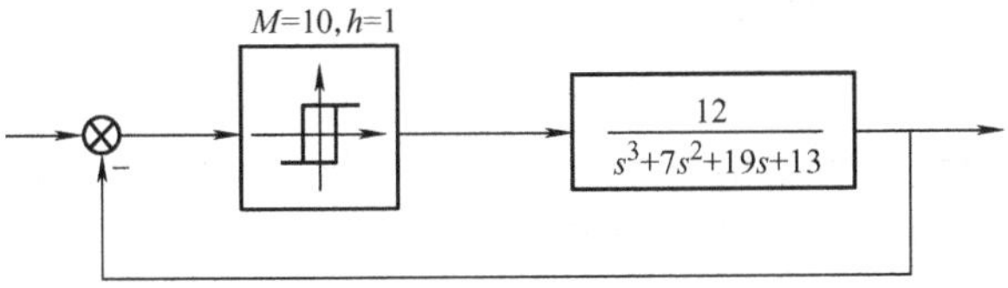

图 8-29　例 8-6 非线性系统

```
w = 1:0.01:200;
num = 12;                                   % 线性部分分子
den = conv([1 1],[1 6 13]);                 % 线性部分分母
[rem,img,w] = Nyquist(num,den,w);           % 线性部分 Nyquist 曲线参数
plot(real(disN2),imag(disN2),rem,img)       % 同时绘制非线性部分和线性
                                              部分的极坐标图
grid;                                       % 加网格
```

2）利用线性部分和非线性部分交点坐标值求取振荡幅值和频率。

程序如下：

```
w0 = spline(img,w, -0.0785)                 % 当 img = -0.0785 时,所对
                                              应的 w 值
x0 = spline(real(disN2),x, -0.166)          % 当 disN2 的实部为 -0.166
                                              时,所对应的 x 值
w0 =
3.2087
x0 =
2.3382
```

由图 8-30 可见，两条曲线有交点，交点坐标（-0.0785，-0.166），系统中存在自持

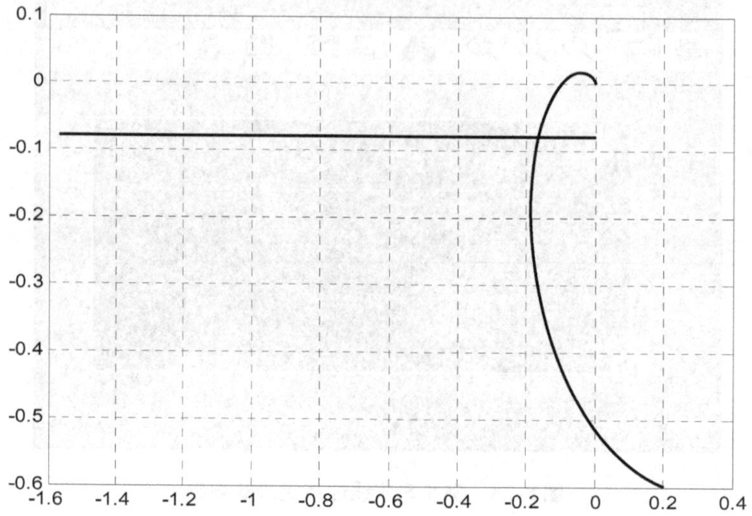

图 8-30 例 8-6 非线性系统幅相图

振荡。

3）建立 Simulink 模型，如图 8-31 所示，进行仿真。由图 8-32 所示仿真结果可见，系统中确实存在自持振荡，进一步证实前面的分析。

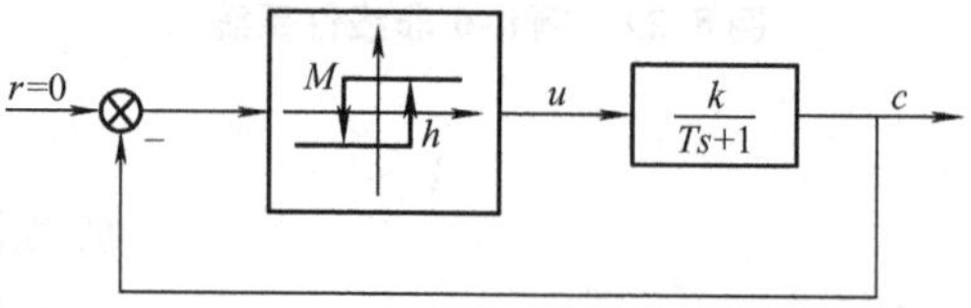

图 8-31 例 8-6 的 Simulink 仿真图

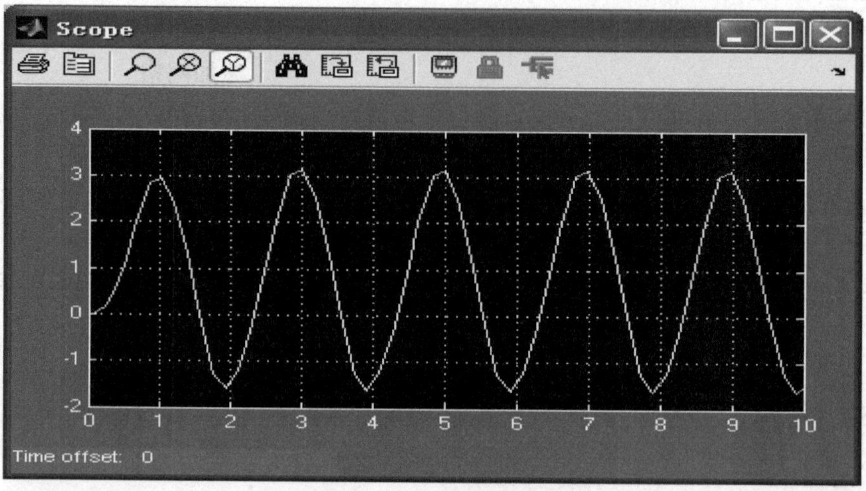

图 8-32 例 8-6 的仿真结果

习 题

8-1 设一阶非线性系统的微分方程为

$$\dot{x} = -2x + 5x^2$$

试确定系统有几个平衡状态，分析平衡状态的稳定性，并画出系统的相轨迹。

8-2 试确定下列方程的奇点及其类型，并用等倾线法绘制它们的相平面。

(1) $\ddot{x} + \dot{x} + |x| = 0$

(2) $\begin{cases} \dot{x}_1 = x_1 + 2x_2 \\ \dot{x}_2 = 2x_1 + 3x_2 \end{cases}$

(3) $\ddot{x} + (5\dot{x} - 1)\dot{x} + x = 0$

(4) $\ddot{x} + 3\sin x = 0$

8-3 线性系统方程为

$$\frac{\mathrm{d}x_1}{\mathrm{d}x_2} = \frac{ax_1 + bx_2}{cx_1 + dx_2}$$

讨论常数 a、b、c、d 与相平面（x_1、x_2）上奇点类型的关系。

8-4 已知具有理想继电器的非线性系统如图8-33所示。

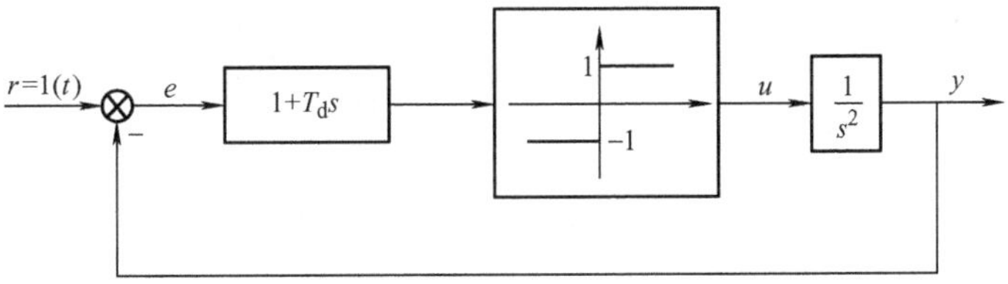

图8-33 题8-4非线性系统结构图

试用相平面法分析：

(1) 当 $T_d = 0$ 时系统的运动；

(2) 当 $T_d = 0.5$ 时系统的运动，并说明比例微分控制对改善系统性能的作用；

(3) 当 $T_d = 2$ 时系统的运动特点。

8-5 具有饱和非线性特性的控制系统如图8-34所示，试用相平面法分析系统的阶跃响应。

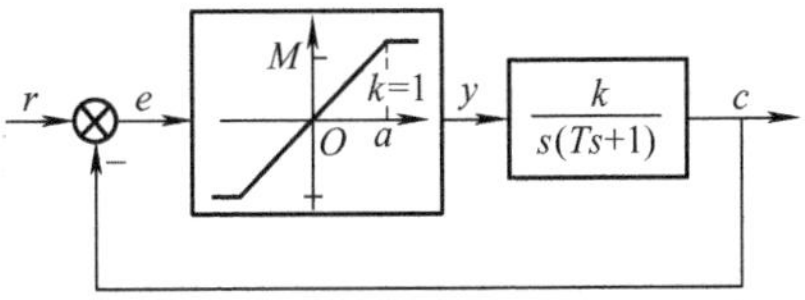

图8-34 题8-5非线性系统结构图

8-6 采用非线性校正的控制系统如图8-35所示，试利用相平面法分析，在原来的线性系统的基础上，采用非线性校正，可以显著改善系统的动态响应品质。

8-7 试推导非线性特性 $y = x^3$ 的描述函数。

8-8 将图8-36a、b所示非线性系统简化成典型结构形式，并写出线性部分的传递函数。

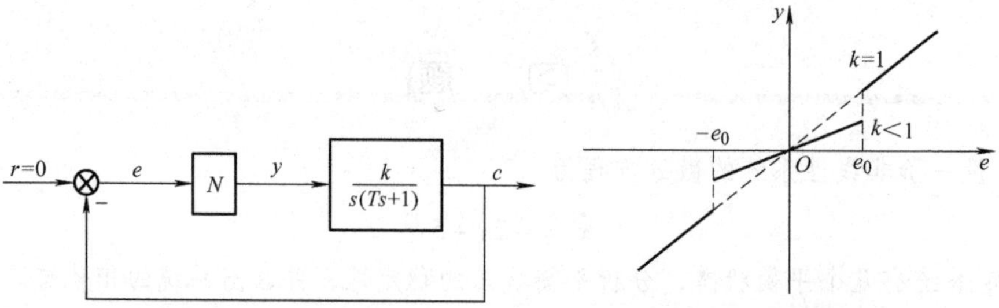

a) 非线性校正的控制系统结构图　　b) 非线性特性

图 8-35　题 8-6 非线性系统结构图

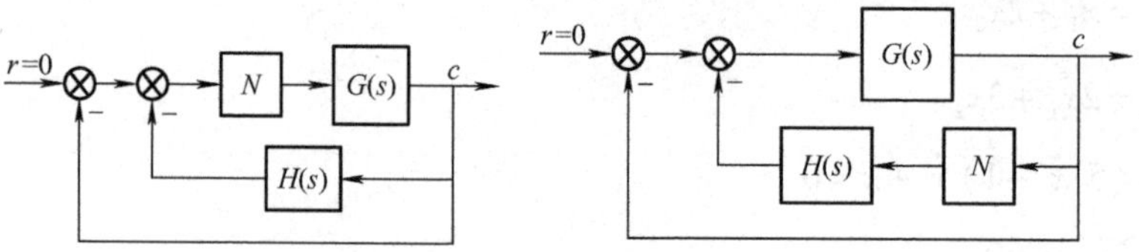

a)　　b)

图 8-36　题 8-8 非线性系统结构图

8-9　判断图 8-37 中各系统的稳定性。

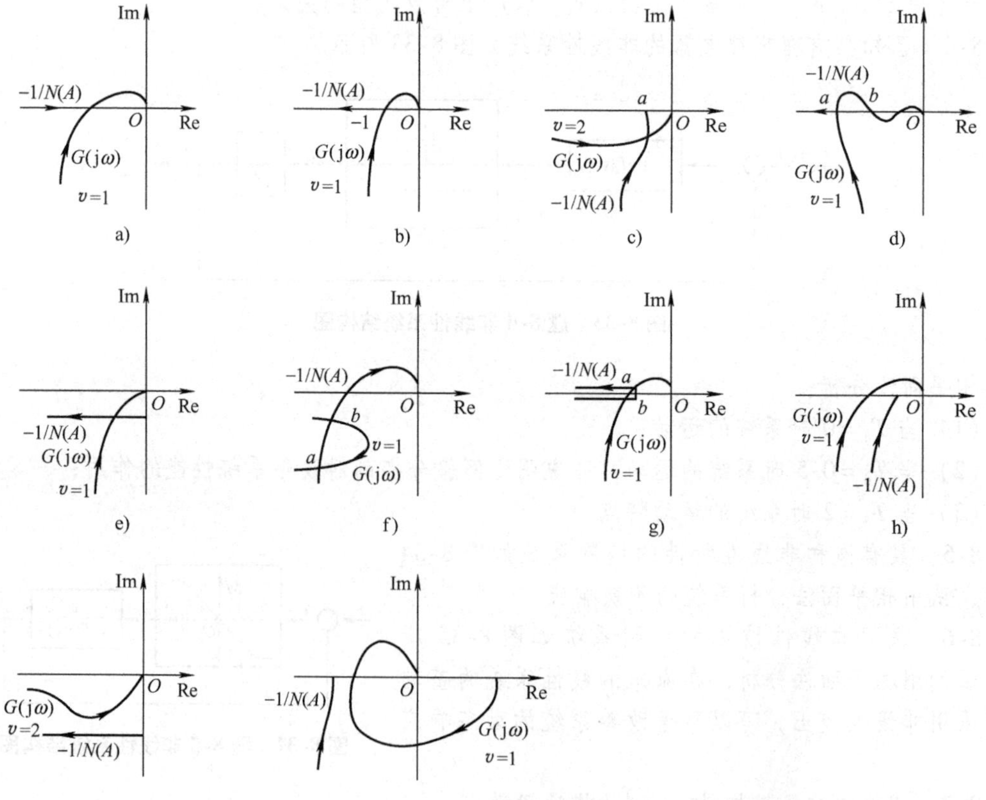

图 8-37　题 8-9 非线性系统结构图

8-10 非线性系统的结构图如图8-38所示，其中死区继电特性的参数为 $b=1.7$，$a=0.7$，试确定系统是否存在自持振荡，若有自振，求出自振的幅值和频率。

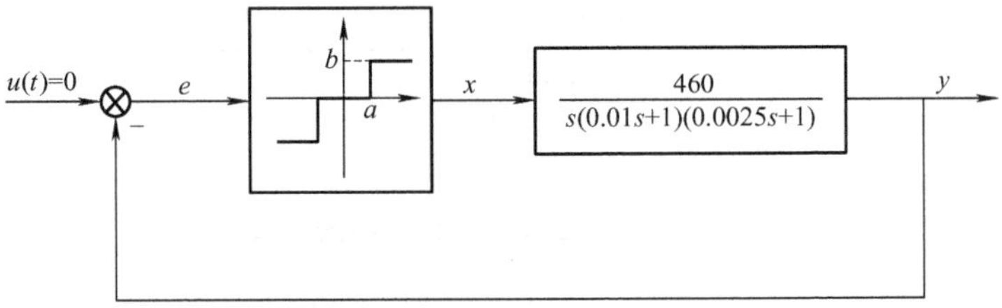

图8-38 题8-10非线性系统结构图

8-11 带有继电非线性的控制系统如图8-39所示。

(1) 已知当 $M=1$，$K=5$，$\tau=0$ 时，系统存在 $\omega=0.5$，$X=16/\pi$ 的自持振荡，试求 T_1、T_2 的值。

(2) 要消除系统的自振，引入微分反馈，问 τ 的取值和 T_1、T_2 的取值间应满足什么关系，才能达到目的?

8-12 试用描述函数法说明图8-40必然存在自振，并确定输出信号 c 的自振振幅和频率，分别画出信号 c、x、y 的稳态波形。

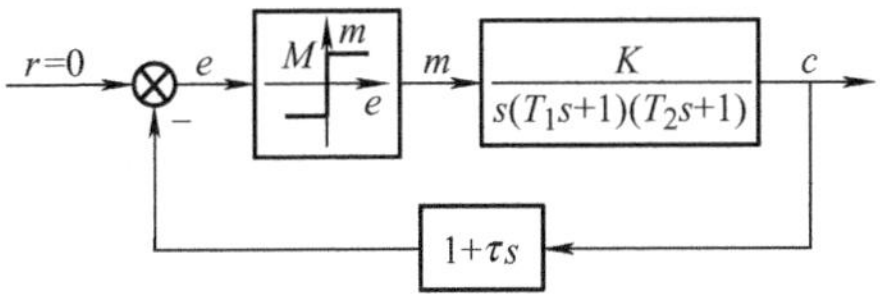

图8-39 题8-11非线性系统结构图

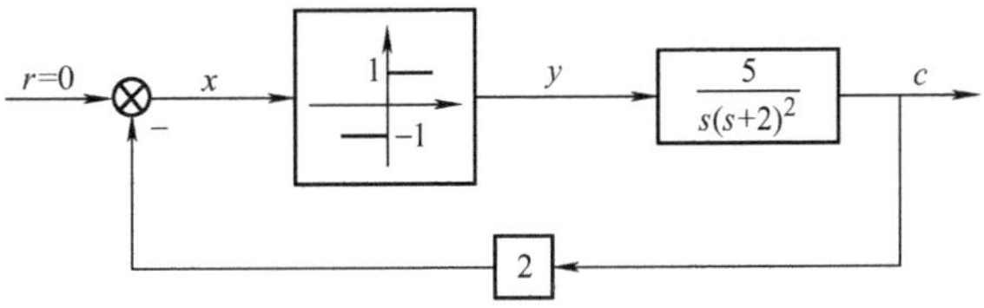

图8-40 题8-12非线性系统结构图

8-13 具有间隙非线性特性的系统如图8-41所示。已知 $b=0.5$，试分析系统是否存在自振，若有自振，求出自振参数。

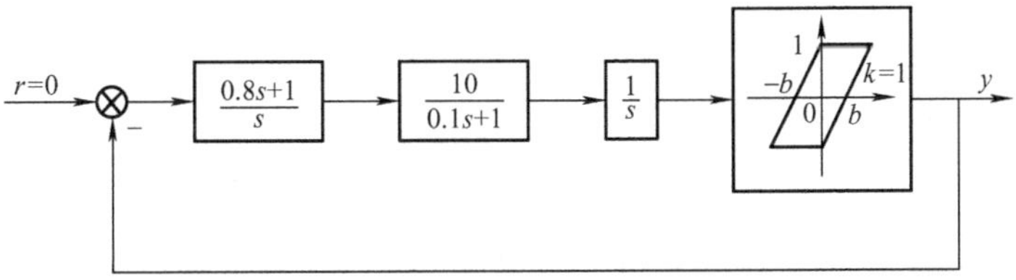

图8-41 题8-13非线性系统结构图

8-14 分别用相平面法和描述函数法研究图8-42所示的非线性系统周期运动，并对两种方法的结果进行比较。

8-15 试用描述函数法和相平面法分别研究图8-43所示的一阶非线性系统，并比较和分析所得到的不同结果。

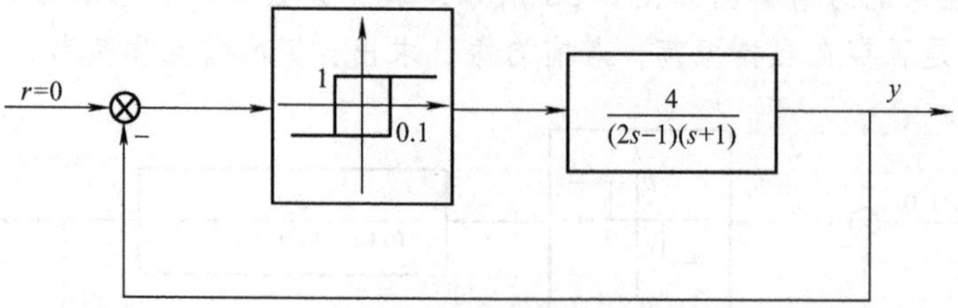

图 8-42　题 8-14 非线性系统结构图

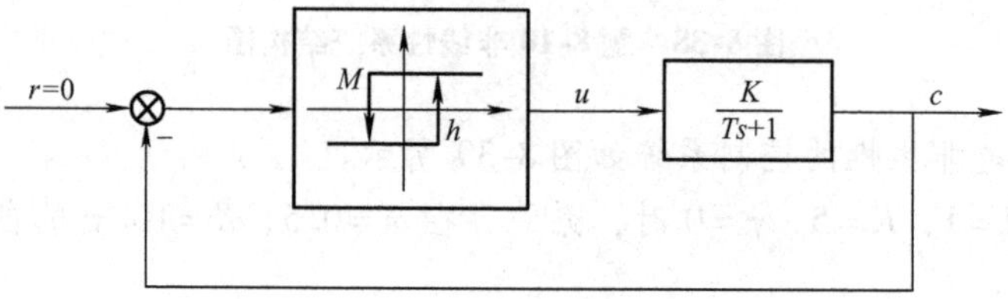

图 8-43　题 8-15 非线性系统结构图

第 9 章 线性系统的状态空间分析

控制理论可分为经典控制理论和现代控制理论两部分。经典控制理论对于单输入-单输出线性定常系统的分析和综合是比较有效的，但其缺点是只能揭示输入-输出间的外部特性。

现代控制理论中的线性系统理论是建立在状态空间法基础上，不但可以反映系统输入-输出的外部特性，而且可以揭示系统的内部结构特性。此外，线性系统理论的研究对象包括单变量系统和多变量系统，定常系统和时变系统。

9.1 线性系统状态空间描述

9.1.1 系统状态空间描述的基本概念

状态变量：足以完全表达系统运动状态的一组数目最小变量称为状态变量。例如，n 阶系统的 n 个独立变量 $x_1(t)$，$x_2(t)$，…，$x_n(t)$ 就是系统的状态变量。

状态向量：由 n 个状态变量构成的向量 $\boldsymbol{x}(t)$ 称为状态向量，即 $\boldsymbol{x}(t)=[x_1(t),x_2(t),\cdots,x_n(t)]^{\mathrm{T}}$。

状态空间：由 n 个状态变量为坐标轴所构成的 n 维空间称为状态空间。

状态轨迹：在特定时刻 t，状态向量 $\boldsymbol{x}(t)$ 可用状态空间的一个点来表示，随着时间的推移，$\boldsymbol{x}(t)$ 在状态空间描绘出的一条轨迹线称为状态轨迹。

状态方程：描述系统输入变量与状态变量之间关系的一阶微分方程组或一阶差分方程组称为状态方程。

输出方程：描述系统输出变量与状态变量之间关系的方程称为输出方程。

状态空间表达式：状态方程与输出方程的组合称为状态空间表达式，又称动态方程。例如，线性定常系统状态空间表达式的一般形式为

$$\begin{aligned}\dot{x}&=\boldsymbol{A}\boldsymbol{x}+\boldsymbol{B}u\\ y&=\boldsymbol{C}\boldsymbol{x}+\boldsymbol{D}u\end{aligned}\tag{9-1}$$

式中，$\boldsymbol{x}$ 为 n 维状态向量，$\boldsymbol{A}$ 为系统矩阵或状态矩阵，表示系统内部状态的联系，$\boldsymbol{B}$ 为输入矩阵或控制矩阵，表示输入对状态的作用，$\boldsymbol{C}$ 为输出矩阵，$\boldsymbol{D}$ 为直接传递矩阵。

状态空间表达式结构图：状态空间表达式结构图的基本元件如图 9-1 所示。一阶标量微分方程 $\dot{x}=ax+bu$ 的状态结构图如图 9-2 所示。

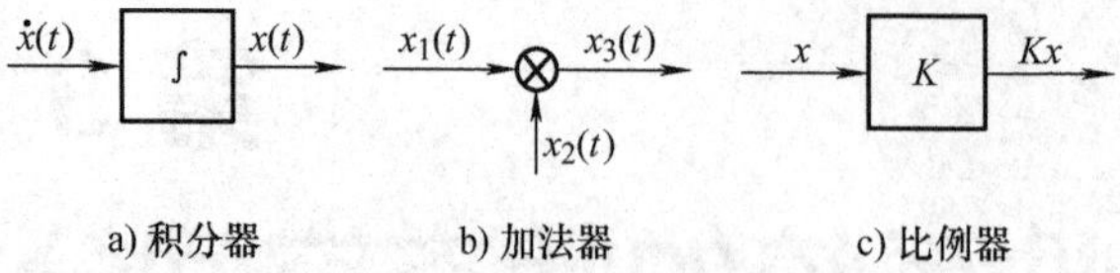

a) 积分器　　b) 加法器　　c) 比例器

图 9-1　状态空间表达式结构图基本元件

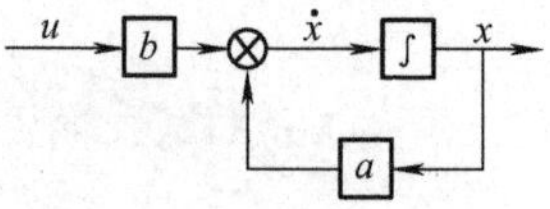

图 9-2　状态结构图

9.1.2　状态空间表达式的建立

用状态空间分析系统时，首先要建立给定系统的状态空间表达式。建立状态空间表达式主要有三个途径：①由系统的物理或化学机理出发进行推导；②由系统方块图建立状态空间表达式；③由描述系统运动过程的微分方程得到状态空间表达式。

1. 由系统机理建立状态空间表达式

一般控制系统可分为电气、机械、机电、液压、热力等，根据具体系统结构及其研究目的，选择一定的物理量作为系统的状态变量和输出变量，根据其机理，即相应各种物理定律或化学定律，如牛顿定律、基尔霍夫电压电流定律、能量守恒定律等，可建立系统的状态空间表达式。

例 9-1　电路如图 9-3 所示，设输入为 u_1，输出为 u_2，试自选状态变量并列写出其状态空间表达式。

解　根据基尔霍夫电压电流定律可得

$$C_1\frac{\mathrm{d}u_{c1}}{\mathrm{d}t}+\frac{u_{c1}}{R_1}=C_2\frac{\mathrm{d}u_{c2}}{\mathrm{d}t}$$

$$u_{c1}+C_2\frac{\mathrm{d}u_{c2}}{\mathrm{d}t}R_2+u_{c2}=u_1$$

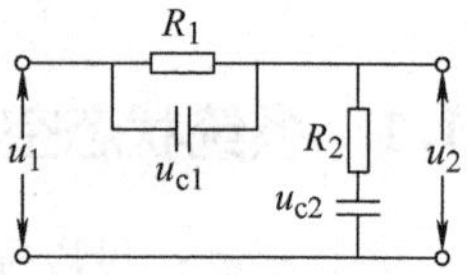

图 9-3　电路图

选择状态变量为 $x_1=u_{c1}$，$x_2=u_{c2}$，可得状态空间表达式为

$$\begin{cases}\dot{x}_1=-\dfrac{R_1+R_2}{R_1R_2C_1}x_1-\dfrac{1}{R_2C_1}x_2+\dfrac{1}{R_2C_1}u_1\\\dot{x}_2=-\dfrac{1}{R_2C_2}x_1-\dfrac{1}{R_2C_2}x_2+\dfrac{1}{R_2C_2}u_1\\y=u_2=u_1-x_1\end{cases}$$

即

$$\begin{pmatrix}\dot{x}_1\\\dot{x}_2\end{pmatrix}=\begin{pmatrix}-\dfrac{R_1+R_2}{R_1R_2C_1} & -\dfrac{1}{R_2C_1}\\-\dfrac{1}{R_2C_2} & -\dfrac{1}{R_2C_2}\end{pmatrix}\begin{pmatrix}x_1\\x_2\end{pmatrix}+\begin{pmatrix}\dfrac{1}{R_2C_1}\\\dfrac{1}{R_2C_2}\end{pmatrix}u_1$$

$$y=(-1\quad 0)\begin{pmatrix}x_1\\x_2\end{pmatrix}+u_1$$

2. 由系统框图建立状态空间表达式

将系统框图模型转化为状态空间表达式，一般可由下列三个步骤实现：

1）在系统框图的基础上，将各环节通过等效变换分解，使得整个系统只有标准积分器（1/s）、比例器（k）及其综合器（加法器）组成，这三种基本器件通过串联、并联和反馈三种形式组成整个控制系统。

2）将上述调整过的框图中的每个标准积分器（1/s）的输出作为一个独立的状态变量 x，积分器的输入端就是状态变量的一阶导数 $\dot{x}$。

3）根据调整后框图各信号的关系，可以写出每个状态变量的一阶微分方程，从而写出系统的状态方程。根据需要指定输出变量，即可以从框图写出系统的输出方程。

例 9-2　系统传递函数框图如图 9-4 所示，输入为 u，输出为 y，试求其状态空间表达式。

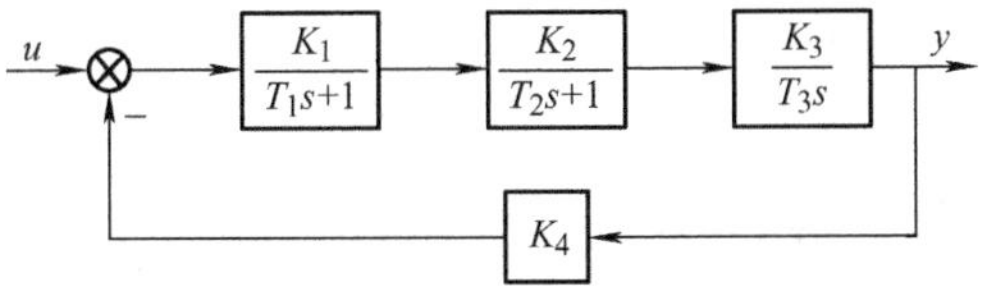

图 9-4　系统框图

解　该系统主要由一阶惯性环节和积分器组成。对于一阶惯性环节，我们可以通过等效变换，转化为一个前向通道为一标准积分器的反馈系统。框图经等效变换后如图 9-5 所示。

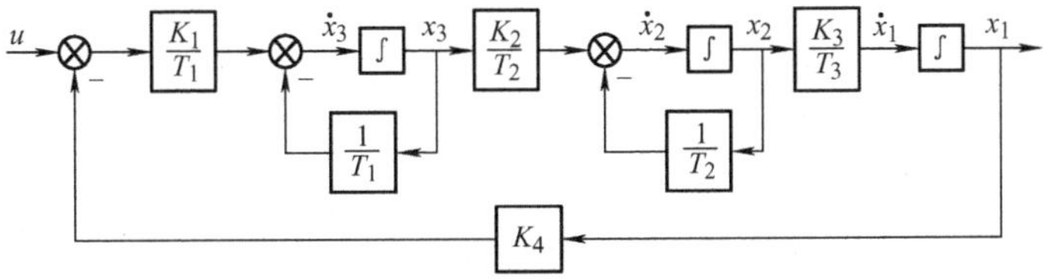

图 9-5　等效变化后的系统框图

取每个积分器的输出端信号为状态变量 x_1、x_2 和 x_3，因此可得系统状态空间表达式为

$$
\begin{cases}
\dot{x}_1 = \dfrac{K_3}{T_3}x_2 \\
\dot{x}_2 = -\dfrac{1}{T_2}x_2 + \dfrac{K_2}{T_2}x_3 \\
\dot{x}_3 = -\dfrac{1}{T_1}x_3 - \dfrac{K_1K_4}{T_1}x_1 + \dfrac{K_1}{T_1}u \\
y - x_1
\end{cases}
$$

即

$$
\begin{cases}
\begin{pmatrix} \dot{x}_1 \\ \dot{x}_2 \\ \dot{x}_3 \end{pmatrix} = \begin{pmatrix} 0 & \dfrac{K_3}{T_3} & 0 \\ 0 & -\dfrac{1}{T_2} & \dfrac{K_2}{T_2} \\ -\dfrac{K_1K_4}{T_1} & 0 & -\dfrac{1}{T_1} \end{pmatrix}\begin{pmatrix} x_1 \\ x_2 \\ x_3 \end{pmatrix} + \begin{pmatrix} 0 \\ 0 \\ \dfrac{K_1}{T_1} \end{pmatrix}u \\
y = (1 \quad 0 \quad 0)\begin{pmatrix} x_1 \\ x_2 \\ x_3 \end{pmatrix}
\end{cases}
$$

3. 由系统微分方程建立状态空间表达式

（1）系统输入量不含导数项

$$y^{(n)}+a_{n-1}y^{(n-1)}+\cdots+a_1\dot{y}+a_0y=b_0u \tag{9-2}$$

选取 n 个状态变量 $x_1=y$，$x_2=\dot{y}$，…，$x_n=y^{(n-1)}$，则有

$$\begin{aligned}
\dot{x}_1&=x_2\\
\dot{x}_2&=x_3\\
&\vdots\\
\dot{x}_{n-1}&=x_n\\
\dot{x}_n&=y^{(n)}=-a_0y-a_1\dot{y}-\cdots-a_{n-1}y^{(n-1)}+b_0u\\
&=-a_0x_1-a_1x_2-\cdots-a_{n-1}x_n+b_0u
\end{aligned}$$

因此系统状态空间表达式为

$$\begin{cases}
\begin{pmatrix}\dot{x}_1\\ \dot{x}_2\\ \vdots\\ \dot{x}_{n-1}\\ \dot{x}_n\end{pmatrix}=\begin{pmatrix}0&1&0&\cdots&0\\0&0&1&\cdots&0\\ \vdots&\vdots&\vdots&\vdots&\vdots\\0&0&0&\cdots&1\\-a_0&-a_1&-a_2&\cdots&-a_{n-1}\end{pmatrix}\begin{pmatrix}x_1\\x_2\\ \vdots\\x_{n-1}\\x_n\end{pmatrix}+\begin{pmatrix}0\\0\\ \vdots\\0\\b_0\end{pmatrix}u\\
y=(1\quad 0\quad \cdots\quad 0)\begin{pmatrix}x_1\\x_2\\ \vdots\\x_n\end{pmatrix}
\end{cases} \tag{9-3}$$

例 9-3 已知系统微分方程为

$$\dddot{y}+\ddot{y}+4\dot{y}+5y=3u$$

试列写出其状态空间表达式。

解 选择状态变量 $y=x_1$，$\dot{y}=x_2$，$\ddot{y}=x_3$，则有

$$\begin{cases}
\dot{x}_1=x_2\\
\dot{x}_2=x_3\\
\dot{x}_3=-5x_1-4x_2-x_3+3u\\
y=x_1
\end{cases}$$

状态空间表达式为

$$\begin{cases} \begin{pmatrix} \dot{x}_1 \\ \dot{x}_2 \\ \dot{x}_3 \end{pmatrix} = \begin{pmatrix} 0 & 1 & 0 \\ 0 & 0 & 1 \\ -5 & -4 & -1 \end{pmatrix} \begin{pmatrix} x_1 \\ x_2 \\ x_3 \end{pmatrix} + \begin{pmatrix} 0 \\ 0 \\ 3 \end{pmatrix} u \\ y = (1 \quad 0 \quad 0) \begin{pmatrix} x_1 \\ x_2 \\ x_3 \end{pmatrix} \end{cases}$$

(2) 系统输入量含有导数项

$$y^{(n)} + a_{n-1}y^{(n-1)} + \cdots + a_1 \dot{y} + a_0 y = b_m u^{(m)} + b_{m-1}u^{(m-1)} + \cdots + b_1 \dot{u} + b_0 u \tag{9-4}$$

一般输入量导数项的次数小于或等于系统的次数 n。为了避免在状态方程中出现 u 的导数项，可以选择如下一组状态变量

$$\begin{gathered} x_1 = y - \beta_0 u \\ x_2 = \dot{x}_1 - \beta_1 u \\ \vdots \\ x_n = \dot{x}_{n-1} - \beta_{n-1} u \end{gathered}$$

因此有

$$\begin{gathered} y = x_1 + \beta_0 u \\ \dot{y} = x_2 + \beta_0 \dot{u} + \beta_1 u \\ \vdots \\ y^{(n-1)} = x_n + \beta_0 u^{(n-1)} + \cdots + \beta_{n-1} u \end{gathered}$$

进一步可得

$$\dot{x}_n = y^{(n)} - \beta_0 u^{(n)} - \cdots - \beta_{n-1} \dot{u} \tag{9-5}$$

将式（9-4）代入式（9-5），可得

$$\dot{x}_n = -a_0x_1 - a_1x_2 - \cdots - a_{n-2}x_{n-1} - a_{n-1}x_n + (b_n - \beta_0)u^{(n)} + (b_{n-1} - \beta_1 - a_{n-1}\beta_0)u^{(n-1)} \cdots + (b_1 - \beta_{n-1} - a_{n-1}\beta_{n-2} - a_{n-2}\beta_{n-3} - a_1\beta_0)\dot{u} + (b_0 - a_{n-1}\beta_{n-1} - a_{n-2}\beta_{n-2} - \cdots - a_1\beta_1 - a_0\beta_0)u \tag{9-6}$$

选择 β_0，β_1，…，β_{n-1}，使得式（9-6）中 u 的各阶导数项系数都等于 0，因此有

$$\begin{aligned} \beta_0 &= b_n \\ \beta_1 &= b_{n-1} - a_{n-1}\beta_0 \\ &\vdots \\ \beta_{n-1} &= b_1 - a_{n-1}\beta_{n-2} - a_{n-2}\beta_{n-3} - \cdots - a_1\beta_0 \end{aligned}$$

令

$$\beta_n = b_0 - a_{n-1}\beta_{n-1} - a_{n-2}\beta_{n-2} - \cdots - a_1\beta_1 - a_0\beta_0$$

则系统的状态方程为：

$$\begin{cases}\dot{x}_1 = x_2 + \beta_1 u \\ \dot{x}_2 = x_3 + \beta_2 u \\ \quad\vdots \\ \dot{x}_{n-1} = x_n + \beta_{n-1} u \\ \dot{x}_n = -a_0x_1 - a_1x_2 - \cdots - a_{n-2}x_{n-1} - a_{n-1}x_n + \beta_n u\end{cases}$$

系统的输出方程为

$$y = x_1 + \beta_0 u$$

因此，系统的状态空间表达式为

$$\begin{cases}\begin{pmatrix}\dot{x}_1 \\ \dot{x}_2 \\ \vdots \\ \dot{x}_{n-1} \\ \dot{x}_n\end{pmatrix} = \begin{pmatrix}0 & 1 & 0 & \cdots & 0 \\ 0 & 0 & 1 & \cdots & 0 \\ \vdots & \vdots & \vdots & \vdots & \vdots \\ 0 & 0 & 0 & \cdots & 1 \\ -a_0 & -a_1 & -a_2 & \cdots & -a_{n-1}\end{pmatrix}\begin{pmatrix}x_1 \\ x_2 \\ \vdots \\ x_{n-1} \\ x_n\end{pmatrix} + \begin{pmatrix}\beta_1 \\ \beta_2 \\ \vdots \\ \beta_{n-1} \\ \beta_n\end{pmatrix}u \\ y = (1 \quad 0 \quad \cdots \quad 0)\begin{pmatrix}x_1 \\ x_2 \\ \vdots \\ x_n\end{pmatrix} + \beta_0 u\end{cases} \tag{9-7}$$

例 9-4 已知系统的微分方程为

$$\dddot{y} + 4\ddot{y} + 2\dot{y} + y = \ddot{u} + \dot{u} + 3u$$

试写出其状态空间表达式。

解 由于 $n=3$，$b_3=0$，$b_2=1$，$b_1=1$，$b_0=3$，$a_0=1$，$a_1=2$，$a_2=4$，因此有

$$\begin{aligned}\beta_0 &= b_3 = 0 \\ \beta_1 &= b_2 - a_2\beta_0 = 1 \\ \beta_2 &= b_1 - a_2\beta_1 - a_1\beta_0 = -3 \\ \beta_3 &= b_0 - a_2\beta_2 - a_1\beta_1 - a_0\beta_0 = 13\end{aligned}$$

状态空间表达式为

$$\begin{cases}\begin{pmatrix}\dot{x}_1 \\ \dot{x}_2 \\ \dot{x}_3\end{pmatrix} = \begin{pmatrix}0 & 1 & 0 \\ 0 & 0 & 1 \\ -1 & -2 & -4\end{pmatrix}\begin{pmatrix}x_1 \\ x_2 \\ x_3\end{pmatrix} + \begin{pmatrix}1 \\ -3 \\ 13\end{pmatrix}u \\ y = (1 \quad 0 \quad 0)\begin{pmatrix}x_1 \\ x_2 \\ x_3\end{pmatrix}\end{cases}$$

9.1.3　状态空间表达式的线性变换

要建立状态空间表达式，首先必须选取状态变量。对于一个给定的线性定常系统，可以选取多种状态变量。状态变量选取不同，建立的状态空间表达式也不同。所选取的状态变量之间，实际上是一种向量的线性变换（或称坐标变换）。

1. 系统状态空间表达式的非唯一性

设线性定常系统的状态空间表达式为

$$\begin{cases}\dot{\boldsymbol{x}}=\boldsymbol{Ax}+\boldsymbol{Bu}\\ \boldsymbol{y}=\boldsymbol{Cx}+\boldsymbol{Du}\end{cases}\quad \boldsymbol{x}(0)=\boldsymbol{x}_0 \tag{9-8}$$

取线性非奇异变换

$$\boldsymbol{x}=\boldsymbol{Tz} \tag{9-9}$$

即

$$\boldsymbol{z}=\boldsymbol{T}^{-1}\boldsymbol{x} \tag{9-10}$$

式中，变换矩阵 $\boldsymbol{T}$ 为任意非奇异矩阵。则新的状态空间表达式为

$$\begin{cases}\dot{\boldsymbol{z}}=\boldsymbol{T}^{-1}\boldsymbol{ATz}+\boldsymbol{T}^{-1}\boldsymbol{Bu}=\overline{\boldsymbol{A}}\boldsymbol{z}+\overline{\boldsymbol{B}}\boldsymbol{u}\\ \boldsymbol{y}=\boldsymbol{CTz}+\boldsymbol{Du}=\overline{\boldsymbol{C}}\boldsymbol{z}+\overline{\boldsymbol{D}}\boldsymbol{u}\end{cases}\quad \boldsymbol{z}(0)=\boldsymbol{T}^{-1}\boldsymbol{x}(0) \tag{9-11}$$

显然，由于 $\boldsymbol{T}$ 为任意非奇异矩阵，状态空间表达式为非唯一。

例 9-5　设系统状态空间表达式为

$$\dot{\boldsymbol{x}}=\begin{pmatrix}0 & 1\\ -2 & -3\end{pmatrix}\boldsymbol{x}+\begin{pmatrix}1\\ 2\end{pmatrix}\boldsymbol{u}\quad \boldsymbol{y}=(3\quad 0)\boldsymbol{x}$$

解　取线性变换阵

$$\boldsymbol{T}=\begin{pmatrix}1 & 1\\ 1 & -1\end{pmatrix}$$

设新状态变量为

$$\begin{pmatrix}z_1\\ z_2\end{pmatrix}=\boldsymbol{T}^{-1}\boldsymbol{x}=\begin{pmatrix}\frac{1}{2} & \frac{1}{2}\\ \frac{1}{2} & -\frac{1}{2}\end{pmatrix}\begin{pmatrix}x_1\\ x_2\end{pmatrix}=\begin{pmatrix}\frac{1}{2}x_1+\frac{1}{2}x_2\\ \frac{1}{2}x_1-\frac{1}{2}x_2\end{pmatrix}$$

在新状态变量下，系统状态空间描述为

$$\begin{cases}\dot{\boldsymbol{z}}=\boldsymbol{T}^{-1}\boldsymbol{ATz}+\boldsymbol{T}^{-1}\boldsymbol{Bu}\\ \quad=\begin{pmatrix}\frac{1}{2} & \frac{1}{2}\\ \frac{1}{2} & -\frac{1}{2}\end{pmatrix}\begin{pmatrix}0 & 1\\ -2 & -3\end{pmatrix}\begin{pmatrix}1 & 1\\ 1 & -1\end{pmatrix}\boldsymbol{z}+\begin{pmatrix}\frac{1}{2} & \frac{1}{2}\\ \frac{1}{2} & -\frac{1}{2}\end{pmatrix}\begin{pmatrix}1\\ 2\end{pmatrix}\boldsymbol{u}\\ \quad=\begin{pmatrix}-2 & 0\\ 3 & -1\end{pmatrix}\boldsymbol{z}+\begin{pmatrix}\frac{3}{2}\\ -\frac{1}{2}\end{pmatrix}\boldsymbol{u}\\ \boldsymbol{y}=\boldsymbol{CTz}=(3\quad 0)\begin{pmatrix}1 & 1\\ 1 & -1\end{pmatrix}\boldsymbol{z}=(3\quad 3)\boldsymbol{z}\end{cases}$$

2. 线性变换的不变特性

线性系统经过非奇异变换后，系统的特征值不变，系统的特征方程系数也不变。

证明 对于式（9-11），其特征方程为

$$|\boldsymbol{\lambda I}-\boldsymbol{T}^{-1}\boldsymbol{AT}|=|\boldsymbol{T}^{-1}\boldsymbol{\lambda T}-\boldsymbol{T}^{-1}\boldsymbol{AT}|=|\boldsymbol{T}^{-1}\boldsymbol{T}||\boldsymbol{\lambda I}-\boldsymbol{A}|=|\boldsymbol{\lambda I}-\boldsymbol{A}|$$

3. 约当标准型

对于线性定常系统式（9-8），存在非奇异变换

$$\boldsymbol{x}=\boldsymbol{Pz} \tag{9-12}$$

将状态方程化为约当标准型

$$\begin{cases}\dot{\boldsymbol{z}}=\boldsymbol{Jz}+\boldsymbol{P}^{-1}\boldsymbol{Bu}\\ \boldsymbol{y}=\boldsymbol{CPz}+\boldsymbol{Du}\end{cases} \tag{9-13}$$

式中，

1）当系统的特征值两两互异时

$$\boldsymbol{J}=\boldsymbol{P}^{-1}\boldsymbol{AP}=\begin{pmatrix}\lambda_1 & 0 & \cdots & 0\\ 0 & \lambda_2 & \cdots & 0\\ \vdots & \vdots & & \vdots\\ 0 & 0 & \cdots & \lambda_n\end{pmatrix} \tag{9-14}$$

2）当系统的特征值有 $q(1<q<n)$ 个 λ_1 重根时

$$\boldsymbol{J}=\boldsymbol{P}^{-1}\boldsymbol{AP}=\begin{pmatrix}\lambda_1 & 1 & \cdots & 0 & & & \\ 0 & \lambda_1 & \cdots & 0 & & 0 & \\ \vdots & \vdots & & 1 & & & \\ 0 & 0 & \cdots & \lambda_1 & & & \\ & & & & \lambda_{q+1} & \cdots & 0\\ & & 0 & & \vdots & & \vdots\\ & & & & 0 & \cdots & \lambda_n\end{pmatrix} \tag{9-15}$$

下面讨论将 $\boldsymbol{A}$ 化为约当标准型的变换矩阵 $\boldsymbol{P}$ 的确定。

1）当系统特征值两两互异时，则

$$\boldsymbol{P}=[p_1,\quad p_2,\quad \cdots,\quad p_n] \tag{9-16}$$

式中，p_i为 n 个互异特征根 λ_i的特征矢量，即

$$\boldsymbol{A}p_i=\lambda_i p_i \quad (i=1,2,\cdots,n) \tag{9-17}$$

2）当系统特征值有 $q(1<q<n)$ 个 λ_1重根时，则

$$\boldsymbol{P}=[p_1,\quad p_2,\quad \cdots,\quad p_q,p_{q+1},\cdots,p_n] \tag{9-18}$$

式中，p_1，p_2，$\cdots$，p_q对应于 q 个 λ_1重根的特征矢量，p_{q+1}，$\cdots$，p_n对应于 $n-q$ 个互异特征根λ_{q+1}，λ_{q+2}，$\cdots$，λ_n的特征矢量，即

$$\begin{cases}\lambda_1 p_1-Ap_1=0\\ \lambda_1 p_2-Ap_2=-p_1\\ \qquad\vdots\\ \lambda_1 p_q-Ap_q=-p_{q-1}\\ \lambda_i p_i-Ap_i=0 \quad (i=q+1,\cdots,n)\end{cases} \tag{9-19}$$

9

例 9-6　试将下列状态方程化为约当标准形。

$$\begin{pmatrix}\dot{x}_1\\ \dot{x}_2\\ \dot{x}_3\end{pmatrix}=\begin{pmatrix}0 & 1 & 0\\ 3 & 0 & 2\\ -12 & -7 & -6\end{pmatrix}\begin{pmatrix}x_1\\ x_2\\ x_3\end{pmatrix}+\begin{pmatrix}2 & 3\\ 1 & 5\\ 7 & 1\end{pmatrix}\begin{pmatrix}u_1\\ u_2\end{pmatrix}$$

解　(1) 求特征值:

$$|\lambda \boldsymbol{I}-\boldsymbol{A}|=\begin{vmatrix}\lambda & -1 & 0\\ -3 & \lambda & -2\\ 12 & 7 & \lambda+6\end{vmatrix}=(\lambda+1)(\lambda+2)(\lambda+3)=0$$

$$\lambda_1=-1,\lambda_2=-2,\lambda_3=-3$$

(2) 求特征向量:

对于 $\lambda_1=-1$ 有

$$\begin{pmatrix}-1 & -1 & 0\\ -3 & -1 & -2\\ 12 & 7 & 5\end{pmatrix}\begin{pmatrix}v_{11}\\ v_{12}\\ v_{13}\end{pmatrix}=\begin{pmatrix}0\\ 0\\ 0\end{pmatrix}\quad\Rightarrow\begin{pmatrix}v_{11}\\ v_{12}\\ v_{13}\end{pmatrix}=\begin{pmatrix}1\\ -1\\ -1\end{pmatrix}$$

对于 $\lambda_2=-2$ 有

$$\begin{pmatrix}-2 & -1 & 0\\ -3 & -2 & -2\\ 12 & 7 & 4\end{pmatrix}\begin{pmatrix}v_{11}\\ v_{12}\\ v_{13}\end{pmatrix}=\begin{pmatrix}0\\ 0\\ 0\end{pmatrix}\quad\Rightarrow\begin{pmatrix}v_{11}\\ v_{12}\\ v_{13}\end{pmatrix}=\begin{pmatrix}2\\ -4\\ 1\end{pmatrix}$$

对于 $\lambda_3=-3$ 有

$$\begin{pmatrix}-3 & -1 & 0\\ -3 & -3 & -2\\ 12 & 7 & 3\end{pmatrix}\begin{pmatrix}v_{11}\\ v_{12}\\ v_{13}\end{pmatrix}=\begin{pmatrix}0\\ 0\\ 0\end{pmatrix}\quad\Rightarrow\begin{pmatrix}v_{11}\\ v_{12}\\ v_{13}\end{pmatrix}=\begin{pmatrix}1\\ -3\\ 3\end{pmatrix}$$

(3) 构造 $\boldsymbol{P}$，求 $\boldsymbol{P}^{-1}$:

$$\boldsymbol{P}=\begin{pmatrix}1 & 2 & 1\\ -1 & -4 & -3\\ -1 & 1 & 3\end{pmatrix},\ \boldsymbol{P}^{-1}=\begin{pmatrix}\frac{9}{2} & \frac{5}{2} & 1\\ -3 & -2 & -1\\ \frac{5}{2} & \frac{3}{2} & 1\end{pmatrix}$$

(4) 求 $\overline{\boldsymbol{A}}$，$\overline{\boldsymbol{B}}$:

$$\overline{\boldsymbol{A}}=\boldsymbol{P}^{-1}\boldsymbol{A}\boldsymbol{P}=\begin{pmatrix}-1 & 0 & 0\\ 0 & -2 & 0\\ 0 & 0 & -3\end{pmatrix}$$

$$\overline{\boldsymbol{B}}=\boldsymbol{P}^{-1}\boldsymbol{B}=\begin{pmatrix}\frac{37}{2} & -27\\ -15 & -20\\ \frac{27}{2} & 16\end{pmatrix}$$

约当标准型为

$$\dot{\bar{x}} = \begin{pmatrix} -1 & 0 & 0 \\ 0 & -2 & 0 \\ 0 & 0 & -3 \end{pmatrix} \bar{x} + \begin{pmatrix} \frac{37}{2} & -27 \\ -15 & -20 \\ \frac{27}{2} & 16 \end{pmatrix} u$$

例 9-7 试将下列状态方程化为约当标准形。

$$\begin{pmatrix} \dot{x}_1 \\ \dot{x}_2 \\ \dot{x}_3 \end{pmatrix} = \begin{pmatrix} 4 & 1 & -2 \\ 1 & 0 & 2 \\ 1 & -1 & 3 \end{pmatrix} \begin{pmatrix} x_1 \\ x_2 \\ x_3 \end{pmatrix} + \begin{pmatrix} 3 & 1 \\ 2 & 7 \\ 5 & 3 \end{pmatrix} \begin{pmatrix} u_1 \\ u_2 \end{pmatrix}$$

解 （1）求特征值：

$$|\lambda I - A| = \begin{vmatrix} \lambda - 4 & -1 & 2 \\ -1 & \lambda & -2 \\ -1 & 1 & \lambda - 3 \end{vmatrix} = (\lambda - 1)(\lambda - 3)^2 = 0$$

$$\lambda_1 = 1, \ \lambda_2 = \lambda_3 = 3$$

（2）求特征向量：

对于 $\lambda = 1$

$$\begin{pmatrix} -3 & -1 & 2 \\ -1 & 1 & -2 \\ -1 & 1 & -2 \end{pmatrix} \begin{pmatrix} v_{11} \\ v_{12} \\ v_{13} \end{pmatrix} = \begin{pmatrix} 0 \\ 0 \\ 0 \end{pmatrix}$$

$$\begin{pmatrix} v_{11} \\ v_{12} \\ v_{13} \end{pmatrix} = \begin{pmatrix} 0 \\ 2 \\ 1 \end{pmatrix}$$

对于 $\lambda = 3$

即

$$\begin{pmatrix} -1 & -1 & 2 \\ -1 & 3 & -2 \\ -1 & 1 & 0 \end{pmatrix} \begin{pmatrix} v_{21} \\ v_{22} \\ v_{23} \end{pmatrix} = \begin{pmatrix} 0 \\ 0 \\ 0 \end{pmatrix}$$

$$\begin{pmatrix} v_{21} \\ v_{22} \\ v_{23} \end{pmatrix} = \begin{pmatrix} 1 \\ 1 \\ 1 \end{pmatrix}$$

$$(\lambda_i I - A) v_i'' = -v_i'$$

即

$$\begin{pmatrix} -1 & -1 & 2 \\ -1 & 3 & -2 \\ -1 & 1 & 0 \end{pmatrix} \begin{pmatrix} v_{31} \\ v_{32} \\ v_{33} \end{pmatrix} = \begin{pmatrix} -1 \\ -1 \\ -1 \end{pmatrix}$$

$$\begin{pmatrix} v_{31} \\ v_{32} \\ v_{33} \end{pmatrix} = \begin{pmatrix} 1 \\ 0 \\ 0 \end{pmatrix}$$

（3）构造 $\boldsymbol{P}$，求 $\boldsymbol{P}^{-1}$：

$$P=\begin{pmatrix}0&1&1\\2&1&0\\1&1&0\end{pmatrix},\ P^{-1}=\begin{pmatrix}0&1&-1\\0&-1&2\\1&1&-2\end{pmatrix}$$

（4）求 $\overline{A}$，$\overline{B}$：

$$\overline{A}=P^{-1}AP=\begin{pmatrix}1&0&0\\0&3&1\\0&0&3\end{pmatrix}$$

$$\overline{B}=P^{-1}B=\begin{pmatrix}-3&4\\8&-1\\-5&2\end{pmatrix}$$

约当标准型为

$$\dot{x}=\begin{pmatrix}1&0&0\\0&3&1\\0&0&3\end{pmatrix}x+\begin{pmatrix}-3&4\\8&-1\\-5&2\end{pmatrix}u$$

9.1.4　从状态空间表达式求传递函数阵

系统状态空间表达式和系统传递函数（阵）是控制系统两种经常使用的数学模型。从传递函数到状态空间表达式是系统实现的问题，这是一个比较复杂且是非唯一的过程。但从状态空间表达式到传递函数（阵）却是一个唯一的、比较简单的过程。

1. 传递函数阵

对于式（9-1），假设系统初始条件为零，两边进行拉普拉斯变换可得

$$\begin{aligned}sX(s)&=AX(s)+BU(s)\\Y(s)&=CX(s)+DU(s)\end{aligned}\tag{9-20}$$

整理可得

$$Y(s)=C[sI-A]^{-1}BU(s)+DU(s)\tag{9-21}$$

输入 $U(s)$-输出 $Y(s)$ 之间的传递函数 $W(s)$ 为

$$W(s)=\frac{Y(s)}{U(s)}=C[sI-A]^{-1}B+D\tag{9-22}$$

对于同一个系统，尽管其状态空间表达式不是唯一的，但其传递函数矩阵是唯一的。

例 9-8　已知系统的状态空间表达式为

$$\begin{cases}\dot{x}=\begin{pmatrix}-5&-1\\3&-1\end{pmatrix}x+\begin{pmatrix}2\\5\end{pmatrix}u\\y=[1\quad 2]x+4u\end{cases}$$

求其对应的传递函数。

解

$$
\begin{aligned}
W(s) &= \boldsymbol{C}(s\boldsymbol{I}-\boldsymbol{A})^{-1}\boldsymbol{B}+D\\
&= \frac{1}{(s+2)(s+4)}(1\quad 2)\begin{pmatrix} s+1 & -1\\ 3 & s+5\end{pmatrix}\begin{pmatrix}2\\5\end{pmatrix}+4\\
&= \frac{4s^2+36s+91}{s^2+6s+8}
\end{aligned}
$$

2. 子系统在各种连接时传递函数阵

在控制系统中，往往有多个子系统组成一个系统，其连接方式有串联、并联或反馈连接等。设已知两个子系统

$$
\begin{cases}\dot{\boldsymbol{x}}_1=\boldsymbol{A}_1\boldsymbol{x}_1+\boldsymbol{B}_1\boldsymbol{u}_1\\ \boldsymbol{y}_1=\boldsymbol{C}_1\boldsymbol{x}_1+\boldsymbol{D}_1\boldsymbol{u}_1\end{cases}\text{简记为 }\Sigma_1:(\boldsymbol{A}_1,\boldsymbol{B}_1,\boldsymbol{C}_1,\boldsymbol{D}_1) \tag{9-23}
$$

和

$$
\begin{cases}\dot{\boldsymbol{x}}_2=\boldsymbol{A}_2\boldsymbol{x}_2+\boldsymbol{B}_2\boldsymbol{u}_2\\ \boldsymbol{y}_2=\boldsymbol{C}_2\boldsymbol{x}_2+\boldsymbol{D}_2\boldsymbol{u}_2\end{cases}\text{简记为 }\boldsymbol{\Sigma}_2:(\boldsymbol{A}_2,\boldsymbol{B}_2,\boldsymbol{C}_2,\boldsymbol{D}_2) \tag{9-24}
$$

（1）并联连接　两个子系统 Σ_1 和 Σ_2 并联连接时结构图如图 9-6所示，系统的状态空间表达式为

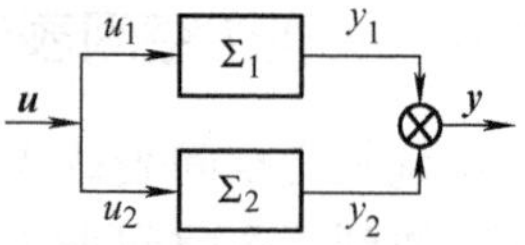

图 9-6　并联结构

$$
\begin{pmatrix}\dot{\boldsymbol{x}}_1\\ \dot{\boldsymbol{x}}_2\end{pmatrix}=\begin{pmatrix}\boldsymbol{A}_1 & 0\\ 0 & \boldsymbol{A}_2\end{pmatrix}\begin{pmatrix}\boldsymbol{x}_1\\ \boldsymbol{x}_2\end{pmatrix}+\begin{pmatrix}\boldsymbol{B}_1\\ \boldsymbol{B}_2\end{pmatrix}\boldsymbol{u} \tag{9-25}
$$

$$
y=(\boldsymbol{C}_1\quad \boldsymbol{C}_2)\begin{pmatrix}\boldsymbol{x}_1\\ \boldsymbol{x}_2\end{pmatrix}+(\boldsymbol{D}_1\quad \boldsymbol{D}_2)\boldsymbol{u}
$$

系统的传递函数阵为

$$
\begin{aligned}
W(s) &= (\boldsymbol{C}_1\quad \boldsymbol{C}_2)\begin{pmatrix}(s\boldsymbol{I}-\boldsymbol{A}_1)^{-1} & 0\\ 0 & (s\boldsymbol{I}-\boldsymbol{A}_2)^{-1}\end{pmatrix}\begin{pmatrix}\boldsymbol{B}_1\\ \boldsymbol{B}_2\end{pmatrix}+(\boldsymbol{D}_1\quad \boldsymbol{D}_2)\\
&= W_1(s)+W_2(s)
\end{aligned} \tag{9-26}
$$

子系统并联时，其系统的传递函数矩阵等于子系统传递函数的代数和。

例 9-9　已知两个子系统的传递函数矩阵分别为

$$
\boldsymbol{G}_1(s)=\begin{pmatrix}\frac{1}{s+1} & \frac{1}{s+2}\\ 0 & \frac{1}{s}\end{pmatrix},\ \boldsymbol{G}_2(s)=\begin{pmatrix}\frac{1}{s+3} & \frac{1}{s+1}\\ \frac{1}{s+1} & 0\end{pmatrix}
$$

试求两个子系统并联后的传递函数矩阵。

解

$$
\boldsymbol{G}(s)=\boldsymbol{G}_1(s)+\boldsymbol{G}_2(s)=\begin{pmatrix}\frac{1}{s+1} & \frac{1}{s+2}\\ 0 & \frac{1}{s}\end{pmatrix}+\begin{pmatrix}\frac{1}{s+3} & \frac{1}{s+1}\\ \frac{1}{s+1} & 0\end{pmatrix}=\begin{pmatrix}\frac{2s+4}{(s+1)(s+3)} & \frac{2s+3}{(s+1)(s+2)}\\ \frac{1}{(s+1)} & \frac{1}{s}\end{pmatrix}
$$

（2）串联连接　两个子系统 Σ_1 和 Σ_2 串联连接时结构图如图 9-7 所示，系统传递函数等于子系统传递函数阵的代数积，相乘时先后次序不能颠倒。

$$W(s) = W_2(s)W_1(s) \tag{9-27}$$

例 9-10　已知两个子系统的传递函数矩阵分别为

$$G_1(s) = \begin{pmatrix} \frac{1}{s+1} & \frac{1}{s+2} \\ 0 & \frac{1}{s} \end{pmatrix},\ G_2(s) = \begin{pmatrix} \frac{1}{s+3} & \frac{1}{s+1} \\ \frac{1}{s+1} & 0 \end{pmatrix}$$

试求两子系统串联后的传递函数矩阵。

解　$G_1(s)$ 在前，$G_2(s)$ 在后时

$$G(s) = G_2(s)G_1(s) = \begin{pmatrix} \frac{1}{s+3} & \frac{1}{s+1} \\ \frac{1}{s+1} & 0 \end{pmatrix}\begin{pmatrix} \frac{1}{s+1} & \frac{1}{s+2} \\ 0 & \frac{1}{s} \end{pmatrix} = \begin{pmatrix} \frac{1}{(s+1)(s+3)} & \frac{2s^2+6s+6}{s(s+1)(s+2)(s+3)} \\ \frac{1}{(s+1)^2} & \frac{1}{(s+1)(s+2)} \end{pmatrix}$$

$G_2(s)$ 在前，$G_1(s)$ 在后时

$$G(s) = G_1(s)G_2(s) = \begin{pmatrix} \frac{1}{s+1} & \frac{1}{s+2} \\ 0 & \frac{1}{s} \end{pmatrix}\begin{pmatrix} \frac{1}{s+3} & \frac{1}{s+1} \\ \frac{1}{s+1} & 0 \end{pmatrix} = \begin{pmatrix} \frac{2s+5}{(s+1)(s+2)(s+3)} & \frac{1}{(s+1)^2} \\ \frac{1}{s(s+1)} & 0 \end{pmatrix}$$

(3) 输出反馈系统　两个子系统 Σ_1 和 Σ_2 反馈连接时结构图如图 9-8 所示，系统的状态方程表达式为

$$\begin{aligned} \dot{x} &= \begin{pmatrix} \dot{x}_1 \\ \dot{x}_2 \end{pmatrix} = \begin{pmatrix} A_1x_1 + B_1u_1 \\ A_2x_2 + B_2u_2 \end{pmatrix} = \begin{pmatrix} A_1x_1 + B_1u - B_1C_2x_2 \\ A_2x_2 + B_2C_1x_1 \end{pmatrix} \\ &= \begin{pmatrix} A_1 & -B_1C_2 \\ B_2C_1 & A_2 \end{pmatrix}\begin{pmatrix} x_1 \\ x_2 \end{pmatrix} + \begin{pmatrix} B_1 \\ 0 \end{pmatrix}u \\ y &= y_1 = C_1x_1 = [C_1 \quad 0]x \end{aligned} \tag{9-28}$$

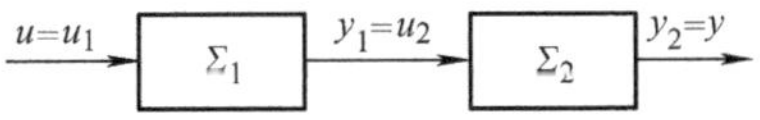

图 9-7　串联结构

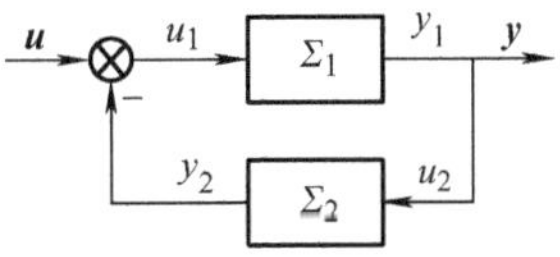

图 9-8　反馈结构

传递函数矩阵为

$$W(s) = W_1(s) = [I + W_2(s)W_1(s)]^{-1} \tag{9-29}$$

证明

$$\begin{aligned} Y(s) &= Y_1(s) = W_1(s)U_1(s) = W_1(s)[U(s) - Y_2(s)] \\ &= W_1(s)U(s) - W_1(s)W_2(s)Y(s) \end{aligned}$$

即

$$\frac{Y(s)}{U(s)} = W_1(s) \cdot [I + W_2(s)W_1(s)]^{-1}$$

9.1.5 状态空间表达式解

1. 线性定常齐次状态方程的解

系统状态方程为

$$\dot{\boldsymbol{x}} = \boldsymbol{A}\boldsymbol{x} \tag{9-30}$$

称为齐次方程。通常采用幂级数法和拉普拉斯变换求解式（9-30）。

（1）采用幂级数法　若初始时刻从 $t=0$ 开始，即 $\boldsymbol{x}(0)=\boldsymbol{x}_0$，则其解为

$$\boldsymbol{x}(t) = \mathrm{e}^{\boldsymbol{A}t}\boldsymbol{x}_0 = \left(\boldsymbol{I} + \boldsymbol{A}t + \frac{1}{2!}\boldsymbol{A}^2 t^2 + \cdots + \frac{1}{k!}\boldsymbol{A}^k t^k + \cdots\right)\boldsymbol{x}_0 \quad (t \geqslant 0) \tag{9-31}$$

式中，$\mathrm{e}^{\boldsymbol{A}t}$为矩阵指数函数，也称为状态转移矩阵，记为 $\boldsymbol{\Phi}(t)$，反映了从初始时刻 t_0的初始状态 $\boldsymbol{x}_0$转移到 t 时刻的状态 $\boldsymbol{x}(t)$ 的一种向量变换关系。

证明　假设式（9-30）解 $\boldsymbol{x}(t)$ 为时间 t 的幂级数形式，即

$$\boldsymbol{x}(t) = \boldsymbol{b}_0 + \boldsymbol{b}_1 t + \cdots + \boldsymbol{b}_k t^k + \cdots$$

两边对 t 求导，代入式（9-30）可得

$$\boldsymbol{b}_1 + 2\boldsymbol{b}_2 \boldsymbol{t} + \cdots + k\boldsymbol{b}_k t^{k-1} + \cdots = \boldsymbol{A}\boldsymbol{b}_0 + \boldsymbol{A}\boldsymbol{b}_1 t + \cdots + \boldsymbol{A}\boldsymbol{b}_k t^k + \cdots$$

因此

$$\begin{cases} \boldsymbol{b}_1 = \boldsymbol{A}\boldsymbol{b}_0 \\ 2\boldsymbol{b}_2 = \boldsymbol{A}\boldsymbol{b}_1 \\ \quad\vdots \\ k\boldsymbol{b}_k = \boldsymbol{A}\boldsymbol{b}_{k-1} \\ \quad\vdots \end{cases}$$

由系统初始条件$\boldsymbol{x}(t)\big|_{t=0} = \boldsymbol{x}_0$可得 $\boldsymbol{b}_0 = \boldsymbol{x}_0$，代入上式可得

$$\begin{cases} \boldsymbol{b}_1 = \boldsymbol{A}\boldsymbol{x}_0 \\ \boldsymbol{b}_2 = \dfrac{1}{2!}\boldsymbol{A}^2\boldsymbol{x}_0 \\ \quad\vdots \\ \boldsymbol{b}_k = \dfrac{1}{k!}\boldsymbol{A}^k\boldsymbol{x}_0 \\ \quad\vdots \end{cases}$$

因此，齐次方程式（9-30）解为

$$\boldsymbol{x}(t) = \left(\boldsymbol{I} + \boldsymbol{A}t + \frac{1}{2!}\boldsymbol{A}^2 t^2 + \cdots + \frac{1}{k!}\boldsymbol{A}^k t^k + \cdots\right)\boldsymbol{x}_0$$

令

$$\mathrm{e}^{\boldsymbol{A}t} = \boldsymbol{I} + \boldsymbol{A}t + \frac{1}{2!}\boldsymbol{A}^2 t^2 + \cdots + \frac{1}{k!}\boldsymbol{A}^k t^k + \cdots$$

可得

$$\boldsymbol{x}(t) = \mathrm{e}^{\boldsymbol{A}t}\boldsymbol{x}(0)$$

同理可求，当初始时刻为 t_0时刻，齐次方程式（9-30）解为

$$\boldsymbol{x}(t)=\mathrm{e}^{\boldsymbol{A}(t-t_0)}\boldsymbol{x}(t_0)=\boldsymbol{\Phi}(t-t_0)\boldsymbol{x}(t_0) \tag{9-32}$$

例 9-11　求 $\dot{\boldsymbol{x}}(t)=\begin{pmatrix}0 & 1\\0 & -2\end{pmatrix}\boldsymbol{x}(t),\boldsymbol{x}(0)=\boldsymbol{x}_0$ 的状态解。

解　令 $\boldsymbol{A}=\begin{pmatrix}0 & 1\\0 & -2\end{pmatrix}$，则

$$\boldsymbol{A}^2=\begin{pmatrix}0 & -2\\0 & (-2)^2\end{pmatrix},\boldsymbol{A}^3=\begin{pmatrix}0 & (-2)^2\\0 & (-2)^3\end{pmatrix},\cdots,\boldsymbol{A}^k=\begin{pmatrix}0 & (-2)^{k-1}\\0 & (-2)^k\end{pmatrix},\cdots$$

$$\mathrm{e}^{At}=\boldsymbol{I}+\sum_{k=1}^{\infty}\frac{1}{k!}\boldsymbol{A}^kt^k=\boldsymbol{I}+\sum_{k=1}^{\infty}\begin{pmatrix}0 & \dfrac{(-2)^{k-1}}{k!}t^k\\0 & \dfrac{(-2)^k}{k!}t^k\end{pmatrix}=\begin{pmatrix}1 & -\dfrac{1}{2}\sum\limits_{k=1}^{\infty}\dfrac{(-2t)^k}{k!}\\0 & \sum\limits_{k=0}^{\infty}\dfrac{(-2t)^k}{k!}\end{pmatrix}=\begin{pmatrix}1 & -\dfrac{1}{2}(\mathrm{e}^{-2t}-1)\\0 & \mathrm{e}^{-2t}\end{pmatrix}$$

$$\boldsymbol{x}(t)=\mathrm{e}^{At}x_0=\begin{pmatrix}1 & -\dfrac{1}{2}(\mathrm{e}^{-2t}-1)\\0 & \mathrm{e}^{-2t}\end{pmatrix}\boldsymbol{x}_0$$

(2) 拉普拉斯变换　对 $\dot{\boldsymbol{x}}(t)=\boldsymbol{Ax}(t)$ 两边取拉普拉斯变换可得

$$\boldsymbol{X}(s)=(s\boldsymbol{I}-\boldsymbol{A})^{-1}\boldsymbol{X}_0 \tag{9-33}$$

对式（9-33）两边取拉普拉斯逆变换可得

$$\boldsymbol{x}(t)=\mathrm{e}^{At}\boldsymbol{x}_0=L^{-1}\{[s\boldsymbol{I}-\boldsymbol{A}]^{-1}\}\boldsymbol{x}_0 \tag{9-34}$$

例 9-12　已知系统状态方程和初始条件为

$$\dot{\boldsymbol{x}}=\begin{pmatrix}1 & 0 & 0\\0 & 1 & 0\\0 & 1 & 2\end{pmatrix}x,\ \boldsymbol{x}(0)=\begin{pmatrix}1\\0\\1\end{pmatrix}$$

试用拉普拉斯变换法求其状态转移矩阵，并求齐次状态方程的解。

解

$$\boldsymbol{A}=\begin{pmatrix}1 & 0 & 0\\0 & 1 & 0\\0 & 1 & 2\end{pmatrix}=\begin{pmatrix}\boldsymbol{A}_1 & 0\\0 & \boldsymbol{A}_2\end{pmatrix}$$

其中，

$$\boldsymbol{A}_1=1,\ \boldsymbol{A}_2=\begin{pmatrix}1 & 0\\1 & 2\end{pmatrix}$$

$$\mathrm{e}^{A_1t}=\mathrm{e}^t$$

$$\mathrm{e}^{A_2t}=L^{-1}[(s\boldsymbol{I}-\boldsymbol{A}_2)^{-1}]=L^{-1}\begin{pmatrix}\dfrac{1}{s-1} & 0\\\dfrac{1}{s-2}-\dfrac{1}{s-1} & \dfrac{1}{s-2}\end{pmatrix}=\begin{pmatrix}\mathrm{e}^t & 0\\\mathrm{e}^{2t}-\mathrm{e}^t & \mathrm{e}^{2t}\end{pmatrix}$$

因此，状态转移矩阵

$$\mathrm{e}^{At}=\begin{pmatrix}\mathrm{e}^{A_1t} & 0\\0 & \mathrm{e}^{A_2t}\end{pmatrix}=\begin{pmatrix}\mathrm{e}^t & 0 & 0\\0 & \mathrm{e}^t & 0\\0 & \mathrm{e}^{2t}-\mathrm{e}^t & \mathrm{e}^{2t}\end{pmatrix}$$

$$\boldsymbol{x}(t)=\mathrm{e}^{A(t-t_0)}\boldsymbol{x}(t_0)=\mathrm{e}^{At}\boldsymbol{x}(0)$$
$$=\begin{pmatrix}\mathrm{e}^t & 0 & 0\\ 0 & \mathrm{e}^t & 0\\ 0 & \mathrm{e}^{2t}-\mathrm{e}^t & \mathrm{e}^{2t}\end{pmatrix}\begin{pmatrix}1\\0\\1\end{pmatrix}=\begin{pmatrix}\mathrm{e}^t\\0\\\mathrm{e}^{2t}\end{pmatrix}$$

2. 线性定常非齐次状态方程解

线性定常非齐次状态方程为

$$\dot{\boldsymbol{x}}=\boldsymbol{A}\boldsymbol{x}+\boldsymbol{B}\boldsymbol{u} \tag{9-35}$$

两边同时左乘 e^{-At}得

$$\mathrm{e}^{-At}(\dot{\boldsymbol{x}}-\boldsymbol{A}\boldsymbol{x})=\mathrm{e}^{-At}\boldsymbol{B}\boldsymbol{u}$$

进一步有

$$\frac{\mathrm{d}}{\mathrm{d}t}[\mathrm{e}^{-At}\boldsymbol{x}(t)]=\mathrm{e}^{-At}\boldsymbol{B}\boldsymbol{u}(t)$$

两边同时在 $[t_0 \quad t]$ 区间积分得

$$\mathrm{e}^{-At}\boldsymbol{x}(t)-\mathrm{e}^{-At_0}\boldsymbol{x}(t_0)=\int_{t_0}^{t}\mathrm{e}^{-A\tau}\boldsymbol{B}\boldsymbol{u}(\tau)\mathrm{d}\tau$$

两边同时左乘 e^{At}并整理得

$$x(t)=\mathrm{e}^{A(t-t_0)}\boldsymbol{x}(t_0)+\mathrm{e}^{At}\int_{t_0}^{t}\mathrm{e}^{-A\tau}\boldsymbol{B}\boldsymbol{u}(\tau)\mathrm{d}\tau=\mathrm{e}^{A(t-t_0)}\boldsymbol{x}(t_0)+\int_{t_0}^{t}\mathrm{e}^{A(t-\tau)}\boldsymbol{B}\boldsymbol{u}(\tau)\mathrm{d}\tau$$

因此，线性定常非齐次方程的解为

$$\boldsymbol{x}(t)=\boldsymbol{\Phi}(t-t_0)\boldsymbol{x}(t_0)+\int_{t_0}^{t}\boldsymbol{\Phi}(t-\tau)\boldsymbol{B}\boldsymbol{u}(\tau)\mathrm{d}\tau \tag{9-36}$$

当初始时刻 $t_0=0$ 时，式（9-36）变为

$$\boldsymbol{x}(t)=\boldsymbol{\Phi}(t)\boldsymbol{x}(0)+\int_{0}^{t}\boldsymbol{\Phi}(t-\tau)\boldsymbol{B}\boldsymbol{u}(\tau)\mathrm{d}\tau \tag{9-37}$$

非齐次状态方程式（9-35）解由两部分组成，第一部分是在初始状态 $\boldsymbol{x}(t_0)$ 作用下的自由运动，第二部分是在系统输入 $\boldsymbol{u}(t)$ 作用下的强制运动。

例 9-13 已知系统状态空间表达式为

$$\dot{\boldsymbol{x}}=\begin{pmatrix}0 & 1\\ -3 & 4\end{pmatrix}\boldsymbol{x}+\begin{pmatrix}1\\1\end{pmatrix}\boldsymbol{u}$$
$$y=(1 \quad 1)\boldsymbol{x}$$

求系统的单位阶跃响应。

解

$$\mathrm{e}^{At}=\begin{pmatrix}\frac{3}{2}\mathrm{e}^t-\frac{1}{2}\mathrm{e}^{3t} & -\frac{1}{2}\mathrm{e}^t+\frac{1}{2}\mathrm{e}^{3t}\\ \frac{3}{2}\mathrm{e}^t-\frac{3}{2}\mathrm{e}^{3t} & -\frac{1}{2}\mathrm{e}^t+\frac{3}{2}\mathrm{e}^{3t}\end{pmatrix}$$

$$\boldsymbol{x}(t)=\begin{pmatrix}\frac{3}{2}e^{t}-\frac{1}{2}e^{3t} & -\frac{1}{2}e^{t}+\frac{1}{2}e^{3t}\\ \frac{3}{2}e^{t}-\frac{3}{2}e^{3t} & -\frac{1}{2}e^{t}+\frac{3}{2}e^{3t}\end{pmatrix}\begin{pmatrix}x_1(0)\\ x_2(0)\end{pmatrix}+\frac{1}{2}\int_0^t\begin{pmatrix}3e^{t-\tau}-e^{3(t-\tau)} & -e^{t-\tau}+e^{3(t-\tau)}\\ 3e^{t-\tau}-3e^{3(t-\tau)} & -e^{t-\tau}+3e^{3(t-\tau)}\end{pmatrix}\begin{pmatrix}1\\ 1\end{pmatrix}d\tau$$

$$=\begin{pmatrix}\frac{3e^{t}-e^{3t}}{2}x_1(0)-\frac{e^{t}-e^{3t}}{2}x_2(0)+e^{t}-1\\ \frac{3e^{t}-3e^{3t}}{2}x_1(0)-\frac{e^{t}-3e^{3t}}{2}x_2(0)+e^{t}-1\end{pmatrix}$$

9.1.6　线性离散时间系统状态空间表达式建立及其解

1. 线性离散系统状态空间建立

线性离散系统状态空间的一般形式为

$$\begin{cases}\boldsymbol{x}(k+1)=\boldsymbol{G}(k)\boldsymbol{x}(k)+\boldsymbol{H}(k)\boldsymbol{u}(k)\\ \boldsymbol{y}(k)=\boldsymbol{C}(k)\boldsymbol{x}(k)+\boldsymbol{D}(k)\boldsymbol{u}(k)\end{cases}\tag{9-38}$$

式中，$\boldsymbol{x}(k)$ 为 n 维状态向量，$\boldsymbol{u}(k)$ 为 r 维输入/控制向量，$\boldsymbol{y}(k)$ 为 m 维输出向量。若系数矩阵均为常阵，则为定常系统

$$\begin{cases}\boldsymbol{x}(k+1)=\boldsymbol{G}\boldsymbol{x}(k)+\boldsymbol{H}\boldsymbol{u}(k)\\ \boldsymbol{y}(k)=\boldsymbol{C}\boldsymbol{x}(k)+\boldsymbol{D}\boldsymbol{u}(k)\end{cases}\tag{9-39}$$

下面讨论差分方程与状态空间表达式的关系。设系统差分方程为

$$y(k+n)+a_1y(k+n-1)+\cdots+a_{n-1}y(k+1)+a_ny(k)=bu(k)\tag{9-40}$$

选取状态变量

$$\begin{cases}x_1(k)=y(k)\\ x_2(k)=y(k+1)\\ \quad\vdots\\ x_n(k)=y(k+n-1)\end{cases}$$

系统状态空间表达式为

$$\begin{cases}\begin{pmatrix}x_1(k+1)\\ x_2(k+1)\\ \vdots\\ x_{n-1}(k+1)\\ x_n(k+1)\end{pmatrix}=\begin{pmatrix}0 & 1 & 0 & \cdots & 0\\ 0 & 0 & 1 & \cdots & 0\\ \vdots & \vdots & \vdots & & \vdots\\ 0 & 0 & 0 & \cdots & 1\\ -a_n & -a_{n-1} & -a_{n-2} & \cdots & -a_1\end{pmatrix}\begin{pmatrix}x_1(k)\\ x_2(k)\\ \vdots\\ x_{n-1}(k)\\ x_n(k)\end{pmatrix}+\begin{pmatrix}0\\ 0\\ \vdots\\ 0\\ b\end{pmatrix}\boldsymbol{u}(k)\\ y(k)=x_1(k)=(1\ \ 0\ \ \cdots\ \ 0\ \ 0)\boldsymbol{x}(k)\end{cases}\tag{9-41}$$

假设系统差分方程为

$$\begin{aligned}&y(k+n)+a_1y(k+n-1)+\cdots+a_{n-1}y(k+1)+a_ny(k)\\ &=b_0u(k+n)+b_1u(k+n-1)+\cdots+b_{n-1}u(k+1)+b_nu(k)\end{aligned}\tag{9-42}$$

与连续情形中包含输入函数导数类似，选取状态变量

$$\begin{cases}x_1(k)=y(k)-\beta_0u(k)\\ x_2(k)=y(k+1)-\beta_0u(k+1)-\beta_1u(k)\\ \quad\cdots\\ x_n(k)=y(k+n-1)-\beta_0u(k+n-1)-\cdots-\beta_nu(k)\end{cases}$$

式中，

$$\begin{cases}\beta_0=b_0\\ \begin{pmatrix}\beta_1\\ \beta_2\\ \vdots\\ \beta_n\end{pmatrix}=\begin{pmatrix}b_1\\ b_2\\ \vdots\\ b_{n-1}\end{pmatrix}-\begin{pmatrix}\beta_0 & 0 & \cdots & 0\\ \beta_1 & \beta_0 & \cdots & 0\\ \vdots & \vdots & & \vdots\\ \beta_{n-1} & \cdots & \beta_1 & \beta_0\end{pmatrix}\begin{pmatrix}a_1\\ a_2\\ \vdots\\ a_n\end{pmatrix}\end{cases}$$

系统状态空间表达式为

$$\begin{cases}\boldsymbol{x}(k+1)=\begin{pmatrix}0 & 1 & 0 & \cdots & 0\\ 0 & 0 & 1 & \cdots & 0\\ \vdots & \vdots & \vdots & & \vdots\\ 0 & 0 & 0 & \cdots & 1\\ \hline -a_n & -a_{n-1} & -a_{n-2} & \cdots & -a_1\end{pmatrix}\boldsymbol{x}(k)+\begin{pmatrix}\beta_1\\ \beta_2\\ \vdots\\ \beta_{n-1}\\ \beta_n\end{pmatrix}\boldsymbol{u}(k)\\ \boldsymbol{y}(k)=(1\ \vdots\ 0\ \ \cdots\ \ 0)\boldsymbol{x}(k)+b_0\boldsymbol{u}(k)\end{cases} \tag{9-43}$$

例 9-14 已知离散系统差分方程为

$$y(k+3)+2y(k+2)+3y(k+1)+y(k)=u(k+1)+2u(k)$$

求系统状态空间表达式。

解 $n=3$，$a_1=2$，$a_2=3$，$a_3=1$，$b_0=b_1=0$，$b_2=1$，$b_3=2$

$$\begin{cases}\beta_0=b_0=0\\ \begin{pmatrix}\beta_1\\ \beta_2\\ \beta_3\end{pmatrix}=\begin{pmatrix}b_1\\ b_2\\ b_3\end{pmatrix}-\begin{pmatrix}\beta_0 & & \\ \beta_1 & \beta_0 & \\ \beta_2 & \beta_1 & \beta_0\end{pmatrix}\begin{pmatrix}a_1\\ a_2\\ a_3\end{pmatrix}=\begin{pmatrix}0\\ 1\\ 2\end{pmatrix}\end{cases}$$

系统状态空间表达式为

$$\begin{cases}\begin{pmatrix}x_1(k+1)\\ x_2(k+1)\\ x_3(k+1)\end{pmatrix}=\begin{pmatrix}0 & 1 & 0\\ 0 & 0 & 1\\ \hline -1 & -3 & -2\end{pmatrix}\begin{pmatrix}x_1(k)\\ x_2(k)\\ x_3(k)\end{pmatrix}+\begin{pmatrix}0\\ 1\\ 2\end{pmatrix}\boldsymbol{u}(k)\\ y(k)=(1\ \ 0\ \ 0)\boldsymbol{x}(k)\end{cases}$$

2. 定常连续时间状态空间表达式离散化

计算机处理的是时间上离散的数字量，如果要采用计算机对连续时间系统进行控制，就必须将连续系统状态方程离散化。设连续系统动态方程为

$$\begin{cases}\dot{\boldsymbol{x}}=\boldsymbol{Ax}+\boldsymbol{Bu}\\ \boldsymbol{y}=\boldsymbol{Cx}+\boldsymbol{Du}\end{cases} \tag{9-44}$$

系统离散化的原则是：在每个采样时刻 $kT(k=0, 1, 2, \cdots)$，其中 T 为采样周期，系统离散化前后的 $u(kT)$，$x(kT)$，$y(kT)$ 保持不变。而采样的方法是在 kT 时刻对 $u(t)$ 值采样 $u(kT)$，并通过零阶保持器，使 $u(kT)$ 在 $[kT, (k+1)T]$ 时间段保持不变。根据上述离散化原则，离散化后的动态方程为

$$\begin{cases}\boldsymbol{x}(k+1)=\boldsymbol{G}(T)\boldsymbol{x}(k)+\boldsymbol{H}(T)\boldsymbol{u}(k)\\ \boldsymbol{y}(k)=\boldsymbol{Cx}(k)+\boldsymbol{Du}(k)\end{cases} \tag{9-45}$$

式中

$$G(T)=e^{AT} \tag{9-46}$$

$$H(T)=\int_0^T e^{At}dt B \tag{9-47}$$

证明 假设 $t_0=kT$，由于 $u(t)=u(kT)$ 在 $[kT,(k+1)T]$ 时段不变，故 $t=(k+1)T$ 时状态为

$$x[(k+1)T]=e^{AT}x(kT)+\int_{kT}^{(k+1)T} e^{A[(k+1)T-\tau]}Bu(kT)d\tau$$

令 $t=(k+1)T-\tau$，则

$$\int_{kT}^{(k+1)T} e^{A[(k+1)T-\tau]}d\tau=\int_0^T e^{At}dt$$

忽略时刻 kT 中的 T 符号，直接用 k 代表 kT 时刻，故连续系统离散化为

$$\begin{cases}x(k+1)=G(T)x(k)+H(T)u(k)\\ y(k)=Cx(k)+Du(k)\end{cases}$$

式中，$G(T)=e^{AT}$，$H(T)=\int_0^T e^{At}dtB$

例 9-15 设线性定常连续时间系统的状态方程为

$$\begin{pmatrix}\dot{x}_1\\ \dot{x}_2\end{pmatrix}=\begin{pmatrix}0 & 1\\ 0 & -2\end{pmatrix}\begin{pmatrix}x_1\\ x_2\end{pmatrix}+\begin{pmatrix}0\\ 1\end{pmatrix}u,\quad t\geqslant 0$$

取采样周期 $T=0.1s$，试将该连续系统的状态方程离散化。

解 首先计算矩阵指数 e^{At}。采用拉普拉斯变换法，得

$$e^{At}=L^{-1}((sI-A)^{-1})=L^{-1}\left[\begin{pmatrix}s & -1\\ 0 & s+2\end{pmatrix}^{-1}\right]=\begin{pmatrix}1 & 0.5(1-e^{-2t})\\ 0 & e^{-2t}\end{pmatrix}$$

将 $T=0.1s$ 代入得

$$G=e^{AT}=\begin{pmatrix}1 & 0.091\\ 0 & 0.819\end{pmatrix}$$

$$H=\left(\int_0^T e^{At}dt\right)B=\left[\int_0^T\begin{pmatrix}1 & 0.5(1-c^{-2t})\\ 0 & e^{-2t}\end{pmatrix}dt\right]\begin{pmatrix}0\\ 1\end{pmatrix}=\begin{pmatrix}0.005\\ 0.091\end{pmatrix}$$

故系统离散化状态方程为

$$\begin{pmatrix}x_1(k+1)\\ x_2(k+1)\end{pmatrix}=\begin{pmatrix}1 & 0.091\\ 0 & 0.819\end{pmatrix}\begin{pmatrix}x_1(k)\\ x_2(k)\end{pmatrix}+\begin{pmatrix}0.005\\ 0.091\end{pmatrix}u(k)$$

3. 线性离散系统状态空间解

离散时间状态方程求解一般有两种方法：递推法（迭代法）和 z 变换法。前者对定常、时变系统都适用，而后者只适用于定常系统，下面只介绍递推法。对于线性定常离散系统状态方程

$$x(k+1)=Gx(k)+Hu(k);x(k)|_{k=0}=x(0) \tag{9-48}$$

依次取 $k=0, 1, 2, \cdots$，得

$$\begin{aligned}
\boldsymbol{x}(1) &= \boldsymbol{G}\boldsymbol{x}(0) + \boldsymbol{H}\boldsymbol{u}(0) \\
\boldsymbol{x}(2) &= \boldsymbol{G}\boldsymbol{x}(1) + \boldsymbol{H}\boldsymbol{u}(1) = \boldsymbol{G}^2\boldsymbol{x}(0) + \boldsymbol{G}\boldsymbol{H}\boldsymbol{u}(0) + \boldsymbol{H}\boldsymbol{u}(1) \\
&\vdots \\
\boldsymbol{x}(k) &= \boldsymbol{G}\boldsymbol{x}(k-1) + \boldsymbol{H}\boldsymbol{u}(k-1) = \boldsymbol{G}^k\boldsymbol{x}(0) + \boldsymbol{G}^{k-1}\boldsymbol{H}\boldsymbol{u}(0) + \cdots \\
&\quad + \boldsymbol{G}\boldsymbol{H}\boldsymbol{u}(k-2) + \boldsymbol{H}\boldsymbol{u}(k-1) \\
&= \boldsymbol{G}^k\boldsymbol{x}(0) + \sum_{j=0}^{k-1}\boldsymbol{G}^{k-1-j}\boldsymbol{H}\boldsymbol{u}(j)
\end{aligned}$$

令 $\boldsymbol{\Phi}(k)=\boldsymbol{G}^k$，$\boldsymbol{\Phi}(k)$称为离散系统状态转移矩阵，则上述解可表示为

$$\boldsymbol{x}(k) = \boldsymbol{\Phi}(k)\boldsymbol{x}(0) + \sum_{j=0}^{k-1}\boldsymbol{\Phi}(k-1-j)\boldsymbol{H}\boldsymbol{u}(j) \tag{9-49}$$

当初始时刻为 h 时，同理可得

$$\boldsymbol{x}(k) = \boldsymbol{\Phi}(k-h)\boldsymbol{x}(h) + \sum_{j=h}^{k-1}\boldsymbol{\Phi}(k-1-j)\boldsymbol{H}\boldsymbol{u}(j) \tag{9-50}$$

9.2 线性系统的能控性和能观性

1960 年，卡尔曼（Kalman）提出了能控性与能观测性这两个重要的概念。近代控制理论中的许多基本问题，如极点配置、观测器设计、解耦问题、最优控制和最佳估计等，都与能控性和能观测性密切相关。能控性严格上说有两种，一种是系统控制输入 $\boldsymbol{u}(t)$ 对系统内部状态 $\boldsymbol{x}(t)$ 的控制能力，另一种是控制输入 $\boldsymbol{u}(t)$ 对系统输出 $\boldsymbol{y}(t)$ 的控制能力。但是一般没有特别指明时，指的都是状态的可控性。能观性针对的是系统状态空间模型中的状态可观测性，它表示的是系统的输出量 $\boldsymbol{y}(t)$（通常是可以直接测量的）反映状态 $\boldsymbol{x}(t)$（通常是不可以直接测量的）的能力。

9.2.1 线性定常连续系统的能控性与能观性

1. 线性定常连续系统的能控性

对于线性连续定常系统

$$\dot{\boldsymbol{x}} = \boldsymbol{A}\boldsymbol{x} + \boldsymbol{B}\boldsymbol{u} \tag{9-51}$$

如果存在分段连续的输入 $\boldsymbol{u}(t)$，能在有限时间区间$[t_0, t_f]$内，将系统的任意一个初始状态 $\boldsymbol{x}(t_0)$转移到任一终端状态 $\boldsymbol{x}(t_f)$，则称 $\boldsymbol{x}(t_0)$在 t_0时刻或$[t_0, t_f]$区间上是能控的。若系统的所有状态都是能控的，则称系统是状态完全能控的。反之，只要有一个状态不可控，就称系统不可控。

（1）秩判据　线性定常系统 $\dot{\boldsymbol{x}} = \boldsymbol{A}\boldsymbol{x} + \boldsymbol{B}\boldsymbol{u}$ 能控的充要条件是能控性矩阵 $\boldsymbol{M} = [\boldsymbol{B}, \boldsymbol{A}\boldsymbol{B}, \cdots, \boldsymbol{A}^{n-1}\boldsymbol{B}]$满秩，即

$$\operatorname{rank}\boldsymbol{M} = n \tag{9-52}$$

证明　线性定常系统状态方程解为

$$\boldsymbol{x}(t) = \mathrm{e}^{\boldsymbol{A}t}\boldsymbol{x}(0) + \int_0^t \mathrm{e}^{\boldsymbol{A}(t-\tau)}\boldsymbol{B}\boldsymbol{u}(\tau)\mathrm{d}\tau$$

根据能控性定义，考虑 t_f时刻的状态 $\boldsymbol{x}(t_f)=\boldsymbol{0}$，有

$$\boldsymbol{x}(t_f)=\boldsymbol{0}=e^{\boldsymbol{A}t_f}\boldsymbol{x}(0)+\int_0^{t_f}e^{\boldsymbol{A}(t_f-\tau)}\boldsymbol{Bu}(\tau)d\tau$$

因此

$$\boldsymbol{x}(0)=-\int_0^{t_f}e^{-\boldsymbol{A}\tau}\boldsymbol{Bu}(\tau)d\tau$$

因为

$$e^{-\boldsymbol{A}\tau}=\sum_{i=0}^{n-1}\alpha_i(\tau)\boldsymbol{A}^i$$

式中，$\alpha_0(\tau),\alpha_1(\tau),\cdots,\alpha_{n-1}(\tau)$是线性无关的标量函数。

$$\boldsymbol{x}(0)=-\int_0^{t_f}\sum_{i=0}^{n-1}\alpha_i(\tau)\boldsymbol{A}^i\boldsymbol{Bu}(\tau)d\tau=\sum_{i=0}^{n-1}\boldsymbol{A}^i\boldsymbol{B}\int_0^{t_f}[-\alpha_i(\tau)\boldsymbol{u}(\tau)]d\tau=\sum_{i=0}^{n-1}\boldsymbol{A}^i\boldsymbol{B}\beta_i$$

式中，$\boldsymbol{\beta}_i=-\int_0^{t_f}\alpha_i(\tau)\boldsymbol{u}(\tau)d\tau$。

$$\boldsymbol{x}(0)=(\boldsymbol{B}\quad \boldsymbol{AB}\quad \cdots\quad \boldsymbol{A}^{n-1}\boldsymbol{B})\begin{pmatrix}\boldsymbol{\beta}_0\\ \boldsymbol{\beta}_1\\ \vdots\\ \boldsymbol{\beta}_{n-1}\end{pmatrix}$$

对于任意给定的初始状态 $x(0)$，如果系统可控，那么都应该从上式中求出一组$(\boldsymbol{\beta}_0\quad \boldsymbol{\beta}_1\quad \cdots\quad \boldsymbol{\beta}_{n-1})^{\mathrm{T}}$，因此

$$\mathrm{rank}(\boldsymbol{M})=\mathrm{rank}(\boldsymbol{B}\quad \boldsymbol{AB}\quad \cdots\quad \boldsymbol{A}^{n-1}\boldsymbol{B})=n$$

例 9-16 判断下列系统的能控性。

$$\begin{pmatrix}\dot{x}_1\\ \dot{x}_2\\ \dot{x}_3\end{pmatrix}=\begin{pmatrix}0&1&0\\0&0&1\\-2&-4&-3\end{pmatrix}\begin{pmatrix}x_1\\x_2\\x_3\end{pmatrix}+\begin{pmatrix}1&0\\0&1\\-1&1\end{pmatrix}\begin{pmatrix}u_1\\u_2\end{pmatrix}$$

解 系统的能控性矩阵为

$$\boldsymbol{M}=(\boldsymbol{B}\quad \boldsymbol{AB}\quad \boldsymbol{A}^2\boldsymbol{B})=\begin{pmatrix}1&0&0&1&-1&1\\0&1&-1&1&1&-7\\-1&1&1&-7&1&15\end{pmatrix}$$

$$\mathrm{rank}\boldsymbol{M}=3=n$$

满足能控性的充要条件，所以该系统能控。

（2）约当标准型判据 若线性定常系统 $\dot{\boldsymbol{x}}=\boldsymbol{Ax}+\boldsymbol{Bu}$ 的系数矩阵 $\boldsymbol{A}$ 为约当标准型，则系统能控的充要条件是：

1）控制矩阵 $\boldsymbol{B}$ 中对应于互异特征值的各行元素不全为零。

2）控制矩阵 $\boldsymbol{B}$ 中对应每个约当块最后一行元素不全为零。

例 9-17 考察下列各系统的能控性。

（1）
$$\dot{\boldsymbol{x}}=\begin{pmatrix}-4&5\\1&0\end{pmatrix}\boldsymbol{x}+\begin{pmatrix}-5\\1\end{pmatrix}\boldsymbol{u}$$

（2）
$$\boldsymbol{A}=\begin{pmatrix}-3&1&0\\0&-3&0\\0&0&-1\end{pmatrix},\quad \boldsymbol{B}=\begin{pmatrix}1&-1\\0&0\\2&0\end{pmatrix}$$

解 （1）将其变换成约当型

$$|\lambda \boldsymbol{I}-\boldsymbol{A}|=\begin{vmatrix}\lambda+4 & -5\\ -1 & \lambda\end{vmatrix}=\lambda^2+4\lambda-5=(\lambda+5)(\lambda-1)=0$$

特征根为 $\lambda_1=-5$，$\lambda_2=1$

根据 $\boldsymbol{A}\boldsymbol{p}_1=\lambda_1\boldsymbol{p}_1, \boldsymbol{A}\boldsymbol{p}_2=\lambda_2\boldsymbol{p}_2$，可得

$$\boldsymbol{p}_1=\begin{pmatrix}-5\\ 1\end{pmatrix},\quad \boldsymbol{p}_2=\begin{pmatrix}1\\ 1\end{pmatrix}$$

因此，变换矩阵 $\boldsymbol{T}$ 为

$$\boldsymbol{T}=(\boldsymbol{p}_1\quad \boldsymbol{p}_2)=\begin{pmatrix}-5 & 1\\ 1 & 1\end{pmatrix}$$

约当标准型为

$$\dot{z}=\boldsymbol{T}^{-1}\boldsymbol{A}\boldsymbol{T}z+\boldsymbol{T}^{-1}\boldsymbol{B}\boldsymbol{u}=\begin{pmatrix}-5 & 0\\ 0 & 1\end{pmatrix}z+\begin{pmatrix}1\\ 0\end{pmatrix}\boldsymbol{u}$$

$\boldsymbol{T}^{-1}\boldsymbol{B}$ 最后一行元素为0，故系统是不能控的。

（2）$\boldsymbol{A}$ 为约当标准型，且第一个约当块对应的 $\boldsymbol{B}$ 阵最后一行元素全为零，所以系统不完全能控。

2. 线性定常连续系统的能观性

对于线性连续定常系统

$$\begin{cases}\dot{\boldsymbol{x}}=\boldsymbol{A}\boldsymbol{x}+\boldsymbol{B}\boldsymbol{u}\\ \boldsymbol{y}=\boldsymbol{C}\boldsymbol{x}\end{cases}\tag{9-53}$$

若对任意给定的输入 $\boldsymbol{u}(t)$，总能在有限的时间段 $[t_0,t_f]$ 内，根据系统观测 $\boldsymbol{y}(t)$，能唯一地确定时刻 t_0的每一状态 $\boldsymbol{x}(t_0)$,那么称系统在 t_0时刻是状态可观测的。若系统在每一状态都能观测,则称系统是状态完全能观测的,简称是能观的。

（1）秩判据　线性定常系统能观的充要条件是能观性矩阵 $\boldsymbol{N}=(\boldsymbol{C}\quad \boldsymbol{C}\boldsymbol{A}\quad \cdots\quad \boldsymbol{C}\boldsymbol{A}^{n-1})^{\mathrm{T}}$ 满秩,即

$$\operatorname{rank}\boldsymbol{N}=n\tag{9-54}$$

证明　线性定常系统解为

$$\boldsymbol{y}(t)=\boldsymbol{C}\boldsymbol{x}(t)=\boldsymbol{C}\varphi(t-t_0)\boldsymbol{x}(t_0)+\int_{t_0}^{t}\boldsymbol{C}\varphi(t-\tau)\boldsymbol{B}\boldsymbol{u}(\tau)\mathrm{d}\tau$$

系统能观测性与输入向量无关，令 $\boldsymbol{u}(t)=\boldsymbol{0}$，$t_0=0$ 得

$$y=\boldsymbol{C}\varphi(t)x(0)$$

$$\boldsymbol{C}\sum_{i=0}^{n-1}a_i(t)\boldsymbol{A}^i\boldsymbol{x}(0)=[a_0(t)\boldsymbol{I}\quad a_1(t)\boldsymbol{I}\cdots a_{n-1}(t)\boldsymbol{I}]\begin{pmatrix}\boldsymbol{C}\\ \boldsymbol{C}\boldsymbol{A}\\ \vdots\\ \boldsymbol{C}\boldsymbol{A}^{n-1}\end{pmatrix}\boldsymbol{x}(0)$$

根据在$[0,t_f]$量测的 $\boldsymbol{y}(t)$将初始状态 $\boldsymbol{x}(0)$ 唯一确定的充要条件是

$$\operatorname{rank}\boldsymbol{N}=\operatorname{rank}\begin{pmatrix}\boldsymbol{C}\\ \boldsymbol{C}\boldsymbol{A}\\ \vdots\\ \boldsymbol{C}\boldsymbol{A}^{n-1}\end{pmatrix}=n$$

例 9-18　判断下列系统的能观测性。

$$\begin{pmatrix}\dot{x}_1\\\dot{x}_2\\\dot{x}_3\end{pmatrix}=\begin{pmatrix}0&1&0\\0&0&1\\-2&-4&-3\end{pmatrix}\begin{pmatrix}x_1\\x_2\\x_3\end{pmatrix}$$

$$\begin{pmatrix}y_1\\y_2\end{pmatrix}=\begin{pmatrix}0&1&-1\\1&2&1\end{pmatrix}\begin{pmatrix}x_1\\x_2\\x_3\end{pmatrix}$$

解　系统能观性矩阵

$$\boldsymbol{N}=\begin{pmatrix}\boldsymbol{C}\\\boldsymbol{CA}\\\boldsymbol{CA}^2\end{pmatrix}=\begin{pmatrix}0&1&-1\\1&2&1\\2&4&4\\-2&-3&-1\\-8&-14&-8\\2&2&0\end{pmatrix}$$

$$\mathrm{rank}\boldsymbol{N}=3=n$$

满足能观性的充要条件，所以该系统是能观测的。

（2）约当标准型判据　若线性定常系统 $\dot{\boldsymbol{x}}=\boldsymbol{Ax}+\boldsymbol{Bu}$ 的系数矩阵 $\boldsymbol{A}$ 为约当标准型，则系统能观测的充要条件是：

1）输出矩阵 $\boldsymbol{C}$ 中对应于互异特征值的各列不全为零。

2）输出矩阵 $\boldsymbol{C}$ 中对应每个约当块开头一列的元素不全为零。

例 9-19　试考察下列各系统的能控性及能观测性。

（1）
$$\begin{cases}\begin{pmatrix}\dot{x}_1\\\dot{x}_2\\\dot{x}_3\end{pmatrix}=\begin{pmatrix}-7&0&0\\0&-5&0\\0&0&-2\end{pmatrix}\begin{pmatrix}x_1\\x_2\\x_3\end{pmatrix}+\begin{pmatrix}2\\1\\1\end{pmatrix}\boldsymbol{u}\\\boldsymbol{y}=[1\quad 1\quad 0]\boldsymbol{x}\end{cases}$$

（2）
$$\begin{cases}\begin{pmatrix}\dot{x}_1\\\dot{x}_2\\\dot{x}_3\end{pmatrix}=\begin{pmatrix}-7&0&0\\0&-5&0\\0&0&-2\end{pmatrix}\begin{pmatrix}x_1\\x_2\\x_3\end{pmatrix}+\begin{pmatrix}2\\0\\7\end{pmatrix}\boldsymbol{u}\\\boldsymbol{y}=[1\quad 1\quad 1]\boldsymbol{x}\end{cases}$$

（3）
$$\begin{cases}\begin{pmatrix}\dot{x}_1\\\dot{x}_2\\\dot{x}_3\end{pmatrix}=\begin{pmatrix}-7&0&0\\0&-5&0\\0&0&-2\end{pmatrix}\begin{pmatrix}x_1\\x_2\\x_3\end{pmatrix}+\begin{pmatrix}0&1\\4&0\\7&5\end{pmatrix}\boldsymbol{u}\\\boldsymbol{y}=\begin{pmatrix}0&0&0\\1&1&2\end{pmatrix}\boldsymbol{x}\end{cases}$$

解　系统（1）为状态能控不能观测，其中 x_3 为不能观测的状态变量；系统（2）为状态不能控但能观测，其中 x_2 为不能控的状态变量；系统（3）为状态能控又能观测。

9.2.2 线性定常离散系统的能控性与能观性

1. 线性定常离散系统能控性

对于线性定常离散系统

$$\boldsymbol{x}(k+1)=\boldsymbol{G}\boldsymbol{x}(k)+\boldsymbol{H}\boldsymbol{u}(k) \tag{9-55}$$

如果存在控制信号序列 $\boldsymbol{u}(k),\boldsymbol{u}(k+1),\cdots,\boldsymbol{u}(n-1)$，使得系统从第 k 步状态 $\boldsymbol{x}(k)$ 开始，能在第 n 步达到零状态（平衡状态），即 $\boldsymbol{x}(n)=\boldsymbol{0}$，其中 n 为大于 k 的某一个有限正整数，称系统在第 k 步是能控的，$\boldsymbol{x}(k)$ 称为系统在第 k 步的能控状态。如果对于任一个 k，第 k 步的状态 $\boldsymbol{x}(k)$ 都是能控状态，则称系统完全能控。

线性定常离散系统 $\boldsymbol{x}(k+1)=\boldsymbol{G}\boldsymbol{x}(k)+\boldsymbol{H}\boldsymbol{u}(k)$ 状态完全能控的充要条件是能控性判别矩阵 $\boldsymbol{M}=(\boldsymbol{H},\boldsymbol{G}\boldsymbol{H},\cdots,\boldsymbol{G}^{n-1}\boldsymbol{H})$ 满秩，即

$$\text{rank}\boldsymbol{M}=n \tag{9-56}$$

证明 离散系统解为

$$\boldsymbol{x}(k)=\boldsymbol{G}^k\boldsymbol{x}(0)+\sum_{j=1}^{k-1}\boldsymbol{G}^{k-j-1}\boldsymbol{H}\boldsymbol{u}(j)$$

假设能控，经 n 步 $\boldsymbol{x}(k)=\boldsymbol{x}(n)=\boldsymbol{0}$，即

$$\sum_{j=0}^{n-1}\boldsymbol{G}^{n-j-1}\boldsymbol{H}\boldsymbol{u}(j)=-\boldsymbol{G}^n\boldsymbol{x}(0)$$

写成

$$(\boldsymbol{G}^{n-1}\boldsymbol{H},\boldsymbol{G}^{n-2}\boldsymbol{H},\cdots,\boldsymbol{G}\boldsymbol{H},\boldsymbol{H})\begin{pmatrix}\boldsymbol{u}(0)\\ \boldsymbol{u}(1)\\ \vdots\\ \boldsymbol{u}(n-1)\end{pmatrix}=-\boldsymbol{G}^n\boldsymbol{x}(0)$$

式中，$(\boldsymbol{u}(0),\cdots,\boldsymbol{u}(n-1))^{\mathrm{T}}$ 为 n 个未知量，方程有解的充要条件是系数阵满秩，即

$$\text{rank}\boldsymbol{M}=\text{rank}(\boldsymbol{G}^{n-1}\boldsymbol{H},\boldsymbol{G}^{n-2}\boldsymbol{H},\cdots,\boldsymbol{G}\boldsymbol{H},\boldsymbol{H})=n$$

或

$$\text{rank}(\boldsymbol{H},\boldsymbol{G}\boldsymbol{H},\cdots,\boldsymbol{G}^{n-1}\boldsymbol{H})=n$$

例 9-20 已知

$$\boldsymbol{x}(k+1)=\begin{pmatrix}0&1&0\\0&0&1\\-2&-3&-1\end{pmatrix}\boldsymbol{x}(k)+\begin{pmatrix}0\\0\\1\end{pmatrix}\boldsymbol{u}(k)$$

判断是否能控。

解

$$\boldsymbol{M}=(\boldsymbol{H},\boldsymbol{G}\boldsymbol{H},\boldsymbol{G}^2\boldsymbol{H})=\begin{pmatrix}0&0&1\\0&1&-1\\1&-1&-2\end{pmatrix}$$

由于 $\text{rank}\boldsymbol{M}=3=n$，系统能控。

2. 线性定常离散系统能观性

当 $\boldsymbol{u}(k)$ 给定，根据第 i 步以及以后若干步对 $\boldsymbol{y}(i),\boldsymbol{y}(i+1),\cdots,\boldsymbol{y}(n)$ 的测量，就唯一地确定出第 i 步的 $\boldsymbol{x}(i)$，称 $\boldsymbol{x}(i)$ 是能观的。如果每个 $\boldsymbol{x}(i)$ 都能观，则称状态完全能观测，简

称状态能观。

线性定常离散系统状态完全能观测的充要条件是能观判别矩阵 $\boldsymbol{N}=(\boldsymbol{C}\quad \boldsymbol{CG}\quad \cdots\quad \boldsymbol{CG}^{n-1})^{\mathrm{T}}$满秩，即

$$\mathrm{rank}\boldsymbol{N}=n \tag{9-57}$$

证明　假设观测从第 0 步开始，令 $\boldsymbol{u}(k)=\boldsymbol{0}$，则

$$\begin{cases}\boldsymbol{x}(k+1)=\boldsymbol{G}\boldsymbol{x}(k)\\ \boldsymbol{y}(k)=\boldsymbol{C}\boldsymbol{x}(k)\end{cases}$$

由解 $\boldsymbol{x}(k)=\boldsymbol{G}^k\boldsymbol{x}(0)+\sum\limits_{i=0}^{k-1}\boldsymbol{G}^{k-j-1}\boldsymbol{H}\boldsymbol{u}(j)$ 可得

$$\boldsymbol{y}(k)=\boldsymbol{C}\boldsymbol{x}(k)=\boldsymbol{C}\boldsymbol{G}^k\boldsymbol{x}(0)$$

递推求解，得

$$\begin{gathered}\boldsymbol{y}(0)=\boldsymbol{C}\boldsymbol{x}(0)\\ \boldsymbol{y}(1)=\boldsymbol{C}\boldsymbol{G}\boldsymbol{x}(0)\\ \vdots\\ \boldsymbol{y}(n-1)=\boldsymbol{C}\boldsymbol{G}^{n-1}\boldsymbol{x}(0)\end{gathered}$$

写成矩阵形式为

$$\begin{pmatrix}\boldsymbol{y}(0)\\ \boldsymbol{y}(1)\\ \vdots\\ \boldsymbol{y}(n-1)\end{pmatrix}=\begin{pmatrix}\boldsymbol{C}\\ \boldsymbol{CG}\\ \vdots\\ \boldsymbol{CG}^{n-1}\end{pmatrix}\boldsymbol{x}(0)$$

从测量的 $\boldsymbol{y}(0)$，$\boldsymbol{y}(1)$，…，$\boldsymbol{y}(n-1)$ 要唯一地确定出 $\boldsymbol{x}(0)$ 的充要条件是系数矩阵满秩，即

$$\mathrm{rank}\begin{pmatrix}\boldsymbol{C}\\ \boldsymbol{CG}\\ \vdots\\ \boldsymbol{CG}^{n-1}\end{pmatrix}=n$$

9.2.3　线性定常系统能控性与能观性的对偶关系

1. 线性系统的对偶关系

两个系统 Σ_1 和 Σ_2，若系统 Σ_1 的状态空间描述为

$$\begin{cases}\dot{\boldsymbol{x}}_1=\boldsymbol{A}_1\boldsymbol{x}_1+\boldsymbol{B}_1\boldsymbol{u}_1\\ \boldsymbol{y}_1=\boldsymbol{C}_1\boldsymbol{x}_1\end{cases},\quad \boldsymbol{x}_1\in\mathbf{R}^n,\boldsymbol{u}_1\in\mathbf{R}^r,\boldsymbol{y}_1\in\mathbf{R}^m \tag{9-58}$$

系统 Σ_2 的状态空间描述为

$$\begin{cases}\dot{\boldsymbol{x}}_2=\boldsymbol{A}_2\boldsymbol{x}_2+\boldsymbol{B}_2\boldsymbol{u}_2\\ \boldsymbol{y}_2=\boldsymbol{C}_2\boldsymbol{x}_2\end{cases},\quad \boldsymbol{x}_2\in\mathbf{R}^n,\boldsymbol{u}_2\in\mathbf{R}^r,\boldsymbol{y}_2\in\mathbf{R}^m \tag{9-59}$$

若满足 $\boldsymbol{A}_2=\boldsymbol{A}_1^{\mathrm{T}}$，$\boldsymbol{B}_2=\boldsymbol{C}_1^{\mathrm{T}}$，$\boldsymbol{C}_2=\boldsymbol{B}_1^{\mathrm{T}}$，则称系统 Σ_1 与 Σ_2 互为对偶。图 9-9 为对偶系统结构图。

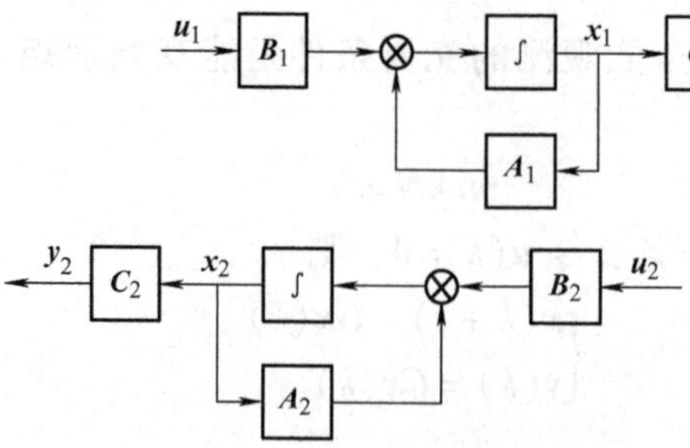

图 9-9 对偶系统的结构图

1）对偶系统的传递函数矩阵是互为转置的。

证明
$$\boldsymbol{W}_1(s)=\boldsymbol{C}_1(s\boldsymbol{I}-\boldsymbol{A}_1)^{-1}\boldsymbol{B}_1$$
$$\boldsymbol{W}_2(s)=\boldsymbol{C}_2(s\boldsymbol{I}-\boldsymbol{A}_2)^{-1}\boldsymbol{B}_2=\boldsymbol{B}_1^{\mathrm{T}}(s\boldsymbol{I}-\boldsymbol{A}_1^{\mathrm{T}})^{-1}\boldsymbol{C}_1^{\mathrm{T}}=\boldsymbol{B}_1^{\mathrm{T}}[(s\boldsymbol{I}-\boldsymbol{A}_1)^{-1}]^{\mathrm{T}}\boldsymbol{C}_1^{\mathrm{T}}$$
$$[\boldsymbol{W}_2(s)]^{\mathrm{T}}=\{\boldsymbol{B}_1^{\mathrm{T}}[(s\boldsymbol{I}-\boldsymbol{A}_1)^{-1}]^{\mathrm{T}}\boldsymbol{C}_1^{\mathrm{T}}\}^{\mathrm{T}}=\boldsymbol{C}_1(s\boldsymbol{I}-\boldsymbol{A}_1)^{-1}\boldsymbol{B}_1=\boldsymbol{W}_1(s)$$

2）互为对偶的系统，其特征方程式是相同的，即具有相同的特征根。

证明
$$|s\boldsymbol{I}-\boldsymbol{A}_2|=|s\boldsymbol{I}-\boldsymbol{A}_1^{\mathrm{T}}|=|s\boldsymbol{I}-\boldsymbol{A}_1|$$

2. 对偶原理

系统 $\boldsymbol{\Sigma}_1$ 和 $\boldsymbol{\Sigma}_2$ 是互为对偶的两个系统，则 $\boldsymbol{\Sigma}_1$ 的能控性等价于 $\boldsymbol{\Sigma}_2$ 的能观性，$\boldsymbol{\Sigma}_1$ 的能观性等价于 $\boldsymbol{\Sigma}_2$ 的能控性。

9.2.4 线性定常系统的能控标准型和能观标准型

1. 能控标准型

（1）能控标准Ⅰ型 若线性定常单输入系统
$$\begin{cases}\dot{\boldsymbol{x}}=\boldsymbol{A}\boldsymbol{x}+\boldsymbol{b}u\\ \boldsymbol{y}=\boldsymbol{C}\boldsymbol{x}\end{cases}\tag{9-60}$$
是能控的，则存在线性非奇异变换
$$\boldsymbol{x}=\boldsymbol{T}_{c1}\boldsymbol{z}\tag{9-61}$$
可将状态空间表达式化成能控标准Ⅰ型
$$\begin{cases}\dot{\boldsymbol{z}}=\boldsymbol{T}_{c1}^{-1}\boldsymbol{A}\boldsymbol{T}_{c1}\boldsymbol{z}+\boldsymbol{T}_{c1}^{-1}\boldsymbol{b}u=\bar{\boldsymbol{A}}\boldsymbol{z}+\bar{\boldsymbol{b}}u\\ \boldsymbol{y}=\boldsymbol{C}\boldsymbol{T}_{c1}\boldsymbol{x}=\bar{\boldsymbol{C}}\boldsymbol{x}\end{cases}\tag{9-62}$$

式中
$$\boldsymbol{T}_{c1}=(\boldsymbol{A}^{n-1}\boldsymbol{b}\quad \boldsymbol{A}^{n-2}\boldsymbol{b}\quad\cdots\quad \boldsymbol{b})\begin{pmatrix}1&0&\cdots&0&0\\ a_{n-1}&1&\cdots&0&0\\ \vdots&\vdots&&\vdots&\vdots\\ a_2&a_3&\cdots&1&0\\ a_1&a_2&\cdots&a_{n-1}&1\end{pmatrix}\tag{9-63}$$

$$\overline{A}=T_{c1}^{-1}AT_{c1}=\begin{pmatrix}0&1&0&\cdots&0\\0&0&1&\cdots&0\\\vdots&\vdots&\vdots&&\vdots\\0&0&0&\cdots&1\\-a_0&-a_1&-a_2&\cdots&-a_{n-1}\end{pmatrix} \tag{9-64}$$

$$\overline{b}=T_{c1}^{-1}b=\begin{pmatrix}0\\0\\\vdots\\0\\1\end{pmatrix} \tag{9-65}$$

$$\overline{C}=CT_{c1}=(\beta_0\quad\beta_1\quad\cdots\quad\beta_{n-1}) \tag{9-66}$$

$a_i(i=1,2,\cdots,n-1)$为特征多项式的各项系数，即

$$|\lambda I-A|=\lambda^n+a_{n-1}\lambda^{n-1}+\cdots+a_1\lambda+a_0 \tag{9-67}$$

根据能控标准 I 型，可直接写出系统的传递函数为

$$W(s)=\overline{C}(sI-\overline{A})^{-1}\overline{b}=\frac{\beta_{n-1}s^{n-1}+\beta_{n-2}s^{n-2}+\cdots+\beta_1s+\beta_0}{s^n+a_{n-1}s^{n-1}+\cdots+a_1s+a_0} \tag{9-68}$$

因此，也可根据传递函数直接写出能控标准 I 型。

例 9-21　试将下列状态空间表达式变换成能控标准 I 型。

$$\begin{cases}\dot{x}=\begin{pmatrix}1&2&0\\3&-1&1\\0&2&0\end{pmatrix}x+\begin{pmatrix}2\\1\\1\end{pmatrix}u\\ y=(0\quad 0\quad 1)x\end{cases}$$

解

$$M=(b\quad Ab\quad A^2b)=\begin{pmatrix}2&4&16\\1&6&8\\1&2&12\end{pmatrix}$$

rank$M=3=n$，系统是能控的。

$$|\lambda I-A|=\lambda^3-9\lambda+2=\lambda^3+a_2\lambda^2+a_1\lambda+a_0$$

因此

$$\overline{A}=\begin{pmatrix}0&1&0\\0&0&1\\-a_0&-a_1&-a_2\end{pmatrix}=\begin{pmatrix}0&1&0\\0&0&1\\-2&9&0\end{pmatrix}$$

$$\overline{C}=CT_{c1}=C(A^2b\quad Ab\quad b)\begin{pmatrix}1&0&0\\a_2&1&0\\a_1&a_2&1\end{pmatrix}=(3\quad 2\quad 1)$$

$$\overline{b}=T_{c1}^{-1}b=\begin{pmatrix}0\\0\\1\end{pmatrix}$$

系统能控标准 I 型为

$$\begin{cases}\dot{z}=\bar{A}z+\bar{b}u=\begin{pmatrix}0&1&0\\0&0&1\\-2&9&0\end{pmatrix}z+\begin{pmatrix}0\\0\\1\end{pmatrix}u\\ y=\bar{C}z=(3\quad 2\quad 1)\,z\end{cases}$$

（2）能控标准Ⅱ型　若线性定常单输入系统

$$\begin{cases}\dot{x}=Ax+bu\\ y=Cx\end{cases}\tag{9-69}$$

是能控的，则存在线性非奇异变换

$$x=T_{c2}z\tag{9-70}$$

可将状态空间表达式化成能控标准Ⅱ型

$$\begin{cases}\dot{z}=T_{c2}^{-1}AT_{c2}z+T_{c2}^{-1}bu=\bar{A}z+\bar{b}u\\ y=CT_{c2}x=\bar{C}z\end{cases}\tag{9-71}$$

式中，

$$T_{c2}=(b\quad Ab\quad \cdots\quad A^{n-1}b)\tag{9-72}$$

$$\bar{A}=T_{c2}^{-1}AT_{c2}=\begin{pmatrix}0&0&\cdots&0&-a_0\\1&0&\cdots&0&-a_1\\0&1&\cdots&0&-a_2\\\vdots&\vdots&&\vdots&\vdots\\0&0&\cdots&1&-a_{n-1}\end{pmatrix}\tag{9-73}$$

$$\bar{b}=T_{c2}^{-1}b=\begin{pmatrix}1\\0\\0\\\vdots\\0\end{pmatrix}\tag{9-74}$$

$$\bar{C}=CT_{c2}=(\beta_0\quad \beta_1\quad \cdots\quad \beta_{n-1})\tag{9-75}$$

$a_i(i=1,2,\cdots,n-1)$为特征多项式的各项系数，即

$$|\lambda I-A|=\lambda^n+a_{n-1}\lambda^{n-1}+\cdots+a_1\lambda+a_0\tag{9-76}$$

例 9-22　试将下列状态空间表达式变换成能控标准Ⅱ型。

$$\begin{cases}\dot{x}=\begin{pmatrix}1&2&0\\3&-1&1\\0&2&0\end{pmatrix}x+\begin{pmatrix}2\\1\\1\end{pmatrix}u\\ y=(0\quad 0\quad 1)x\end{cases}$$

解

$$M=(b\quad Ab\quad A^2b)=\begin{pmatrix}2&4&16\\1&6&8\\1&2&12\end{pmatrix}$$

rank$M=3=n$，系统是能控的。

$$|\lambda I-A|=\lambda^3-9\lambda+2=\lambda^3+a_2\lambda^2+a_1\lambda+a_0$$

因此

$$\overline{A}=\begin{pmatrix}0&0&-a_0\\1&0&-a_1\\0&1&-a_2\end{pmatrix}=\begin{pmatrix}0&0&-2\\1&0&9\\0&1&0\end{pmatrix}$$

$$\overline{C}=CT_{c2}=C(b\quad Ab\quad A^2b)=(1\quad 2\quad 12)$$

$$\overline{b}=T_{c2}^{-1}b=\begin{pmatrix}1\\0\\0\end{pmatrix}$$

系统能控标准Ⅱ型为

$$\begin{cases}\dot{z}=\overline{A}z+\overline{b}\mu=\begin{pmatrix}0&0&-2\\1&0&9\\0&1&0\end{pmatrix}z+\begin{pmatrix}1\\0\\0\end{pmatrix}u\\ y=\overline{C}z=(1\quad 2\quad 12)z\end{cases}$$

2. 能观标准型

(1) 能观标准Ⅰ型　若线性定常单输出系统

$$\begin{cases}\dot{x}=Ax+bu\\ y=Cx\end{cases}\tag{9-77}$$

是能观的，则存在线性非奇异变换

$$x=T_{o1}z\tag{9-78}$$

使状态空间表达式（9-77）化成能观标准Ⅰ型

$$\begin{cases}\dot{z}=T_{o1}^{-1}AT_{o1}z+T_{o1}^{-1}bu=\overline{A}z+\overline{b}u\\ y=CT_{o1}x=\overline{C}x\end{cases}\tag{9-79}$$

式中

$$T_{o1}^{-1}=\begin{pmatrix}C\\CA\\\vdots\\CA^{n-1}\end{pmatrix}\tag{9-80}$$

$$\overline{A}=T_{o1}^{-1}AT_{o1}=\begin{pmatrix}0&1&0&\cdots&0\\0&0&1&\cdots&0\\\vdots&\vdots&\vdots&&\vdots\\0&0&0&\cdots&1\\-a_0&-a_1&-a_2&\cdots&-a_{n-1}\end{pmatrix}\tag{9-81}$$

$$\overline{b}=T_{o1}^{-1}b=\begin{pmatrix}\beta_0\\\beta_1\\\beta_2\\\vdots\\\beta_{n-1}\end{pmatrix}\tag{9-82}$$

$$\overline{C} = CT_{o1} = (1 \quad 0 \quad \cdots \quad 0) \tag{9-83}$$

$a_i(i=1,2,\cdots,n-1)$为特征多项式的各项系数，即

$$|\lambda I - A| = \lambda^n + a_{n-1}\lambda^{n-1} + \cdots + a_1\lambda + a_0 \tag{9-84}$$

（2）能观标准Ⅱ型　若线性定常单输出系统

$$\begin{cases} \dot{x} = Ax + bu \\ y = Cx \end{cases} \tag{9-85}$$

是能观的，则存在线性非奇异变换

$$x = T_{o2}z \tag{9-86}$$

将状态空间表达式（9-85）转化为能观测标准Ⅱ型

$$\begin{cases} \dot{z} = T_{o2}^{-1}AT_{o2}z + T_{o2}^{-1}bu = \overline{A}z + \overline{b}u \\ y = CT_{o2}x = \overline{C}x \end{cases} \tag{9-87}$$

式中

$$T_{o2} = \begin{pmatrix} 1 & a_{n-1} & \cdots & a_2 & a_1 \\ 0 & 1 & \cdots & a_3 & a_2 \\ \vdots & \vdots & & \vdots & \vdots \\ 0 & 0 & \cdots & 1 & a_{n-1} \\ 0 & 0 & \cdots & 0 & 1 \end{pmatrix} \begin{pmatrix} CA^{n-1} \\ CA^{n-2} \\ \vdots \\ CA \\ C \end{pmatrix} \tag{9-88}$$

$$\overline{A} = T_{o2}^{-1}AT_{o2} = \begin{pmatrix} 0 & 0 & \cdots & 0 & -a_0 \\ 1 & 0 & \cdots & 0 & -a_1 \\ 0 & 1 & \cdots & 0 & -a_2 \\ \vdots & \vdots & & \vdots & \vdots \\ 0 & 0 & \cdots & 1 & -a_{n-1} \end{pmatrix} \tag{9-89}$$

$$\overline{b} = T_{o2}^{-1}b = \begin{pmatrix} \beta_0 \\ \beta_1 \\ \beta_2 \\ \vdots \\ \beta_{n-1} \end{pmatrix} \tag{9-90}$$

$$\overline{C} = CT_{o2} = (0 \quad 0 \quad \cdots \quad 1) \tag{9-91}$$

$a_i(i=1,2,\cdots,n-1)$为特征多项式的各项系数，即

$$|\lambda I - A| = \lambda^n + a_{n-1}\lambda^{n-1} + \cdots + a_1\lambda + a_0 \tag{9-92}$$

根据能观标准Ⅱ型，可直接写出系统的传递函数为

$$W(s) = \overline{C}(sI - \overline{A})^{-1}\overline{b} = \frac{\beta_{n-1}s^{n-1} + \beta_{n-2}s^{n-2} + \cdots + \beta_1 s + \beta_0}{s^n + a_{n-1}s^{n-1} + \cdots + a_1 s + a_0} \tag{9-93}$$

9.2.5 线性定常系统的结构分解

当系统不能控或不能观测时，并不是所有状态都不能控或不能观测，可通过坐标变换对状态空间进行分解，把状态空间按能控性或能观性进行结构分解。

1. 能控性分解

设线性定常系统

$$\begin{cases}\dot{\boldsymbol{x}}=\boldsymbol{A}\boldsymbol{x}+\boldsymbol{B}\boldsymbol{u}\\ \boldsymbol{y}=\boldsymbol{C}\boldsymbol{x}\end{cases} \tag{9-94}$$

是状态不完全能控的，即能控性判矩阵 $\boldsymbol{M}=(\boldsymbol{B}\quad \boldsymbol{AB}\quad\cdots\quad \boldsymbol{A}^{n-1}\boldsymbol{B})$ 的秩 $\mathrm{rank}\boldsymbol{M}=n_1<n$，则存在非奇异变换

$$\boldsymbol{x}=\boldsymbol{R}_c\boldsymbol{z} \tag{9-95}$$

将原系统变换为

$$\begin{cases}\dot{\boldsymbol{z}}=\overline{\boldsymbol{A}}\boldsymbol{z}+\overline{\boldsymbol{B}}\boldsymbol{u}\\ \boldsymbol{y}=\overline{\boldsymbol{C}}\boldsymbol{z}\end{cases} \tag{9-96}$$

式中

$$\boldsymbol{z}=\begin{pmatrix}z_1\\ z_2\end{pmatrix}\begin{matrix}n_1\text{行}\\ (n-n_1)\text{行}\end{matrix} \tag{9-97}$$

$$\overline{\boldsymbol{A}}=\boldsymbol{R}_{\mathrm{c}}^{-1}\boldsymbol{A}\boldsymbol{R}_{\mathrm{c}}=\begin{pmatrix}\overline{\boldsymbol{A}}_{11} & \overline{\boldsymbol{A}}_{12}\\ \boldsymbol{0} & \overline{\boldsymbol{A}}_{22}\end{pmatrix}\begin{matrix}n_1\text{行}\\ (n-n_1)\text{行}\end{matrix}$$

$$n_1\text{列}\quad (n-n_1)\text{列} \tag{9-98}$$

$$\overline{\boldsymbol{B}}=\boldsymbol{R}_{\mathrm{c}}^{-1}\boldsymbol{B}=\begin{pmatrix}\overline{\boldsymbol{B}}_1\\ \boldsymbol{0}\end{pmatrix}\begin{matrix}n_1\text{行}\\ (n-n_1)\text{行}\end{matrix} \tag{9-99}$$

$$\overline{\boldsymbol{C}}=\boldsymbol{C}\boldsymbol{R}_{\mathrm{c}}=(\overline{\boldsymbol{C}}_1\quad \overline{\boldsymbol{C}}_2)$$

$$n_1\text{列}\quad (n-n_1)\text{列} \tag{9-100}$$

变换矩阵 $\boldsymbol{R}_c$ 的前 n_1 个列矢量为 $\boldsymbol{M}$ 中 n_1 个线性无关的列矢量，另外 $n-n_1$ 个列矢量在确保 $\boldsymbol{R}_c$ 非奇异的条件下任意选取。

原系统可分解为能控的 n_1 维子系统和不能控的 $n-n_1$ 维子系统，结构图如图 9-10 所示，状态方程为

$$\dot{z}_1=\overline{\boldsymbol{A}}_{11}z_1+\overline{\boldsymbol{B}}_1\boldsymbol{u}+\overline{\boldsymbol{A}}_{12}z_2 \tag{9-101}$$

$$\dot{z}_2=\overline{\boldsymbol{A}}_{22}z_2 \tag{9-102}$$

例 9-23　试将下列系统按能控性进行分解。

$$\boldsymbol{A}=\begin{pmatrix}1 & 2 & -1\\ 0 & 1 & 0\\ 0 & -4 & 3\end{pmatrix},\boldsymbol{b}=\begin{pmatrix}0\\ 0\\ 1\end{pmatrix},\boldsymbol{C}=(1\quad -1\quad 1)$$

解　系统的能控性判别矩阵

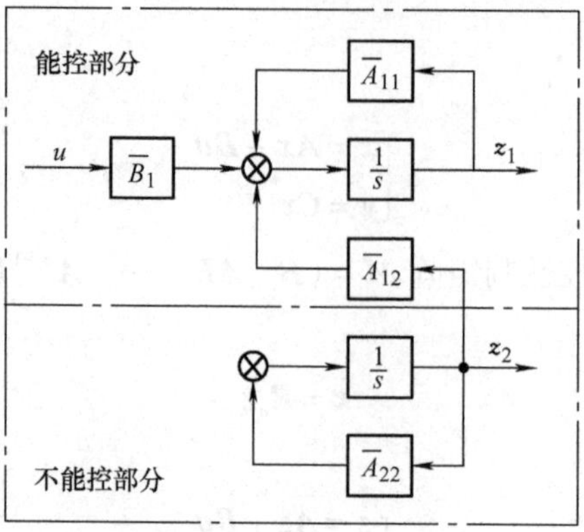

图 9-10　能控性分解图

$$\boldsymbol{M}=(\boldsymbol{b}\quad \boldsymbol{Ab}\quad \boldsymbol{A}^2\boldsymbol{b})=\begin{pmatrix}0 & -1 & -4\\0 & 0 & 0\\1 & 3 & 9\end{pmatrix}$$

由于 rank$\boldsymbol{M}=2<3$，系统不是完全能控的。构造奇异变换阵 $\boldsymbol{R}_c$

$$\boldsymbol{R}_c=\begin{pmatrix}0 & -1 & 0\\0 & 0 & 1\\1 & 3 & 0\end{pmatrix}$$

于是系统状态空间表达式变换为

$$\dot{\boldsymbol{z}}=\boldsymbol{R}_c^{-1}\boldsymbol{AR}_c\boldsymbol{z}+\boldsymbol{R}_c^{-1}\boldsymbol{b}u$$
$$=\begin{pmatrix}0 & -3 & 2\\1 & 4 & -2\\0 & 0 & 1\end{pmatrix}\boldsymbol{z}+\begin{pmatrix}1\\0\\0\end{pmatrix}u$$
$$y=\boldsymbol{CR}_c\boldsymbol{z}=(1\quad 2\quad -1)\boldsymbol{z}$$

2. 能观性分解

设线性定常系统

$$\begin{cases}\dot{\boldsymbol{x}}=\boldsymbol{Ax}+\boldsymbol{Bu}\\ \boldsymbol{y}=\boldsymbol{Cx}\end{cases}\tag{9-103}$$

是状态不完全能观的，其能观性判别矩阵 $\boldsymbol{N}=\begin{pmatrix}\boldsymbol{C}\\ \boldsymbol{CA}\\ \vdots\\ \boldsymbol{CA}^{n-1}\end{pmatrix}$ 的秩 rank$\boldsymbol{N}=n_1<n$，则存在非奇异变换

$$\boldsymbol{x}=\boldsymbol{R}_o\boldsymbol{z}\tag{9-104}$$

将原系统变换为

$$\begin{cases}\dot{\boldsymbol{z}}=\bar{\boldsymbol{A}}\boldsymbol{z}+\bar{\boldsymbol{B}}\boldsymbol{u}\\ \boldsymbol{y}=\bar{\boldsymbol{C}}\boldsymbol{z}\end{cases}\tag{9-105}$$

式中

$$z=\begin{pmatrix} z_1 \\ z_2 \end{pmatrix} \begin{matrix} n_1\text{行} \\ (n-n_1)\text{行} \end{matrix} \tag{9-106}$$

$$\overline{A}=R_0^{-1}AR_0=\begin{pmatrix} \overline{A}_{11} & 0 \\ \overline{A}_{21} & \overline{A}_{22} \end{pmatrix} \begin{matrix} n_1\text{行} \\ (n-n_1)\text{行} \end{matrix} \tag{9-107}$$

$$n_1\text{列} \quad (n-n_1)\text{列}$$

$$\overline{B}=R_0^{-1}B=\begin{pmatrix} \overline{B}_1 \\ \overline{B}_2 \end{pmatrix} \begin{matrix} n_1\text{行} \\ (n-n_1)\text{行} \end{matrix} \tag{9-108}$$

$$\overline{C}=CR_0=(\overline{C}_1 \quad \mathbf{0}) \tag{9-109}$$

$$n_1\text{列} \quad (n-n_1)\text{列}$$

变换矩阵 R_0^{-1} 的前 n_1 个行矢量为 N 中 n_1 个线性无关的行矢量，另外 $n-n_1$ 个行矢量在确保 R_0^{-1} 非奇异的条件下任意选取。

原系统可分解为能观的 n_1 维子系统和不能观的 $n-n_1$ 维子系统，结构图如图 9-11 所示，状态方程为

$$\dot{z}_1=\overline{A}_{11}z_1+\overline{B}_1u \tag{9-110}$$

$$\dot{z}_2=\overline{A}_{21}z_1+\overline{A}_{22}z_2+\overline{B}_2u \tag{9-111}$$

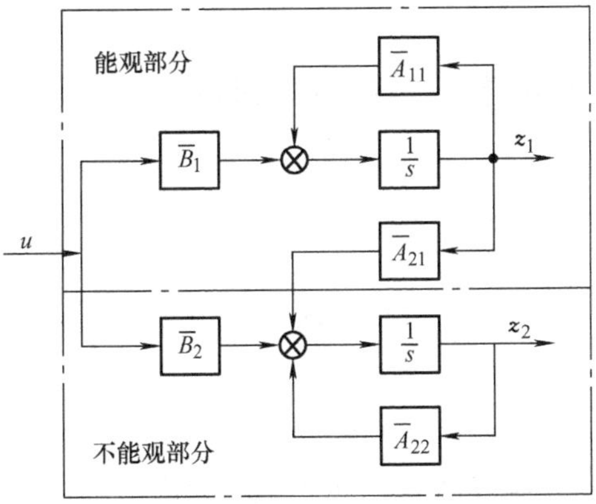

图 9-11　能观性分解图

例 9-24　设线性定常系统如下，判别其能观性，若不是完全能观的，将该系统按能观性进行分解。

$$\dot{x}=\begin{pmatrix} 0 & 0 & -1 \\ 1 & 0 & -3 \\ 0 & 1 & -3 \end{pmatrix}x+\begin{pmatrix} 1 \\ 1 \\ 0 \end{pmatrix}u$$

$$y=(0 \quad 1 \quad -2)x$$

解　系统的能观性判别矩阵

$$N=\begin{pmatrix} C \\ CA \\ CA^2 \end{pmatrix}=\begin{pmatrix} 0 & 1 & -2 \\ 1 & -2 & 3 \\ -2 & 3 & -4 \end{pmatrix}$$

$\mathrm{rank}N = 2 < n$，该系统是状态不完全能观的。构造非奇异变换阵 $\boldsymbol{R}_o^{-1}$

$$\boldsymbol{R}_o^{-1} = \begin{pmatrix} 0 & 1 & -2 \\ 1 & -2 & 3 \\ 0 & 0 & 1 \end{pmatrix}$$

于是系统状态空间表达式变换为

$$\dot{z} = \boldsymbol{R}_o^{-1}\boldsymbol{A}\boldsymbol{R}_o z + \boldsymbol{R}_o^{-1}\boldsymbol{b}u$$

$$= \begin{pmatrix} 0 & 1 & 0 \\ -1 & -2 & 0 \\ 1 & 0 & -1 \end{pmatrix} z + \begin{pmatrix} 1 \\ -1 \\ 0 \end{pmatrix} u$$

$$y = \boldsymbol{C}\boldsymbol{R}_o z = (1 \quad 0 \quad 0) z$$

3. 能控性和能观性分解

若线性定常系统 $\dot{x} = Ax + Bu$，$y = Cx$ 是状态不完全能控不完全能观的，则存在非奇异变换 $x = R\bar{x}$，使状态空间表达式变换为 $\dot{\bar{x}} = \bar{A}\bar{x} + \bar{B}u$，$y = \bar{C}\bar{x}$，并把整个状态空间分为能控能观、能控不能观、不能控能观、不能控不能观四个部分。线性系统结构的逐步分解法：先按能控性分解，然后对分解后的子系统按能观性进行分解。

9.3 线性定常系统反馈及状态观测器

9.3.1 线性反馈控制系统的基本结构及其特性

1. 状态反馈

设受控系统状态空间表达式为

$$\begin{cases} \dot{x} = Ax + Bu \\ y = Cx \end{cases} \tag{9-112}$$

状态线性反馈控制律为

$$u = -Kx + v \tag{9-113}$$

则状态反馈系统结构图如图 9-12 所示，其状态空间表达式为

$$\begin{cases} \dot{x} = (A - BK)x + Bv \\ y = Cx \end{cases} \tag{9-114}$$

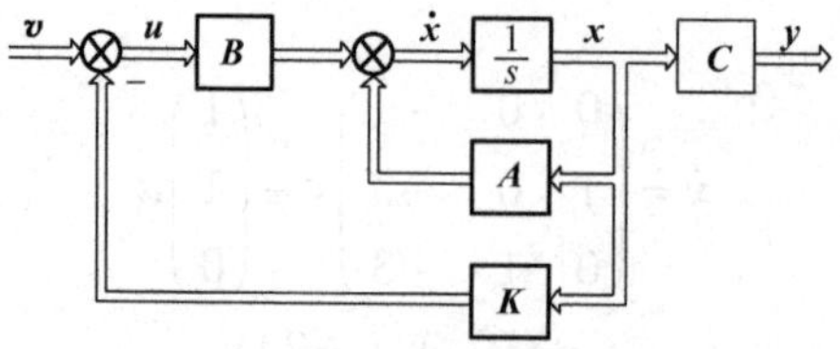

图 9-12 状态反馈系统结构图

2. 输出反馈

设输出线性反馈控制律为

$$u = Hy + v \tag{9-115}$$

则输出反馈系统结构图如图 9-13 所示，其状态空间表达式为

$$\begin{cases}\dot{x} = (A + BHC)x + Bv \\ y = Cx\end{cases} \tag{9-116}$$

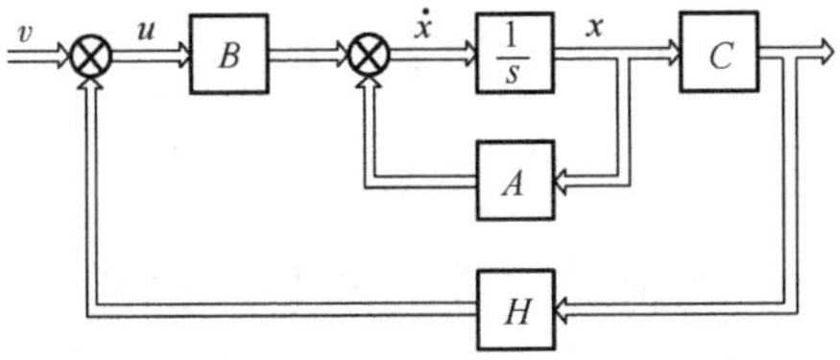

图 9-13　输出反馈系统结构图

3. 反馈对系统性能的影响

状态反馈不改变受控系统 $\boldsymbol{\Sigma}_0 = (\boldsymbol{A},\boldsymbol{B},\boldsymbol{C})$ 的能控性，但不保证系统的能观性不变。输出反馈不改变受控系统 $\boldsymbol{\Sigma}_0 = (\boldsymbol{A},\boldsymbol{B},\boldsymbol{C})$ 的能控性和能观性。

9.3.2　极点配置

采用状态反馈

极点配置问题：通过选择反馈增益矩阵，将闭环系统的极点恰好配置在复平面上所期望的位置，以获得所希望的动态性能。

采用状态反馈对系统 $\boldsymbol{\Sigma}_0 = (\boldsymbol{A},\boldsymbol{B},\boldsymbol{C})$ 任意配置极点的充要条件是 $\boldsymbol{\Sigma}_0$ 完全能控。

证明　若式（9-112）所示对象可控，定可通过变换 $\boldsymbol{x} = \boldsymbol{P}^{-1}\bar{\boldsymbol{x}}$ 化为能控标准形，即

$$\bar{\boldsymbol{A}} = \begin{pmatrix} 0 & 1 & 0 & \cdots & 0 \\ 0 & 0 & 0 & \cdots & 0 \\ \vdots & \vdots & \vdots & & \vdots \\ 0 & 0 & 0 & \cdots & 1 \\ -a_0 & -a_1 & -a_2 & \cdots & -a_{n-1} \end{pmatrix},\quad \bar{\boldsymbol{B}} = \begin{pmatrix} 0 \\ 0 \\ \vdots \\ 0 \\ 1 \end{pmatrix},\quad \bar{\boldsymbol{C}} = \begin{Bmatrix} \beta_{10} & \beta_{11} & \cdots & \beta_{1,n-1} \\ \beta_{20} & \beta_{21} & \cdots & \beta_{2,n-1} \\ \vdots & \vdots & & \vdots \\ \beta_{q0} & \beta_{q1} & \cdots & \beta_{q,n-1} \end{Bmatrix}$$

若在变换后的状态空间内引入 $1 \times n$ 维状态反馈矩阵 $\bar{\boldsymbol{K}}$

$$\boldsymbol{K} = (\bar{k}_0 \quad \bar{k}_1 \quad \cdots \quad \bar{k}_{n-1})$$

式中，$\bar{k}_0$，$\bar{k}_1$，…，$\bar{k}_{n-1}$ 分别为由状态变量 $\bar{x}_1$，$\bar{x}_2$，…，$\bar{x}_n$ 引出的反馈系数，则变换后的状态反馈系统动态方程为

$$\begin{cases}\dot{\bar{\boldsymbol{x}}} = (\bar{\boldsymbol{A}} - \bar{\boldsymbol{B}}\bar{\boldsymbol{K}})\bar{\boldsymbol{x}} + \bar{\boldsymbol{B}}v \\ \boldsymbol{y} = \bar{\boldsymbol{C}}\bar{\boldsymbol{x}}\end{cases} \tag{9-117}$$

式中，

$$\bar{\boldsymbol{A}} - \bar{\boldsymbol{B}}\bar{\boldsymbol{K}} = \begin{pmatrix} 0 & 1 & 0 & \cdots & 0 \\ 0 & 0 & 1 & \cdots & 0 \\ \vdots & \vdots & \vdots & & \vdots \\ 0 & 0 & 0 & \cdots & 1 \\ -a_0 - \bar{k}_0 & -a_1 - \bar{k}_1 & -a_2 - \bar{k}_2 & \cdots & -a_{n-1} - \bar{k}_{n-1} \end{pmatrix}$$

上式仍为能控标准形，故引入状态反馈后，系统能控性不变。特征方程为

$$|\lambda \boldsymbol{I}-(\overline{\boldsymbol{A}}-\overline{\boldsymbol{B}}\overline{\boldsymbol{K}})|=\lambda^{n}+(a_{n-1}+\bar{k}_{n-1})\lambda^{n-1}+\cdots+(a_{1}+\bar{k}_{1})\lambda+(a_{0}+\bar{k}_{0})=0$$

任意选择 $\overline{K}$ 阵的 n 个元素 $\bar{k}_0$，$\bar{k}_1$，…，$\bar{k}_{n-1}$，可使特征方程的 n 个系数满足规定要求，能保证特征值（即闭环极点）任意配置。

将逆变换 $\bar{\boldsymbol{x}}=\boldsymbol{P}\boldsymbol{x}$ 代入式（9-117），可求出原状态空间的状态反馈系统状态方程

$$\dot{\boldsymbol{x}}=(\boldsymbol{A}-\boldsymbol{B}\overline{\boldsymbol{K}}\boldsymbol{P})\boldsymbol{x}+\boldsymbol{B}v \tag{9-118}$$

式（9-118）与式（9-114）相比，可得

$$\boldsymbol{K}=\overline{\boldsymbol{K}}\boldsymbol{P} \tag{9-119}$$

当受控对象可控时，若不具有能控标准形，并不必化为能控标准形，只要直接计算状态反馈系统闭环特征多项式 $|\lambda\boldsymbol{I}-(\boldsymbol{A}-\boldsymbol{B}\boldsymbol{K})|$，然后与给定极点的特征多项式比较，便可确定 $\boldsymbol{K}$。

例 9-25 判断下列系统能否用状态反馈任意地配置特征值。

$$\dot{\boldsymbol{x}}=\begin{pmatrix}1&0&0\\0&-2&1\\0&0&-2\end{pmatrix}\boldsymbol{x}+\begin{pmatrix}1&0\\0&1\\0&0\end{pmatrix}\boldsymbol{u}$$

解

$$\boldsymbol{M}=(\boldsymbol{b}\quad \boldsymbol{A}\boldsymbol{b}\quad \boldsymbol{A}^2\boldsymbol{b})=\begin{pmatrix}1&0&1&0&1&0\\0&1&0&-2&0&4\\0&0&0&0&0&0\end{pmatrix}$$

$$\text{rank}\boldsymbol{M}=2$$

系统不完全能控，所以不能通过状态反馈任意配置特征值。

例 9-26 给定单输入线性定常系统为

$$\dot{\boldsymbol{x}}=\begin{pmatrix}0&0&0\\1&-6&0\\0&1&-12\end{pmatrix}\boldsymbol{x}+\begin{pmatrix}1\\0\\0\end{pmatrix}\boldsymbol{u}$$

试求出状态反馈 $\boldsymbol{u}=-\boldsymbol{K}\boldsymbol{x}$ 使得闭环系统的特征值为 $\lambda_1^*=-2,\lambda_2^*=-1+\text{j},\lambda_3^*=-1-\text{j}$。

解 系统完全能控，满足可配置条件。系统的特征多项式为

$$\det(s\boldsymbol{I}-\boldsymbol{A})=\det\begin{pmatrix}s&0&0\\-1&s+6&0\\0&-1&s+12\end{pmatrix}=s^2+18s^2+72s$$

理想特征多项式为

$$\alpha^*(s)=\prod_{i=1}^{3}(s-\lambda_i^*)=(s+2)(s+1-j)(s+1+j)=s^3+4s^2+6s+4$$

$$\overline{\boldsymbol{K}}=(\alpha_0^*-\alpha_0\quad \alpha_1^*-\alpha_1\quad \alpha_2^*-\alpha_2)=(4\quad -66\quad -14)$$

计算变换阵

$$\boldsymbol{P}^{-1}=[\boldsymbol{b}\quad \boldsymbol{A}\boldsymbol{b}\quad \boldsymbol{A}^2\boldsymbol{b}]\begin{pmatrix}\alpha_1&\alpha_2&1\\\alpha_2&1&0\\1&0&0\end{pmatrix}=\begin{pmatrix}1&0&0\\0&1&-6\\0&0&1\end{pmatrix}\begin{pmatrix}72&18&1\\18&1&0\\1&0&0\end{pmatrix}$$

$$=\begin{pmatrix}72&18&1\\12&1&0\\1&0&0\end{pmatrix}$$

反馈增益阵 $\boldsymbol{K}$ 为

$$\boldsymbol{K}=\overline{\boldsymbol{K}}\boldsymbol{P}=(4\quad -66\quad -14)\begin{pmatrix}0 & 0 & 1\\ 0 & 1 & -12\\ 1 & -18 & 144\end{pmatrix}=(-14\quad 186\quad -1220)$$

9.3.3　全维状态观测器

当确定受控对象是可控的，利用状态反馈配置极点时，需用传感器测量出状态变量以便形成反馈，但传感器通常用来测量输出，许多中间状态变量不易测得，于是提出利用输出量和输入量通过状态观测器（又称状态估计器、重构器）来重构状态的问题。

1. 全维状态观测器的定义和存在性

设线性定常系统 $\Sigma_0=(\boldsymbol{A},\boldsymbol{B},\boldsymbol{C})$ 的状态矢量 $\boldsymbol{x}$ 不能直接检测，如果动态系统 $\hat{\Sigma}$ 以 Σ_0 的输入 $\boldsymbol{u}$ 和输出 $\boldsymbol{y}$ 作为其输入量，能产生一组输出量 $\hat{\boldsymbol{x}}$ 渐近于 $\boldsymbol{x}$，即 $\lim\limits_{t\to\infty}(\hat{\boldsymbol{x}}-\boldsymbol{x})=0$，则称 $\hat{\Sigma}$ 为 Σ_0 的一个状态观测器。如果观测器维数与受控系统维数相同，则该观测器称为全维观测器。

对线性定常系统 $\Sigma_0=(\boldsymbol{A},\boldsymbol{B},\boldsymbol{C})$，其状态矢量 $\boldsymbol{x}$ 可由输出 $\boldsymbol{y}$ 和输入 $\boldsymbol{u}$ 进行重构，即状态观测器存在的充要条件是：

1）线性定常系统 $\Sigma_0=(\boldsymbol{A},\boldsymbol{B},\boldsymbol{C})$ 完全能观。

2）线性定常系统 $\Sigma_0=(\boldsymbol{A},\boldsymbol{B},\boldsymbol{C})$ 不能观子系统渐近稳定。

2. 全维状态观测器的实现和反馈矩阵 $\boldsymbol{G}$ 的设计

设受控对象动态方程为

$$\begin{cases}\dot{\boldsymbol{x}}=\boldsymbol{A}\boldsymbol{x}+\boldsymbol{B}\boldsymbol{u}\\ \boldsymbol{y}=\boldsymbol{C}\boldsymbol{x}\end{cases}\tag{9-120}$$

可建造一个与受控对象动态方程相同的模拟系统

$$\begin{cases}\dot{\hat{\boldsymbol{x}}}=\boldsymbol{A}\hat{\boldsymbol{x}}+\boldsymbol{B}\boldsymbol{u}\\ \hat{\boldsymbol{y}}=\boldsymbol{C}\hat{\boldsymbol{x}}\end{cases}\tag{9-121}$$

式中，$\hat{\boldsymbol{x}}$ 和 $\hat{\boldsymbol{y}}$ 分别为模拟系统的状态向量估值和输出向量估值。只要模拟系统与受控对象的初始状态向量相同，在同一输入量 $\boldsymbol{u}$ 作用下，便有 $\hat{\boldsymbol{x}}=\boldsymbol{x}$，可用 $\hat{\boldsymbol{x}}$ 作为状态反馈需用的状态信息。但是，受控对象的初始状态可能不相同，模拟系统中积分器初始条件的设置只能预估，因而两个系统的初始状态总有差异，即使两个系统的 $\boldsymbol{A}$、$\boldsymbol{B}$ 和 $\boldsymbol{C}$ 矩阵完全一样，也必存在估计状态与受控对象实际状态的误差 $\hat{\boldsymbol{x}}-\boldsymbol{x}$。但是，$\hat{\boldsymbol{x}}-\boldsymbol{x}$ 的存在必导致 $\hat{\boldsymbol{y}}-\boldsymbol{y}$ 负反馈给状态微分处，使 $\hat{\boldsymbol{y}}-\boldsymbol{y}$ 尽快逼近于零，从而使 $\hat{\boldsymbol{x}}-\boldsymbol{x}$ 尽快逼近于零。按以上原理，构成如图 9-14 所示的状态观测器及其实现状态反馈的结构图。

由图 9-14 可列出状态观测器动态方程

$$\dot{\hat{\boldsymbol{x}}}=\boldsymbol{A}\hat{\boldsymbol{x}}+\boldsymbol{B}\boldsymbol{u}+\boldsymbol{G}(\boldsymbol{y}-\hat{\boldsymbol{y}})=\boldsymbol{A}\hat{\boldsymbol{x}}+\boldsymbol{B}\boldsymbol{u}+\boldsymbol{G}\boldsymbol{C}(\boldsymbol{x}-\hat{\boldsymbol{x}})\tag{9-122}$$

式中，$\boldsymbol{G}$ 为观测器输出反馈阵，是为配置观测器极点及尽快使 $\hat{\boldsymbol{x}}-\boldsymbol{x}$ 逼近于零而引入的。因此，状态向量的误差

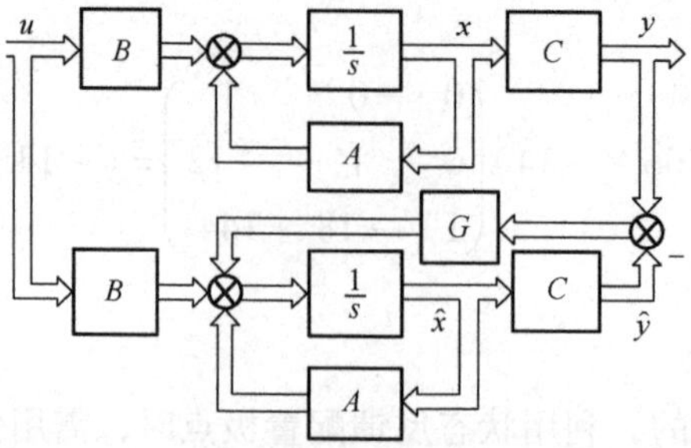

图 9-14 用状态观测器实现状态反馈的结构图

$$\dot{\boldsymbol{x}}-\dot{\hat{\boldsymbol{x}}}=\boldsymbol{A}(\boldsymbol{x}-\hat{\boldsymbol{x}})-\boldsymbol{GC}(\boldsymbol{x}-\hat{\boldsymbol{x}})=(\boldsymbol{A}-\boldsymbol{GC})(\boldsymbol{x}-\hat{\boldsymbol{x}}) \tag{9-123}$$

其解为

$$\boldsymbol{x}-\hat{\boldsymbol{x}}=\mathrm{e}^{(\boldsymbol{A}-\boldsymbol{GC})(t-t_0)}[\boldsymbol{x}(t_0)-\hat{\boldsymbol{x}}(t_0)] \tag{9-124}$$

当 $\boldsymbol{x}(t_0)=\hat{\boldsymbol{x}}(t_0)$ 时，满足 $\boldsymbol{x}(t)=\hat{\boldsymbol{x}}(t)$，所引入的反馈并不起作用；当 $\boldsymbol{x}(t_0)\neq\hat{\boldsymbol{x}}(t_0)$ 时，$\boldsymbol{x}(t)\neq\hat{\boldsymbol{x}}(t)$，但只要 $\boldsymbol{A}-\boldsymbol{GC}$ 的特征值具有负实部，则 $\boldsymbol{x}-\hat{\boldsymbol{x}}$ 将渐近衰减至零。

例 9-27 因 $N=\begin{pmatrix}C\\CA\\CA^2\end{pmatrix}=\begin{pmatrix}1&1&0\\-1&-3&-2\\-1&5&2\end{pmatrix}$ 满秩，系统能观，可构造观测器，给定系统的状态空间表达式为

$$\begin{cases}\dot{\boldsymbol{x}}=\begin{pmatrix}-1&-2&-3\\0&-1&1\\1&0&-1\end{pmatrix}\boldsymbol{x}+\begin{pmatrix}2\\0\\1\end{pmatrix}u\\ y=(1\quad 1\quad 0)\boldsymbol{x}\end{cases}$$

设计一个具有特征值为 −3，−4，−5 的全维状态观测器。

解 观测器的期望特征多项式为

$$\alpha^*(s)=(s+3)(s+4)(s+5)=s^3+12s^2+47s+60$$

$$\det[s\boldsymbol{I}-(\boldsymbol{A}-\boldsymbol{GC})]=\det\left[\begin{pmatrix}s&0&0\\0&s&0\\0&0&s\end{pmatrix}-\begin{pmatrix}-1&-2&-3\\0&-1&1\\1&0&-1\end{pmatrix}+\begin{pmatrix}g_1\\g_2\\g_3\end{pmatrix}(1\quad 1\quad 0)\right]$$

$$=\det\begin{pmatrix}s+1+g_1&2+g_2&3\\g_2&s+1+g_2&-1\\g_3-1&g_3&s+1\end{pmatrix}$$

$$=s^3+(g_1+g_2+3)s^2+(2g_1-2g_3+6)s+(2g_1+2g_2-4g_3+6)$$

与期望特征多项式比较系数得

$$\begin{cases}g_1+g_2+3=12\\2g_1-2g_3+6=47\\2g_1+2g_2-4g_3+6=60\end{cases}$$

解方程组得

$$G^{T}=\begin{pmatrix}\frac{23}{2} & -\frac{5}{2} & -9\end{pmatrix}$$

9.4 李雅普诺夫稳定性方法

稳定性是控制系统的首要问题。经典控制理论判断控制系统稳定性主要采用劳斯稳定性判据和 Nyquist 稳定判据，然而该方法仅适用于线性定常系统，不适用于非线性和时变系统。1982 年，俄国学者李雅普诺夫提出稳定性定理，不仅适用于单变量线性定常系统，而且适用于多变量非线性时变系统。

9.4.1 李雅普诺夫稳定性定义

对所有 t，系统 $\dot{\boldsymbol{x}}=\boldsymbol{f}(\boldsymbol{x},t)$ 中存在状态点 $\boldsymbol{x}_e$，使

$$\dot{\boldsymbol{x}}=\boldsymbol{f}(\boldsymbol{x}_e,t)=0 \tag{9-125}$$

则称状态点 $\boldsymbol{x}_e$为系统的平衡状态。对于线性定常系统 $\dot{\boldsymbol{x}}=\boldsymbol{A}\boldsymbol{x}$，其平衡状态满足 $\boldsymbol{A}\boldsymbol{x}_e=\boldsymbol{0}$。当 $\boldsymbol{A}$ 为非奇异矩阵时，系统只存在一个位于原点的平衡状态；当 $\boldsymbol{A}$ 为奇异矩阵时，系统存在多个平衡状态。对于非线性系统 $\dot{\boldsymbol{x}}=\boldsymbol{f}(\boldsymbol{x}_e,t)=\boldsymbol{0}$，系统可能有一个或多个平衡状态。

例如，系统$\begin{cases}\dot{x}_1=-x_1\\ \dot{x}_2=x_1+x_2-x_2^3\end{cases}$有三个平衡点 $\boldsymbol{x}_{e1}=\begin{pmatrix}0\\0\end{pmatrix},\boldsymbol{x}_{e2}=\begin{pmatrix}0\\-1\end{pmatrix},\boldsymbol{x}_{e3}=\begin{pmatrix}0\\1\end{pmatrix}$。

1. 李雅普诺夫意义下稳定

设系统初始状态位于以平衡状态 $\boldsymbol{x}_e$为球心，以 δ 为半径的闭球域 $S(\delta)$ 内，即

$$\|\boldsymbol{x}_0-\boldsymbol{x}_e\|\leqslant\delta \quad t=t_0 \tag{9-126}$$

当 $t\to\infty$ 时，系统 $\dot{\boldsymbol{x}}=\boldsymbol{f}(\boldsymbol{x},\boldsymbol{t})$ 的解 $\boldsymbol{x}(t,\boldsymbol{x}_0,t_0)$ 都位于以 $\boldsymbol{x}_e$为球心，任意规定的半径为 ε 闭球域 $S(\varepsilon)$ 内，即

$$\|\boldsymbol{x}-\boldsymbol{x}_e\|\leqslant\varepsilon \quad t\geqslant t_0 \tag{9-127}$$

则称平衡状态 $\boldsymbol{x}_e$是李雅普诺夫意义下稳定。该定义的平面几何表示如图 9-15 所示。如果 δ 与 t_0无关，则称平衡状态 $\boldsymbol{x}_e$是一致稳定的。

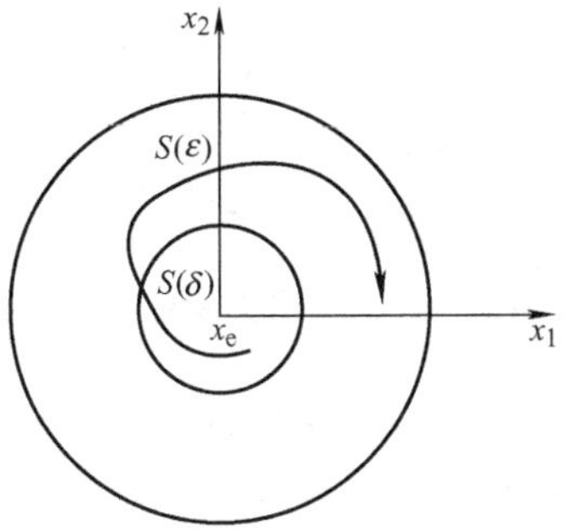

图 9-15　李雅普诺夫意义下稳定

2. 渐近稳定

若平衡状态 $\boldsymbol{x}_e$不仅是李雅普诺夫意义下稳定的，且当 $t\to\infty$ 时，系统 $\dot{\boldsymbol{x}}=\boldsymbol{f}(\boldsymbol{x},\boldsymbol{t})$ 的解

$\boldsymbol{x}(t,\boldsymbol{x}_0,t_0)$最终收敛于$\boldsymbol{x}_e$，即

$$\lim_{x\to\infty}\|\boldsymbol{x}-\boldsymbol{x}_e\|=0 \tag{9-128}$$

则称平衡状态$\boldsymbol{x}_e$渐近稳定。该定义的平面几何表示如图 9-16 所示。

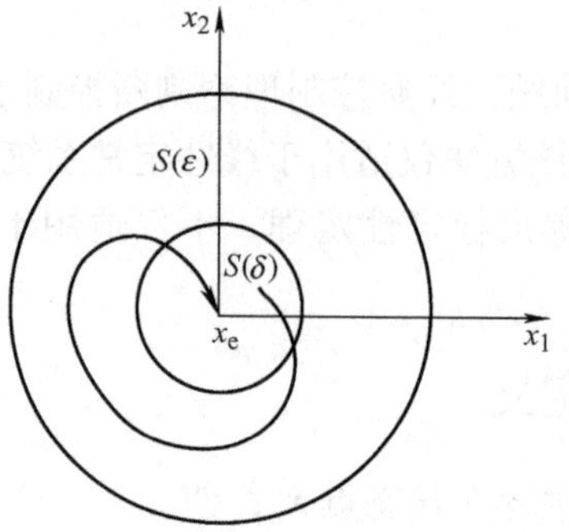

图 9-16　李雅普诺夫意义下渐近稳定

3. 大范围渐近稳定

若平衡状态$\boldsymbol{x}_e$是李雅普诺夫意义下稳定的，且从状态空间中所有初始状态出发的轨迹都具有渐近稳定性，则称平衡状态$\boldsymbol{x}_e$是大范围渐近稳定。对于线性系统，如果系统是渐近稳定，则必定是大范围渐近稳定的，因为线性系统的稳定性与初始条件无关。而对于非线性系统，其稳定性与初始条件密切相关，因此系统渐近稳定不一定是大范围渐近稳定。

4. 不稳定

若对某个实数$\varepsilon>0$和任一实数$\delta>0$，不论δ多么小，由$S(\delta)$内出发的轨迹，至少有一个轨迹越过$S(\varepsilon)$，则称平衡状态$\boldsymbol{x}_e$不稳定。该定义的平面几何表示如图 9-17 所示。

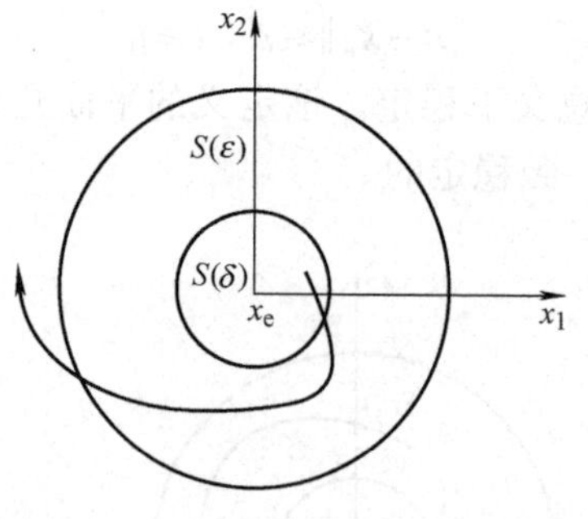

图 9-17　李雅普诺夫意义下不稳定

需要指出，经典控制理论中的稳定性与李雅普诺夫意义下的稳定性概念是有一定的区别的。在经典控制理论中，只有渐近稳定的系统才称为是稳定的系统。

9.4.2　李雅普诺夫第一法

1. 线性系统稳定判据

线性定常系统

$$\begin{cases}\dot{\boldsymbol{x}}=\boldsymbol{A}\boldsymbol{x}+\boldsymbol{B}\boldsymbol{u}\\ \boldsymbol{y}=\boldsymbol{C}\boldsymbol{x}\end{cases} \tag{9-129}$$

平衡状态 $\boldsymbol{x}_e$ 渐近稳定的充要条件是矩阵 $\boldsymbol{A}$ 的所有特征根具有负实部，这是指系统的状态稳定性，或称内部稳定性。

如果系统对于有界输入 $\boldsymbol{u}$ 所引起的输出 $\boldsymbol{y}$ 是有界的，则称系统为输出稳定。线性定常系统输出稳定的充要条件是其传递函数

$$W(s)=\boldsymbol{C}[s\boldsymbol{I}-\boldsymbol{A}]^{-1}\boldsymbol{B} \tag{9-130}$$

的极点全部位于 s 左半平面。

例 9-28　设系统状态空间表达式为

$$\dot{\boldsymbol{x}}=\begin{pmatrix}-1 & 0\\ 0 & 1\end{pmatrix}\boldsymbol{x}+\begin{pmatrix}1\\ 1\end{pmatrix}u$$

试分析系统的状态稳定性和输出稳定性。

解　（1）由 $\boldsymbol{A}$ 阵的特征方程

$$\det(\lambda\boldsymbol{I}-\boldsymbol{A})=(\lambda-1)(\lambda+1)=0$$

可得特征根为 $\lambda_1=1$，$\lambda_2=-1$，系统的状态不是渐近稳定。

（2）系统传递函数为

$$\begin{aligned}W(s)&=\boldsymbol{C}\frac{\mathrm{adj}(s\boldsymbol{I}-\boldsymbol{A})}{|s\boldsymbol{I}-\boldsymbol{A}|}\boldsymbol{B}\\ &=(1\quad 0)\frac{1}{(s+1)(s-1)}\begin{pmatrix}s-1 & 0\\ 0 & s+1\end{pmatrix}\begin{pmatrix}1\\ 1\end{pmatrix}\\ &=\frac{1}{s+1}\end{aligned}$$

系统输出稳定。

2. 非线性系统稳定判据

设非线性系统状态方程为

$$\dot{\boldsymbol{x}}=\boldsymbol{f}(\boldsymbol{x},t) \tag{9-131}$$

将非线性系统在平衡状态 $\boldsymbol{x}_e$ 邻域内展成泰勒级数，即

$$\dot{\boldsymbol{x}}=\frac{\partial f}{\partial \boldsymbol{x}}(\boldsymbol{x}-\boldsymbol{x}_e)+R(\boldsymbol{x}) \tag{9-132}$$

式中，$R(\boldsymbol{x})$ 为级数展开式中的高阶导数项。令 $\Delta\boldsymbol{x}=\boldsymbol{x}-\boldsymbol{x}_e$，则系统的线性化方程为

$$\Delta\dot{x}=\boldsymbol{A}\Delta x \tag{9-133}$$

式中，

$$\boldsymbol{A}=\left.\frac{\partial f}{\partial \boldsymbol{x}}\right|_{x=x_e} \tag{9-134}$$

李雅普诺夫给出以下结论：

1）若 $\boldsymbol{A}$ 的特征值均有负实部，则原非线性系统在平衡状态 $\boldsymbol{x}_e$ 渐近稳定，与 $R(\boldsymbol{x})$ 无关。

2）若 $\boldsymbol{A}$ 的特征值至少有一个有正实部，则原非线性系统在平衡状态 $\boldsymbol{x}_e$ 不稳定。

3）若 $\boldsymbol{A}$ 的特征值至少有一个实部为零，系统处于临界情况，原非线性系统在平衡状态

$\boldsymbol{x}_e$的稳定性取决于高阶导数项 $R(\boldsymbol{x})$ 有关，而不能由 $\boldsymbol{A}$ 的特征值符号确定。

例 9-29 用李雅普诺夫第一方法判定下列系统在平衡状态的稳定性。

$$\begin{cases}\dot{x}_1 = -x_1 + x_2 + x_1(x_1^2 + x_2^2)\\ \dot{x}_2 = -x_1 - x_2 + x_2(x_1^2 + x_2^2)\end{cases}$$

解 系统只有一个平衡状态 $\boldsymbol{x}_{e1} = (0,\ 0)^{\mathrm{T}}$，在该平衡点处将系统近似线性化，得

$$\dot{\tilde{\boldsymbol{x}}} = \begin{pmatrix}-1 & 1\\ -1 & -1\end{pmatrix}\tilde{\boldsymbol{x}}$$

矩阵$\begin{pmatrix}-1 & 1\\ -1 & -1\end{pmatrix}$的特征根 $s = -1 \pm \mathrm{j}$ 均具有负实部，因此系统在平衡状态渐近稳定。

9.4.3 李雅普诺夫第二法

1. 纯量（标量）函数定号

设 $V(\boldsymbol{x})$为 n 维矢量 $\boldsymbol{x}$ 定义的标量函数，在 $\boldsymbol{x}=0$ 时，$V(0)=0$，且对所有在域 Ω 中的非零状态 $\boldsymbol{x}$：

1）$V(\boldsymbol{x})>0$，则称 $V(\boldsymbol{x})$正定。

2）$V(\boldsymbol{x})\geqslant 0$，则称 $V(\boldsymbol{x})$正半定。

3）$V(\boldsymbol{x})<0$，则称 $V(\boldsymbol{x})$为负定。

4）$V(\boldsymbol{x})\leqslant 0$，则称 $V(\boldsymbol{x})$为负半定。

5）$V(\boldsymbol{x})>0$ 或 $V(\boldsymbol{x})<0$，则称 $V(\boldsymbol{x})$为不定。

定义二次型标量函数为

$$V(\boldsymbol{x})=\boldsymbol{x}^{\mathrm{T}}\boldsymbol{P}\boldsymbol{x}=(x_1\quad x_2\quad \cdots\quad x_n)\begin{pmatrix}p_{11} & p_{12} & \cdots & p_{1n}\\ p_{21} & p_{22} & \cdots & p_{2n}\\ \vdots & \vdots & & \vdots\\ p_{n1} & p_{n2} & \cdots & p_{nn}\end{pmatrix}\begin{pmatrix}x_1\\ x_2\\ \vdots\\ x_n\end{pmatrix} \tag{9-135}$$

式中，$\boldsymbol{P}$ 为实对称矩阵。$V(\boldsymbol{x})$的符号性质与矩阵 $\boldsymbol{P}$ 的符号性质完全一致，因此可根据矩阵 $\boldsymbol{P}$ 的符号判断 $V(\boldsymbol{x})$符号。

矩阵 $\boldsymbol{P}$ 各阶顺序主子行列式为

$$\Delta_1 = p_{11},\Delta_2 = \begin{vmatrix}p_{11} & p_{12}\\ p_{21} & p_{22}\end{vmatrix},\cdots,\Delta_n = |\boldsymbol{P}| \tag{9-136}$$

矩阵 $\boldsymbol{P}$ 或 $V(\boldsymbol{x})$ 定号性的充要条件为

1）若 $\Delta_i>0$ $(i=1,\ 2,\ \cdots,\ n)$，则 $\boldsymbol{P}$ 或 $V(\boldsymbol{x})$正定。

2）若 $\Delta_i\begin{cases}\geqslant 0,\ i=1,\ 2,\ \cdots,\ n-1\\ =0,\ i=n\end{cases}$，则 $\boldsymbol{P}$ 或 $V(\boldsymbol{x})$正半定。

3）若 $\Delta_i\begin{cases}>0,\ i\ \text{为偶数}\\ <0,\ i\ \text{为奇数}\end{cases}$，则 $\boldsymbol{P}$ 或 $V(\boldsymbol{x})$ 负定。

4）若 $\Delta_i\begin{cases}\geqslant 0,\ i\ \text{为偶数}\\ \leqslant 0,\ i\ \text{为奇数}\\ =0,\ i=n\end{cases}$，则 $\boldsymbol{P}$ 或 $V(\boldsymbol{x})$ 负半定。

9

例 9-30　判断下列函数的正定性。

（1）$V(\boldsymbol{x}) = 2x_1^2 + 3x_2^2 + x_3^2 - 2x_1x_2 + 2x_1x_3$；

（2）$V(\boldsymbol{x}) = 8x_1^2 + 2x_2^2 + x_3^2 - 8x_1x_2 + 2x_1x_3 - 2x_2x_3$。

解　（1）$V(\boldsymbol{x}) = \boldsymbol{x}^{\mathrm{T}}\boldsymbol{P}\boldsymbol{x} = \boldsymbol{x}^{\mathrm{T}}\begin{pmatrix} 2 & -1 & 1 \\ -1 & 3 & 0 \\ 1 & 0 & 1 \end{pmatrix}\boldsymbol{x}$

$$2>0,\quad \begin{vmatrix} 2 & -1 \\ -1 & 3 \end{vmatrix} = 5>0,\quad \begin{vmatrix} 2 & -1 & 1 \\ -1 & 3 & 0 \\ 1 & 0 & 1 \end{vmatrix} = 2>0$$

$\boldsymbol{P}>0$，$V(\boldsymbol{x})$为正定函数。

（2）$V(\boldsymbol{x}) = \boldsymbol{x}^{\mathrm{T}}\boldsymbol{P}\boldsymbol{x} = \boldsymbol{x}^{\mathrm{T}}\begin{pmatrix} 8 & -4 & 1 \\ -4 & 2 & -1 \\ 1 & -1 & 1 \end{pmatrix}\boldsymbol{x}$

$$8>0,\quad \begin{vmatrix} 8 & -4 \\ -4 & 2 \end{vmatrix} = 0,\quad \begin{vmatrix} 8 & -4 & 1 \\ -4 & 2 & -1 \\ 1 & -1 & 1 \end{vmatrix} = -2<0$$

$\boldsymbol{P}$ 不定，$V(\boldsymbol{x})$为不定函数。

2. 李雅普诺夫第二法稳定判据

设系统状态方程为 $\dot{\boldsymbol{x}} = \boldsymbol{f}(\boldsymbol{x},t)$，平衡状态为 $\boldsymbol{x}_{\mathrm{e}} = 0$，满足 $\boldsymbol{f}(\boldsymbol{x}_{\mathrm{e}}) = 0$。如果能找到一个正定的标量函数 $V(\boldsymbol{x})$，且满足：

1）$V(\boldsymbol{x})$对所有 $\boldsymbol{x}$ 都有连续的一阶偏导数。

2）$V(\boldsymbol{x})$是正定的。

3）$V(\boldsymbol{x})$沿状态轨迹方向计算的时间导数 $\dot{V}(\boldsymbol{x}) = \mathrm{d}V(\boldsymbol{x})/\mathrm{d}t$ 分别满足下列条件：

① 若 $\dot{V}(\boldsymbol{x})$为负定，则平衡状态 $\boldsymbol{x}_{\mathrm{e}}$在李雅普诺夫意义下渐近稳定。

② 若$\dot{V}(\boldsymbol{x})$为负半定，但对任意初始状态 $\boldsymbol{x}(t_0) \neq 0$ 来说，除去 $\boldsymbol{x} = 0$ 外，对 $\boldsymbol{x} \neq 0$，$\dot{V}(\boldsymbol{x})$不恒为零，那么平衡状态 x_{e} 在李雅普诺夫意义下渐近稳定。

③ 若平衡状态 x_{e} 在李雅普诺夫意义下渐近稳定，且当 $\|\boldsymbol{x}\| \to \infty$ 时，$V(\boldsymbol{x}) \to \infty$，则系统是大范围渐近稳定。

④ $\dot{V}(\boldsymbol{x})$为正定，或$\dot{V}(\boldsymbol{x})$为正半定，则平衡状态 x_{e} 是不稳定的。

⑤ 若$\dot{V}(\boldsymbol{x}) \equiv 0$，则平衡状态 x_{e} 在李雅普诺夫意义下稳定。

例 9-31　设系统状态方程为

$$\begin{cases} \dot{x}_1 = x_2 \\ \dot{x}_2 = -(1-|x_1|)x_2 - x_1 \end{cases}$$

试确定平衡状态的稳定性。

解 原点是唯一的平衡状态，选择李雅普诺夫函数

$$V(\boldsymbol{x})=x_1^2+x_2^2$$

得

$$\begin{aligned}\dot{V}(\boldsymbol{x})&=2x_1\dot{x}_1+2x_2\dot{x}_2=2x_1x_2+2x_2[-(1-|x_1|)x_2-x_1]\\&=-2x_2^2(1-|x_1|)\end{aligned}$$

当 $x_2\neq0$，$|x_1|<1$ 时，$\dot{V}(\boldsymbol{x})<0$，系统是渐近稳定的，且当 $\|\boldsymbol{x}\|\to\infty$ 时，$V(\boldsymbol{x})\to\infty$，系统在平衡状态处大范围渐近稳定。

当 $x_2=0$ 或 $|x_1|=1$ 时，$\dot{V}(\boldsymbol{x})=0$，系统是李雅普诺夫意义下稳定的。

当 $x_2\neq0$，$|x_1|>1$ 时，$\dot{V}(\boldsymbol{x})>0$，系统是不稳定的。

9.4.4 线性定常系统的李雅普诺夫稳定性分析

1. 线性定常连续系统稳定性判别

设线性定常系统状态方程为

$$\dot{\boldsymbol{x}}=\boldsymbol{A}\boldsymbol{x} \tag{9-137}$$

式中，$\boldsymbol{x}$ 为 n 维向量，$\boldsymbol{A}$ 为 $n\times n$ 维常数矩阵且非奇异。

系统在平衡状态 $\boldsymbol{x}_e=0$ 处渐进稳定的充分必要条件是：对任意给定的正定实对称矩阵 $\boldsymbol{Q}$，必存在一个正定实对称矩阵 $\boldsymbol{P}$，满足

$$\boldsymbol{A}^{\mathrm{T}}\boldsymbol{P}+\boldsymbol{P}\boldsymbol{A}=-\boldsymbol{Q} \tag{9-138}$$

且 $V(\boldsymbol{x})=\boldsymbol{x}^{\mathrm{T}}\boldsymbol{P}\boldsymbol{x}$ 是系统的一个李雅普诺夫函数。

证明 选择李雅普诺夫函数

$$V(\boldsymbol{x})=\boldsymbol{x}^{\mathrm{T}}\boldsymbol{P}\boldsymbol{x}$$

得

$$\dot{V}(\boldsymbol{x})=\dot{\boldsymbol{x}}^{\mathrm{T}}\boldsymbol{P}\boldsymbol{x}+\boldsymbol{x}^{\mathrm{T}}\boldsymbol{P}\dot{\boldsymbol{x}}=(\boldsymbol{A}\boldsymbol{x})^{\mathrm{T}}\boldsymbol{P}\boldsymbol{x}+\boldsymbol{x}^{\mathrm{T}}\boldsymbol{P}\boldsymbol{A}\boldsymbol{x}=\boldsymbol{x}^{\mathrm{T}}(\boldsymbol{A}^{\mathrm{T}}\boldsymbol{P}+\boldsymbol{P}\boldsymbol{A})\boldsymbol{x}$$

令 $\boldsymbol{Q}=-(\boldsymbol{A}^{\mathrm{T}}\boldsymbol{P}+\boldsymbol{P}\boldsymbol{A})$，则

$$\dot{V}(\boldsymbol{x})=-\boldsymbol{x}^{\mathrm{T}}\boldsymbol{Q}\boldsymbol{x}$$

欲使系统在原点渐近稳定，则要求 $\dot{V}(\boldsymbol{x})$ 为负定，因此 $\boldsymbol{Q}$ 为正定。如果 $\dot{V}(\boldsymbol{x})=-\boldsymbol{x}^{\mathrm{T}}\boldsymbol{Q}\boldsymbol{x}$ 沿任意轨迹不恒为零，则 $\boldsymbol{Q}$ 可取正半定。

应用李雅普诺夫第二方法判断线性定常连续系统稳定性的步骤如下：

1）确定系统的平衡状态 $\boldsymbol{x}_e$，通常 $\boldsymbol{x}_e=\boldsymbol{0}$。

2）由 $\boldsymbol{A}^{\mathrm{T}}P+PA=-Q$，通常 $Q=I$ 求出 $\boldsymbol{P}$。

3）判定 $\boldsymbol{P}$ 是否正定。若 $\boldsymbol{P}>0$，系统渐近稳定，且 $V(\boldsymbol{x})=\boldsymbol{x}^{\mathrm{T}}\boldsymbol{P}\boldsymbol{x}$ 为系统的一个李雅普诺夫函数。

例 9-32 利用李雅普诺夫第二方法判断下列系统是否为大范围渐近稳定。

$$\dot{\boldsymbol{x}}=\begin{pmatrix}-1 & 1\\ 2 & -3\end{pmatrix}\boldsymbol{x}$$

解 令矩阵

$$\boldsymbol{P}=\begin{pmatrix}p_{11} & p_{12}\\ p_{12} & p_{22}\end{pmatrix}$$

由 $\boldsymbol{A}^{\mathrm{T}}\boldsymbol{P}+\boldsymbol{P}\boldsymbol{A}=-\boldsymbol{I}$ 得

$$\begin{pmatrix}-1 & 2\\ 1 & -3\end{pmatrix}\begin{pmatrix}p_{11} & p_{12}\\ p_{12} & p_{22}\end{pmatrix}+\begin{pmatrix}p_{11} & p_{12}\\ p_{12} & p_{22}\end{pmatrix}\begin{pmatrix}-1 & 1\\ 2 & -3\end{pmatrix}=\begin{pmatrix}-1 & 0\\ 0 & -1\end{pmatrix}$$

解上述矩阵方程，有

$$\boldsymbol{P}=\begin{pmatrix}p_{11} & p_{12}\\ p_{12} & p_{22}\end{pmatrix}=\begin{pmatrix}\frac{7}{4} & \frac{5}{8}\\ \frac{5}{8} & \frac{3}{8}\end{pmatrix}$$

因为

$$p_{11}=\frac{7}{4}>0 \qquad \det\begin{pmatrix}p_{11} & p_{12}\\ p_{12} & p_{22}\end{pmatrix}>0$$

$\boldsymbol{P}$ 正定，因此系统在原点处是渐近稳定的。又因为 $\lim\limits_{\|\boldsymbol{x}\|\to\infty} V(\boldsymbol{x})=\infty$，所以系统在原点处大范围渐近稳定。

2. 线性定常离散系统稳定性判别

设线性定常离散时间系统为

$$\boldsymbol{x}(k+1)=\boldsymbol{G}\boldsymbol{x}(k) \tag{9-139}$$

则系统在平衡点 $\boldsymbol{x}_{\mathrm{e}}=\boldsymbol{0}$ 处大范围渐近稳定的充要条件是：对于任意给定的一个正定对称矩阵 $\boldsymbol{Q}$，必存在一个正定的实对称矩阵 $\boldsymbol{P}$，满足

$$\boldsymbol{G}^{\mathrm{T}}\boldsymbol{P}\boldsymbol{G}-\boldsymbol{P}=-\boldsymbol{Q} \tag{9-140}$$

且 $V[\boldsymbol{x}(k)]=\boldsymbol{x}^{\mathrm{T}}(k)\boldsymbol{P}\boldsymbol{x}(k)$ 是系统的一个李雅普诺夫函数。

证明　选取李雅普诺夫函数

$$V[\boldsymbol{x}(k)]=\boldsymbol{x}^{\mathrm{T}}(k)\boldsymbol{P}\boldsymbol{x}(k)$$

得

$$\begin{aligned}\Delta V[\boldsymbol{x}(k)]&=V[\boldsymbol{x}(k+1)]-V[\boldsymbol{x}(k)]=\boldsymbol{x}^{\mathrm{T}}(k+1)\boldsymbol{P}\boldsymbol{x}(k+1)-\boldsymbol{x}^{\mathrm{T}}(k)\boldsymbol{P}\boldsymbol{x}(k)\\&=[\boldsymbol{G}\boldsymbol{x}(k)]^{\mathrm{T}}\boldsymbol{P}[\boldsymbol{G}\boldsymbol{x}(k)]-\boldsymbol{x}^{\mathrm{T}}(k)\boldsymbol{P}\boldsymbol{x}(k)=\boldsymbol{x}^{\mathrm{T}}(k)[\boldsymbol{G}^{\mathrm{T}}\boldsymbol{P}\boldsymbol{G}-\boldsymbol{P}]\boldsymbol{x}(k)\end{aligned}$$

令 $\boldsymbol{G}^{\mathrm{T}}\boldsymbol{P}\boldsymbol{G}-\boldsymbol{P}=-\boldsymbol{Q}$，则

$$\Delta V[\boldsymbol{x}(k)]=\boldsymbol{x}^{\mathrm{T}}(k)(-\boldsymbol{Q})\boldsymbol{x}(k)$$

欲使系统在原点渐近稳定，则要求 $\Delta V[\boldsymbol{x}(k)]$ 为负定，因此 $\boldsymbol{Q}$ 为正定。若 $\Delta V[\boldsymbol{x}(k)]=\boldsymbol{x}^{\mathrm{T}}(k)(-\boldsymbol{Q})\boldsymbol{x}(k)$ 沿任意轨迹不恒等于零，则 $\boldsymbol{Q}$ 可取正半定矩阵。

应用李雅普诺夫定理判断线性定常离散系统稳定性步骤如下：

1）确定 $\boldsymbol{x}_{\mathrm{e}}$。

2）取 $\boldsymbol{Q}=\boldsymbol{I}$，由 $\boldsymbol{G}^{\mathrm{T}}\boldsymbol{P}\boldsymbol{G}-\boldsymbol{P}=-\boldsymbol{I}$，解出 $\boldsymbol{P}$。

3）判断 $\boldsymbol{P}$ 是否正定。若 $\boldsymbol{P}>0$，系统渐近稳定，且 $V[\boldsymbol{x}(k)]=\boldsymbol{x}^{\mathrm{T}}(k)\boldsymbol{P}\boldsymbol{x}(k)$ 为系统的李雅普诺夫函数。

例 9-33　设线性离散系统为

$$\boldsymbol{x}(k+1)=\begin{pmatrix}0 & 1 & 0\\ 0 & 0 & 1\\ 0 & k/2 & 0\end{pmatrix}\boldsymbol{x}(k)$$

试用李雅普诺夫法，确定使系统平衡状态 $\boldsymbol{x}_e=0$ 为渐近稳定的 k 范围。

解 由 $\boldsymbol{G}^T\boldsymbol{P}\boldsymbol{G}-\boldsymbol{P}=-\boldsymbol{I}$，得

$$\boldsymbol{P}=\begin{pmatrix} 1 & 0 & 0 \\ 0 & \dfrac{2}{1-\left(\dfrac{k}{2}\right)^2} & \dfrac{k}{1-\left(\dfrac{k}{2}\right)^2} \\ 0 & \dfrac{k}{1-\left(\dfrac{k}{2}\right)^2} & \dfrac{3-\left(\dfrac{k}{2}\right)^2}{1-\left(\dfrac{k}{2}\right)^2} \end{pmatrix}$$

当 $-2<k<2$ 时，矩阵 $\boldsymbol{P}$ 正定，系统在平衡状态是渐进稳定的。

9.5 基于 MATLAB 的状态空间分析

例 9-34 考虑如图 9-18 所示的倒立摆系统，设小车的质量 $M=1\text{kg}$，摆杆的质量 $m=0.1\text{kg}$，摆杆长度 $l=1\text{m}$，在某一瞬间时刻摆角为 θ，作用在小车上的水平控制力为 u，小车的水平位置是 y。要求：

（1）建立倒立摆系统的数学模型；

（2）分析系统的性能指标——能控性、能观性、稳定性；

（3）设计状态反馈阵，使闭环极点能够达到期望的极点 $s_1=-6, s_2=-6.5, s_3=-7, s_4=-7.5$。

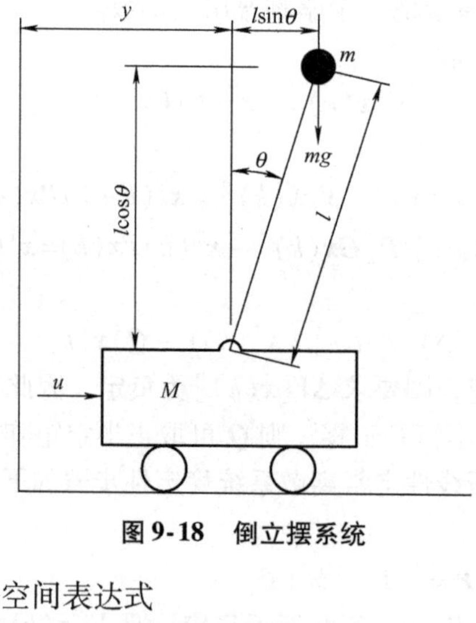

图 9-18 倒立摆系统

解 （1）建立系统状态空间表达式

在水平方向上，根据牛顿第二运动定律，得到

$$M\frac{d^2y}{dt^2}+m\frac{d^2}{dt^2}(y+l\sin\theta)=u$$

在垂直于摆杆方向，由牛顿第二运动定律，得到

$$m\frac{d^2}{dt^2}(y+l\sin\theta)=mg\sin\theta$$

控制的目的是保持倒立摆直立，因此在施加合适的外力条件下，假定 θ 很小，接近于零是合理的。基于以上假设，对方程线性化得

$$(M+m)\ddot{y}+ml\ddot{\theta}=u$$

$$m\ddot{y}+ml\ddot{\theta}=mg\theta$$

即

$$\ddot{y}=-\frac{mg}{M}\theta+\frac{1}{M}u$$

$$\ddot{\theta}=\frac{Mg\theta+mg\theta}{Ml}-\frac{1}{Ml}u$$

选择位移 y、速度 $\dot{y}$、角度 θ 和角速度 $\dot{\theta}$ 为系统的状态变量，即 $x_1=y$，$x_2=\dot{y}$，$x_3=\theta$，$x_4=\dot{\theta}$，选择位移 y 为系统的输出，控制力 u 为系统输入量，则系统状态空间表达式为

$$\begin{pmatrix}\dot{x}_1\\ \dot{x}_2\\ \dot{x}_3\\ \dot{x}_4\end{pmatrix}=\begin{pmatrix}0 & 1 & 0 & 0\\ 0 & 0 & -\frac{m}{M}g & 0\\ 0 & 0 & 0 & 1\\ 0 & 0 & \frac{(M+m)}{Ml}g & 0\end{pmatrix}\begin{pmatrix}x_1\\ x_2\\ x_3\\ x_4\end{pmatrix}+\begin{pmatrix}0\\ \frac{1}{M}\\ 0\\ -\frac{1}{Ml}\end{pmatrix}u$$

$$y=(1\quad 0\quad 0\quad 0)\begin{pmatrix}x_1\\ x_2\\ x_3\\ x_4\end{pmatrix}$$

即

$$\begin{pmatrix}\dot{x}_1\\ \dot{x}_2\\ \dot{x}_3\\ \dot{x}_4\end{pmatrix}=\begin{pmatrix}0 & 1 & 0 & 0\\ 0 & 0 & -1 & 0\\ 0 & 0 & 0 & 1\\ 0 & 0 & 11 & 0\end{pmatrix}\begin{pmatrix}x_1\\ x_2\\ x_3\\ x_4\end{pmatrix}+\begin{pmatrix}0\\ 1\\ 0\\ -1\end{pmatrix}u$$

$$y=(1\quad 0\quad 0\quad 0)\begin{pmatrix}x_1\\ x_2\\ x_3\\ x_4\end{pmatrix}$$

在 MATLAB 中输入命令：

```
A = [0 1 0 0;0 0 -1 0;0 0 0 1;0 0 11 0];
B = [0;1;0; -1];
C = [1 0 0 0];
```

(2) 分析系统的性能指标——能控性、能观性、稳定性

1) 能控性。在 MATLAB 中输入命令：

```
A = [0 1 0 0;0 0  -1 0;0 0 0 1;0 0 11 0];
```

```
B=[0;1;0;-1];
C=[1 0 0 0];
Qc=[B A*B A*A*B A*A*A*B];
rank(Qc)
ans =
    4
```

于是系统是能控的。

2）能观性。在 MATLAB 中输入命令：

```
A=[0 1 0 0;0 0 -1 0;0 0 0 1;0 0 11 0];
B=[0;1;0;-1];
C=[1 0 0 0];
Q0=[C;C*A;C*A*A;C*A*A*A];
rank(Q0)
ans =
    4
```

于是系统是能观测的。

3）稳定性。在 MATLAB 中输入命令：

```
A=[0 1 0 0;0 0 -1 0;0 0 0 1;0 0 11 0];
[~,D]=eig(A);
D=
0  0     0        0
0  0     0        0
0  0  3.3166      0
0  0     0     -3.3166
```

求得的结果为 $\lambda_1=0$，$\lambda_2=0$，$\lambda_3=3.3166$，$\lambda_4=-3.31660$。$\boldsymbol{A}$ 的特征根不全是负实部，故而该系统不稳定。

(3) 状态反馈系统的极点配置以及求状态反馈阵

在 MATLAB 中输入命令：

```
A=[0 1 0 0;0 0 -1 0;0 0 0 1;0 0 11 0];
B=[0;1;0;-1];
P=[-6 -6.5 -7 -7.5];
K=place(A,B,P)
ans =
K=[-204.75,-122.175,-488.5,-149.175]
```

习题

9-1 试求图 9-19 所示系统的模拟结构图，并建立状态空间表达式。

9-2 机械运动系统如图 9-20 所示，M 为物体质量，K 为弹簧系数，B 为阻尼器，f 为

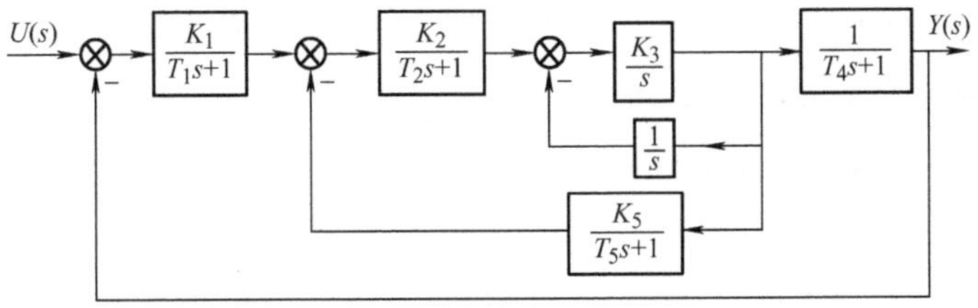

图 9-19　题 9-1 系统模拟结构图

外加的力，y 为受力后弹簧的位移，试写出该机械系统的状态方程。

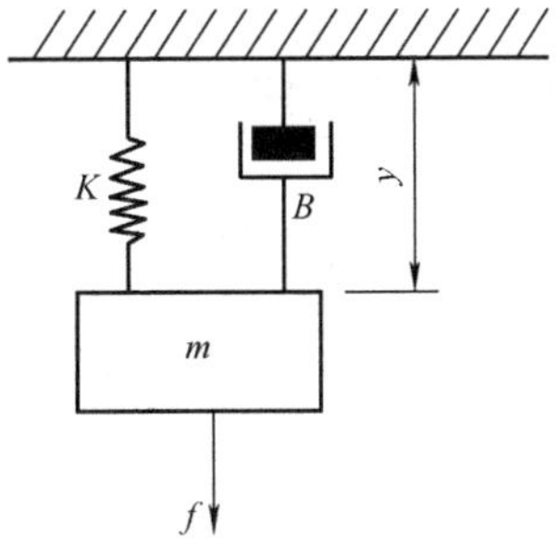

图 9-20　题 9-2 系统结构图

9-3　给定系统的输入-输出为

$$y^{(3)}+16y^{(2)}+194y^{(1)}+640y=160u^{(1)}+720u$$

求系统状态空间表达式。

9-4　计算下列状态空间描述的传递函数矩阵 $\boldsymbol{G}(s)$。

$$\dot{\boldsymbol{x}}=\begin{pmatrix}0 & 1 & 0\\0 & 0 & 1\\-1 & -2 & -4\end{pmatrix}\boldsymbol{x}+\begin{pmatrix}1 & 0\\0 & 1\\1 & 1\end{pmatrix}\boldsymbol{u}$$

$$\boldsymbol{y}=(3\quad 1\quad 1)\boldsymbol{x}$$

9-5　用三种方法计算以下矩阵指数函数。

$$\boldsymbol{A}=\begin{pmatrix}0 & 1 & 0\\0 & 0 & 1\\2 & -5 & 4\end{pmatrix}$$

9-6　已知系统状态方程

$$\dot{\boldsymbol{x}}=\begin{pmatrix}0 & 1\\-2 & -3\end{pmatrix}\boldsymbol{x}+\begin{pmatrix}0\\1\end{pmatrix}u,t\geqslant 0$$

求其在初始状态 $\boldsymbol{x}(0)=[1\quad -1]^{\mathrm{T}}$ 下的零输入响应和在 $u=1(t)$ 作用下的零初始状态响应。

9-7　离散时间系统状态方程为

$$\boldsymbol{x}(k+1)=\boldsymbol{G}\boldsymbol{x}(k)+\boldsymbol{H}u(k)$$

$$\boldsymbol{G}=\begin{pmatrix}0 & 1\\-0.16 & -1\end{pmatrix};\ \boldsymbol{H}=\begin{pmatrix}1\\1\end{pmatrix}$$

当初始状态 $\boldsymbol{x}(0)=\begin{pmatrix}1\\-1\end{pmatrix}$ 和控制作用为 $u(k)=1$ 时，求 $\boldsymbol{x}(k)$。

9-8 已知离散系统差分方程为

$$y(k+3)+3y(k+2)+5y(k+1)+y(k)=u(k+1)+2u(k)$$

求系统状态空间表达式并求解。

9-9 将如下状态方程离散化。

$$\dot{\boldsymbol{x}}=\begin{pmatrix}0&1\\0&-2\end{pmatrix}\boldsymbol{x}(t)+\begin{pmatrix}0\\1\end{pmatrix}u(t)$$

9-10 已知系统状态空间表达式为

$$\begin{cases}\dot{\boldsymbol{x}}(t)=\begin{pmatrix}2&-1\\1&-3\end{pmatrix}\boldsymbol{x}(t)+\begin{pmatrix}-1\\1\end{pmatrix}u(t)\\ y(t)=\begin{pmatrix}1&0\\-1&0\end{pmatrix}\boldsymbol{x}(t)\end{cases}$$

试用三种方法分别判断其状态能控性与能观性。

9-11 已知系统状态空间表达式为

$$\begin{cases}\boldsymbol{x}(k+1)=\begin{pmatrix}1&0&-1\\0&-2&1\\3&0&2\end{pmatrix}\boldsymbol{x}(k)+\begin{pmatrix}1&0&0\\0&1&0\\0&0&1\end{pmatrix}u(k)\\ y(k)=\begin{pmatrix}0&0&1\\1&0&0\end{pmatrix}\boldsymbol{x}(k)\end{cases}$$

判断其状态能控性与能观性。

9-12 已知系统状态空间表达式为

$$\dot{\boldsymbol{x}}=\begin{pmatrix}1&2&0\\3&-1&1\\0&2&0\end{pmatrix}\boldsymbol{x}+\begin{pmatrix}2\\1\\1\end{pmatrix}u$$

$$y=(0\quad 0\quad 1)\boldsymbol{x}$$

试求出它的能控标准型和能观标准型。

9-13 试将下列系统按能控型和能观性进行结构分解

$$\boldsymbol{A}=\begin{pmatrix}1&0&0&0\\2&-3&0&0\\1&0&-2&0\\4&-1&-2&-4\end{pmatrix},\ \boldsymbol{b}=\begin{pmatrix}0\\0\\1\\2\end{pmatrix},\ \boldsymbol{c}=(3\quad 0\quad 1\quad 0)$$

9-14 试求传递函数阵

$$\boldsymbol{G}(s)=\begin{pmatrix}\dfrac{1}{s+1}&\dfrac{1}{s+3}\\-\dfrac{1}{s+1}&-\dfrac{1}{s+2}\end{pmatrix}$$

能控标准型实现和能观测标准型实现。

9-15 试求传递函数阵

$$G(s)=\begin{pmatrix}\dfrac{1}{(s+1)(s+2)} & \dfrac{1}{(s+2)(s+3)}\end{pmatrix}$$

的最小实现。

9-16　已知系统的传递函数为

$$G(s)=\frac{s+a}{s^3+10s^2+27s+18}$$

(1) 试确定 a 的取值，使系统成为不能控，或为不能观测。

(2) 求使系统为状态能控的状态空间表达式。

(3) 求使系统为状态能观测的状态空间表达式。

(4) 求 $a=1$ 时，系统的一个最小实现。

9-17　已知系统状态方程为

$$\dot{\boldsymbol{x}}=\begin{pmatrix}1 & -1 & 1\\ 0 & 1 & 1\\ 1 & 0 & 1\end{pmatrix}\boldsymbol{x}+\begin{pmatrix}0\\0\\1\end{pmatrix}u$$

试设计一状态反馈阵使闭环系统极点配置为 −1，−2，−3。

9-18　已知单输入线性定常系统状态方程为

$$\dot{\boldsymbol{x}}=\begin{pmatrix}0 & 0 & 0\\ 1 & -6 & 0\\ 0 & 1 & -12\end{pmatrix}\boldsymbol{x}+\begin{pmatrix}1\\0\\0\end{pmatrix}u$$

求状态反馈向量 $\boldsymbol{K}$，使系统的闭环特征值为 $\lambda_1=-2$，$\lambda_2=-1+\mathrm{j}$，$\lambda_3=-1-\mathrm{j}$。

9-19　已知系统状态空间表达式为

$$\dot{\boldsymbol{x}}=\begin{pmatrix}0 & \omega_x^2\\ -1 & 0\end{pmatrix}\boldsymbol{x}+\begin{pmatrix}1 & 0\\ 0 & 1\end{pmatrix}\boldsymbol{u}$$

$$y=(1\quad 0)\boldsymbol{x}$$

试选择反馈增益阵 $\boldsymbol{G}$ 将其极点配置为 −5，−8。

9-20　已知系统的状态空间表达式为

$$\dot{\boldsymbol{x}}=\begin{pmatrix}-1 & -2 & -3\\ 0 & -1 & -1\\ 1 & 0 & -1\end{pmatrix}\boldsymbol{x}+\begin{pmatrix}2\\0\\1\end{pmatrix}u$$

$$y=(1\quad 1\quad 0)\boldsymbol{x}$$

设计一个全维观测器，将观测器的极点配置在 −3，−4，−5。

9-21　设受控系统的传递函数为 $W_0(s)=\dfrac{1}{s(s+6)}$，用状态反馈将闭环系统极点配置为 $-4\pm 6\mathrm{j}$，并设计实现上述反馈的全维观测器，设其极点为 −10，−10。

9-22　以李雅普诺夫第二方法确定下列线性系统的稳定性。

(1) $\dot{\boldsymbol{x}}=\begin{pmatrix}0 & 1\\ -1 & -1\end{pmatrix}\boldsymbol{x}$

(2) $\dot{\boldsymbol{x}}=\begin{pmatrix}-1 & 1\\ 2 & -3\end{pmatrix}\boldsymbol{x}$

9-23 设系统状态方程为

(1) $\begin{cases}\dot{x}_1 = x_2 \\ \dot{x}_2 = -x_1 - x_2\end{cases}$

(2) $\begin{cases}\dot{x}_1 = 4x_2 \\ \dot{x}_2 = -x_1\end{cases}$

(3) $\begin{cases}\dot{x}_1 = x_1 + x_2 \\ \dot{x}_2 = -x_1 + x_2\end{cases}$

试确定系统平衡状态的稳定性。

9-24 以李雅普诺夫第一方法确定下列线性系统的稳定性。

$$\begin{cases}\dot{\boldsymbol{x}} = \begin{pmatrix} -1 & 0 \\ 0 & 1 \end{pmatrix}\boldsymbol{x} + \begin{pmatrix} 1 \\ 1 \end{pmatrix}\boldsymbol{u} \\ y = (1 \quad 0)\boldsymbol{x}\end{cases}$$

9-25 试利用李雅普诺夫第二法确定如图 9-21 所示系统大范围渐近稳定的 k 取值范围。

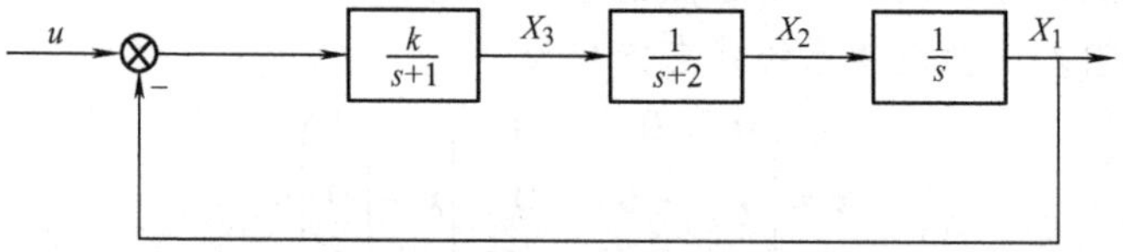

图 9-21 题 9-25 系统结构图

9-26 离散线性时不变系统为

$$\boldsymbol{x}(k+1) = \begin{pmatrix} 1 & 4 & 0 \\ -3 & -2 & -3 \\ 2 & 0 & 0 \end{pmatrix}\boldsymbol{x}(k)$$

试用两种方法判断系统是否为渐进稳定。

附　　录

附录 A　常用函数的拉普拉斯变换表和 z 变换表

序　　号	拉普拉斯变换 $F(s)$	连续时间函数 $f(t)$	z 变换 $F(z)$
1	1	$\delta(t)$	1
2	e^{-kTs}	$\delta(t-kT)$	z^{-k}
3	$\frac{1}{s}$	$1(t)$	$\frac{z}{z-1}$
4	$\frac{1}{s^2}$	t	$\frac{Tz}{(z-1)^2}$
5	$\frac{1}{s^3}$	$\frac{1}{2}t^2$	$\frac{T^2z(z+1)}{2(z-1)^3}$
6	$\frac{1}{s+a}$	e^{-at}	$\frac{z}{z-e^{-aT}}$
7	$\frac{1}{(s+a)^2}$	te^{-at}	$\frac{Tze^{-aT}}{(z-e^{-aT})^2}$
8	$\frac{a}{s(s+a)}$	$1-e^{-at}$	$\frac{z(1-e^{-aT})}{(z-1)(z-e^{-aT})}$
9	$\frac{\omega}{s^2+\omega^2}$	$\sin\omega t$	$\frac{z\sin\omega T}{z^2-2z\cos\omega T+1}$
10	$\frac{s}{s^2+\omega^2}$	$\cos\omega t$	$\frac{z(z-\cos\omega T)}{z^2-2z\cos\omega T+1}$
11	$\frac{\omega}{(s+a)^2+\omega^2}$	$e^{-at}\sin\omega t$	$\frac{ze^{-aT}\sin\omega T}{z^2-2ze^{-aT}\cos\omega T+e^{-2aT}}$
12	$\frac{s+a}{(s+a)^2+\omega^2}$	$e^{-at}\cos\omega t$	$\frac{z^2-ze^{-aT}\cos\omega T}{z^2-2ze^{-aT}\cos\omega T+e^{-2aT}}$

附录 B　本书常用 MATLAB 命令及工具

1. 基本操作

g = tf([分子], [分母])：传递函数有理分式形式

zpk ()：传递函数零极点形式

tf2zp（）：有理分式变为部分分式

conv([多项式1],[多项式2])：多项式相乘

qpzmap（p，z）：根据系统已知的零极点 p 和 z 绘制出系统的零极点图

roots（）：求多项式的根

poly（）：由根构造多项式

residue（）：有理分式变为部分分式

2. 控制系统的时域分析

step（）：求取系统单位阶跃响应

impulse（）：求取系统的冲激响应

3. 控制系统的频域分析

bode（）：求取系统对数频率特性图（Bode 图或对数幅频特性曲线）

nyquist（）：求取系统 Nyquist 图（幅相频率特性曲线图或极坐标图）

margin：求幅值裕度和相角裕度及对应的转折频率

freqs：模拟滤波器特性

nichols：求连续系统的 Nichol 频率响应曲线（即对数幅相曲线）

ngrid：尼科尔斯方格图

4. 控制系统的根轨迹分析

pzmap：绘制线性系统的零极点图

rlocus：求系统根轨迹

rlocfind：计算给定一组根的根轨迹增益

[k，p] =rlocfind（num，den）：确定根轨迹上一点的增益

sgrid：在连续系统根轨迹图和零极点图中绘制出阻尼系数和自然频率栅格

sgrid（‘new’）：先清屏，再画格线

sgrid（ζ，ω_n）：绘制由用户指定的阻尼比矢量 ζ、自然振荡频率 ω_n 的格线

5. 线性时不变系统浏览器 LTI Viewer

在 MATLAB 的 command Window 中，建立 LTI 对象，之后使用 LTI Viewer 可以绘制 LTI 对象的单位阶跃响应曲线（Step）、单位脉冲响应曲线（Impulse）、伯德图（Bode）、零输入响应（Initial Condition）、伯德图幅值图（Bode Magnitude）、奈奎斯特图（Nyquist）、尼科尔斯图（Nichols）、奇异值分析（Singular Value）以及零极点图（Pole/Zero）等。

注意：必须是线性时不变系统，对非线性系统需进行线性近似。

LTI 对象有三种：tf 对象（传递函数模型）、zpk 对象（零极点模型）和 ss 对象（状态空间模型），命令见表 B-1。

表 B-1 LTI 对象的命令

	连续系统	离散系统
传递函数模型	Sys = tf（num，den）	Sys = tf（num，den，TS）
零极点模型	Sys = zpk（z，p，k）	Sys = zpk（z，p，k，TS）
状态空间模型	Sys = ss（A，B，C，D）	Sys = ss（A，B，C，D，TS）

1）在 MATLAB 的命令窗口（command window）中输入“ltiview”，弹出 LTI Viewer 界

面如图 B-1 所示。

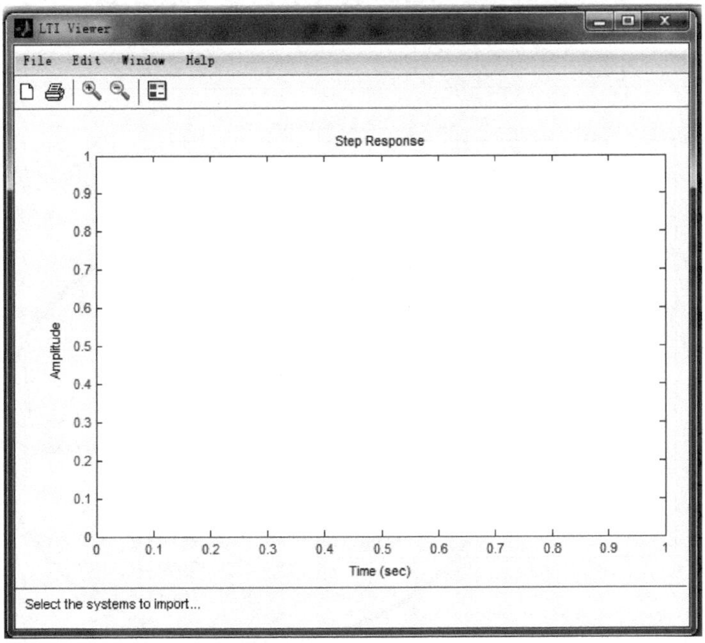

图 B-1　LTI Viewer 界面

2）在 MATLAB 的命令窗口中输入 LTI 对象模型。

3）在 LTI 对话框中，将在工作空间（workspace）中的 LTI 对象模型导入，如图 B-2 所示。

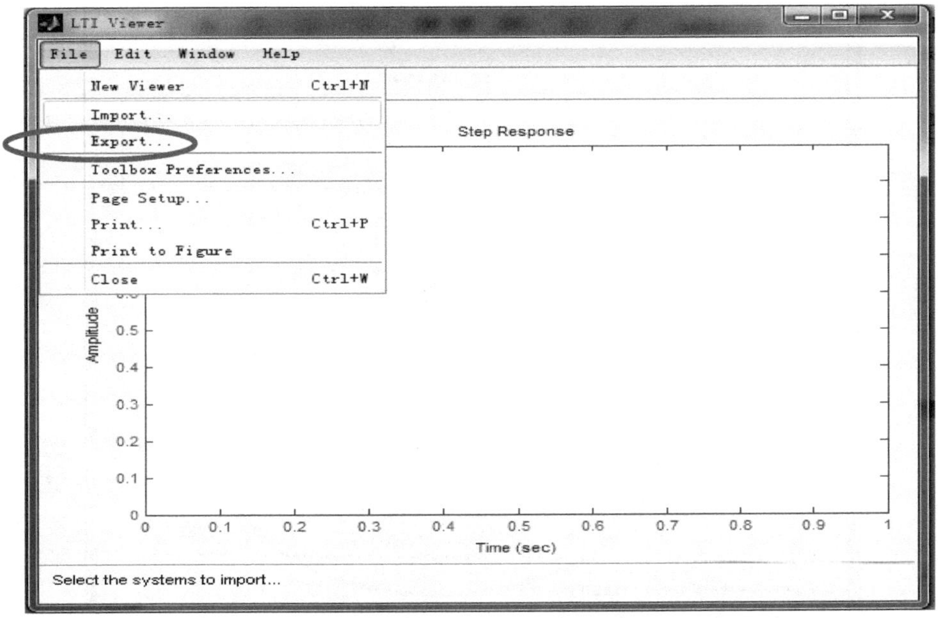

图 B-2　导入 LTI 对象模型

4）之后进行分析，单击鼠标右键，可选择生成的各种曲线，如图 B-3 所示。

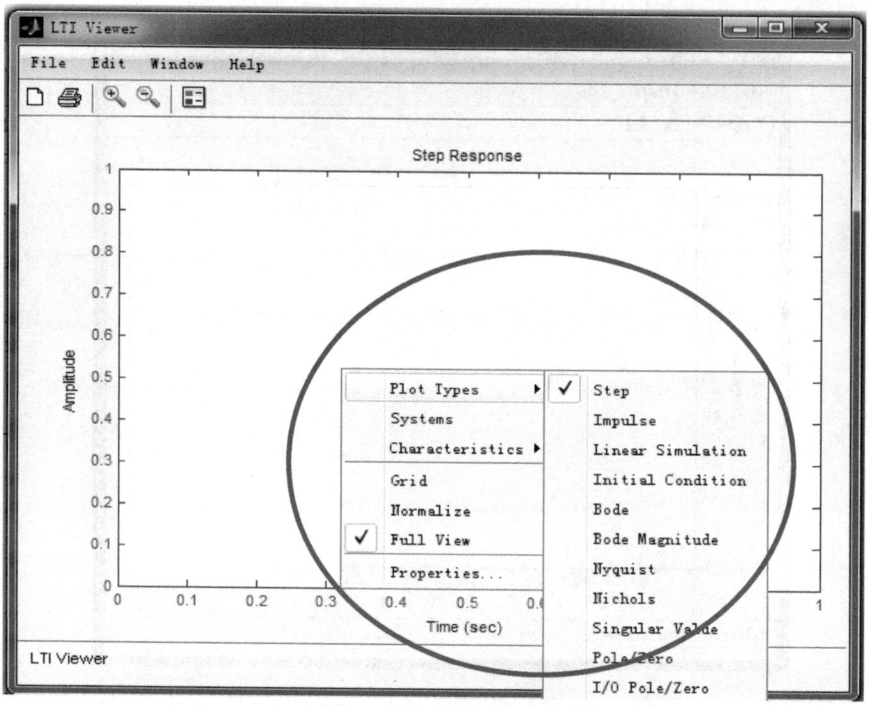

图 B-3 选择生成的各种曲线

每种曲线可快速获得系统响应信息，如图 B-4 所示。

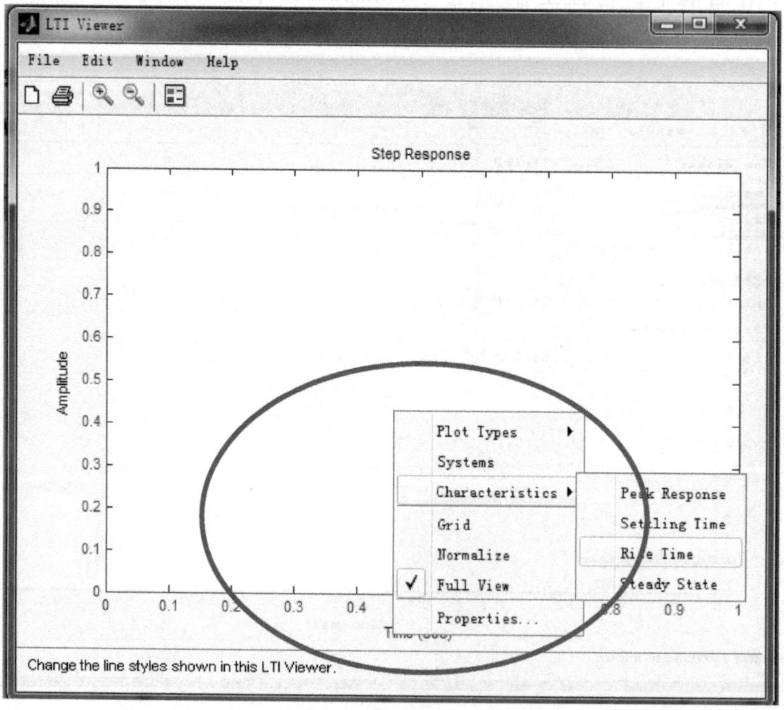

图 B-4 曲线的系统响应信息

5）设置：通过“File”→“Toolbox Preferences”或“Edit”→“Viewer Preferences”可进行LTI Viewer图形窗口的设置。

在系统响应曲线绘制窗口中单击鼠标右键，选择弹出菜单中的“Propertise”可针对某一曲线进行设置；通过“Eidt”→“Plot Configurations”可改变曲线绘制布局。

6）非线性系统的线性近似：利用Simulink系统模型窗口中的菜单命令“Tools”→“Control Design”→“Linear Analysis”，可对非线性系统进行线性分析。在利用Simulink对系统进行线性分析时，会同时调出LTI Viewer界面。

6. 单变量系统设计工具SISO Tool

在SISO设计器中，用户可以同时使用根轨迹图与Bode图，通过修改线性系统相关环节的零点、极点及增益等进行SISO线性系统设计。

举例：对图B-5所示系统进行SISO线性系统设计。

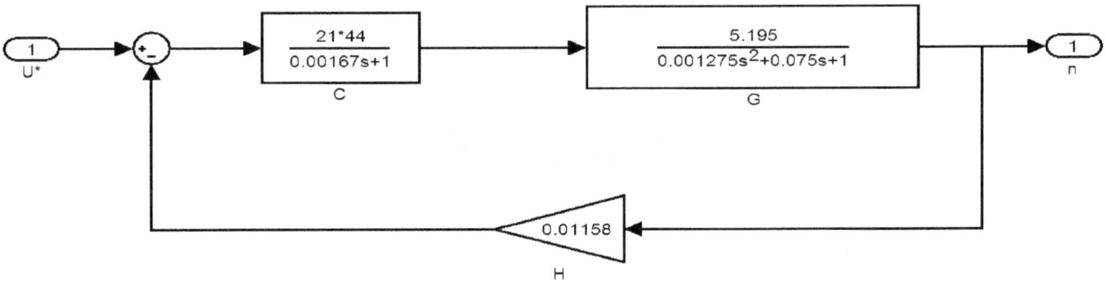

图　B-5

1）在命令窗口中，输入G=tf（5.195，[0.001275，0.075，1]）。

2）在sisotool工具中选择G，进行如图B-6～图B-8所示设置。

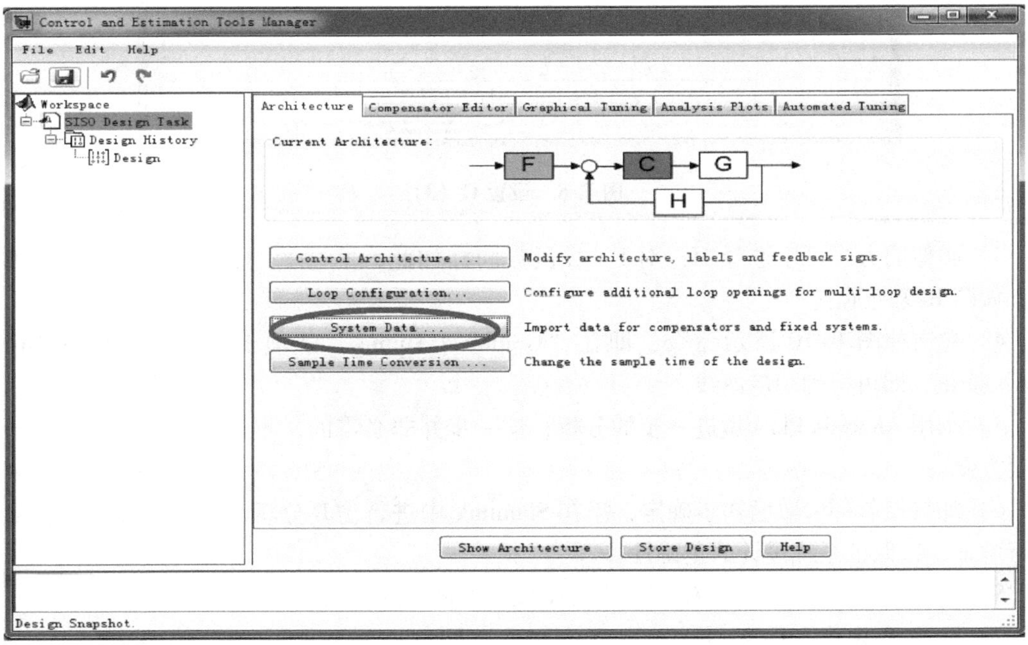

图B-6　设置G（1）

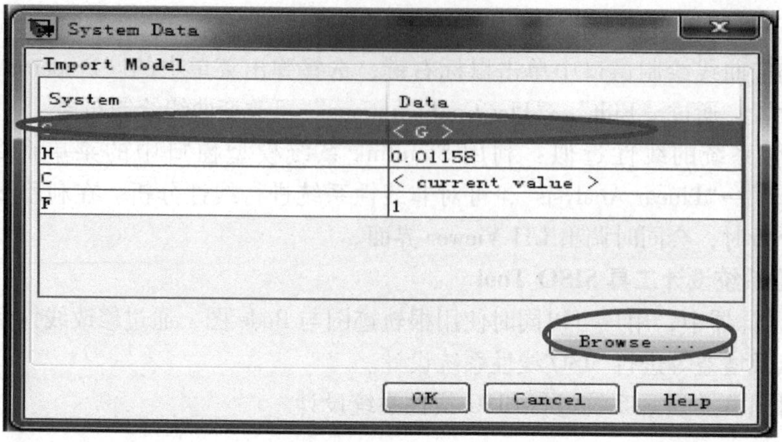

图 B-7 设置 G（2）

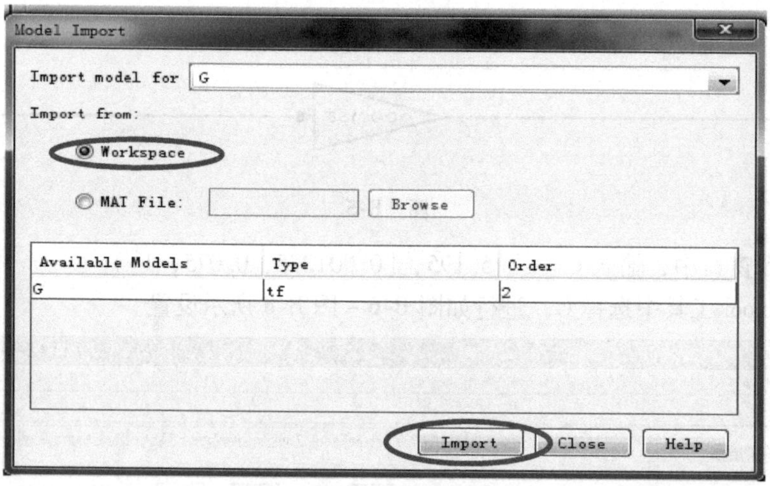

图 B-8 设置 G（3）

3）类似的方式可以选择 H；对 F、C 函数同样如此，不过 F、C 函数有另外的操作方式，如图 B-9 所示。

4）单击如图 B-10 所示命令，即在“Graphical Tuning”选项卡下单击“Show Design Plot”按钮，即可得到相应曲线。

5）采用 Analysis Plots 做进一步的分析；这一步并非必需的，不过要进行更深入的分析时很方便。

6）如果控制环参数已初步确定，需在 Simulink 中进行仿真分析，进一步对控制环参数进行验证，以保证系统设计的正确性。

Simulink 模型可以通过 SISO Tool 直接生成，如图 B-11 所示

7）SISO Tool 其他命令。

Control Architecture：选择 SISO 模型

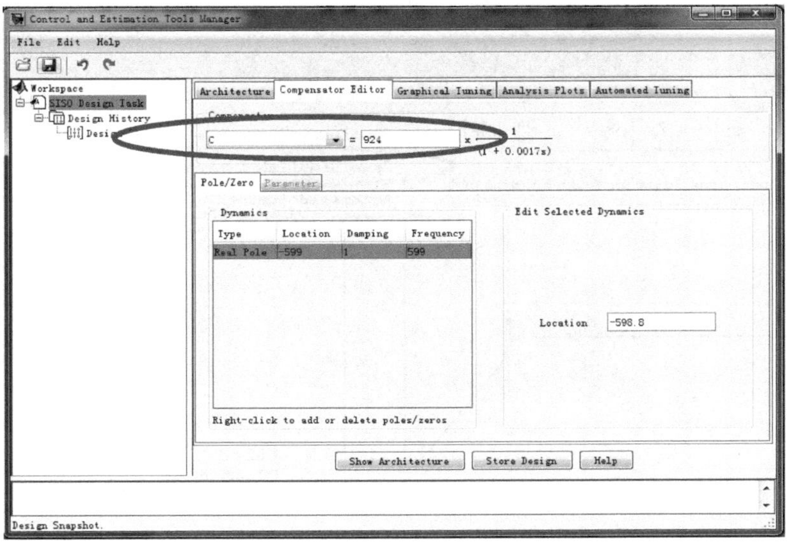

图 B-9 设置 F、C 函数

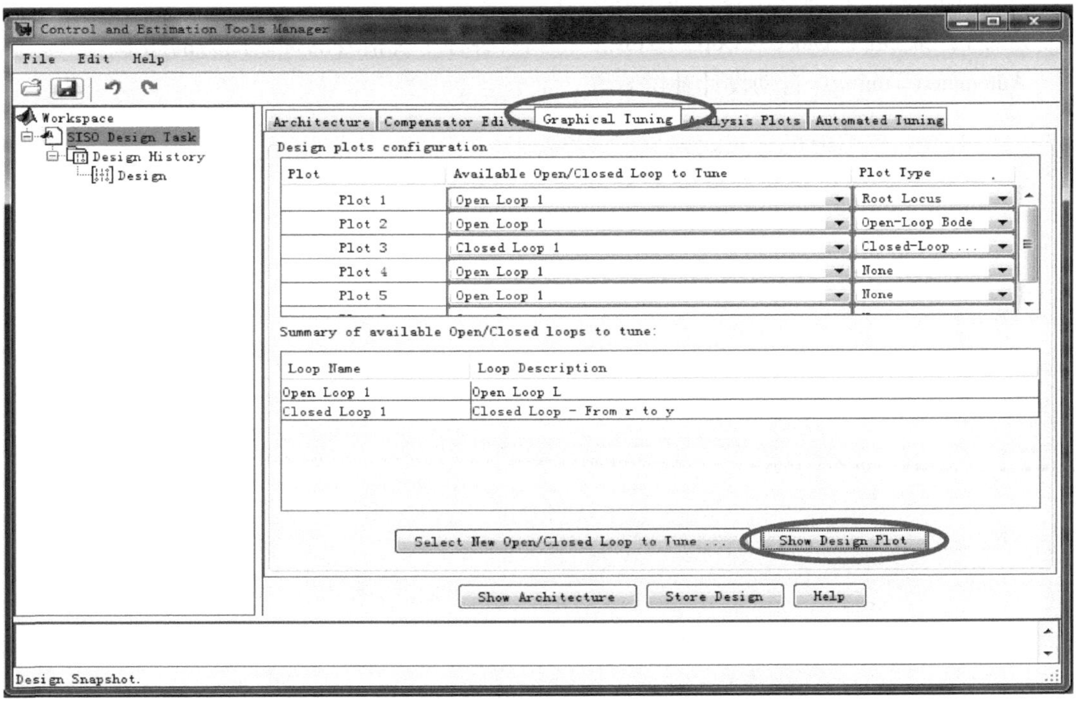

图 B-10 单击“Show Design Plot”按钮生成曲线

Loop Configuration：对于多环反馈系统（其实 SISO Tool 里给的 6 个模型，也就只有单环和双环而已），可以设置将外环反馈开环运行；对于单环的系统无作用

System Data：设置函数模型

Sample Time Conversion：设置采样时间，通常不需要特别设置

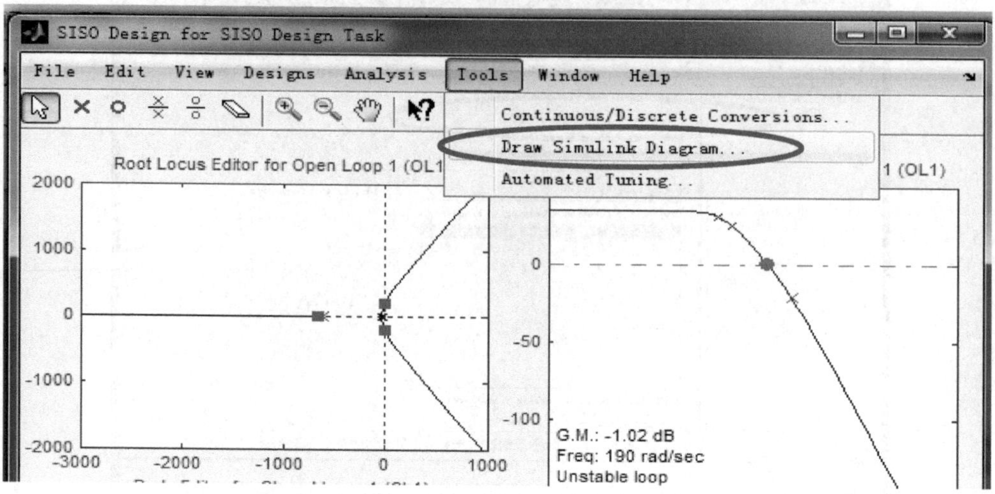

图 B-11 直接生成 Simulink 模型

Compensator edit：补偿装置参数调整
graphical tuning：图形调整，显示哪些图形
Select New Open/Closed Loop to Tune：得到对各种干扰信号的抑制能力的图形
Automated Tuning：自动设计补偿装置

参 考 文 献

[1] 胡寿松. 自动控制原理 [M]. 6 版. 北京：科学出版社，2013.
[2] 梅晓蓉. 自动控制原理 [M]. 2 版. 北京：科学出版社，2007.
[3] 李友善. 自动控制原理 [M]. 北京：国防工业出版社，2005.
[4] Richard C Dorf. 现代控制系统 [M]. 12 版. 北京：电子工业出版社，2011.
[5] Katsuhiko Ogata. Modern Control Engineering [M]. 5th ed. Upper Saddle River：Pearson，2009.
[6] 王建辉，顾树生. 自动控制原理 [M]. 北京：清华大学出版社，2007.
[7] 夏超英. 自动控制原理 [M]. 北京：科学出版社，2010.
[8] 张爱民. 自动控制原理 [M]. 北京：清华大学出版社，2006.
[9] 王永骥，王金城，王敏. 自动控制原理 [M]. 北京：化学工业出版社，2007.
[10] 裴润，宋申民. 自动控制原理 [M]. 哈尔滨：哈尔滨工业大学出版社，2006.
[11] 丁红，李学军. 自动控制原理 [M]. 北京：北京大学出版社，2010.
[12] 薛定宇. 控制系统仿真与计算机辅助设计 [M]. 北京：机械工业出版社，2005.
[13] Gene F，Franklin J，Da Powell，Abbas Emami-Naeini. Feedback Control of Dynamic Systems [M] 7th ed. Upper Saddle River：Pearson，2014.
[14] 郑大忠. 线性系统理论 [M]. 2 版. 北京：清华大学出版社，2002.
[15] 刘豹. 现代控制理论 [M]. 3 版. 北京：机械工业出版社，2011.
[16] 蒋珉. 控制系统计算机仿真 [M]. 2 版. 北京：电子工业出版社，2012.